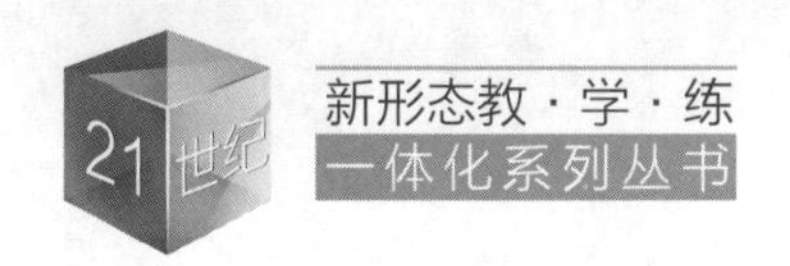

云计算运维与管理项目教程

微课视频版

◎ 崔升广 编著

清華大學出版社
北京

内容简介

根据全国高等学校、高职高专教育的培养目标、特点和要求，本书由浅入深、全面系统地讲解了云计算技术的基础知识和平台的操作配置与管理。全书共分为4个项目，内容包括 Linux 基本配置与管理、Docker 容器配置与管理、Kubernetes 集群配置与管理、OpenStack 云平台配置与管理。为了让读者能够更好地巩固所学知识，及时地检查学习效果，每个项目最后都配备了丰富的课后习题。

本书可作为全国高等学校、高职高专院校云计算技术应用专业学生的教材，也可作为云计算技术培训和云计算技术爱好者的自学参考书。

图书在版编目(CIP)数据

云计算运维与管理项目教程：微课视频版/崔升广编著. —北京：清华大学出版社，2023.6
(21世纪新形态教・学・练一体化系列丛书)
ISBN 978-7-302-62804-0

Ⅰ. ①云… Ⅱ. ①崔… Ⅲ. ①云计算一教材 Ⅳ. ①TP393.027

中国国家版本馆 CIP 数据核字(2023)第 032161 号

责任编辑：闫红梅 张爱华
封面设计：刘 键
责任校对：郝美丽
责任印制：宋 林

出版发行：清华大学出版社
网 址：http://www.tup.com.cn，http://www.wqbook.com
地 址：北京清华大学学研大厦 A 座 **邮 编**：100084
社 总 机：010-83470000 **邮 购**：010-62786544
投稿与读者服务：010-62776969，c-service@tup.tsinghua.edu.cn
质量反馈：010-62772015，zhiliang@tup.tsinghua.edu.cn
课件下载：http://www.tup.com.cn，010-83470236
印 装 者：三河市人民印务有限公司
经 销：全国新华书店
开 本：203mm×260mm **印 张**：22.25 **字 数**：568千字
版 次：2023年6月第1版 **印 次**：2023年6月第1次印刷
印 数：1～1500
定 价：69.00元

产品编号：098775-01

PREFACE 前言

近年来，互联网产业飞速发展，云计算作为一种弹性 IT 资源的提供方式应运而生，云计算提供的计算机资源服务是与水、电、煤气和电话类似的公共资源服务。党的二十大报告强调“必须坚持科技是第一生产力、人才是第一资源、创新是第一动力，深入实施科教兴国战略、人才强国战略、创新驱动发展战略，开辟发展新领域新赛道，不断塑造发展新动能新优势。”目前，随着云计算技术的发展和经验积累，云计算技术和产业已进入一个相对成熟的阶段，成为当前信息技术产业发展和应用创新的热点。“云计算运维与管理”课程已经成为云计算技术应用专业的一门重要专业课程。本书可以让读者学到非常新的、前沿的、实用的技术，为从事云计算方面的工作储备知识。

本书使用 VMware 虚拟机环境搭建平台，在介绍相关理论与技术原理的同时，还提供了大量的项目配置案例，以达到理论与实践相结合的目的。全书在内容安排上力求做到深浅适度、详略得当，从 Linux 基本配置与管理基础知识起步，用大量的案例、插图讲解云计算技术相关知识。编者精心选取教材内容，对教学方法与教学内容进行整体规划与设计，使得本书在叙述上简明扼要、通俗易懂，既方便教师讲授，又方便学生学习、理解与掌握。

本书融入了编者丰富的教学和实践经验，从云计算运维初学者的视角出发，采用“教、学、练一体化”的教学方法，为培养应用型人才提供适合的教学与训练教材。本书以实际项目转化的案例为主线，以“学练合一”的理念为指导，在完成技术讲解的同时，对读者提出相应的自学要求和指导。读者在学习本书的过程中，不仅能够完成快速入门的基本技术学习，而且能够进行实际项目的开发与实现。

本书主要特点如下。

(1) 内容丰富，技术新颖，图文并茂，通俗易懂，具有很强的实用性。

(2) 体例组织合理、有效。本书按照由浅入深的顺序，在逐渐丰富系统功能的同时，引入相关技术与知识，实现技术讲解与训练合二为一，有助于“教、学、练一体化”教学的实施。

(3) 内容翔实、实用，将实际项目开发与理论教学紧密结合。本书的训练紧紧围绕着实际项目进行，为了使读者能快速地掌握相关技术并按实际项目开发要求熟练运用，本书在各项目重要知识点后面都根据实际项目设计相关实例配置，实现项目功能，完成详细配置过程。

由于编者水平有限，书中难免存在不妥之处，殷切希望广大读者批评指正。

编　者

2023 年 1 月

前言

CONTENTS

目录

项目1

Linux基本配置与管理

学习目标

- 理解 Linux 的发展历史、Linux 的特性、Linux 基本命令及 Vi、Vim 编辑器的使用等相关理论知识。
- 掌握 VMware Workstation 的安装、虚拟主机 CentOS 7 的安装、系统克隆与快照管理、SecureCRT 与 SecureFX 配置管理等相关知识与技能。

1.1 项目概述

回顾 Linux 的历史，可以说它是“踩着巨人的肩膀”逐步发展起来的。Linux 在很大程度上借鉴了 UNIX 操作系统的成功经验，继承并发展了 UNIX 的优良传统。由于 Linux 具有开源的特性，因此一经推出便得到了广大操作系统开发爱好者的积极响应和支持，这也是 Linux 得以迅速发展的关键因素之一。本章讲解 Linux 的发展历史、Linux 的特性、Linux 基本命令及 Vi、Vim 编辑器的使用等相关理论知识，项目实践部分讲解 VMware Workstation 的安装、虚拟主机 CentOS 7 的安装、系统克隆与快照管理、SecureCRT 与 SecureFX 配置管理等相关知识与技能。

1.2 必备知识

1.2.1 Linux 的发展历史

Linux 操作系统是一种类 UNIX 的操作系统，UNIX 是一种主流经典的操作系统，Linux 操作系统来源于UNIX,是UNIX在计算机上的完整实现。UNIX操作系统是1969年由肯·汤普森(K. Thompson)工程师在美国贝尔实验室开发的一种操作系统。1972年,他与丹尼斯·里奇(D. Ritchie)工程师一起用C语言重写了UNIX操作系统,大幅增加了其可移植性。由于UNIX具有良好而稳定的性能,又在几十年中不断地改进和迅速发展,因此在计算机领域中得到了广泛应用。

由于政策改变,在UNIX v7推出之后,美国电话电报公司发布了新的使用条款,将UNIX源代码私有化,在大学中不能再使用UNIX源代码。1987年,荷兰的阿姆斯特丹自由大学计算机科学系的安德鲁·塔能鲍姆(A. Tanenbaum)教授为了能在课堂上教授学生操作系统运作的实务细节,决定在不使用任何美国电话电报公司的源代码的前提下,自行开发与UNIX兼容的操作系统,以避免版权上的争议。他以小型UNIX(mini-UNIX)之意将此操作系统命名为MINIX。MINIX是一种基于微内核架构的类UNIX计算机操作系统,除了启动的部分用汇编语言编写以外,其他大部分是用C语言编写的,其内核系统分为内核、内存管理及文件管理3部分。

视频讲解

MINIX最有名的学生用户是芬兰人李纳斯·托瓦兹(L. Torvalds),他在芬兰的赫尔辛基技术大学用MINIX操作系统搭建了一个新的内核与MINIX兼容的操作系统。1991年10月5日,他在一台FTP服务器上发布了这个消息,将此操作系统命名为Linux,标志着Linux操作系统的诞生。在设计哲学上,Linux和MINIX大相径庭,MINIX在内核设计上采用了微内核的原则,但Linux和原始的UNIX相同,都采用了宏内核的设计。

Linux操作系统增加了很多功能,被完善并发布到互联网中,所有人都可以免费下载、使用它的源代码。Linux的早期版本并没有考虑用户的使用,只提供了最核心的框架,使得Linux编程人员可以享受编制内核的乐趣,这也促成了Linux操作系统内核的强大与稳定。随着互联网的发展与兴起,Linux操作系统迅速发展,许多优秀的程序员都加入Linux操作系统的编写行列之中,随着编程人员的扩充和完整的操作系统基本软件的出现,Linux操作系统开发人员认识到Linux已经逐渐变成一个成熟的操作系统平台。1994年3月,其内核1.0的推出,标志着Linux第一个版本的诞生。

Linux一开始要求所有的源代码必须公开,且任何人均不得从Linux交易中获利。然而,这种纯粹的自由软件的理想对于Linux的普及和发展是不利的,于是Linux开始转向通用公共许可证(General Public License,GPL)项目,成为GNU(GNU's Not UNIX)阵营中的主要一员。GNU项目是由理查德·斯托曼(R. Stallman)于1984年提出的,他建立了自由软件基金会,并提出GNU项目的目的是开发一种完全自由的、与UNIX类似但功能更强大的操作系统,以便为所有计算机用户提供一种功能齐全、性能良好的基本系统。

Linux凭借优秀的设计、不凡的性能,加上IBM、Intel、CA、Core、Oracle等国际知名企业的大力支持,市场份额逐步扩大,逐渐成为主流操作系统之一。

1.2.2 Linux的特性

Linux操作系统是目前发展最快的操作系统,这与Linux具有的良好特性是分不开的。它包含了UNIX的全部功能和特性。Linux操作系统作为一款免费、自由、开放的操作系统,发展势不可挡,它高效、安全、稳定,支持多种硬件平台,用户界面友好,网络功能强大,支持多任务、多用户。

(1) 开放性。Linux操作系统遵循世界标准规范,特别是遵循开放系统互连(Open System Interconnect,OSI)国际标准,凡遵循国际标准所开发的硬件和软件都能彼此兼容,可方便地实现互连。另外，源代码开放的 Linux 是免费的，使 Linux 的获得非常方便，且使用 Linux 可节省花销。使用者能控制源代码，即按照需求对部件进行配置，以及自定义建设系统安全设置等。

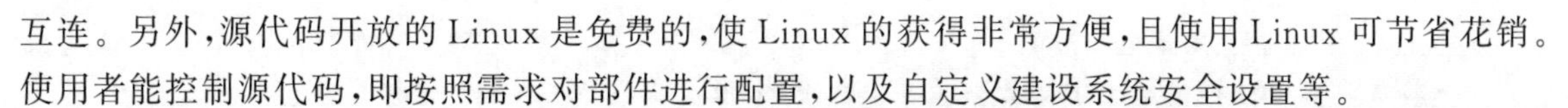

(2) 多用户。Linux 操作系统资源可以被不同用户使用，每个用户对自己的资源（如文件、设备）有特定的权限，互相影响。

(3) 多任务。使用 Linux 操作系统的计算机可同时执行多个程序，而各个程序的运行互相独立。

(4) 良好的用户界面。Linux 操作系统为用户提供了图形用户界面。它利用鼠标、菜单、窗口、滚动条等元素，给用户呈现一个直观、易操作、交互性强的友好的图形化界面。

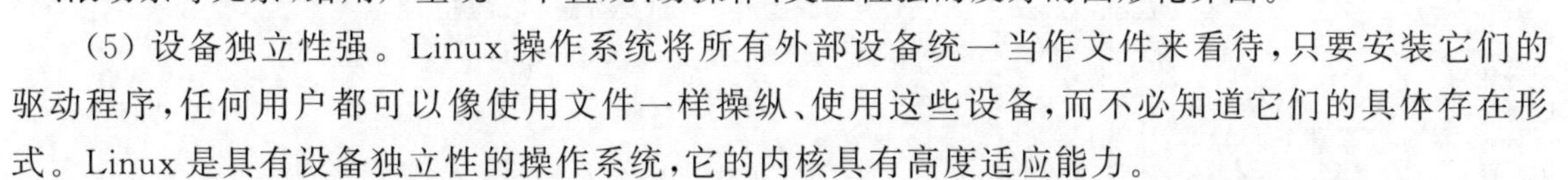

(5) 设备独立性强。Linux 操作系统将所有外部设备统一当作文件来看待，只要安装它们的驱动程序，任何用户都可以像使用文件一样操纵、使用这些设备，而不必知道它们的具体存在形式。Linux 是具有设备独立性的操作系统，它的内核具有高度适应能力。

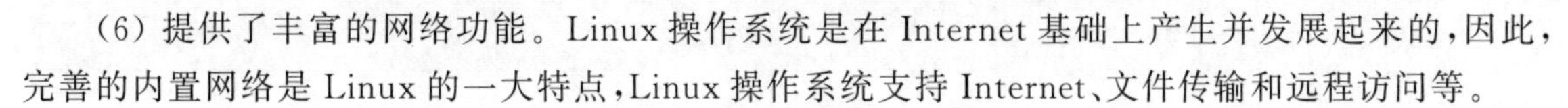

(6) 提供了丰富的网络功能。Linux 操作系统是在 Internet 基础上产生并发展起来的，因此，完善的内置网络是 Linux 的一大特点，Linux 操作系统支持 Internet、文件传输和远程访问等。

(7) 可靠的安全系统。Linux 操作系统采取了许多安全技术措施，包括读写控制、带保护的子系统、审计跟踪、核心授权等，这为网络多用户环境中的用户提供了必要的安全保障。

(8) 良好的可移植性。Linux 操作系统从一个平台转移到另一个平台时仍然能用其自身的方式运行。Linux 是一种可移植的操作系统，能够在从微型计算机到大型计算机的任何环境和任何平台上运行。

(9) 支持多文件系统。Linux 操作系统可以把许多不同的文件系统以挂载形式连接到本地主机上，包括 Ext2/3、FAT32、NTFS、OS/2 等文件系统，以及网络中其他计算机共享的文件系统等，是数据备份、同步、复制的良好平台。

1.2.3　Linux 基本命令

Linux 操作系统的 Shell 作为操作系统的外壳，为用户提供使用操作系统的接口。它是命令语言、命令解释程序及程序设计语言的统称。

Shell 是用户和 Linux 内核之间的接口程序，如果把 Linux 内核想象成一个球体的中心，Shell 就是围绕内核的外层。当从 Shell 或其他程序向 Linux 传递命令时，内核会做出相应的反应。

1. Shell 命令的基本格式

在 Linux 操作系统中看到的命令其实就是 Shell 命令，Shell 命令的基本格式如下。

```
command [选项] [参数]
```

(1) command 为命令名称，例如，查看当前文件夹下文件或文件夹的命令是 ls。

(2) [选项]表示可选，是对命令的特别定义。以连接符“-”开始，多个选项可以用一个连接符“-”连接起来，例如，ls -l -a 与 ls -la 的作用是相同的。有些命令不写选项和参数也能执行，有些命令在必要时可以附带选项和参数。

ls 是常用的一个命令，它属于目录操作命令，用来列出当前目录下的文件和文件夹。ls 命令后可以加选项，也可以不加选项。不加选项的写法如下。

```
[root@localhost ~]# ls
anaconda-ks.cfg initial-setup-ks.cfg 公共 模板 视频 图片 文档 下载 音乐 桌面
[root@localhost ~]#
```

ls 命令之后不加选项和参数也能执行，但只能执行最基本的功能，即显示当前目录下的文件名。那么，加入一个选项后，会出现什么结果？

```
[root@localhost ~]# ls -l
总用量 8
-rw-------. 1    root  root  1647 6月  8 01:27  anaconda-ks.cfg
-rw-r--r--. 1    root  root  1695 6月  8 01:30  initial-setup-ks.cfg
drwxr-xr-x. 2    root  root     6 6月  8 01:41  公共
……//省略部分内容
drwxr-xr-x. 2    root  root    40 6月  8 01:41  桌面
[root@localhost ~]#
```

如果加-l 选项，则可以看到显示的内容明显增多了。-l 是长格式(Long List)的意思，即显示文件的详细信息。

可以看到，选项的作用是调整命令功能。如果没有选项，那么命令只能执行最基本的功能；而一旦有选项，就能执行更多功能，或者显示更加丰富的数据。

Linux 的选项又分为短格式选项和长格式选项两类。

短格式选项是长格式选项的缩写，用一个"-"和一个字母表示，如 ls -l。

长格式选项是完整的英文单词，用两个"-"和一个单词表示，如 ls --all。

一般情况下，一个短格式选项会有对应的长格式选项。当然也有例外，例如，ls 命令的短格式选项-l 就没有对应的长格式选项，所以具体的命令选项需要通过帮助手册来查询。

(3) [参数]为跟在可选项后的参数，或者是 command 的参数。参数可以是文件，也可以是目录；可以没有，也可以有多个。有些命令必须使用多个操作参数，例如，cp 命令必须指定源操作对象和目标对象。

(4) command [选项] [参数]等项目之间以空格隔开，无论有几个空格，Shell 都视其为一个空格。

2. 输入命令时键盘操作的一般规律

(1) 命令、文件名、参数等都要区分英文大小写，例如，md 与 MD 是不同的。

(2) 命令、选项、参数之间必须有一个或多个空格。

(3) 命令太长时，可以使用"\"符号来转义 Enter 符号，以实现一条命令跨多行。

```
[root@localhost ~]# hostnamectl set-hostname \           //输入"\"符号来转义 Enter 符号
> test1                                                   //输入主机名为 test1
[root@localhost ~]# bash                                  //bash 执行命令
[root@test1 ~]#
```

(4) 按 Enter 键以后，该命令才会被执行。

3. 配置显示系统的常用命令

(1) cat 命令：查看 Linux 内核版本。执行命令如下。

```
[root@localhost ~]# cat /proc/version
Linux version 3.10.0-957.el7.x86_64 (mockbuild@kbuilder.bsys.centos.org) (gcc version 4.8.5
20150623 (Red Hat 4.8.5-36) (GCC) ) #1 SMP Thu Nov 8 23:39:32 UTC 2018
[root@localhost ~]#
[root@localhost ~]# cat /etc/redhat-release
CentOS Linux release 7.6.1810 (Core)
[root@localhost ~]#
```

cat 命令的作用是连接文件或标准输入并输出。这个命令常用来显示文件内容，或者将几个文件连接起来显示，或者从标准输入读取内容并显示，常与重定向符号配合使用。其命令格式如下。

```
cat  [选项]  文件名
```

cat 命令各选项及其功能说明如表 1.1 所示。

表 1.1　cat 命令各选项及其功能说明

选　项	功能说明
-A	等价于-vET
-b	对非空输出行编号
-e	等价于-vE
-E	在每行结束处显示 $
-n	从 1 开始对所有输出的行数进行编号
-s	当有连续两行以上的空白行时，将其替换为一行空白行
-t	与-vT 等价
-T	将跳格字符显示为^I
-v	使用^和 M-引用，除了 Tab 键之外

使用 cat 命令来显示文件内容时，执行命令如下。

```
[root@localhost ~]# dir
a1-test01.txt       history.txt             mkfs.ext2     mkrfc2734   公共    图片    音乐
anaconda-ks.cfg     initial-setup-ks.cfg    mkfs.msdos    mnt         模板    文档    桌面
font.map            mkfontdir               mkinitrd      user01      视频    下载
[root@localhost ~]# cat a1-test01.txt          //显示 a1-test01.txt 文件的内容
aaaaaaaaaaaaaa
bbbbbbbbbbbbbb
cccccccccccccccc
[root@localhost ~]# cat -nE  a1-test01.txt     //显示 a1-test01.txt 文件的内容,对输出的所有行
                                               //编号,由 1 开始对所有输出的行数进行编号,在每行
                                               //结束处显示 $

     1 aaaaaaaaaaaaaa$
     2 bbbbbbbbbbbbbb$
     3 cccccccccccccccc$
[root@localhost ~]#
```

（2）tac 命令：反向显示文件内容。

tac 命令与 cat 命令相反，只适合用于显示内容较少的文件。其命令格式如下。

```
tac  [选项]  文件名
```

tac 命令各选项及其功能说明如表 1.2 所示。

表 1.2 tac 命令各选项及其功能说明

选　　项	功 能 说 明
-b	在行前而非行尾添加分隔标志
-r	分隔标志视作正则表达式来解析
-s	使用指定字符串代替换行作为分隔标志

使用 tac 命令来反向显示文件内容时,执行命令如下。

```
[root@localhost ~]# tac -r  a1-test01.txt
cccccccccccccccc
bbbbbbbbbbbbbb
aaaaaaaaaaaaaa
[root@localhost ~]#
```

(3) head 命令:查看文件的前 n 行内容。

head 命令用来查看具体文件的前几行的内容,默认情况下显示文件前 10 行的内容。其命令格式如下。

```
head  [选项]  文件名
```

head 命令各选项及其功能说明如表 1.3 所示。

表 1.3 head 命令各选项及其功能说明

选　　项	功 能 说 明
-c	显示文件的前 n 字节,如-c5,表示文件内容的前 5 字节
-n	后面接数字,表示显示几行
-q	不显示包含给定文件名的文件头
-v	总是显示包含给定文件名的文件头

使用 head 命令来查看具体文件的前几行的内容时,执行以下命令。

```
[root@localhost ~]# head -n5 -v  /etc/passwd
==> /etc/passwd <==
root:x:0:0:root:/root:/bin/bash
bin:x:1:1:bin:/bin:/sbin/nologin
daemon:x:2:2:daemon:/sbin:/sbin/nologin
adm:x:3:4:adm:/var/adm:/sbin/nologin
lp:x:4:7:lp:/var/spool/lpd:/sbin/nologin
[root@localhost ~]#
```

(4) tail 命令:查看文件的最后 n 行内容。

tail 命令用来查看具体文件的最后几行的内容,默认情况下显示文件最后 10 行的内容。可以

使用 tail 命令来查看日志文件被更改的过程。其命令格式如下。

```
tail  [选项]  文件名
```

tail 命令各选项及其功能说明如表 1.4 所示。

表 1.4　tail 命令各选项及其功能说明

选　项	功能说明
-c	显示文件的后 n 字节，如-c5，表示文件内容后 5 字节，其他文件内容不显示
-f	随着文件的增长输出附加数据，即实时跟踪文件，显示一直继续，直到按 Ctrl+C 组合键才停止显示
-F	实时跟踪文件，如果文件不存在，则继续尝试
-n	后面接数字时，表示显示几行
-q	不显示包含给定文件名的文件头
-v	总是显示包含给定文件名的文件头

使用 tail 命令来查看具体文件的最后几行的内容时，执行以下命令。

```
[root@localhost ~]# tail -n5 -v /etc/passwd
==> /etc/passwd <==
postfix:x:89:89::/var/spool/postfix:/sbin/nologin
tcpdump:x:72:72::/:/sbin/nologin
csg:x:1000:1000:root:/home/csg:/bin/bash
user01:x:1001:1001:user01:/home/user01:/bin/bash
user0:x:1002:1002:user01:/home/user0:/bin/bash
[root@localhost ~]#
```

(5) echo 命令：将显示内容输出到屏幕上。

echo 命令非常简单，如果命令的输出内容没有特殊含义，则原内容输出到屏幕上；如果命令的输出内容有特殊含义，则输出其含义。其命令格式如下。

```
echo  [选项]  [输出内容]
```

echo 命令各选项及其功能说明如表 1.5 所示。

表 1.5　echo 命令各选项及其功能说明

选　项	功能说明
-n	取消输出后行末的换行符号(内容输出后不换行)
-e	支持反斜线控制的字符转换

在 echo 命令中，如果使用了-n 选项，则表示输出文字后不换行。字符串可以加引号，也可以不加引号，用 echo 命令输出加引号的字符串时，将字符串原样输出；用 echo 命令输出不加引号的字符串时，字符串中的各个单词作为字符串输出，各字符串之间用一个空格分隔。

如果使用了-e 选项，则可以支持控制字符，会对其进行特别处理，而不会将它当作一般文字输出。控制字符如表 1.6 所示。

表 1.6 控制字符

控制字符	功能说明
\\	输出\本身
\a	输出警告声音
\b	退格键,即向左删除键
\c	取消输出行末的换行符。和-n 选项一致
\e	Esc 键
\f	换页符
\n	换行符
\r	Enter 键
\t	制表符,即 Tab 键
\v	垂直制表符
\0nnn	按照八进制 ASCII 表输出字符。其中,0 为数字 0,nnn 是三位八进制数
\xhh	按照十六进制 ASCII 表输出字符。其中,hh 是两位十六进制数

使用 echo 命令输出相关内容到屏幕上,执行以下命令。

```
[root@localhost ~]# echo -en "hello welcome\n"          //换行输出
hello welcome
[root@localhost ~]# echo -en "1 2 3\n"                  //整行换行输出
1 2 3
[root@localhost ~]# echo -en "1\n2\n3\n"                //每个字符换行输出
1
2
3
[root@localhost ~]# echo -n aaa                         //字符串不加引号,不换行输出
aaa[root@localhost ~]# echo -n 123
123[root@localhost ~]#
```

echo 命令也可以把显示输出的内容输入一个文件中,命令如下。

```
[root@localhost ~]# echo "hello everyone welcome to here" > welcome.txt    //写入或替换
[root@localhost ~]# echo "hello everyone" >> welcome.txt                   //追加写入
[root@localhost ~]# cat welcome.txt
hello everyone welcome to here
hello everyone
[root@localhost ~]#
```

(6) shutdown 命令:可以安全地关闭或重启 Linux 操作系统,它在系统关闭之前给系统中的所有登录用户发送一条警告信息。

该命令还允许用户指定一个时间参数,用于指定什么时间关闭,时间参数可以是一个精确的时间,也可以是从现在开始的一个时间段。

精确时间的格式是 hh:mm,表示小时和分钟,时间段由小时和分钟数表示。系统执行该命令后会自动进行数据同步的工作。

该命令的一般格式如下。

```
shutdown [选项] [时间] [警告信息]
```

shutdown 命令中各选项的含义如表 1.7 所示。

表 1.7　shutdown 命令中各选项的含义

选　　项	含　　义
-k	并不真正关机，只是发出警告信息给所有用户
-r	关机后立即重新启动系统
-h	关机后不重新启动系统
-f	快速关机重新启动时跳过文件系统检查
-n	快速关机且不经过初始化程序
-c	取消一个已经运行的关机操作

需要特别说明的是，该命令只能由 root 用户使用。

halt 命令是最简单的关机命令，其实际上是调用 shutdown -h 命令。halt 命令执行时，会结束应用进程，文件系统写操作完成后会停止内核。

```
[root@localhost ~]# halt now            //立刻关闭系统
```

reboot 命令的工作过程与 halt 命令类似，其作用是重新启动系统，而 halt 命令是关机。其参数也与 halt 命令类似，reboot 命令重启系统时是删除所有进程，而不是平稳地终止它们。因此，使用 reboot 命令可以快速地关闭系统，但当还有其他用户在该系统中工作时，会引起数据的丢失，所以使用 reboot 命令的场合主要是单用户模式。

```
[root@localhost ~]# reboot              //立刻重启系统
[root@localhost ~]# shutdown - r 00:05  //5min 后重启系统
[root@localhost ~]# shutdown - c        //取消关机操作
```

退出终端窗口命令是 exit。

```
[root@localhost ~]# exit                //退出终端窗口
```

(7) whoami 命令：用于显示当前的操作用户的用户名，执行命令如下。

```
[root@localhost ~]# whoami
root
[root@localhost ~]#
```

(8) hostnamectl 命令：用于设置当前系统的主机名，执行命令如下。

```
[root@localhost ~]# hostnamectl set - hostname test1     //设置当前系统的主机名为 test1
[root@localhost ~]# bash                                 //执行命令
[root@test1 ~]#
[root@test1 ~]# hostname                                 //查看当前主机名
test1
[root@test1 ~]#
```

(9) date 命令：用于显示当前时间/日期，执行命令如下。

```
[root@localhost ~]# date
2022 年 05 月 10 日 星期二 19:13:05 CST
[root@localhost ~]#
```

(10) cal 命令：用于显示日历信息，执行命令如下。

```
[root@localhost ~]# cal
      五月 2022
日 一 二 三 四 五 六
1  2  3  4  5  6  7
8  9  10 11 12 13 14
15 16 17 18 19 20 21
22 23 24 25 26 27 28
29 30 31
[root@localhost ~]#
```

(11) clear 命令：相当于 DOS 下的 cls 命令，执行命令如下。

```
[root@localhost ~]# clear
[root@localhost ~]#
```

(12) history 命令：可以用来显示和编辑历史命令，显示最近 5 个历史命令，执行命令如下。

```
[root@localhost ~]# history  5
    14 uname -a
    15 whoami
    16 date
    17 cal
    18 history 5
[root@localhost ~]#
```

视频讲解

(13) pwd 命令：显示当前工作目录，执行命令如下。

```
[root@localhost ~]# pwd
/root
[root@localhost ~]#
```

(14) cd 命令：改变当前工作目录。

cd 是 change directory 的缩写，用于改变当前工作目录。其命令格式如下。

```
cd  [绝对路径或相对路径]
```

路径是目录或文件在系统中的存放位置，如果想要编辑 ifcfg-ens33 文件，则先要知道此文件的所在位置，此时就需要用路径来表示。

路径是由目录和文件名构成的，例如，/etc 是一个路径，/etc/sysconfig 是一个路径，/etc/

sysconfig/network-scripts/ifcfg-ens33 也是一个路径。

路径的分类如下。

① 绝对路径：从根目录(/)开始的路径，如/usr、/usr/ local/、/usr/local/etc 等是绝对路径，它指向系统中一个绝对的位置。

② 相对路径：路径不是从"/"开始的，相对路径的起点为当前目录，如果现在位于/usr 目录，那么相对路径 local/etc 所指示的位置为/usr/local/etc，也就是说，相对路径所指示的位置，除了相对路径本身之外，还受到当前位置的影响。

Linux 操作系统中常见的目录有/bin、/usr/bin、/usr/local/bin，如果只有一个相对路径 bin，那么它指示的位置可能是上面 3 个目录中的任意一个，也可能是其他目录。特殊符号表示的目录如表 1.8 所示。

表 1.8　特殊符号表示的目录

特殊符号	表示的目录
~	当前登录用户的主目录
~用户名	切换至指定用户的主目录
-	上次所在目录
.	当前目录
..	上级目录

如果只输入 cd，未指定目标目录名，则返回到当前用户的主目录，等同于 cd~。一般用户的主目录默认在/root 下，如 root 用户的默认主目录为/root。为了能够进入指定的目录，用户必须拥有对指定目录的执行和读权限。

以 root 身份登录到系统中，进行目录切换等操作，执行命令如下。

```
[root@localhost ~]# pwd                 //显示当前工作目录
/root
[root@localhost ~]# cd /etc             //以绝对路径进入 etc 目录
[root@localhost etc]# cd yum.repos.d    //以相对路径进入 yum.repos.d 目录
[root@localhost yum.repos.d]# pwd
/etc/yum.repos.d
[root@localhost yum.repos.d]# cd .      //当前目录
[root@localhost yum.repos.d]# cd ..     //上级目录
[root@localhost etc]# pwd
/etc
[root@localhost etc]# cd ~              //当前登录用户的主目录
[root@localhost ~]# pwd
/root
[root@localhost ~]# cd -                //上次所在目录
/etc
[root@localhost etc]#
```

(15) ls 命令：显示目录文件。

ls 是 list 的缩写，不加参数时，ls 命令用来显示当前目录清单，是 Linux 中常用的命令之一。通过 ls 命令不仅可以查看 Linux 文件夹包含的文件，还可以查看文件及目录的权限、目录信息等。

其命令格式如下。

```
ls [选项] 目录或文件名
```

ls 命令各选项及其功能说明如表 1.9 所示。

表 1.9 ls 命令各选项及其功能说明

选　项	功能说明
-a	显示所有文件,包括隐藏文件,如“.”“..”
-d	仅可以查看目录的属性参数及信息
-h	以易于阅读的格式显示文件或目录的大小
-i	查看任意一个文件的节点
-l	长格式输出,包含文件属性,显示详细信息
-L	递归显示,即列出某个目录及子目录的所有文件和目录
-t	以文件和目录的更改时间排序显示

使用 ls 命令进行显示目录文件相关操作,执行命令如下。

① 显示所有文件,包括隐藏文件,如“.”“..”。

```
[root@localhost ~]# ls -a
.                 .bash_profile    .esd_auth        mkfontdir    .tcshrc      文档
..                .bashrc          font.map         mkfs.ext2    .Viminfo     下载
aa.txt            .cache           history.txt      mkfs.msdos   公共         音乐
anaconda-ks.cfg   .config          .ICEauthority    mkinitrd     模板         桌面
……//省略部分内容
[root@localhost ~]#
```

② 长格式输出,包含文件属性,显示详细信息。

```
[root@localhost ~]# ls -l
总用量 16
-rw-r--r--.   1 root root   85     6月   25 14:04    aa.txt
-rw-------.   1 root root   1647   6月   8 01:27     anaconda-ks.cfg
-rw-r--r--.   1 root root   0      6月   20 22:37    font.map
……//省略部分内容
[root@localhost ~]#
```

(16) touch 命令:创建文件或修改文件。

视频讲解

touch 命令可以用来创建文件或修改文件的存取时间,如果指定的文件不存在,则会生成一个空文件。其命令格式如下。

```
touch [选项] 目录或文件名
```

touch 命令各选项及其功能说明如表 1.10 所示。

表 1.10 touch 命令各选项及其功能说明

选　项	功 能 说 明
-a	只把文件存取时间修改为当前时间
-d	把文件的存取/修改时间格式改为 yyyy-mm-dd
-m	只把文件的修改时间修改为当前时间

使用 touch 命令创建一个或多个文件时，执行以下命令。

```
[root@localhost ~]# cd /mnt                       //切换目录
[root@localhost mnt]# touch file01.txt            //创建一个文件
[root@localhost mnt]# touch file0{2..4}.txt       //创建多个文件
[root@localhost mnt]# touch *        //把当前目录下所有文件的存取和修改时间修改为当前时间
[root@localhost mnt]# ls -l                       //查看修改结果
总用量 0
-rw-r--r--.  1 root root   0 5月   10 19:35 file01.txt
-rw-r--r--.  1 root root   0 5月   10 19:35 file02.txt
-rw-r--r--.  1 root root   0 5月   10 19:35 file03.txt
-rw-r--r--.  1 root root   0 5月   10 19:35 file04.txt
[root@localhost mnt]#
```

使用 touch 命令把目录/mnt 下的所有文件的存取和修改时间修改为 2022 年 6 月 26 日，执行以下命令。

```
[root@localhost mnt]# touch -d 20220626 /mnt/*
[root@localhost mnt]# ls -l
总用量 0
-rw-r--r--.  1 root root   0 6月   26 2022 file01.txt
-rw-r--r--.  1 root root   0 6月   26 2022 file02.txt
-rw-r--r--.  1 root root   0 6月   26 2022 file03.txt
-rw-r--r--.  1 root root   0 6月   26 2022 file04.txt
[root@localhost mnt]#
```

(17) mkdir 命令：创建新目录。

mkdir 命令用于创建指定的目录名，要求创建的用户在当前目录中具有写权限，并且指定的目录名不能是当前目录中已有的目录，目录可以是绝对路径，也可以是相对路径。其命令格式如下。

```
mkdir  [选项]  目录名
```

mkdir 命令各选项及其功能说明如表 1.11 所示。

表 1.11 mkdir 命令各选项及其功能说明

选　项	功 能 说 明
-p	创建目录时，递归创建。如果父目录不存在，则此时可以与子目录一起创建，即可以一次创建多个层次的目录
-m	给创建的目录设定权限，默认权限是 drwxr-xr-x
-v	输入目录创建的详细信息

使用 mkdir 命令创建新目录时,执行命令如下。

```
[root@localhost mnt]# mkdir user01              //创建新目录 user01
[root@localhost mnt]# ls -l
总用量 0
-rw-r--r--.  1 root root   0 6月   26 2020 file01.txt
-rw-r--r--.  1 root root   0 6月   26 2020 file02.txt
-rw-r--r--.  1 root root   0 6月   26 2020 file03.txt
-rw-r--r--.  1 root root   0 6月   26 2020 file04.txt
drwxr-xr-x.  2 root root   6 5月   10 19:38 user01
[root@localhost mnt]# mkdir -v user02           //创建新目录 user02
mkdir: 已创建目录 "user02"
[root@localhost mnt]# ls -l
总用量 0
-rw-r--r--.  1 root root   0 6月   26 2020 file01.txt
-rw-r--r--.  1 root root   0 6月   26 2020 file02.txt
-rw-r--r--.  1 root root   0 6月   26 2020 file03.txt
-rw-r--r--.  1 root root   0 6月   26 2020 file04.txt
drwxr-xr-x.  2 root root   6 5月   10 19:38 user01
drwxr-xr-x.  2 root root   6 5月   10 19:40 user02
[root@localhost mnt]# mkdir -p /mnt/user03/a01 /mnt/user03/a02
                                       //在 user03 目录下,同时创建目录 a01 和目录 a02
[root@localhost mnt]# ls -l /mnt/user03
总用量 0
drwxr-xr-x.  2 root root   6 5月   10 19:41 a01
drwxr-xr-x.  2 root root   6 5月   10 19:41 a02
[root@localhost mnt]#
```

(18) rmdir 命令:删除目录。

rmdir 命令是常用的命令,该命令的功能是删除空目录。一个目录被删除之前必须是空的,删除某目录时必须具有对其父目录的写权限。其命令格式如下。

```
rmdir   [选项]  目录名
```

rmdir 命令各选项及其功能说明如表 1.12 所示。

表 1.12 rmdir 命令各选项及其功能说明

选　　项	功 能 说 明
-p	递归删除目录,当子目录删除后其父目录为空时,父目录也一同被删除。如果整个路径被删除或者由于某种原因保留部分路径,则系统在标准输出上显示相应的信息
-v	显示指令执行过程

使用 rmdir 命令删除目录时,执行命令如下。

```
[root@localhost mnt]# rmdir -v /mnt/user03/a01
rmdir: 正在删除目录 "/mnt/user03/a01"
[root@localhost mnt]# ls -l /mnt/user03
总用量 0
drwxr-xr-x. 2 root root 6 5月 10 19:41 a02
[root@localhost mnt]#
```

(19) rm 命令：删除文件或目录。

rm 命令既可以删除一个目录中的一个文件或多个文件或目录，又可以将某个目录及其下的所有文件及子目录都删除，功能非常强大。其命令格式如下。

```
rm  [选项]  目录或文件名
```

rm 命令各选项及其功能说明如表 1.13 所示。

表 1.13　rm 命令各选项及其功能说明

选　　项	功 能 说 明
-f	强制删除，删除文件或目录时不提示用户
-i	在删除前会询问用户是否操作
-r	删除某个目录及其中的所有的文件和子目录
-d	删除空文件或目录
-v	显示指令执行过程

使用 rm 命令删除文件或目录时，执行命令如下。

```
[root@localhost ~]# ls -l /mnt              //显示目录下的信息
总用量 0
-rw-r--r--.  1 root root   0 6月   26 2022 file01.txt
-rw-r--r--.  1 root root   0 6月   26 2022 file02.txt
-rw-r--r--.  1 root root   0 6月   26 2022 file03.txt
-rw-r--r--.  1 root root   0 6月   26 2022 file04.txt
drwxr-xr-x.  2 root root   6 5月   10 19:38 user01
drwxr-xr-x.  2 root root   6 5月   10 19:40 user02
drwxr-xr-x.  3 root root  17 5月   10 19:44 user03
[root@localhost ~]# rm -r -f /mnt/*         //强制删除目录下的所有文件和目录
[root@localhost /]# ls -l /mnt              //显示目录下的信息
总用量 0
[root@localhost /]#
```

(20) cp 命令：复制文件或目录。

要将一个文件或目录复制到另一个文件或目录下，可以使用 cp 命令。该命令的功能非常强大，参数也很多，除了单纯的复制之外，还可以建立连接文件、复制整个目录，在复制的同时可以对文件进行改名操作等。这里仅介绍几个常用的参数选项。其命令格式如下。

```
cp  [选项]  源目录或文件名 目标目录或文件名
```

cp 命令各选项及其功能说明如表 1.14 所示。

表 1.14　cp 命令各选项及其功能说明

选项	功 能 说 明
-a	将文件的属性一起复制
-f	强制复制，无论目标文件或目录是否已经存在，如果目标文件或目录存在，则先删除它们再复制（即覆盖），并且不提示用户
-i	-i 和-f 选项正好相反，如果目标文件或目录存在，则提示是否覆盖已有的文件

续表

选项	功能说明
-n	不要覆盖已存在的文件(使-i 选项失效)
-p	保持指定的属性,如模式、所有权、时间戳等。与-a 类似,常用于备份
-r	递归复制目录,即包含目录下的各级子目录的所有内容
-s	只创建符号链接而不复制文件
-u	只在源文件比目标文件新或目标文件不存在时才进行复制
-v	显示指令执行过程

使用 cp 命令复制文件或目录时,执行命令如下。

```
[root@localhost ~]# cd /mnt
[root@localhost mnt]# touch a0{1..3}.txt
[root@localhost mnt]# mkdir user0{1..3}
[root@localhost mnt]# dir
a01.txt a02.txt a03.txt user01 user02 user03
[root@localhost mnt]# ls -l
总用量 0
-rw-r--r--.   1 root root   0 5月   10 19:49 a01.txt
-rw-r--r--.   1 root root   0 5月   10 19:49 a02.txt
-rw-r--r--.   1 root root   0 5月   10 19:49 a03.txt
drwxr-xr-x.   2 root root   6 5月   10 19:49 user01
drwxr-xr-x.   2 root root   6 5月   10 19:49 user02
drwxr-xr-x.   2 root root   6 5月   10 19:49 user03
[root@localhost mnt]# cd ~
[root@localhost ~]# cp -r /mnt/a01.txt /mnt/user01/
[root@localhost ~]# ls -l /mnt/user01
总用量 0
-rw-r--r--.   1 root root   0 5月   10 19:51 a01.txt
[root@localhost ~]#
```

(21) mv 命令:移动文件或目录。

使用 mv 命令可以为文件或目录重命名或将文件由一个目录移入另一个目录。如果在同一目录下移动文件或目录,则该操作可理解为给文件或目录重命名。其命令格式如下。

```
mv [选项] 源目录或文件名 目标目录或文件名
```

mv 命令各选项及其功能说明如表 1.15 所示。

表 1.15 mv 命令各选项及其功能说明

选　　项	功能说明
-f	覆盖前不询问
-i	覆盖前询问
-n	不覆盖已存在文件
-v	显示指令执行过程

使用 mv 命令移动文件或目录时,执行命令如下。

```
[root@localhost ~]# ls -l /mnt                                   //显示/mnt 目录信息
总用量 0
-rw-r--r--.   1 root root    0 6月   25 20:27 a01.txt
-rw-r--r--.   1 root root    0 6月   25 20:27 a02.txt
-rw-r--r--.   1 root root    0 6月   25 20:27 a03.txt
drwxr-xr-x.   2 root root   24 6月   25 20:29 user01
drwxr-xr-x.   2 root root   24 6月   25 20:30 user02
drwxr-xr-x.   6 root root  104 6月   25 20:37 user03
[root@localhost ~]# mv -f /mnt/a01.txt /mnt/test01.txt     //将 a01.txt 重命名为 test01.txt
[root@localhost ~]# ls -l /mnt                                   //显示/mnt 目录信息
总用量 0
-rw-r--r--.   1 root root    0 6月   25 20:27 a02.txt
-rw-r--r--.   1 root root    0 6月   25 20:27 a03.txt
-rw-r--r--.   1 root root    0 6月   25 20:27 test01.txt
drwxr-xr-x.   2 root root   24 6月   25 20:29 user01
drwxr-xr-x.   2 root root   24 6月   25 20:30 user02
drwxr-xr-x.   6 root root  104 6月   25 20:37 user03
[root@localhost ~]#
```

(22) tar 命令：打包、归档文件或目录。

使用 tar 命令可以把整个目录的内容归并为一个单一的文件，而许多用于 Linux 操作系统的程序就是打包为 TAR 文件的形式。tar 命令是 Linux 中常用的备份命令之一。

tar 命令可以用于建立、还原、查看、管理文件，也可以方便地追加新文件到备份文件中，或仅更新部分备份文件，以及解压、删除指定的文件。这里仅介绍几个常用的参数选项，以便于日常的系统管理工作。其命令格式如下。

```
tar [选项] 文件目录列表
```

tar 命令各选项及其功能说明如表 1.16 所示。

表 1.16 tar 命令各选项及其功能说明

选项	功能说明
-c	创建一个新归档。如果备份一个目录或一些文件，则要使用这个选项
-f	使用归档文件或设备。这个选项通常是必选的，选项后面一定要跟文件名
-z	用 gzip 来压缩/解压缩文件。加上该选项后可以对文件进行压缩，还原时也一定要使用该选项进行解压缩
-v	详细地列出处理的文件信息，若无此选项，则 tar 命令不报告文件信息
-r	把要存档的文件追加到档案文件的末尾。使用该选项时，可将忘记的目录或文件追加到备份文件中
-t	列出归档文件的内容，可以查看哪些文件已经备份
-x	从归档文件中释放文件

可以使用 tar 命令打包、归档文件或目录。

① 将/mnt 目录打包为一个文件 test01.tar，将其压缩为文件 test01.tar.gz，并存放在/root/user01 目录下作为备份，执行以下命令。

```
[root@localhost ~]# rm -rf /mnt/*                //删除/mnt目录下的所有目录或文件
[root@localhost ~]# ls -l /mnt
总用量 0
[root@localhost ~]# touch /mnt/a0{1..2}.txt  //新建两个文件
[root@localhost ~]# mkdir /mnt/test0{1..2}   //新建两个目录
[root@localhost ~]# ls -l /mnt
总用量 0
-rw-r--r--.    1 root root   0 6月   25 22:32 a01.txt
-rw-r--r--.    1 root root   0 6月   25 22:32 a02.txt
drwxr-xr-x.    2 root root   6 6月   25 22:46 test01
drwxr-xr-x.    2 root root   6 6月   25 22:46 test02
[root@localhost ~]# mkdir /root/user01           //新建目录
[root@localhost ~]# tar -cvf /root/user01/test01.tar /mnt
                                                 //将/mnt下的所有文件归并为文件test01.tar
tar: 从成员名中删除开头的"/"
/mnt/
/mnt/a01.txt
/mnt/a02.txt
/mnt/test01
/mnt/test02
[root@localhost ~]# ls /root/user01
test01.tar
[root@localhost ~]#
```

② 在目录/root/user01目录下生成压缩文件test01.tar,使用gzip命令可对单个文件进行压缩,原归档文件test01.tar就没有了,并生成压缩文件test01.tar.gz,执行以下命令。

```
[root@localhost ~]# gzip /root/user01/test01.tar
[root@localhost ~]# ls -l /root/user01
总用量 8
-rw-r--r--.   1 root root   190 6月   25 22:36 test01.tar.gz
[root@localhost ~]#
```

③ 在/root/user01目录下生成压缩文件test01.tar.gz,可以一次完成归档和压缩,把两步合并为一步,执行以下命令。

```
[root@localhost ~]# tar -zcvf /root/user01/test01.tar.gz /mnt
tar: 从成员名中删除开头的"/"
/mnt/
/mnt/a01.txt
/mnt/a02.txt
/mnt/test01
/mnt/test02
[root@localhost ~]# ls -l /root/user01
总用量 16
-rw-r--r--. 1 root root 10240 6月 25 22:36 test01.tar.gz
[root@localhost ~]#
```

④ 对文件 test01.tar.gz 进行解压缩,执行以下命令。

```
[root@localhost ~]# cd /root/user01
[root@localhost user01]# ls -l
总用量 4
4 -rw-r--r--. 1 root root  175 6月  25 23:13 test01.tar.gz
[root@localhost user01]# gzip -d test01.tar.gz
[root@localhost user01]# tar -xf test01.tar
```

也可以一次完成解压缩,把两步合并为一步,执行以下命令。

```
[root@localhost user01]# tar -zxf test01.tar.gz
[root@localhost user01]# ls -l
总用量 4
drwxr-xr-x. 4 root root 64 6月 25 23:13 mnt
-rw-r--r--.  1 root root  175 6月  25 23:13 test01.tar.gz
[root@localhost user01]# cd mnt
[root@localhost mnt]# ls -l
总用量 0
-rw-r--r--.  1 root root  0 6月   25 23:12 a01.txt
-rw-r--r--.  1 root root  0 6月   25 23:12 a02.txt
drwxr-xr-x.  2 root root  6 6月   25 23:13 test01
drwxr-xr-x.  2 root root  6 6月   25 23:13 test02
[root@localhost mnt]#
```

可查看用户目录下的文件列表,检查执行的情况,参数 f 之后的文件名是由用户自己定义的,通常应命名为便于识别的名称,并加上相对应的压缩名称,如 xxx.tar.gz。在前面的实例中,如果加上 z 参数,则调用 gzip 进行压缩,通常以.tar.gz 来代表 gzip 压缩过的 TAR 文件。注意,在压缩时自身不能处于要压缩的目录及子目录内。

(23) whereis 命令:查找文件位置。

whereis 命令用于查找可执行文件、源代码文件、帮助文件在文件系统中的位置。其命令格式如下。

```
whereis  [选项]  文件
```

whereis 命令各选项及其功能说明如表 1.17 所示。

表 1.17　whereis 命令各选项及其功能说明

选　项	功能说明
-b	只搜索二进制文件
-B <目录>	定义二进制文件查找路径
-m	只搜索 man 手册
-M <目录>	定义 man 手册查找路径
-s	只搜索源代码
-S <目录>	定义源代码查找路径
-f	终止<目录>参数列表

续表

选　　项	功能说明
-u	搜索不常见记录
-l	输出有效查找路径

使用 whereis 命令查找文件位置时，执行以下命令。

```
[root@localhost ~]# whereis passwd
passwd: /usr/bin/passwd /etc/passwd /usr/share/man/man5/passwd.5.gz /usr/share/man/man1/
passwd.1.gz
[root@localhost ~]#
```

(24) locate 命令：查找文件或目录。

locate 命令用于查找文件或目录。其命令格式如下。

```
locate   [选项]   文件
```

locate 命令各选项及其功能说明如表 1.18 所示。

表 1.18　locate 命令各选项及其功能说明

选　　项	功能说明
-b	仅匹配路径名的基名
-c	只输出找到的数量
-d	使用 DBPATH 指定的数据库，而不是默认数据库/var/lib/mlocate/mlocate.db
-e	仅输出当前现有文件的条目
-L	当文件存在时，遵循尾随的符号链接(默认)
-h	显示帮助
-i	忽略字母大小写
-l	将输出(或计数)限制为 LIMIT 个条目
-q	安静模式，不会显示任何错误信息
-r	使用基本正则表达式
-w	匹配整个路径名(默认)

使用 locate 命令查找文件位置时，执行命令如下。

```
[root@localhost ~]# locate passwd
/etc/passwd
/etc/passwd-
/etc/pam.d/passwd
/etc/security/opasswd
/usr/bin/gpasswd
……
[root@localhost ~]# locate -c passwd          //只输出找到的数量
153
[root@localhost ~]# locate firefox | grep rpm  //查找 firefox 文件的位置
/var/cache/yum/x86_64/7/updates/packages/firefox-68.11.0-1.el7.CentOS.x86_64.rpm
[root@localhost ~]#
```

(25) find 命令：文件查找。

find 命令用于文件查找,其功能非常强大。对于文件和目录的一些比较复杂的搜索操作,可以灵活应用最基本的通配符和搜索命令 find 来实现,其可以在某一目录及其所有的子目录中快速搜索具有某些特征的目录或文件。其命令格式如下。

```
find  [路径]  [匹配表达式]  [-exec command]
```

find 命令各匹配表达式及其功能说明如表 1.19 所示。

表 1.19 find 命令各匹配表达式及其功能说明

匹配表达式	功能说明
-name filename	查找指定名称的文件
-user username	查找属于指定用户的文件
-group groupname	查找属于指定组的文件
-print	显示查找结果
-type	查找指定类型的文件。文件类型有 b(块设备文件)、c(字符设备文件)、d(目录)、p(管道文件)、l(符号链接文件)和 f(普通文件)
-mtime n	类似于 atime,但查找的是文件内容被修改的时间
-ctime n	类似于 atime,但查找的是文件索引节点被改变的时间
-newer file	查找比指定文件新的文件,即文件的最后修改时间离现在较近
-perm mode	查找与给定权限匹配的文件,必须以八进制的形式给出访问权限
-exec command {} \;	对匹配指定条件的文件执行 command 命令
-ok command {} \;	与 exec 相同,但执行 command 命令时需要用户确认

使用 find 命令查找文件时,执行命令如下。

```
[root@localhost ~]# find /etc -name passwd
/etc/pam.d/passwd
/etc/passwd
[root@localhost ~]# find / -name "firefox*.rpm"
/var/cache/yum/x86_64/7/updates/packages/firefox-68.11.0-1.el7.CentOS.x86_64.rpm
[root@localhost ~]#
[root@localhost ~]# find /etc -type f -exec ls -l {} \;
-rw-r--r--.   1 root root   465 6月   8 01:15 /etc/fstab
-rw-------.   1 root root   0 6月     8 01:15 /etc/crypttab
-rw-r--r--.   1 root root   49 6月    26 09:38 /etc/resolv.conf
……//省略部分内容
[root@localhost ~]#
```

(26) which 命令：确定程序的具体位置。

which 命令用于查找并显示给定命令的绝对路径。环境变量 PATH 中保存了查找命令时需要遍历的目录,which 命令会在环境变量 PATH 设置的目录中查找符合条件的文件。也就是说,使用 which 命令可以看到某个系统指令是否存在,以及执行的命令的位置。其命令格式如下。

```
which  [选项]  [--]  COMMAND
```

which 命令各选项及其功能说明如表 1.20 所示。

表 1.20　which 命令各选项及其功能说明

选　　项	功 能 说 明
--version	输出版本信息
--help	输出帮助信息
--skip-dot	跳过以点开头的路径中的目录
--show-dot	不将点扩展到输出的当前目录中
--show-tilde	输出一个目录的非根
--tty-only	如果不处于 TTY 模式,则停止右侧的处理选项
--all, -a	输出所有的匹配项,但不输出第一个匹配项
--read-alias, -i	从标准输入读取别名列表
--skip-alias	忽略选项--read-alias,不读取标准输入
--read-functions	从标准输入读取 shell 方法
--skip-functions	忽略选项--read-functions

使用 which 命令查找文件位置时,执行命令如下。

```
[root@localhost ~]# which find
/usr/bin/find
[root@localhost ~]# which --show-tilde pwd
/usr/bin/pwd
[root@localhost ~]# which --version bash
GNU which v2.20, Copyright (C) 1999 - 2008 Carlo Wood.
GNU which comes with ABSOLUTELY NO WARRANTY;
This program is free software; your freedom to use, change
and distribute this program is protected by the GPL.
[root@localhost ~]#
```

(27) grep 命令:查找文件中包含指定字符串的行。

grep 是一个强大的文本搜索命令,它能使用正则表达式搜索文本,并把匹配的行输出。在 grep 命令中,字符"^"表示行的开始,字符"$"表示行的结束,如果要查找的字符串中带有空格,则可以用单引号或双引号将其括起来。其命令格式如下。

```
grep [选项] [正则表达式] 文件名
```

grep 命令各选项及其功能说明如表 1.21 所示。

表 1.21　grep 命令各选项及其功能说明

选　　项	功 能 说 明
-a	对二进制文件以文本文件的方式搜索数据
-c	对匹配的行计数
-i	忽略字母大小写的不同
-l	只显示包含匹配模式的文件名
-n	每个匹配行只按照相对的行号显示
-v	反向选择,列出不匹配的行

使用 grep 命令查找文件位置时,执行以下命令。

```
[root@localhost ~]# grep "root" /etc/passwd
root:x:0:0:root:/root:/bin/bash
operator:x:11:0:operator:/root:/sbin/nologin
csg:x:1000:1000:root:/home/csg:/bin/bash
[root@localhost ~]# grep -il "root" /etc/passwd
/etc/passwd
[root@localhost ~]#
```

grep 命令与 find 命令的差别在于,grep 命令是在文件中搜索满足条件的行,而 find 命令是在指定目录下根据文件的相关信息查找满足指定条件的文件。

(28) sort 命令:对文本文件内容进行排序。

sort 命令用于将文本文件内容加以排序。其命令格式如下。

```
sort  [选项]  文件名
```

sort 命令各选项及其功能说明如表 1.22 所示。

表 1.22　sort 命令各选项及其功能说明

选　　项	功能说明
-b	忽略前导的空白区域
-c	检查输入是否已排序,若已排序,则不进行操作
-d	只考虑空白区域和字母字符
-f	忽略字母大小写
-i	除了 040～176 中的 ASCII 字符外,忽略其他字符
-m	将几个排序好的文件合并
-M	将前面 3 个字母依照月份的缩写进行排序
-n	依照数值的大小进行排序
-o	将结果写入文件而非标准输出
-r	逆序输出排序结果
-s	禁用 last-resort 比较,以稳定比较算法
-t	使用指定的分隔符代替非空格到空格的转换
-u	配合-c 时,严格校验排序;不配合-c 时,只输出一次排序结果
-z	以 0 字节而非新行作为行尾标志

使用 sort 命令时,可针对文本文件的内容,以行为单位来进行排序,执行命令如下。

```
[root@localhost ~]# cat testfile01.txt        //查看 testfile01.txt 文件的内容
test 10
open 20
hello 30
welcome 40
[root@localhost ~]# sort testfile01.txt       //排序 testfile01.txt 文件的内容
hello 30
```

```
open 20
test 10
welcome 40
[root@localhost ~]#
```

sort 命令将以默认的方式使文本文件的第一列以 ASCII 码的次序排列，并将结果标准输出。

1.2.4 Vi、Vim 编辑器的使用

可视化接口(Visual interface,Vi)也称为可视化界面，它为用户提供了一个全屏幕的窗口编辑器，窗口中一次可以显示一屏的编辑内容，并可以上下滚动。Vi 是所有 UNIX 和 Linux 操作系统中的标准编辑器，类似于 Windows 操作系统中的记事本，对于 UNIX 和 Linux 操作系统中的任何版本，Vi 编辑器都是完全相同的，因此可以在其他任何介绍 Vi 的地方进一步了解它；Vi 也是 Linux 中最基本的文本编辑器，学会它后，可以在 Linux，尤其是在终端中畅通无阻。

Vim(Visual interface improved,Vim)可以看作 Vi 的改进升级版，Vi 和 Vim 都是 Linux 操作系统中的编辑器，不同的是，Vi 用于文本编辑，Vim 比较高级，更适用于面向开发者的云端开发平台。

视频讲解

Vim 可以执行输出、移动、删除、查找、替换、复制、粘贴、撤销、块操作等众多文件操作，而且用户可以根据自己的需要对其进行定制，这是其他编辑程序没有的。但 Vim 不是一个排版程序，它不像 Word 或 WPS 那样可以对字体、格式、段落等其他属性进行编排，它只是一个文件编辑程序。Vim 是全屏幕文件编辑器，没有菜单，只有命令。

在命令行中执行命令 vim filename，如果 filename 已经存在，则该文件被打开且显示其内容；如果 filename 不存在，则 Vim 在第一次存盘时自动在硬盘中新建 filename 文件。

Vim 有 3 种基本工作模式：命令模式、编辑模式和末行模式。考虑到各种用户的需要，采用状态切换的方法可以实现工作模式的转换，切换只是习惯性的问题，一旦熟练使用 Vim，就会觉得它非常易于使用。

1. 命令模式

命令模式(其他模式→Esc)是用户进入 Vim 的初始状态。在此模式下，用户可以输入 Vim 命令，使 Vim 完成不同的工作任务，如光标移动、复制、粘贴、删除等；也可以从其他模式返回到命令模式，在编辑模式下按 Esc 键或在末行模式下输入错误命令都会返回到命令模式。Vim 命令模式的光标移动命令如表 1.23 所示。Vim 命令模式的复制和粘贴命令如表 1.24 所示。Vim 命令模式的删除操作命令如表 1.25 所示。Vim 命令模式的撤销与恢复操作命令如表 1.26 所示。

表 1.23 Vim 命令模式的光标移动命令

操　　作	功能说明
gg	将光标移动到文章的首行
G	将光标移动到文章的尾行
w 或 W	将光标移动到下一个单词
H	将光标移动到该屏幕的顶端
M	将光标移动到该屏幕的中间
L	将光标移动到该屏幕的底端

续表

操作	功能说明
h(←)	将光标向左移动一格
l(→)	将光标向右移动一格
j(↓)	将光标向下移动一格
k(↑)	将光标向上移动一格
0(Home)	数字 0,将光标移至行首
$(End)	将光标移至行尾
PageUp/PageDown	(Ctrl+b/Ctrl+f)上下翻屏

表 1.24 Vim 命令模式的复制和粘贴命令

操作	功能说明
yy 或 Y	复制光标所在的整行
3yy 或 y3y	复制 3 行(含当前行及其后 2 行),如复制 5 行,则使用 5yy 或 y5y 即可
y1G	复制至文件首
yG	复制至文件尾
yw	复制 1 个单词
y2w	复制 2 个字符
p	粘贴到光标的后(下)面,如果复制的是整行,则粘贴到光标所在行的下一行
P	粘贴到光标的前(上)面,如果复制的是整行,则粘贴到光标所在行的上一行

表 1.25 Vim 命令模式的删除操作命令

操作	功能说明
dd	删除当前行
3dd 或 d3d	删除 3 行(含当前行及其后 2 行),如删除 5 行,则使用 5dd 或 d5d 即可
d1G	删除至文件首
dG	删除至文件尾
D 或 d$	删除至行尾
dw	删除至词尾
ndw	删除后面的 *n* 个词

表 1.26 Vim 命令模式的撤销与恢复操作命令

操作	功能说明
u	取消上一个更改(常用)
U	取消一行内的所有更改
Ctrl+r	重做一个动作(常用),通常与 u 配合使用,将会为编辑提供很多方便
.	重复前一个动作,如果想要重复删除、复制、粘贴等,则按“.”键即可

2. 编辑模式

在编辑模式(命令模式→a/A、i/I 或 o/O)下,可对编辑的文件添加新的内容并进行修改,这是该模式的唯一功能。进入该模式时,可按 a/A、i/I 或 o/O 键。Vim 编辑模式命令如表 1.27 所示。

表 1.27　Vim 编辑模式命令

操　　作	功能说明
a(小写)	在光标之后插入内容
A(大写)	在光标当前行的末尾插入内容
i(小写)	在光标之前插入内容
I(大写)	在光标当前行的开始部分插入内容
o(小写)	在光标所在行的下面新增一行
O(大写)	在光标所在行的上面新增一行

3. 末行模式

末行模式(命令模式→:或/与?)主要用来进行一些文字编辑辅助功能,如查找、替换、文件保存等。在命令模式下输入":"字符,即可进入末行模式;若输入命令完成或命令出错,则会退出Vim 或返回到命令模式。Vim 末行模式命令如表 1.28 所示,按 Esc 键可返回命令模式。

表 1.28　Vim 末行模式命令

操　　作	功能说明
ZZ(大写)	保存当前文件并退出
:wq 或 :x	保存当前文件并退出
:q	结束 Vim 程序,如果文件有过修改,则必须先保存文件
:q!	强制结束 Vim 程序,修改后的文件不会保存
:w[文件路径]	保存当前文件,将其保存为另一个文件(类似于另存为)
:r[filename]	在编辑的数据中,读入另一个文件的数据,即将 filename 文件的内容追加到光标所在行的后面
:!command	暂时退出 Vim 到命令模式下执行 command 的显示结果,如":!ls/home"表示可在 Vim 中查看/home 下以 ls 输出的文件信息
:set nu	显示行号,设定之后,会在每一行的前面显示该行的行号
:set nonu	与":set nu"相反,用于取消行号

在命令模式下输入": "字符,即可进入末行模式,在末行模式下可以进行查找与替换操作,其命令格式如下。

```
:[range]  s/pattern/string/[c,e,g,i]
```

查找与替换操作各选项及其功能说明如表 1.29 所示。

表 1.29　查找与替换操作各选项及其功能说明

选　　项	功能说明
range	指的是范围,如"1,5"指从第 1 行至第 5 行,"1,$"指从首行至最后一行,即整篇文章
s(search)	表示查找搜索
pattern	要被替换的字符串
string	将用 string 替换 pattern 的内容
c(confirm)	每次替换前会询问
e(error)	不显示 error

续表

选　　项	功能说明
g(globe)	不询问,将做整行替换
i(ignore)	不区分字母大小写

在命令模式下输入"/"或"?"字符,即可进入末行模式,在末行模式下可以进行查找操作,其命令格式如下。

```
/word 或?word
```

查找操作各选项及其功能说明如表 1.30 所示。

表 1.30　查找操作各选项及其功能说明

选　　项	功能说明
/word	向光标之下寻找一个名称为 word 的字符串。例如,要在文件中查找"welcome"字符串,则输入/welcome 即可
?word	向光标之上寻找一个名称为"word"的字符串
n	其代表英文按键,表示重复前一个查找的动作。例如,如果刚刚执行了/welcome 命令向下查找"welcome"字符串,则按下 n 键后,会继续向下查找下一个名称为"welcome"的字符串;如果执行了?welcome 命令,那么按 n 键会向上查找名称为"welcome"的字符串
N	其代表英文按键,与 n 刚好相反,为反向进行前一个查找动作。例如,执行/welcome 命令后,按 N 键表示向上查找名称为"welcome"的字符串

Vim 编辑器的使用如下。

(1) 在当前目录下新建文件 newtest.txt,输入文件内容,执行以下命令。

```
[root@localhost ~]# vim newtest.txt        //创建新文件 newtest.txt
```

在命令模式下按 a/A、i/I 或 o/O 键,进入编辑模式,完成以下内容的输入。

```
1        hello
2        everyone
3        welcome
4        to
5        here
```

输入以上内容后,按 Esc 键,从编辑模式返回命令模式,再输入大写字母 ZZ,退出并保存文件内容。

(2) 复制第 2 行与第 3 行文本到文件尾,同时删除第 1 行文本。

按 Esc 键,从编辑模式返回命令模式,将光标移动到第 2 行,在键盘上连续按 2yy 键,再按 G 键,将光标移动到文件最后一行,按 p 键,复制第 2 行与第 3 行文本到文件尾,按 gg 键,将光标移动到文件首行,按 dd 键,删除第 1 行文本,执行以上操作命令后,显示的文件内容如下。

```
2        everyone
3        welcome
4        to
5        here
2        everyone
3        welcome
```

(3) 在命令模式下,输入":"字符,进入末行模式,在末行模式下进行查找与替换操作,执行以下命令。

```
:1, $ s/everyone/myfriend/g
```

对整个文件进行查找,用"myfriend"字符串替换"everyone",无询问进行替换操作,执行命令后的操作结果如下。

```
2        myfriend
3        welcome
4        to
5        here
2        myfriend
3        welcome
```

(4) 在命令模式下,输入"?"或"/",进行查询,执行以下命令。

```
/welcome
```

按 Enter 键后,可以看到光标位于第 2 行,welcome 闪烁显示,按 n 键,可以继续进行查找,可以看到光标已经移动到最后一行 welcome 处进行闪烁显示。按 a/A、i/I 或 o/O 键,进入编辑模式,按 Esc 键返回命令模式,再输入 ZZ,保存文件并退出 Vim 编辑器。

1.3 项目实施

1.3.1 VMware Workstation 的安装

本书选用 VMware Workstation 16 Pro 软件,VMware Workstation 是一款功能强大的桌面虚拟化软件,可以在单一桌面上同时运行不同操作,并完成开发、调试、部署等。

(1) 下载 VMware-workstation-full-16.1.2-17966106 软件安装包,双击安装文件,弹出 VMware 安装主界面,如图 1.1 所示。单击"下一步"按钮,弹出"最终用户许可协议"窗口,如图 1.2 所示。

(2) 在"最终用户许可协议"窗口中,勾选"我接受许可协议中的条款"复选框,单击"下一步"按钮,如图 1.3 所示。弹出"自定义安装"窗口,如图 1.4 所示。

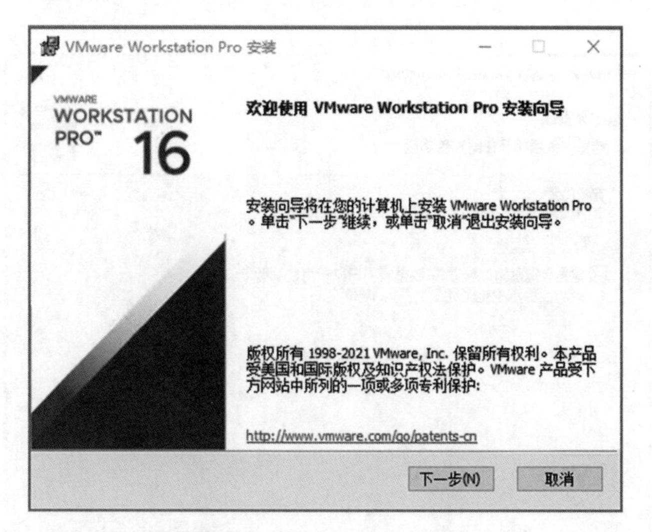

图 1.1　VMware 安装主界面

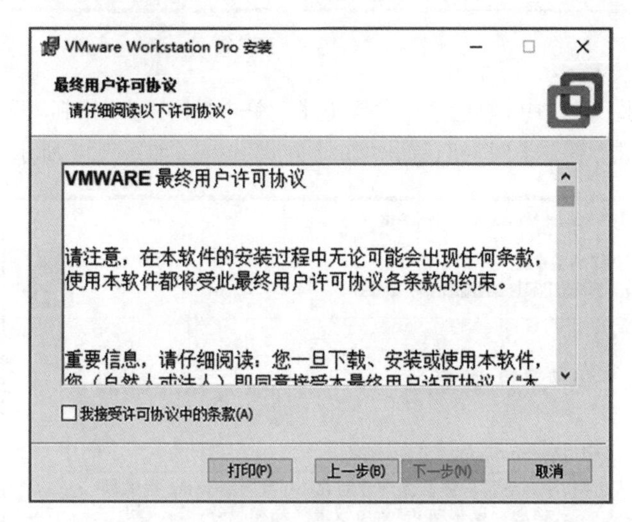

图 1.2　"最终用户许可协议"窗口 1

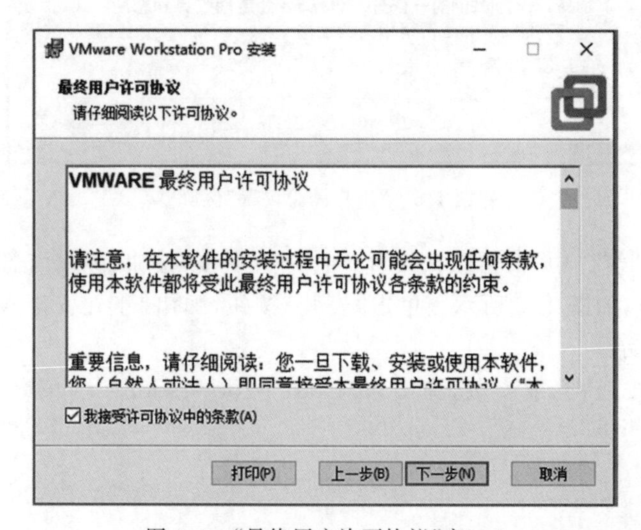

图 1.3　"最终用户许可协议"窗口 2

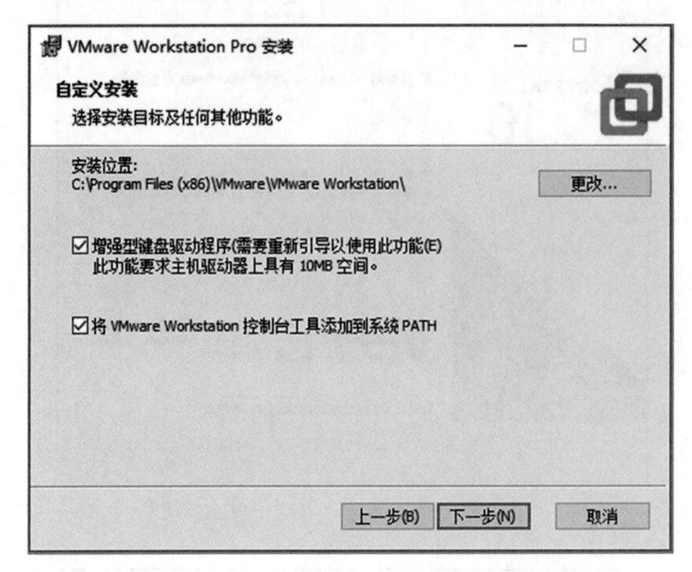

图 1.4 “自定义安装”窗口

(3) 在“自定义安装”窗口中,勾选图中的复选框,单击“下一步”按钮,弹出“用户体验设置”窗口,如图 1.5 所示。单击“下一步”按钮,弹出“快捷方式”窗口,如图 1.6 所示。

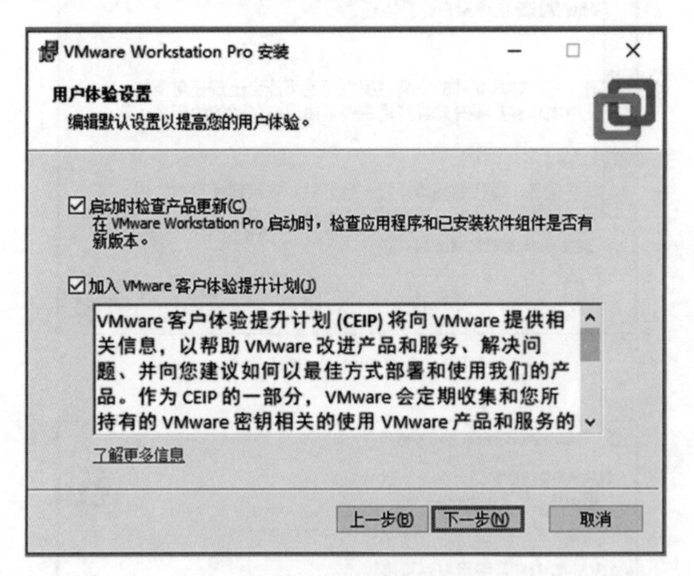

图 1.5 “用户体验设置”窗口

(4) 在“快捷方式”窗口中,保留默认设置,单击“下一步”按钮,弹出“已准备好安装 VMware Workstation Pro”窗口,如图 1.7 所示。单击“安装”按钮,弹出“正在安装 VMware Workstation Pro”窗口,如图 1.8 所示。

(5) 单击“完成”按钮,完成安装,弹出 VMware Workstation Pro 安装向导已完成界面,如图 1.9 所示。

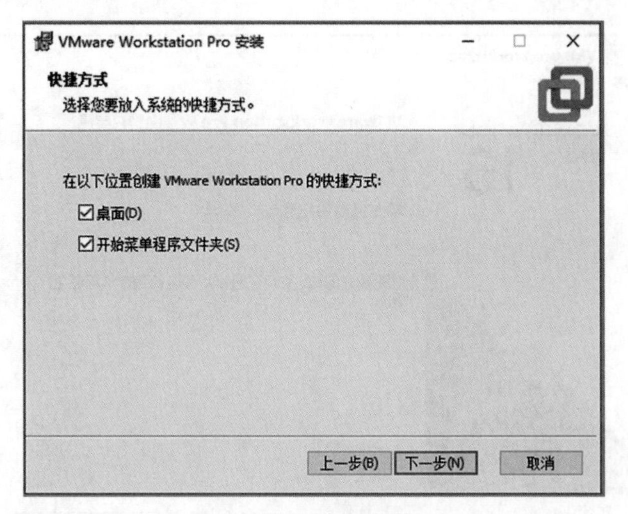

图 1.6　“快捷方式”窗口

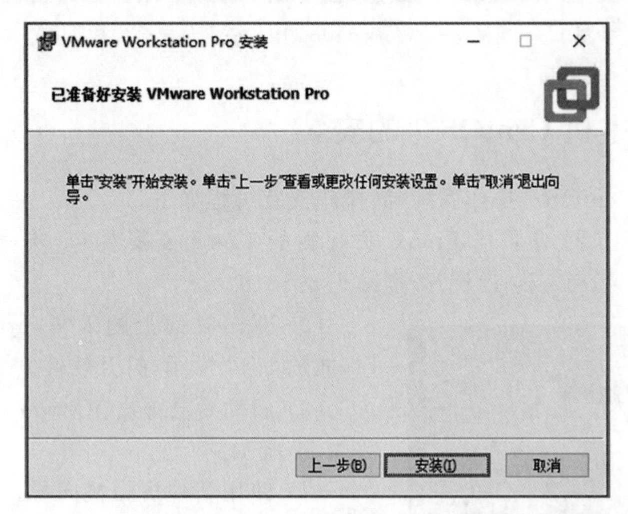

图 1.7　“已准备好安装 VMware Workstation Pro”窗口

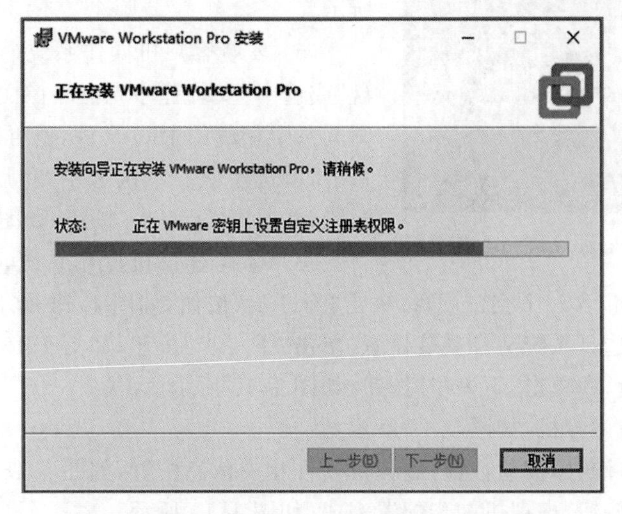

图 1.8　“正在安装 VMware Workstation Pro”窗口

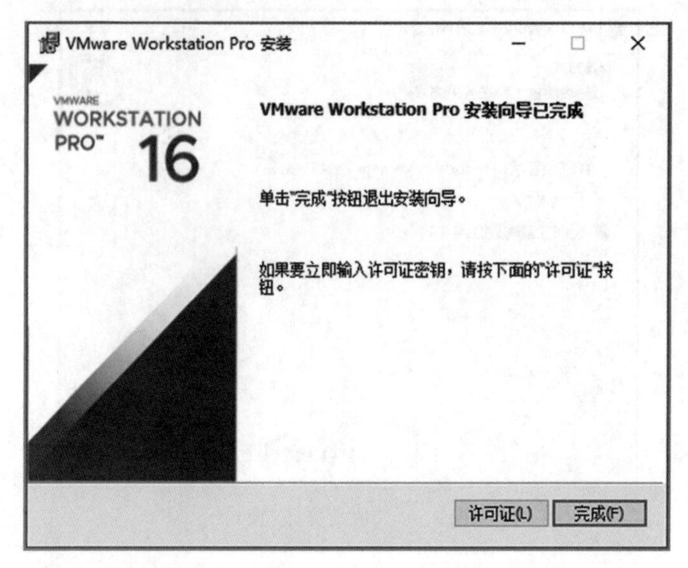

图 1.9　VMware Workstation Pro 安装向导已完成界面

1.3.2　虚拟主机 CentOS 7 的安装

在虚拟机中安装 CentOS 7 操作系统，其操作安装过程如下。

(1) 从 CentOS 官方网站下载 Linux 发行版的 CentOS 安装包，本书使用的下载文件为 CentOS-7-x86_64-DVD-1810.iso，当前版本为 7.6.1810。

图 1.10　VMware Workstation Pro 桌面图标

(2) 双击桌面上的 VMware Workstation Pro 图标，如图 1.10 所示，打开软件。

(3) 启动后会弹出 VMware Workstation 界面，如图 1.11 所示。

(4) 使用新建虚拟机向导，安装虚拟机，默认选中"典型(推荐)"单选按钮，单击"下一步"按钮，如图 1.12 所示。

(5) 安装客户机操作系统，可以选中"安装程序光盘"或选中"安装程序光盘映像文件(iso)"单选按钮，并浏览选中相应的 ISO 文件，也可以选中"稍后安装操作系统"单选按钮。本次选中"稍后安装操作系统"单选按钮，并单击"下一步"按钮，如图 1.13 所示。

(6) 选择客户机操作系统，这里选中 Linux 单选按钮，创建的虚拟机将包含一个空白硬盘，单击"下一步"按钮，如图 1.14 所示。

(7) 命名虚拟机，选择系统文件安装位置，单击"下一步"按钮，如图 1.15 所示。

(8) 指定磁盘容量，并单击"下一步"按钮，如图 1.16 所示。

(9) 已准备好创建虚拟机，如图 1.17 所示。

(10) 单击"自定义硬件"按钮，进行虚拟机硬件相关信息配置，如图 1.18 所示。

(11) 单击"确定"按钮，虚拟机初步配置完成，如图 1.19 所示。

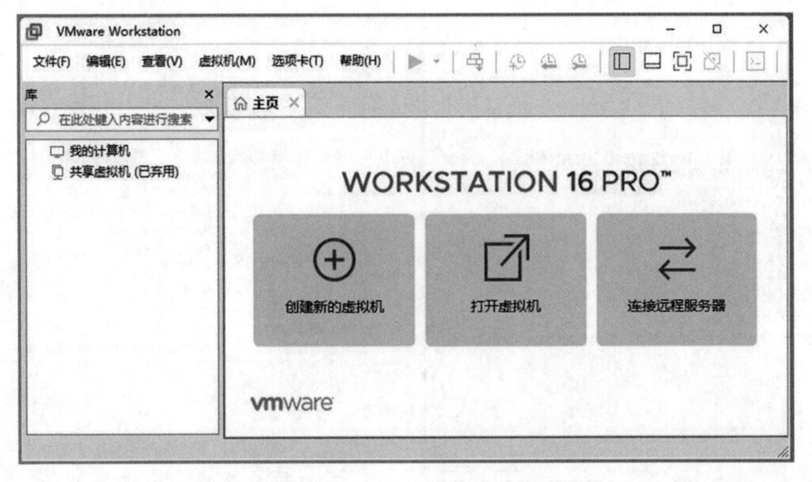

图 1.11　VMware Workstation 界面

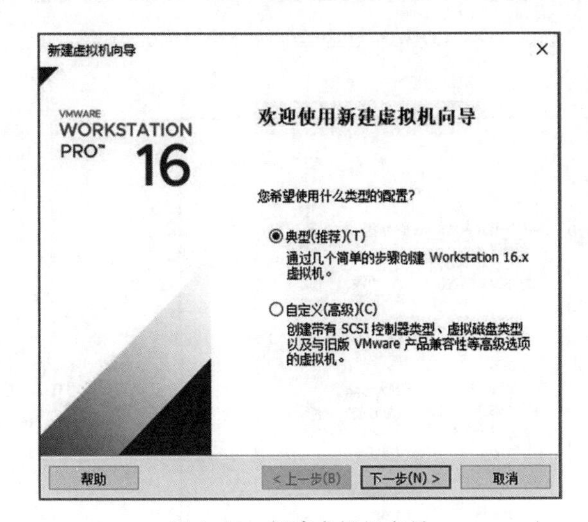

图 1.12　新建虚拟机向导

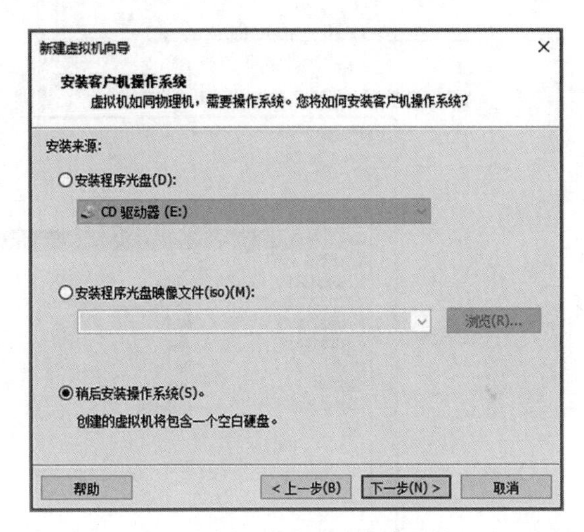

图 1.13　安装客户机操作系统

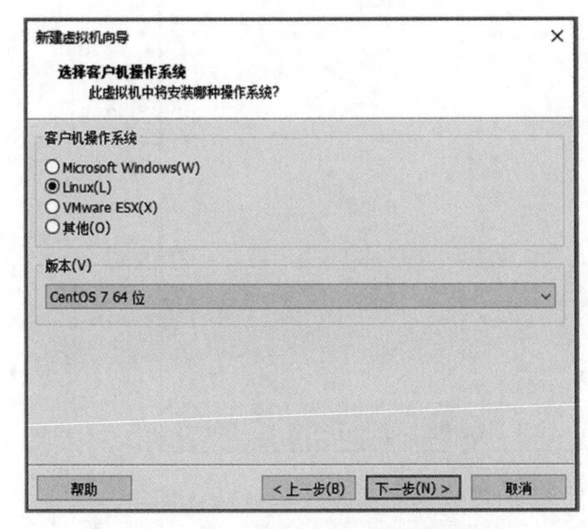

图 1.14　选择客户机操作系统

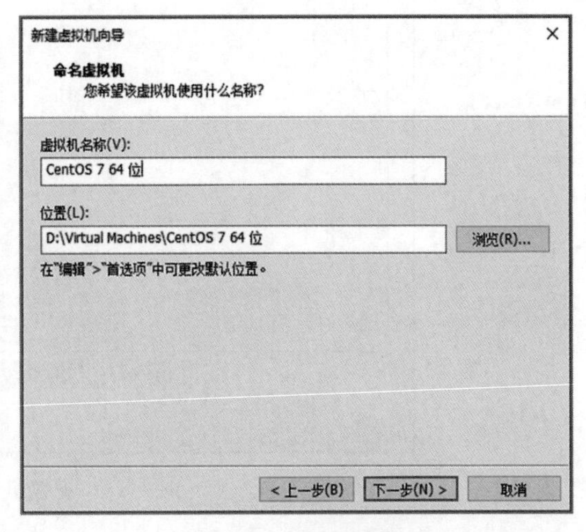

图 1.15　命名虚拟机

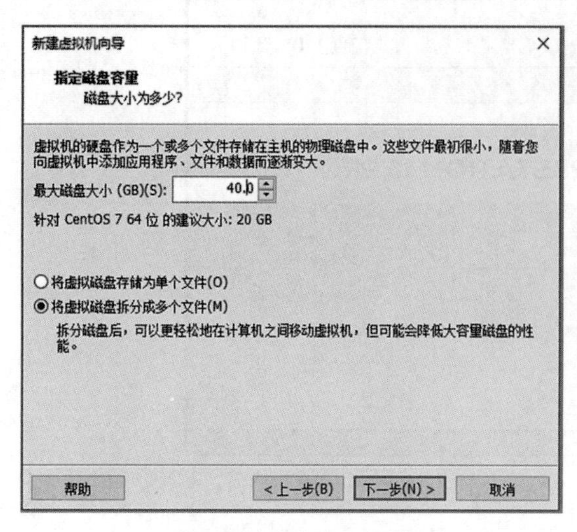

图 1.16　指定磁盘容量

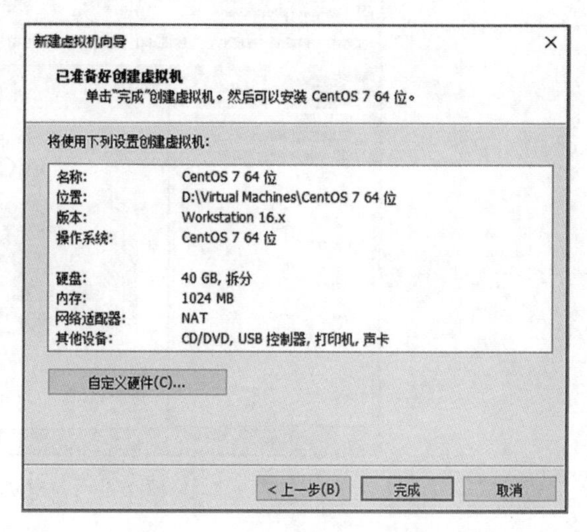

图 1.17　已准备好创建虚拟机

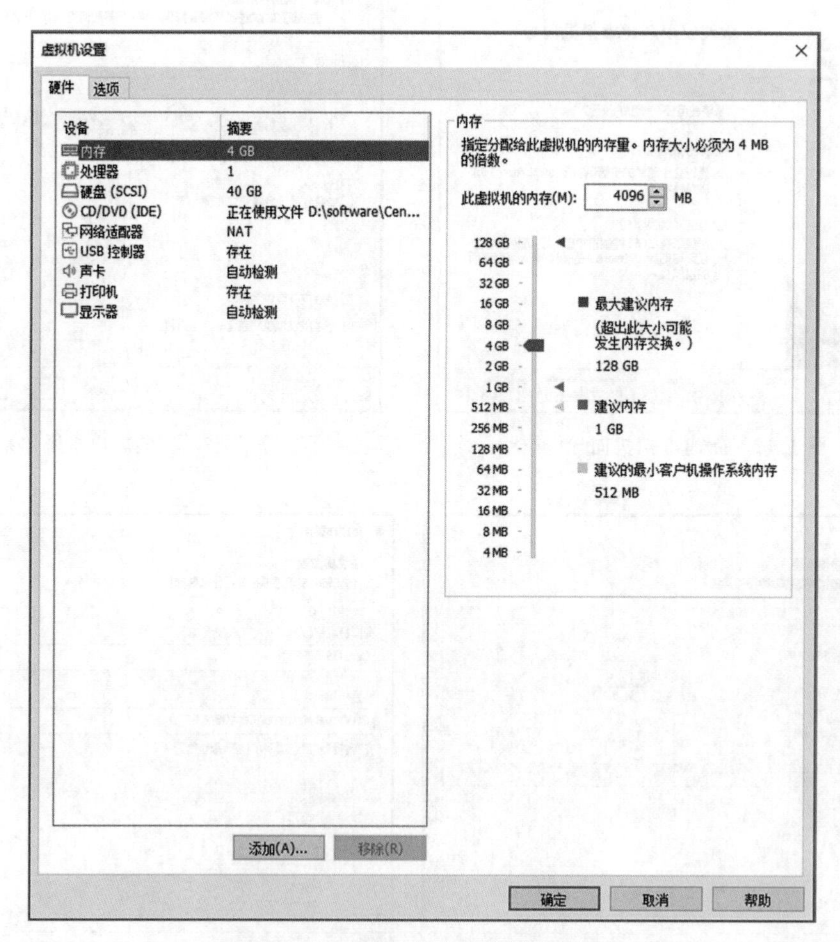

图 1.18　虚拟机硬件相关信息配置

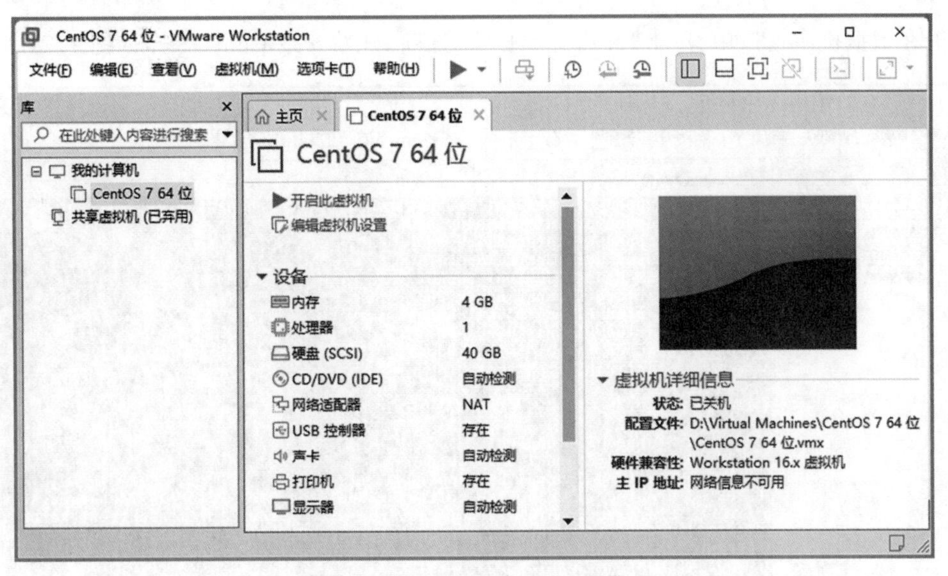

图 1.19　虚拟机初步配置完成

(12) 进行虚拟机设置，选择 CD/DVD(IDE)选项，选中“使用 ISO 映像文件”单选按钮，单击“浏览”按钮，选择 ISO 镜像文件“CentOS-7-x86_64-DVD-1810.iso”，单击“确定”按钮，如图 1.20 所示。

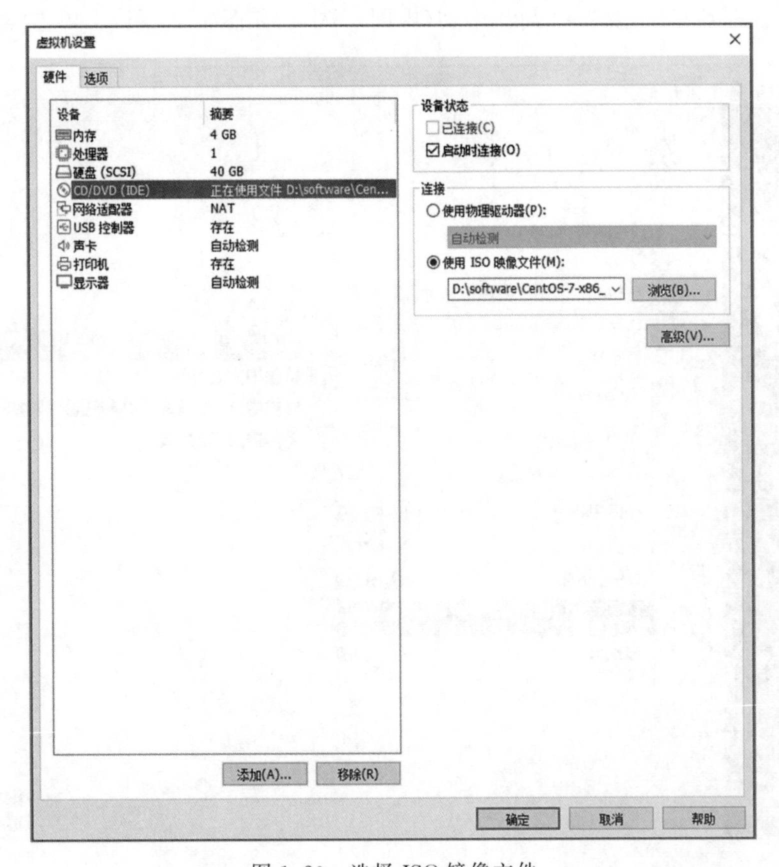

图 1.20　选择 ISO 镜像文件

(13) 在虚拟机主窗口中,单击“开启此虚拟机”选项,开始安装 CentOS 7,如图 1.21 所示。

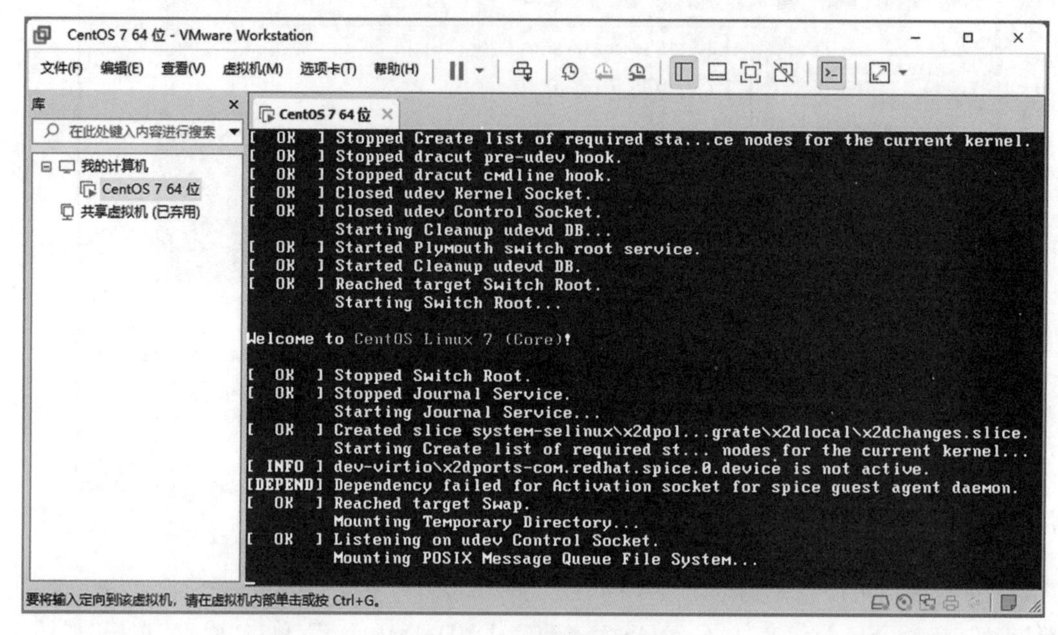

图 1.21　安装 CentOS 7

(14) 设置语言,选择“中文”→“简体中文(中国)”选项,如图 1.22 所示,单击“继续”按钮。

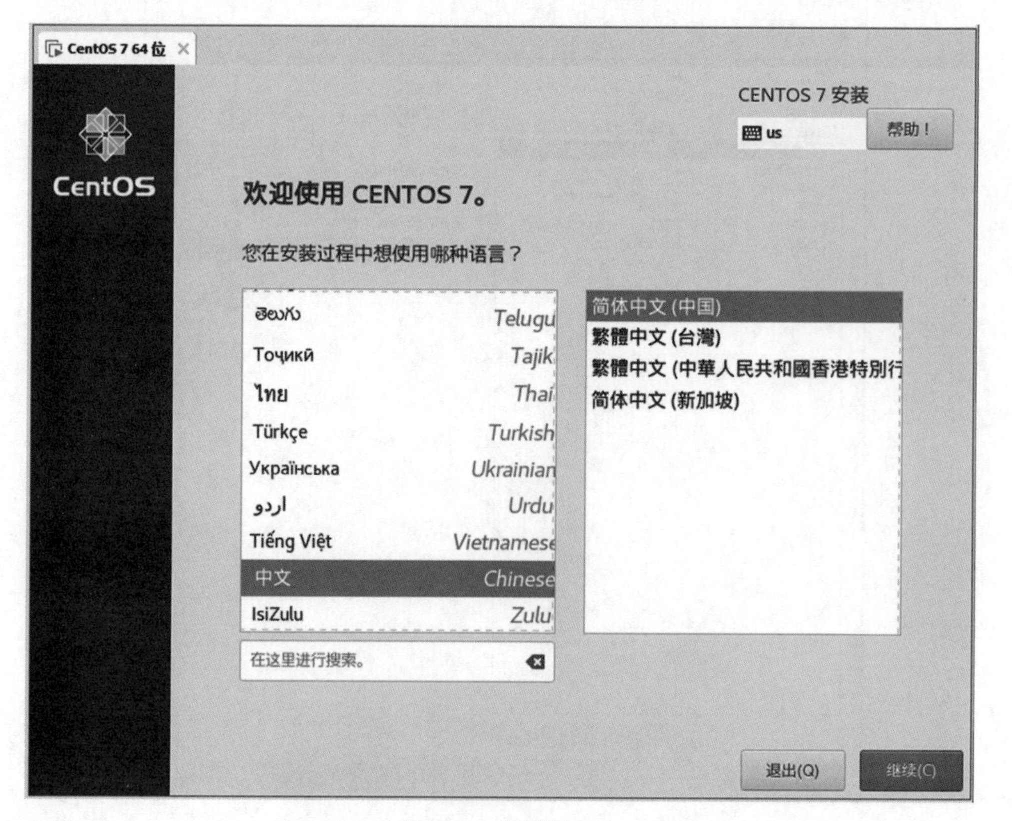

图 1.22　设置语言

(15) 进行安装信息摘要的配置,如图 1.23 所示。可以进行“安装位置”配置,自定义分区;也可以进行“网络和主机名”配置。单击“保存”按钮,返回安装信息摘要的配置界面。

图 1.23 安装信息摘要的配置

(16) 进行软件选择的配置,可以安装桌面化 CentOS。可以选择安装 GNOME 桌面,并选择相关环境的附加选项,如图 1.24 所示。

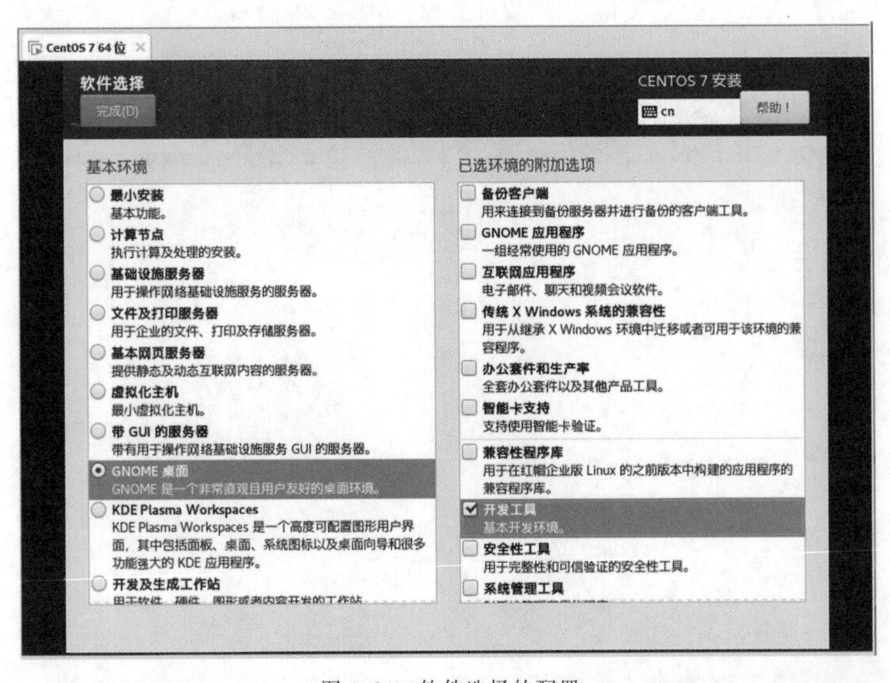

图 1.24 软件选择的配置

(17) 单击“完成”按钮，返回 CentOS 7 安装界面，继续进行安装，配置用户设置，如图 1.25 所示。

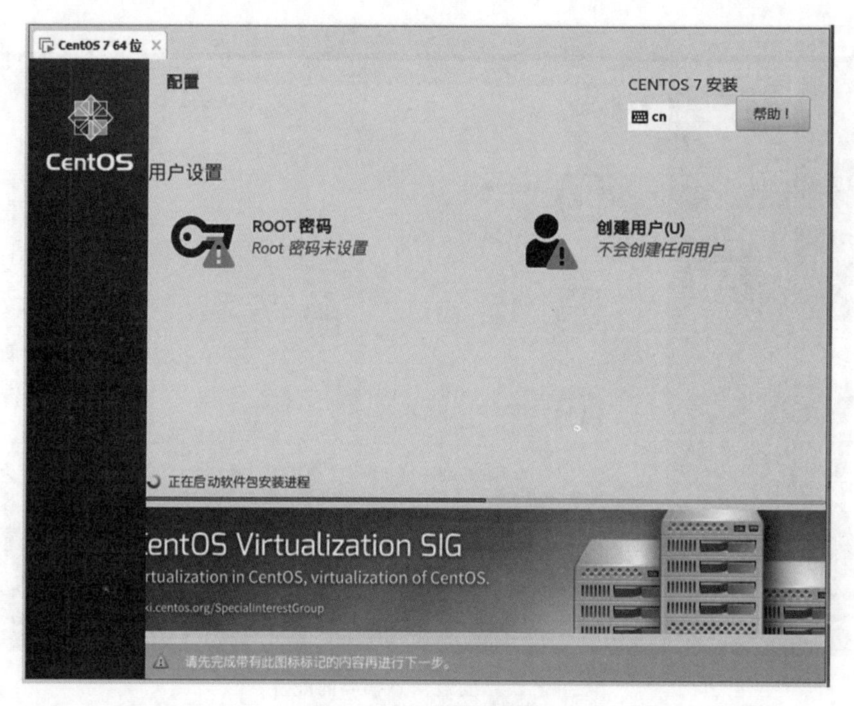

图 1.25　配置用户设置

(18) 安装 CentOS 7 的时间稍长，请耐心等待。可以选择“ROOT 密码”选项，进行 ROOT 密码设置，设置完成后单击“完成”按钮，返回安装界面，如图 1.26 所示。

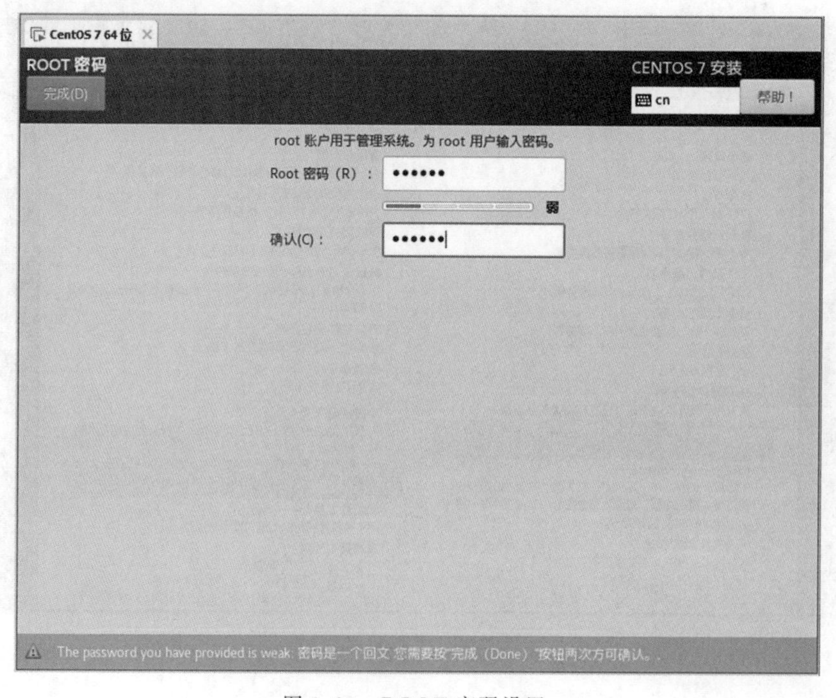

图 1.26　ROOT 密码设置

(19) CentOS 7 安装完成,如图 1.27 所示。

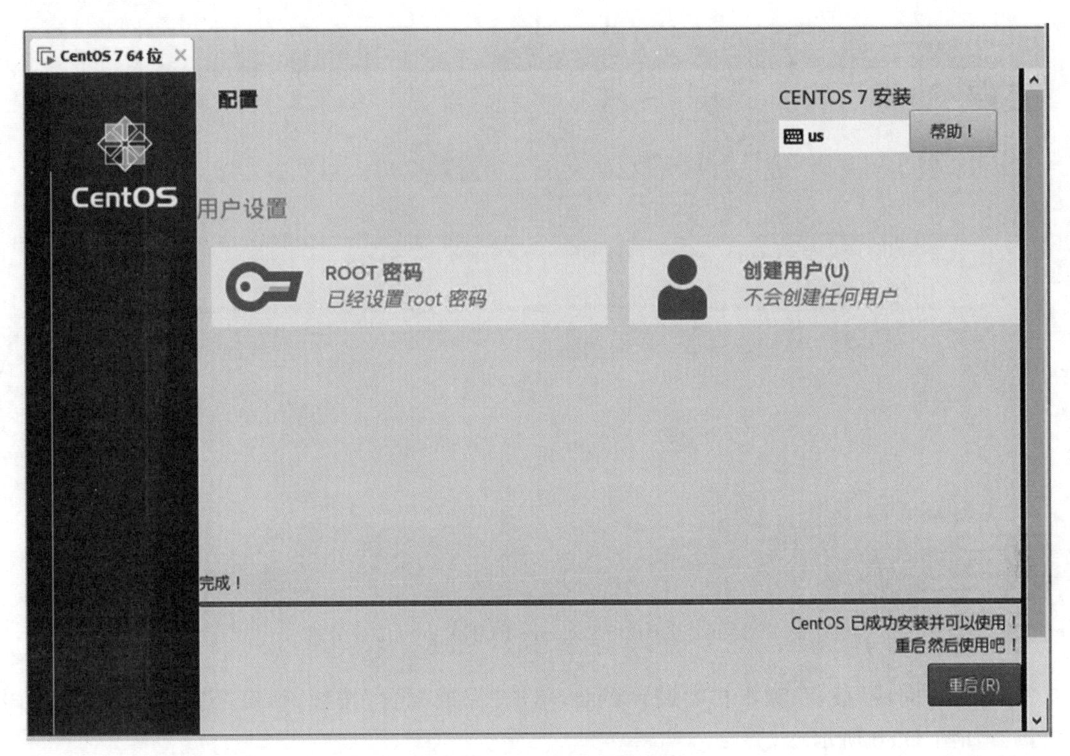

图 1.27　CentOS 7 安装完成

(20) 单击"重启"按钮,系统重启后,进入系统,可以进行系统初始设置,如图 1.28 所示。

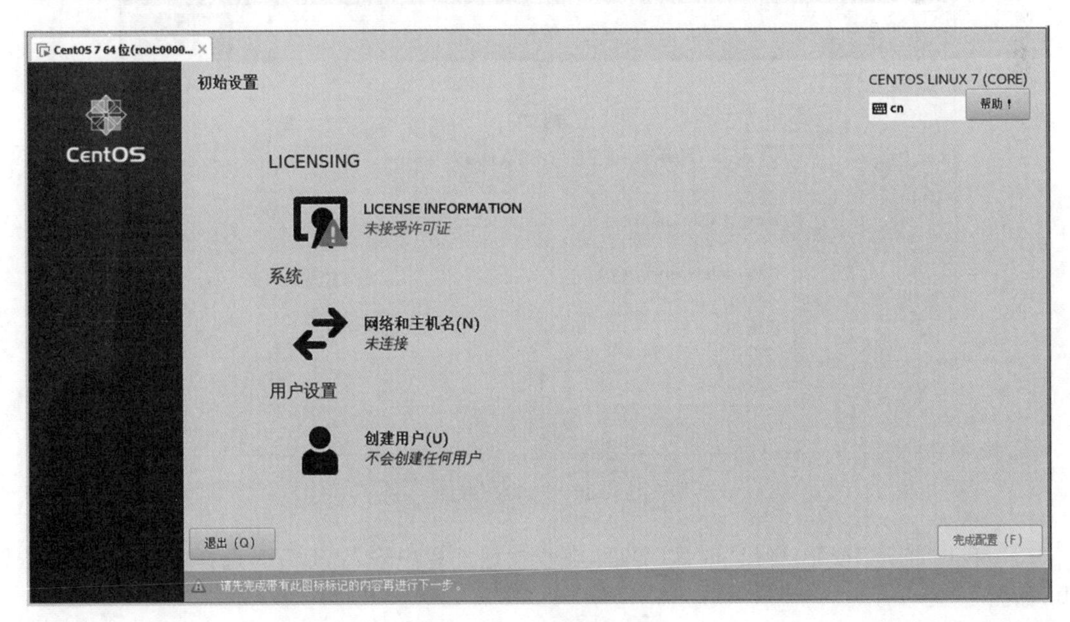

图 1.28　系统初始设置

(21) 单击"退出"按钮,弹出 CentOS 7 Linux EULA 许可协议界面,选中"我同意许可协议"复选框,如图 1.29 所示。

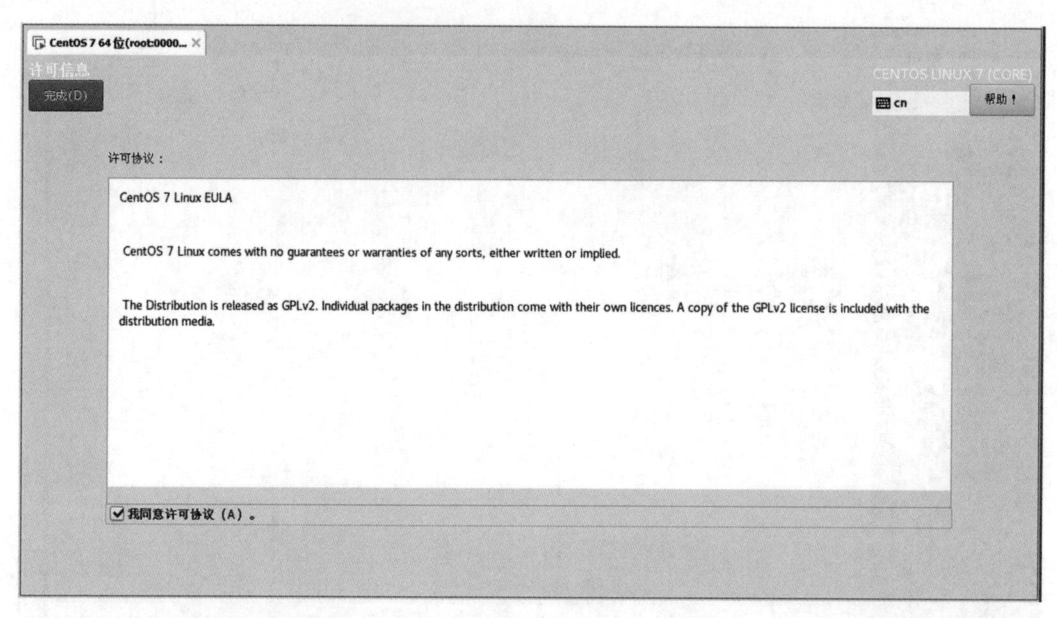

图 1.29　CentOS 7 Linux EULA 许可协议界面

(22) 单击"完成"按钮,弹出初始设置界面,单击"完成配置"按钮,弹出"输入"界面,选择语言为"汉语",如图 1.30 所示。

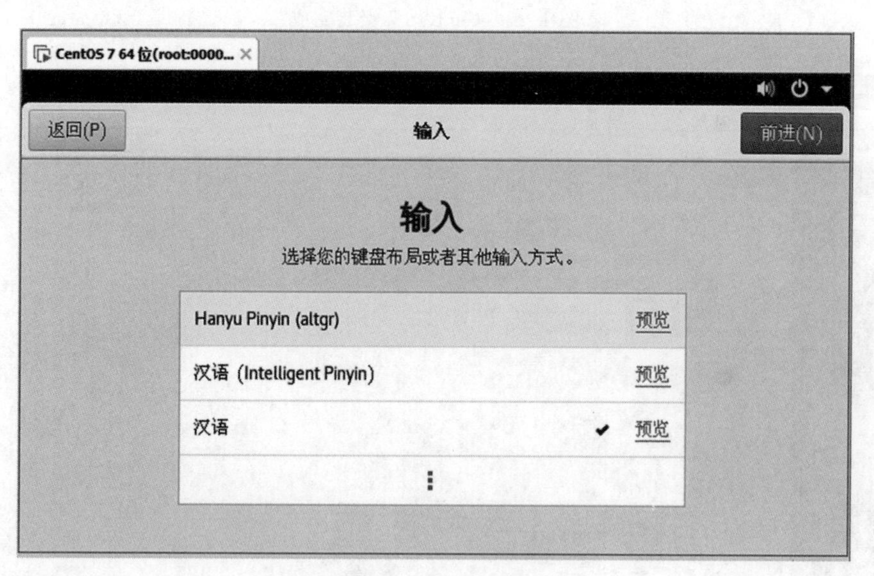

图 1.30　"输入"界面

(23) 单击"前进"按钮,弹出"时区"界面,在查找地址栏中输入"上海",选择"上海,上海,中国"选项,如图 1.31 所示。

(24) 单击"前进"按钮,弹出"在线账号"界面,如图 1.32 所示。

(25) 单击"跳过"按钮,弹出"准备好了"界面,如图 1.33 所示。

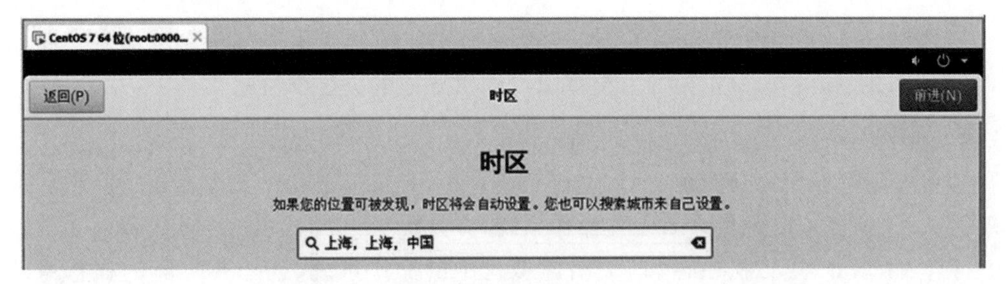

图 1.31 “时区”界面

图 1.32 “在线账号”界面

图 1.33 “准备好了”界面

1.3.3 系统克隆与快照管理

人们经常用虚拟机做各种实验，初学者免不了误操作导致系统崩溃、无法启动，或者在做集群时，通常需要使用多台服务器进行测试，如搭建 MySQL、Redis、Tomcat、Nginx 服务等。搭建一台服务器费时费力，一旦系统崩溃、无法启动，需要重新安装操作系统或部署多台服务器时，将会浪费很多时间。那么如何进行操作呢？系统克隆可以很好地解决这个问题。

1. 系统克隆

视频讲解

在虚拟机安装好原始的操作系统后，进行系统克隆，多克隆出几份并备用，方便日后多台机器进行实验测试，这样就可以避免重新安装操作系统，方便快捷。

(1) 打开 VMware 虚拟机主窗口，关闭虚拟机中的操作系统，选择要克隆的操作系统，选择"虚拟机"→"管理"→"克隆"选项，如图 1.34 所示。

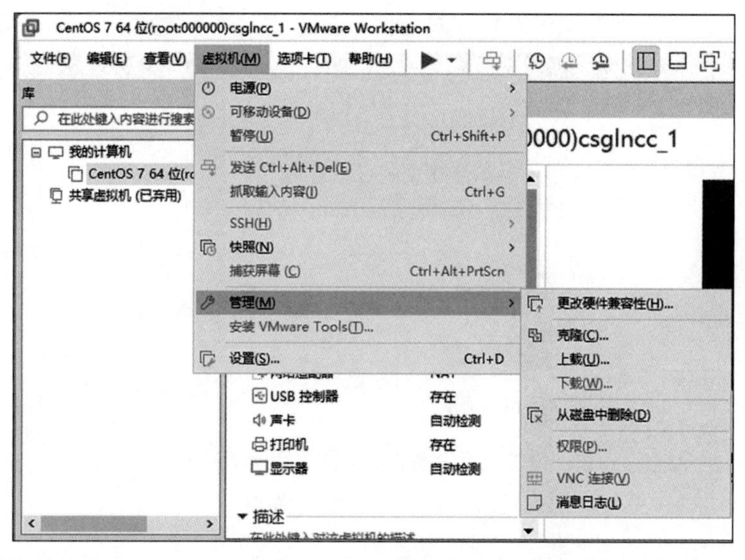

图 1.34　系统克隆

(2) 弹出"克隆虚拟机向导"界面，如图 1.35 所示。单击"下一步"按钮，弹出"克隆源"界面，如图 1.36 所示，可以选中"虚拟机中的当前状态"或"现有快照(仅限关闭的虚拟机)"单选按钮。

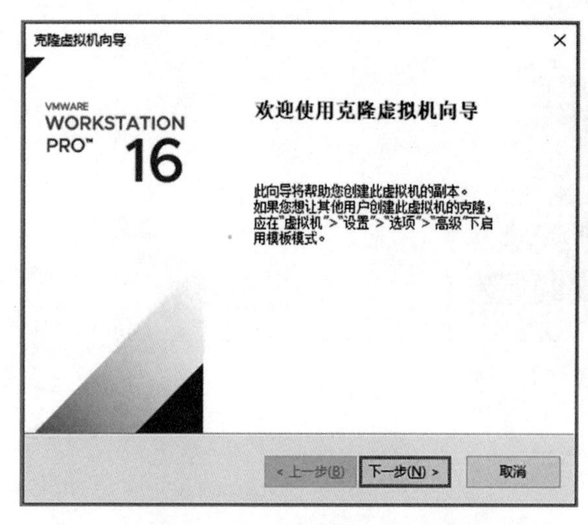

图 1.35　"克隆虚拟机向导"界面

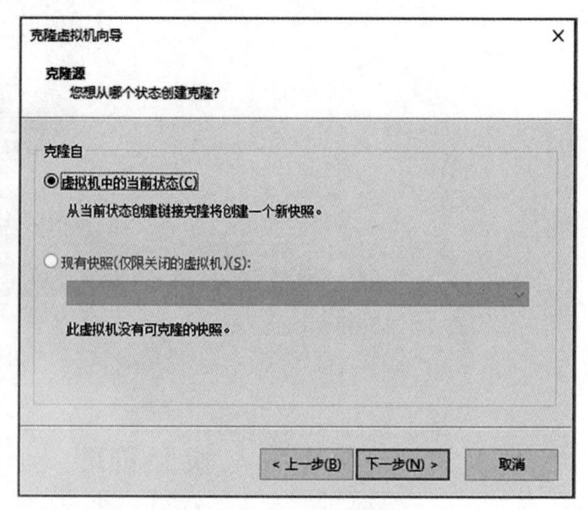

图 1.36　"克隆源"界面

(3) 单击“下一步”按钮，弹出“克隆类型”界面，如图 1.37 所示。选择克隆方法，可以选中“创建链接克隆”单选按钮，也可以选中“创建完整克隆”单选按钮。

(4) 单击“下一步”按钮，弹出“新虚拟机名称”界面，如图 1.38 所示，为虚拟机命名并进行安装位置的设置。

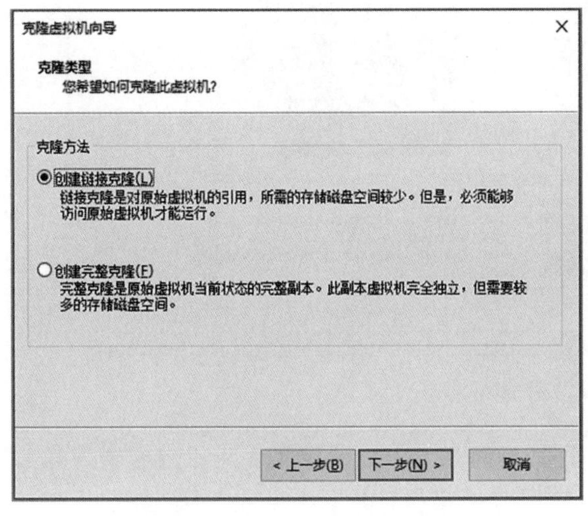

图 1.37 “克隆类型”界面

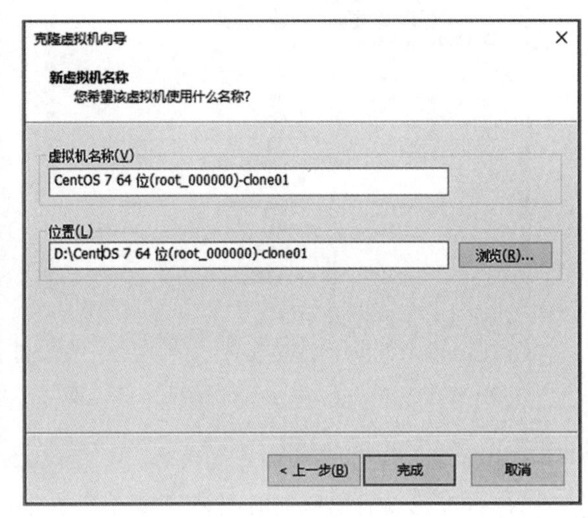

图 1.38 “新虚拟机名称”界面

(5) 单击“完成”按钮，弹出“正在克隆虚拟机”界面，如图 1.39 所示。单击“关闭”按钮，返回 VMware 虚拟机主窗口，系统克隆完成，如图 1.40 所示。

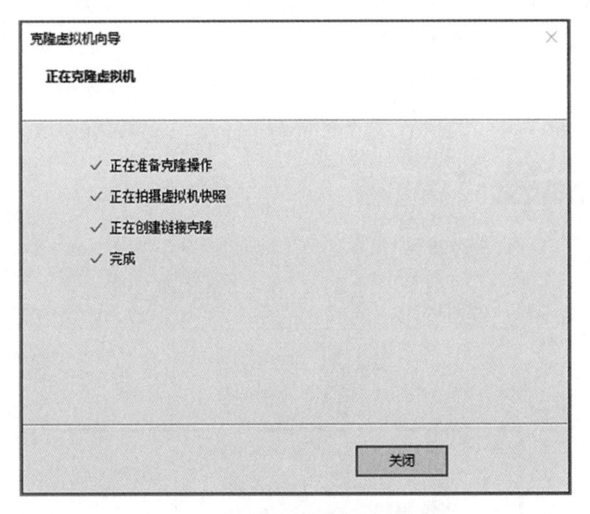

图 1.39 “正在克隆虚拟机”界面

2. 快照管理

VMware 快照是 VMware Workstation 的一个特色功能，当用户创建一个虚拟机快照时，它会创建一个特定的文件 delta。文件 delta 是在 VMware 虚拟机磁盘格式(Virtual Machine Disk Format，VMDK)文件上的变更位图，因此，它不能比 VMDK 大。每为虚拟机创建一个快照，都会创建一个 delta 文件，当快照被删除或在快照管理中被恢复时，文件将自动被删除。

视频讲解

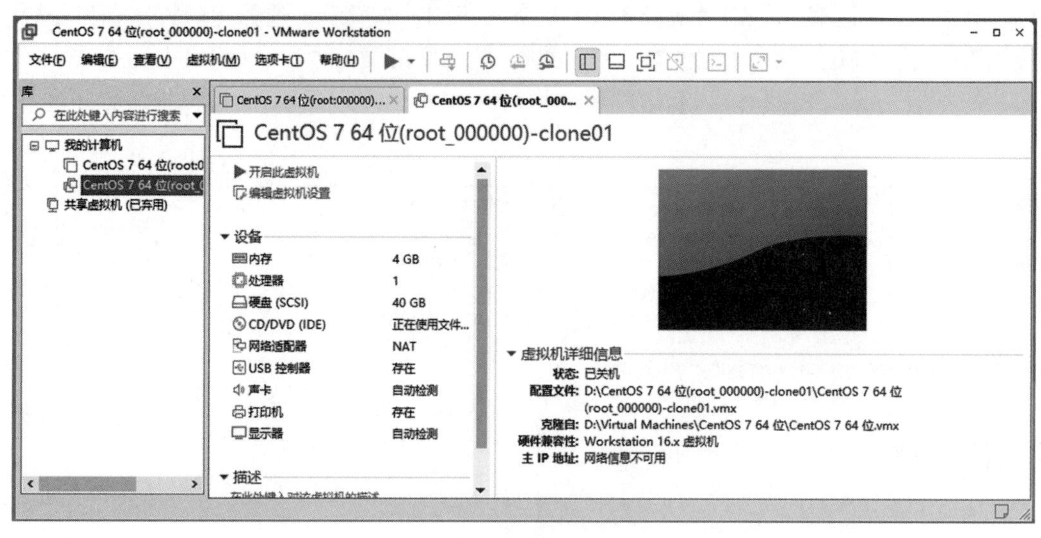

图 1.40　系统克隆完成

可以把虚拟机某个时间点的内存、磁盘文件等的状态保存为一个镜像文件。通过这个镜像文件,用户可以在以后的任何时间来恢复虚拟机创建快照时的状态。日后系统出现问题时,可以从快照中进行恢复。

(1) 打开 VMware 虚拟机主窗口,启动虚拟机中的系统,选择要快照保存备份的内容,选择“虚拟机”→“快照”→“拍摄快照”选项,如图 1.41 所示。命名快照名称,如图 1.42 所示。

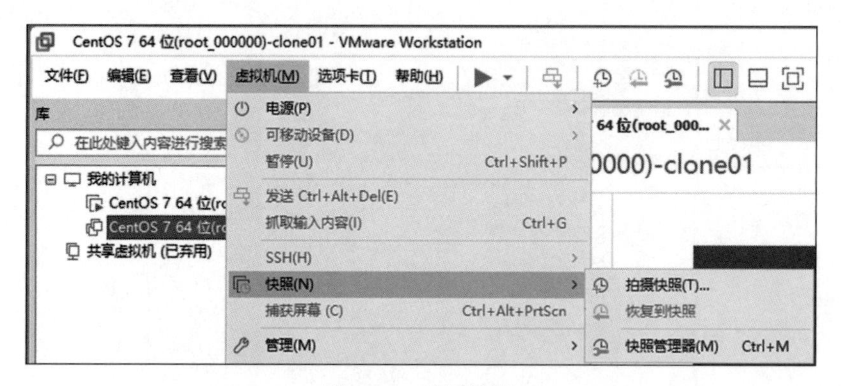

图 1.41　拍摄快照

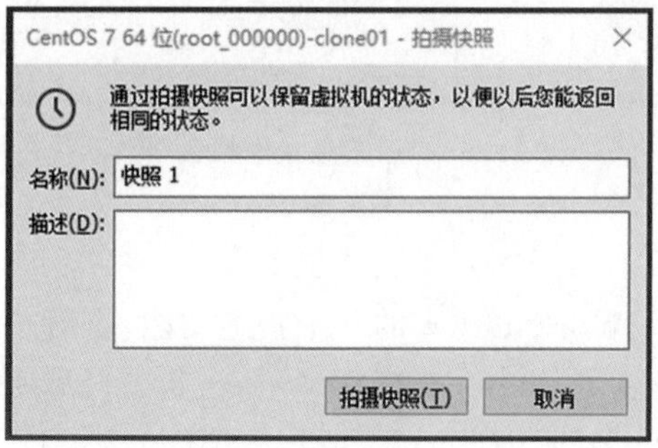

CentOS 7 64 位(root_000000)-clone01 - 拍摄快照

通过拍摄快照可以保留虚拟机的状态，以便以后您能返回相同的状态。

名称(N): 快照 1

描述(D):

拍摄快照(T)　取消

图 1.42　命名快照名称

(2) 单击“拍摄快照”按钮,返回 VMware 虚拟机主窗口,拍摄快照完成,如图 1.43 所示。

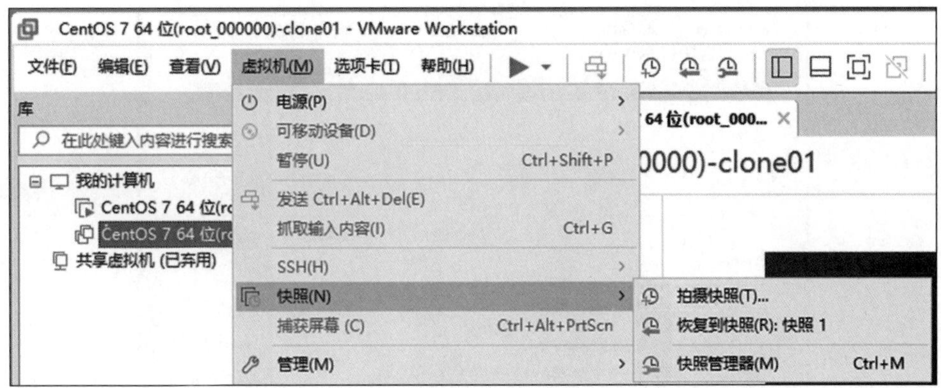

图 1.43 拍摄快照完成

1.3.4 SecureCRT 与 SecureFX 配置管理

SecureCRT 和 SecureFX 都是由 VanDyke Software 公司出品的安全外壳(Secure Shell,SSH)传输工具。SecureCRT 可以进行远程连接,SecureFX 可以进行远程可视化文件传输。

1. SecureCRT 远程连接管理 Linux 操作系统

SecureCRT 是一款支持 SSH(SSH1 和 SSH2)的终端仿真程序,简单地说,其是 Windows 操作系统中登录 UNIX 或 Linux 服务器主机的软件。

SecureCRT 支持 SSH,同时支持 Telnet 和 Rlogin 协议。SecureCRT 是一款用于连接运行 Windows、UNIX 和虚拟内存系统(Virtual Memory System,VMS)等的理想工具;通过使用内含的向量通信处理器(Vector Communication Processor,VCP),命令行程序可以进行加密文件的传输;有 CRTTelnet 客户机的所有特点,包括自动注册、对不同主机保持不同的特性、打印功能、颜色设置、可变屏幕尺寸、用户定义的键位图和优良的 VT100、VT102、VT220,以及全新微小的整合(All New Small Integration,ANSI)竞争,能在命令行中运行或在浏览器中运行。其他特点包括文本手稿、易于使用的工具条、用户的键位图编辑器、可定制的 ANSI 颜色等。SecureCRT 的 SSH 协议支持数据加密标准(Data Encryption Standard,DES)、3DES、RC4 密码,以及密码与 RSA (Rivest,Shamir,Adleman)鉴别。

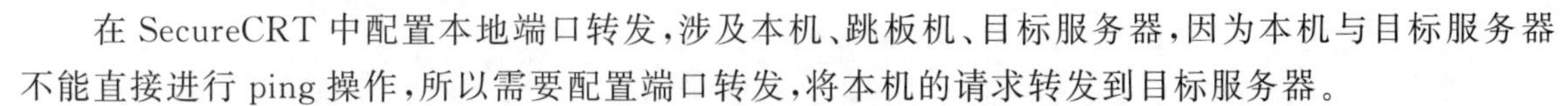

在 SecureCRT 中配置本地端口转发,涉及本机、跳板机、目标服务器,因为本机与目标服务器不能直接进行 ping 操作,所以需要配置端口转发,将本机的请求转发到目标服务器。

(1) 为了方便操作,使用 SecureCRT 连接 Linux 服务器,选择相应的虚拟机操作系统。在 VMware 虚拟机主窗口中,选择“编辑”→“虚拟网络编辑器”选项,如图 1.44 所示。

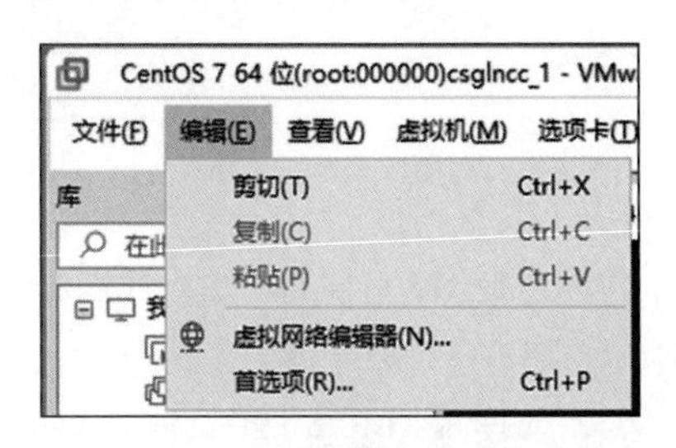

图 1.44 选择“编辑”→“虚拟网络编辑器”选项

(2) 在“虚拟网络编辑器”对话框中,选择 VMnet8 选项,设置 NAT 模式的子网 IP 地址为 192.168.100.0,如图 1.45 所示。

(3) 在“虚拟网络编辑器”对话框中,单击“NAT 设

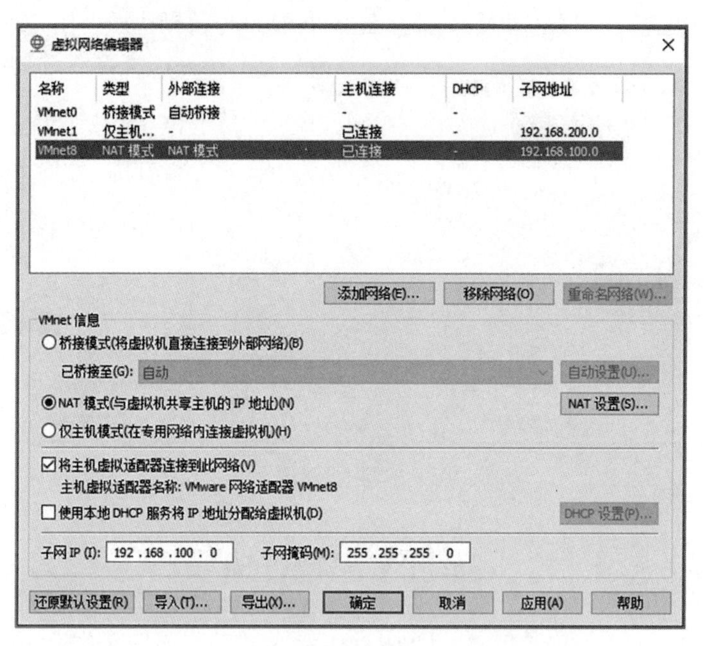

图 1.45　设置 NAT 模式的子网 IP 地址

置”按钮，弹出“NAT 设置”对话框，设置网关 IP 地址，如图 1.46 所示。

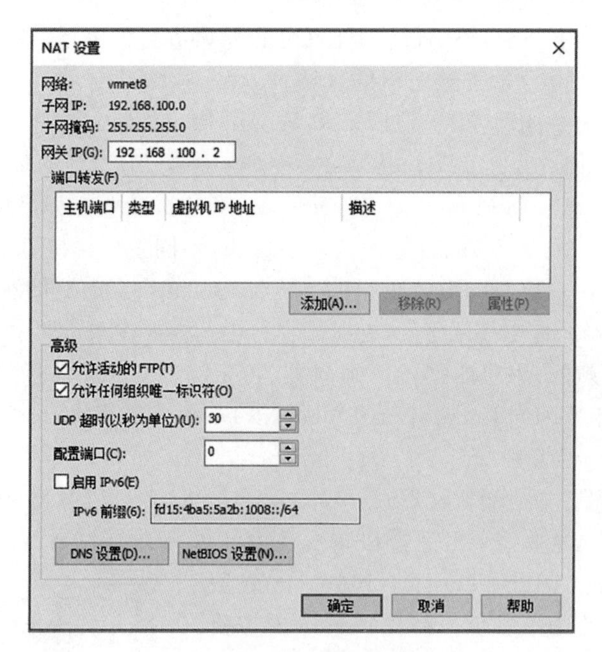

图 1.46　设置网关 IP 地址

(4) 选择“控制面板”→“网络和 Internet”→“网络连接”选项，查看 VMware Network Adapter VMnet8 连接，如图 1.47 所示。

(5) 选择 VMnet8 的 IP 地址，如图 1.48 所示。

图 1.47　查看 VMware Network Adapter VMnet8 连接

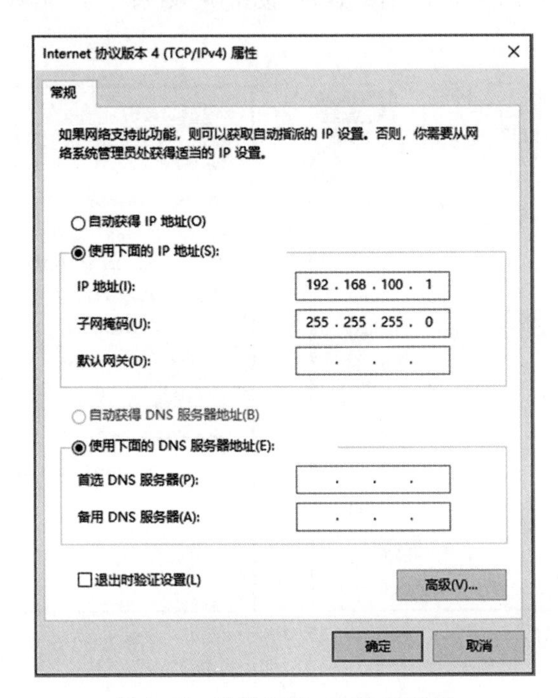

图 1.48　选择 VMnet8 的 IP 地址

(6) 进入 Linux 操作系统桌面，单击桌面右上角的“启动”按钮 ⏻ ，选择“有线连接 已关闭”选项，设置网络有线连接，如图 1.49 所示。

图 1.49　设置网络有线连接

(7) 选择“有线设置”选项，打开“设置”窗口，如图 1.50 所示。

(8) 在“设置”窗口中单击“有线连接”按钮 ⚙ ，在弹出的“有线”对话框中选择“IPv4”选项卡，设置 IPv4 信息，如 IP 地址、子网掩码、网关、DNS(Domain Name Service，域名服务)相关信息，如图 1.51 所示。

(9) 设置完成后，单击“应用”按钮，返回“设置”窗口，单击“关

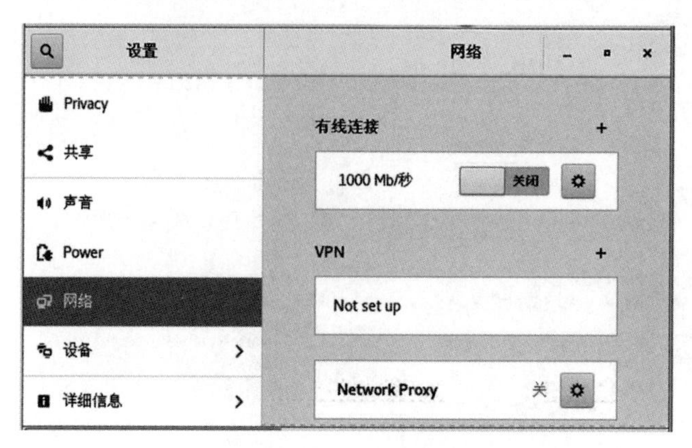

图 1.50 “设置”窗口

闭”按钮，使按钮变为打开状态。单击“有线连接”按钮，在弹出的“有线”对话框中查看网络配置详细信息，如图 1.52 所示。

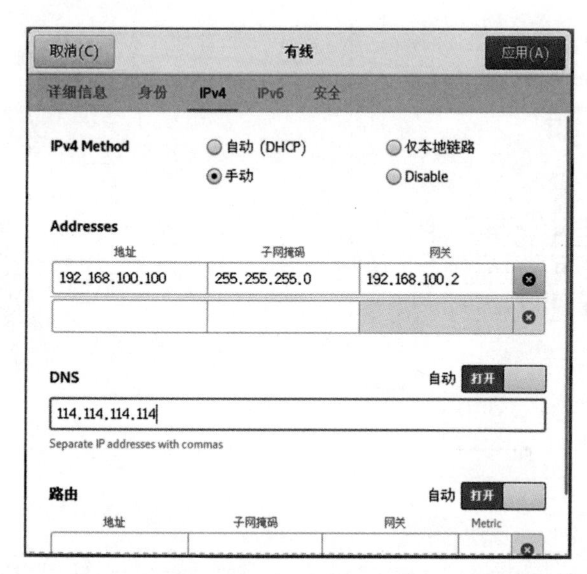

图 1.51 设置 IPv4 信息

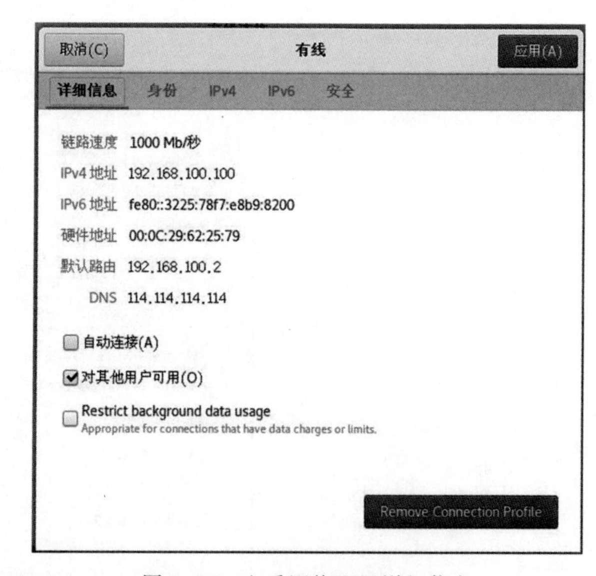

图 1.52 查看网络配置详细信息

(10) 在 Linux 操作系统中，使用 Firefox 浏览器访问网站，如图 1.53 所示。

(11) 使用 Win+R 组合键，打开“运行”对话框，输入命令 cmd，单击“确定”按钮，如图 1.54 所示。

(12) 使用 ping 命令访问网络主机 192.168.100.100，测试网络连通性，如图 1.55 所示。

(13) 下载并安装 SecureCRT 工具软件，如图 1.56 所示。

(14) 打开 SecureCRT 工具软件，单击工具栏中的图标，如图 1.57 所示。

(15) 打开“快速连接”对话框，输入主机名为 192.168.100.100，用户名为 root，进行连接，如图 1.58 所示。

(16) 打开“新建主机密钥”对话框，提示相关信息，如图 1.59 所示。

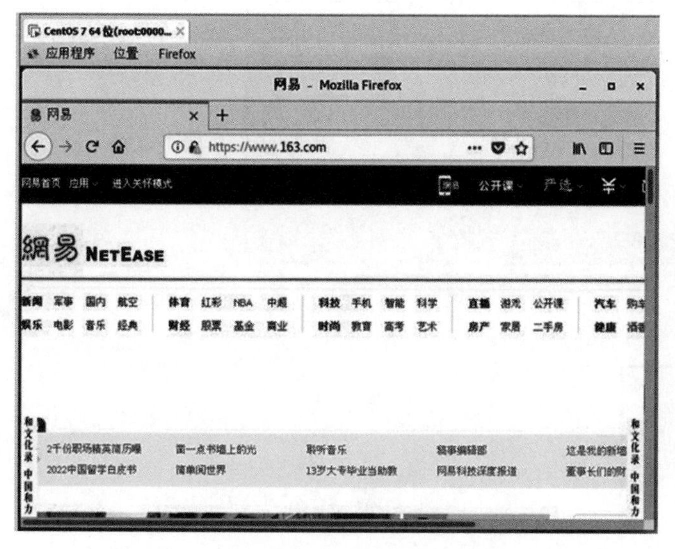

图 1.53　使用 Firefox 浏览器访问网站

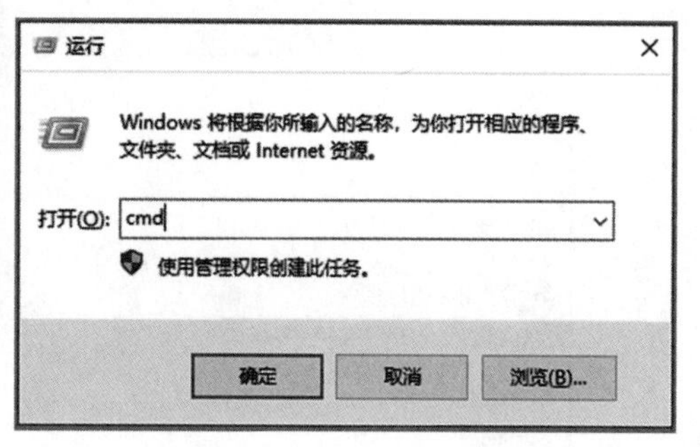

图 1.54　“运行”对话框

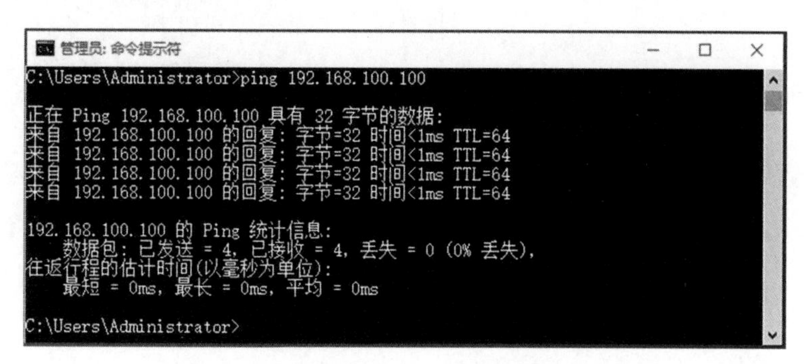

图 1.55　访问网络主机 192.168.100.100

图 1.56　安装 SecureCRT 工具软件

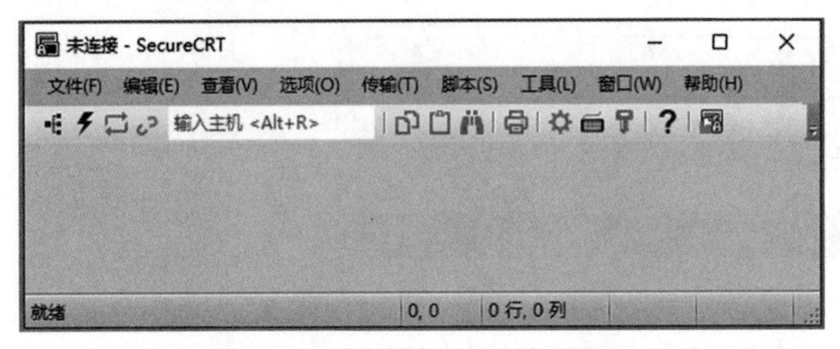

图 1.57　打开 SecureCRT 工具软件

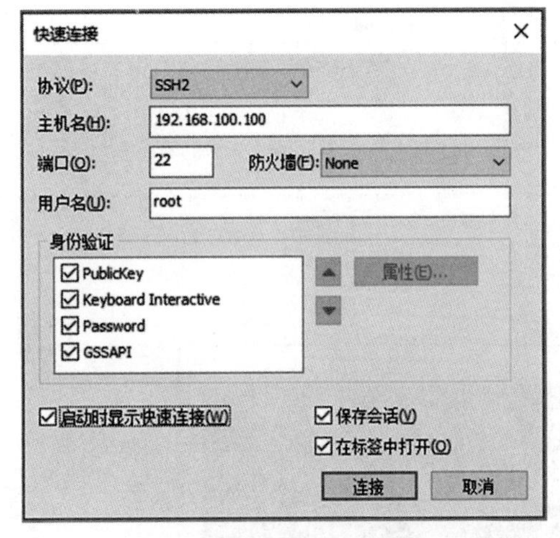

图 1.58　SecureCRT 的"快速连接"对话框

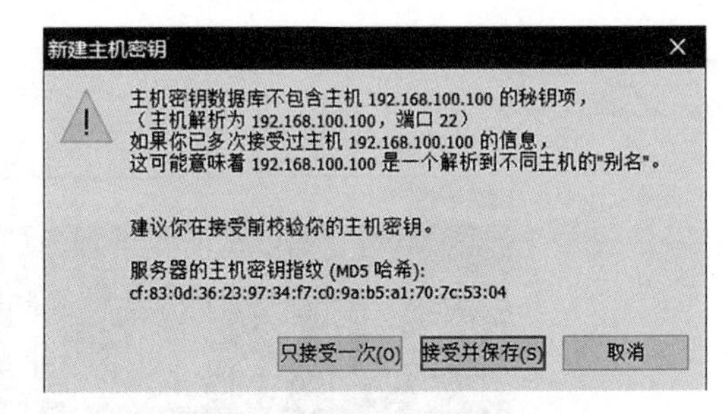

图 1.59　"新建主机密钥"对话框

(17) 单击"接受并保存"按钮，打开"输入 Secure Shell 密码"对话框，输入用户名和密码，如图 1.60 所示。

(18) 单击"确定"按钮，出现如图 1.61 所示的结果，表示已经成功连接网络主机 192.168.100.100。

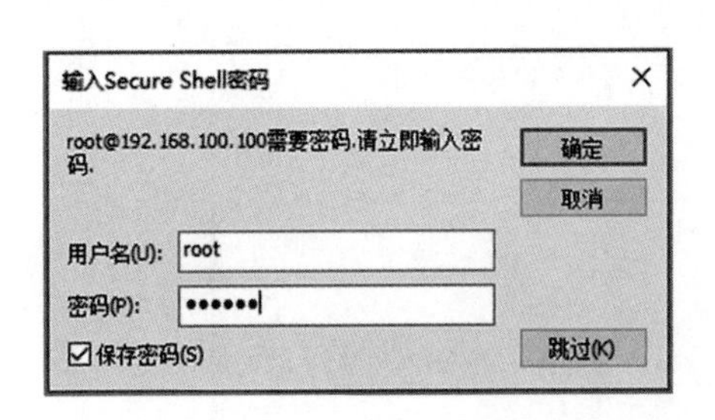

图 1.60　SecureCRT 的"输入 Secure Shell 密码"对话框

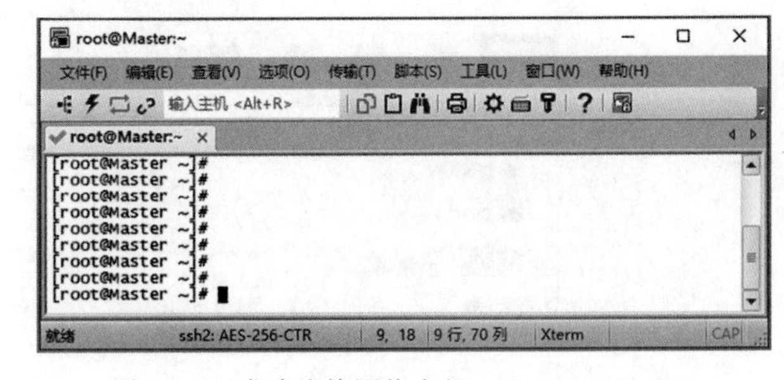

图 1.61　成功连接网络主机 192.168.100.100

2. SecureFX 远程连接文件传送配置

SecureFX 支持 3 种文件传送协议：文件传送协议(File Transfer Protocol，FTP)、安全文件传

送协议(Secure File Transfer Protocol,SFTP)和 FTP over SSH2。无论用户连接的是哪种操作系统的服务器,它都能提供安全的传送服务。它主要用于 Linux 操作系统,如 Red Hat、Ubuntu 的客户端文件传送,用户可以选择利用 SFTP 通过加密的 SSH2 实现安全传送,也可以利用 FTP 进行标准传送。该客户端具有 Explorer 风格的界面,易于使用,同时提供强大的自动化功能,可以实现自动化的安全文件传送。

SecureFX 可以更加有效地实现文件的安全传送,用户可以使用其新的拖放功能直接将文件拖放至 Windows Explorer 或其他程序中,也可以充分利用 SecureFX 的自动化特性,实现无须人为干扰的文件自动传送。新版 SecureFX 采用了一个密码库,符合 FIPS 140-2 加密要求,改进了 X.509 证书的认证能力,可以轻松开启多个会话,提高了 SSH 代理的功能。

总之,SecureCRT 是在 Windows 操作系统中登录 UNIX 或 Linux 服务器主机的软件;SecureFX 是一款 FTP 软件,可实现 Windows 和 UNIX 或 Linux 操作系统的文件互动。

(1) 下载并安装 SecureFX 工具软件,如图 1.62 所示。

图 1.62　安装 SecureFX 工具软件

(2) 打开 SecureFX 工具软件,如图 1.63 所示,单击工具栏中的图标 。

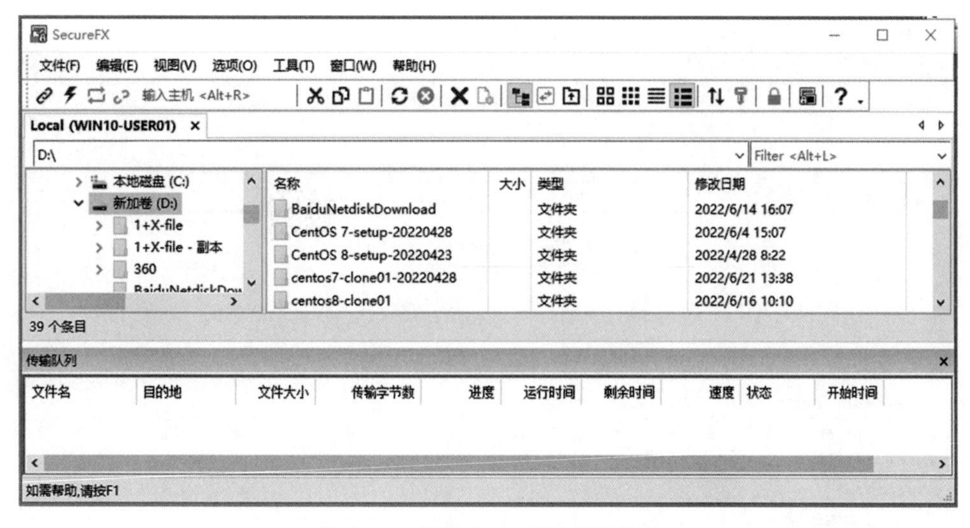

图 1.63　打开 SecureFX 工具软件

(3) 打开"快速连接"对话框,输入主机名为 192.168.100.100,用户名为 root,进行连接,如

图 1.64 所示。

(4) 在“输入 Secure Shell 密码”对话框中,输入用户名和密码,进行登录,如图 1.65 所示。

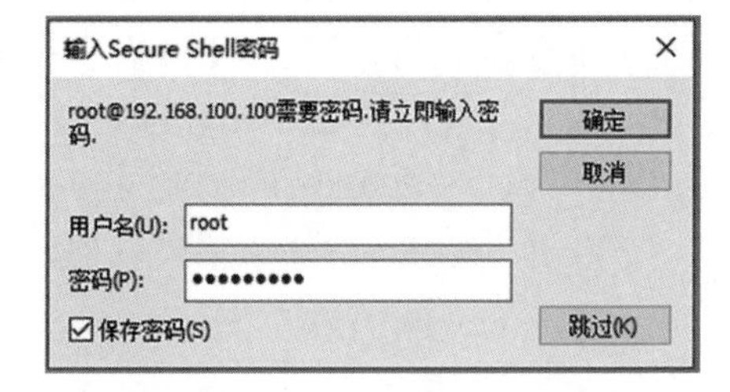

图 1.64　SecureFX 的“快速连接”对话框

图 1.65　SecureFX 的“输入 Secure Shell 密码”对话框

(5) 单击“确定”按钮,返回 SecureFX 主界面,中间部分显示乱码,如图 1.66 所示。

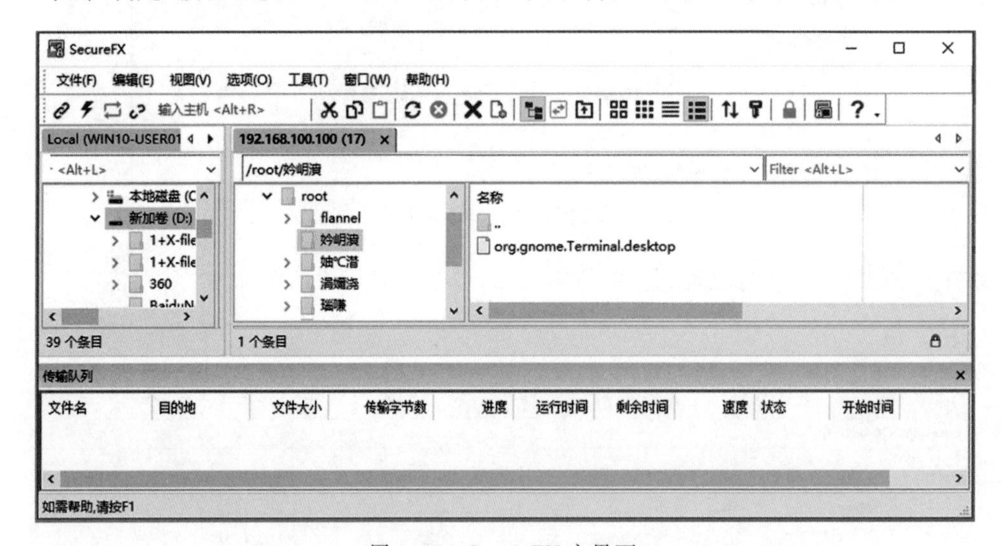

图 1.66　SecureFX 主界面

(6) 在 SecureFX 主界面中,选择“选项”→“会话选项”选项,如图 1.67 所示。

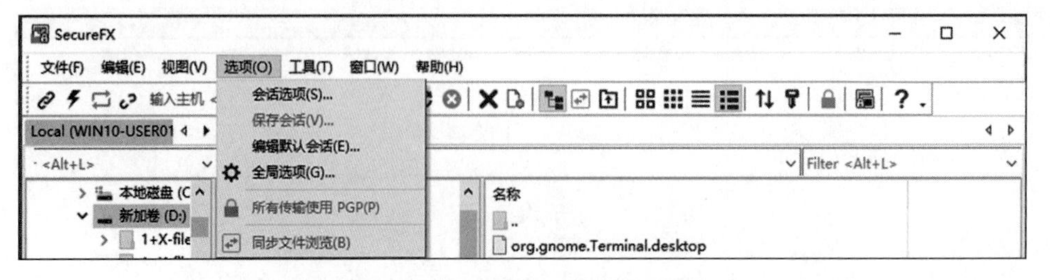

图 1.67　选择“选项”→“会话选项”选项

(7) 在“会话选项”对话框中，选择“外观窗口和文本外观”选项，在“字符编码”下拉列表中选择“UTF-8”选项，如图 1.68 所示。

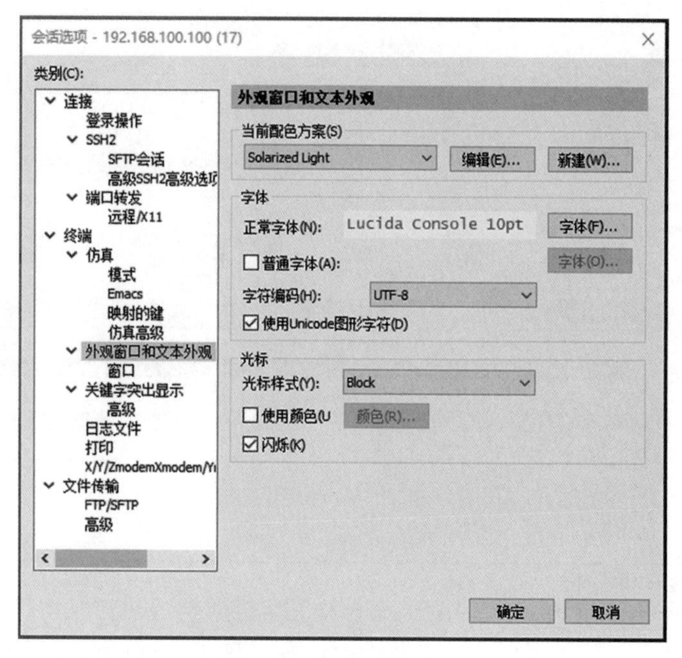

图 1.68　设置会话选项

(8) 配置完成后，再次显示/boot 目录配置结果，如图 1.69 所示。

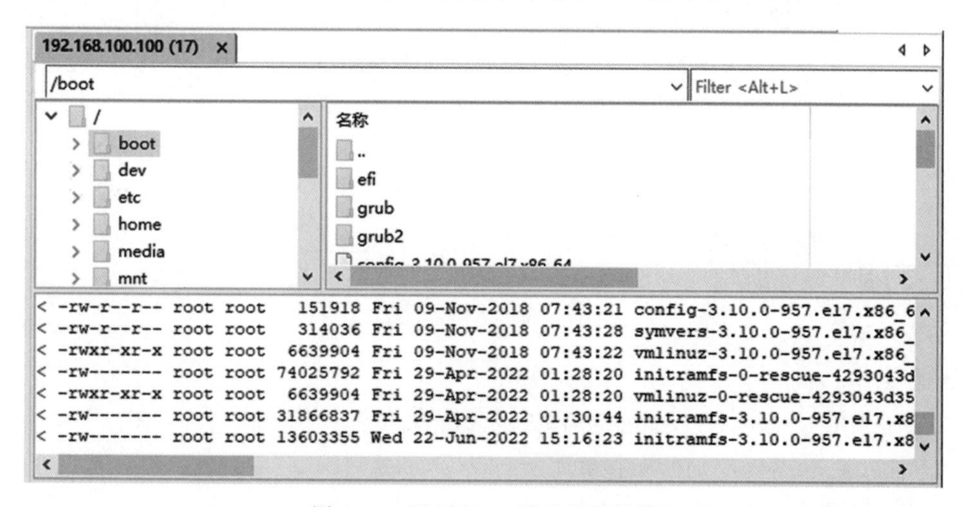

图 1.69　显示/boot 目录配置结果

(9) 将 Windows 10 操作系统中 F 盘的/file 目录下的文件 abc.txt 传送到 Linux 操作系统中的/mnt 目录下。在 Linux 操作系统中的/mnt/目录下，选中 aaa 文件夹，同时选择 F 盘下的文件 abc.txt，并将其拖放到传送队列中，如图 1.70 所示。

(10) 使用 ls 命令，查看网络主机 192.168.100.100 目录/mnt 的传送结果，如图 1.71 所示。

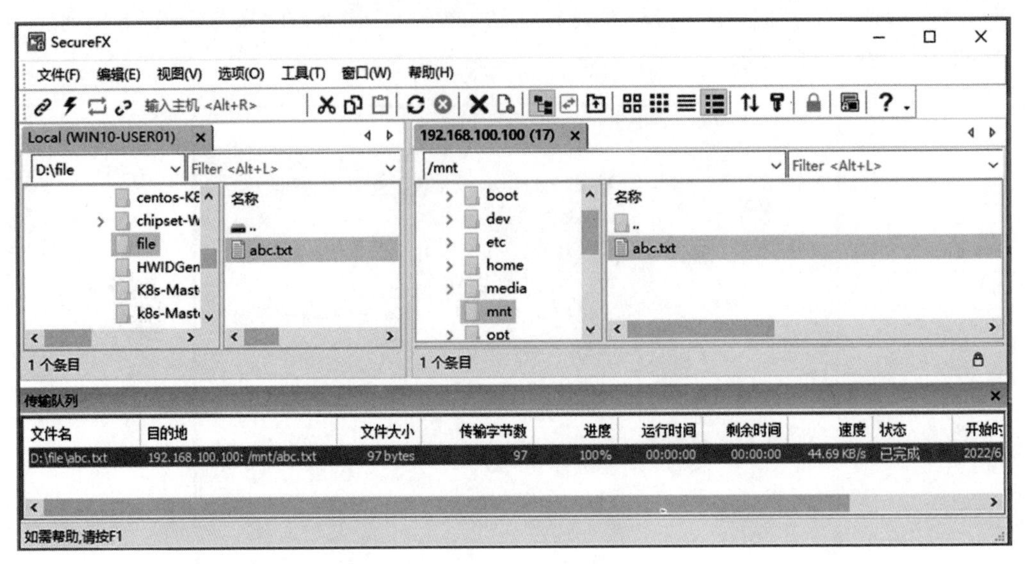

图 1.70　使用 SecureFX 传送文件

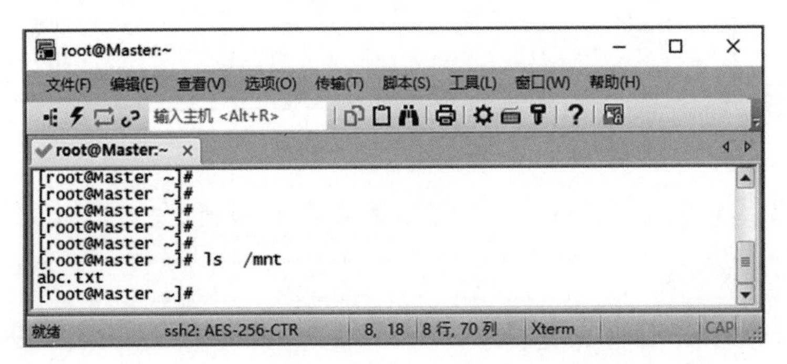

图 1.71　查看网络主机 192.168.100.100 目录/mnt 的传送结果

课后习题

1. 选择题

(1) 下列选项中(　　)不是 Linux 操作系统的特点。

A. 多用户　　B. 单任务　　C. 开放性　　D. 设备独立性

(2) Linux 最早是由计算机爱好者(　　)开发的。

A. Linus Torvalds　　B. A. Tanenbaum　　C. K. Thompson　　D. D. Ritchie

(3) 下列选项中(　　)是自由软件。

A. Windows XP　　B. UNIX　　C. Linux　　D. MAC

(4) Linux 操作系统中可以实现关机的命令是(　　)。

A. shutdown -k now　　B. shutdown -r now

C. shutdown -c now　　D. shutdown -h now

(5) Linux 操作系统下超级用户登录后,默认的命令提示符为(　　)。

A. !　　B. #　　C. $　　D. @

(6) 可以用来建立一个新文件使用的命令是(　　)。

A. cp　　B. rm　　C. touch　　D. more

(7) 命令行的自动补齐功能要使用到(　　)键。

A. Alt　　B. Shift　　C. Ctrl　　D. Tab

(8) 在下列命令中,命令(　　)用于显示当前目录路径。

A. cd　　B. ls　　C. stat　　D. pwd

(9) 在下列命令中,用于将文本文件内容加以排序的命令是(　　)。

A. wc　　B. file　　C. sort　　D. tail

(10) 在给定文件中查找与设定条件相符字符串的命令是(　　)。

A. grep　　B. find　　C. head　　D. gzip

(11) 在 Vim 的命令模式中,输入(　　)不能进入末行模式。

A. :　　B. i　　C. ?　　D. /

(12) 在 Vim 的命令模式中,输入(　　)不能进入编辑模式。

A. o　　B. a　　C. e　　D. i

(13) 使用(　　)操作符,可以输出重定向到指定的文件中,追加文件内容。

A. >　　B. >>　　C. <　　D. <<

(14) 使用(　　)操作符,可以输出重定向到指定的文件中,替换文件内容。

A. >　　B. >>　　C. <　　D. <<

2. 简答题

(1) 简述 Linux 的发展历史及特性。

(2) 简述 Shell 命令的基本格式。

(3) 简述 Vim 编辑器的基本工作模式有哪几种,并简述其主要作用。

(4) 简述如何进行系统克隆与快照管理。

(5) 简述如何使用 SecureCRT 与 SecureFX 远程连接管理 Linux 操作系统。

Docker容器配置与管理

学习目标

- 理解 Docker 技术基础知识、Docker 镜像基础知识、Docker 常用命令、Dockerfile 相关知识、Docker 容器基础知识、Docker 容器实现原理等相关理论知识。
- 理解 Docker Compose 基础知识、编写 Docker Compose 文件、Docker Compose 常用命令及 Docker 仓库基础知识等相关理论知识。
- 掌握 Docker 的安装与部署、离线环境下导入镜像、通过 commit 命令创建镜像、利用 Dockerfile 创建镜像、Docker 容器的创建和管理、安装 Docker Compose 并部署 WordPress 等相关知识与技能。
- 掌握从源代码开始构建、部署和管理应用程序，私有镜像仓库 Harbor 部署，Harbor 项目管理及 Harbor 系统管理与维护等相关知识与技能。

2.1 项目概述

随着 IT 的飞速发展，促使人类进入云计算时代，云计算时代孕育出众多的云计算平台。但众多的云平台的标准、规范不统一，每个云平台都有各自独立的资源管理策略、网络映射策略和内部依赖关系，导致各个平台无法做到相互兼容、相互连接。同时，应用的规模愈发庞大、逻辑愈发复杂，任何一款产品都难以顺利地从一个云平台迁移到另外一个云平台。但 Docker 的出现，打破了这种局面。Docker 利用容器弥合了各个平台之间的差异，通过容器来打包应用、解耦应用和运行平台。在进行产品迁移时，只需要在新的服务器上启动所需的容器即可，而所付出的成本是极小的。本章讲解 Docker 技术基础知识、Docker 镜像基础知识、Docker 常用命令、Dockerfile 相关知识、Docker 容器基础知识、Docker 容器实现原理、Docker Compose 基础知识、编写 Docker Compose 文件、Docker Compose 常用命令及 Docker 仓库基础知识等相关理论知识,项目实践部分讲解 Docker 的安装与部署、离线环境下导入镜像、通过 commit 命令创建镜像、利用 Dockerfile 创建镜像、Docker 容器的创建和管理、安装 Docker Compose 并部署 WordPress,并且介绍了从源代码开始构建、部署和管理应用程序、私有镜像仓库 Harbor 部署、Harbor 项目管理及 Harbor 系统管理与维护等相关知识与技能。

2.2　必备知识

2.2.1　Docker 技术基础知识

Docker 以其轻便、快速的特性,可以使应用快速迭代。Docker 产品的 Logo 如图 2.1 所示。在 Docker 中,每次进行变更后,马上就能看到效果,而不用将若干变更积攒到一定程度再变更。每次变更一小部分其实是一种非常安全的方式,在开发环境中能够快速提高工作效率。

Docker 容器能够帮助开发人员、系统管理员和项目工程师在一个生产环节中协同工作。制定一套容器标准能够使系统管理员在更改容器时,开发人员不需要关心容器的变化,只需要专注于自己的应用程序代码即可。这样做的好处是隔离了开发和管理,简化了重新部署、调试等琐碎工作,减小了开发和部署的成本,极大地提高了工作效率。

图 2.1　Docker 产品的 Logo

1. Docker 的发展历程

Docker 公司位于美国圣弗朗西斯科,由法裔美籍开发者和企业家所罗门·海克思(SolomonHykes)创立,Docker 公司起初是一家名为 dotCloud 的 PaaS 提供商。底层技术上,dotCloud 公司利用了一种基于容器的操作系统层次的虚拟化技术——LXC。为了方便创建和管理容器,dotCloud 公司开发了一套内部工具,之后被命名为 Docker,Docker 就这样诞生了。

2013 年,dotCloud 公司的 PaaS 业务并不景气,公司需要寻求新的突破,于是聘请了本·戈卢布(Ben Golub)作为新的 CEO,将公司重命名为 Docker。Docker 公司放弃 dotCloud PaaS 平台,怀揣着将 Docker 和容器技术推向全世界的使命,开启了一段新的征程。

2013 年 3 月,Docker 开源版本正式发布;2013 年 11 月,RHEL 6.5 正式版本集成了对 Docker 的支持;2014 年 4 月至 6 月,亚马逊、谷歌、微软等公司的云计算服务相继宣布支持 Docker;2014 年 6 月,随着 DockerCon 2014 大会的召开,Docker 1.0 正式发布;2015 年 6 月,Linux 基金会在 DockerCon 2015 大会上与亚马逊、思科、Docker 等公司共同宣布成立开放容器项目(Open Container Project,OCP),旨在实现容器标准化,该组织后来更名为开放容器标准(Open Container Initiative,OCI);2015 年,浙江大学实验室携手华为、谷歌、Docker 等公司,成立了云原生计算基金会(Cloud Native Computing Foundation,CNCF),共同推进面向云原生应用的云平台发展。

早期的Docker代码实现直接基于LXC,LXC可以提供轻量级的虚拟化,以便隔离进程和资源,而且不需要提供指令解释机制及全虚拟化的其他复杂性。容器有效地将由单个操作系统管理的资源划分到孤立的组中,以更好地在孤立的组之间平衡有冲突的资源使用需求。Docker底层使用了LXC来实现,LXC将Linux进程沙盒化,使得进程之间相互隔离,并且能够控制各进程的资源分配。在LXC的基础之上,Docker提供了一系列更强大的功能。

对LXC的依赖自始至终都是一个问题。首先,LXC是基于Linux的,这对于一个立志于跨平台的项目来说是一个问题。其次,如此核心的组件依赖于外部工具,这会给项目带来巨大风险,甚至影响其发展。因此,Docker公司开发了名为Libcontainer的自研工具,用于替代LXC。

Libcontainer的目标是成为与平台无关的工具,可基于不同内核为Docker上层提供必要的容器交互功能。在Docker 0.9版本中,Libcontainer取代LXC成为默认的执行驱动。

Docker引擎主要有两个版本:企业版(Enterprise Edition,EE)和社区版(Community Edition,CE)。每个季度,企业版和社区版都会发布一个稳定版本,社区版会提供4个月的支持,而企业版会提供12个月的支持。

2. Docker的定义

目前,Docker的官方定义如下:Docker是以Docker容器为资源分割和调度的基本单位,封装整个软件运行时的环境,为开发者和系统管理员设计,用于构建、发布和运行分布式的应用平台。它是一个跨平台、可移植且简单易用的容器解决方案。Docker的源代码托管在GitHub上,基于Go语言开发,并遵从Apache 2.0协议。Docker可在容器内部快速自动化地部署应用,并通过操作系统内核技术为容器提供资源隔离与安全保障。

Docker借鉴集装箱装运货物的场景,让开发人员将应用程序及其依赖打包到一个轻量级、可移植的容器中,然后将其发布到任何运行Docker容器引擎的环境中,以容器方式运行该应用程序。与装运集装箱时不用关心其中的货物一样,Docker在操作容器时不关心容器中有什么软件。采用这种方式部署和运行应用程序非常方便。Docker为应用程序的开发、发布提供了一个基于容器的标准化平台,容器运行的是应用程序,Docker平台用来管理容器的整个生命周期。使用Docker时不必担心开发环境和生产环境之间的不一致,其使用也不局限于任何平台或编程语言。Docker可以用于整个应用程序的开发、测试和研发周期,并通过一致的用户界面进行管理,Docker具有为用户在各种平台上安全、可靠地部署可伸缩服务的能力。

3. Docker的优势

Docker容器的运行速度很快,可以在秒级时间内实现系统启动和停止,比传统虚拟机快很多。Docker解决的核心问题是如何利用容器来实现类似虚拟机的功能,从而利用更少的硬件资源给用户提供更多的计算资源。Docker容器除了运行其中的应用之外,基本不消耗额外的系统资源,在保证应用性能的同时,减小了系统开销,这使得一台主机上同时运行数千个Docker容器成为可能。Docker操作方便,通过Dockerfile配置文件可以进行灵活的自动化创建和部署。

Docker重新定义了应用程序在不同环境中的移植和运行方式,为跨不同环境运行的应用程序提供了新的解决方案,其优势表现在以下几方面。

(1) 更快的交付和部署。

容器消除了线上和线下的环境差异,保证了应用生命周期环境的一致性和标准化。Docker开

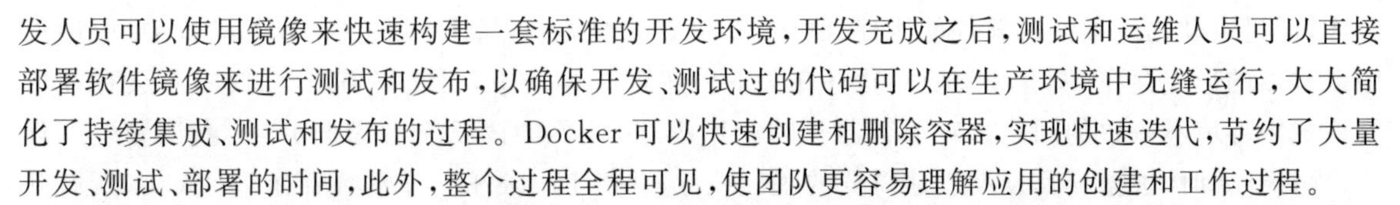

发人员可以使用镜像来快速构建一套标准的开发环境，开发完成之后，测试和运维人员可以直接部署软件镜像来进行测试和发布，以确保开发、测试过的代码可以在生产环境中无缝运行，大大简化了持续集成、测试和发布的过程。Docker 可以快速创建和删除容器，实现快速迭代，节约了大量开发、测试、部署的时间，此外，整个过程全程可见，使团队更容易理解应用的创建和工作过程。

容器非常适合持续集成和持续交付的工作流程，开发人员在本地编写应用程序代码，通过 Docker 与同事进行共享；开发人员通过 Docker 将应用程序推送到测试环境中，执行自动测试和手动测试；开发人员发现程序错误时，可以在开发环境中进行修复，然后将程序重新部署到测试环境，以进行测试和验证；完成应用程序测试之后，向客户提供补丁程序的方法非常简单，只需要将更新后的镜像推送到生产环境中。

（2）高效的资源利用和隔离。

Docker 容器不需要额外的虚拟机管理程序及 Hypervisor 的支持，它使用内核级的虚拟化，与底层共享操作系统，系统负载更低，性能更加优异，在同等条件下可以运行更多的实例，更充分地利用系统资源。虽然 Docker 容器是共享主机资源的，但是每个容器所使用的 CPU、内存、文件系统、进程、网络等都是相互隔离的。

（3）高可移植性与扩展性。

基于容器的 Docker 平台支持具有高度可移植性和扩展性的工作环境需求，Docker 容器几乎可以在所有平台上运行，包括物理机、虚拟机、公有云、私有云、混合云、服务器等，并支持主流的操作系统发行版本，这种兼容性可以让用户在不同平台之间轻松地迁移应用。Docker 的可移植性和轻量级特性也使得动态管理工作负载变得非常容易，管理员可以近乎实时地根据业务需要增加或缩减应用程序和服务。

（4）更简单的维护和更新管理。

Docker 的镜像与镜像之间不是相互隔离的，它们有松耦合的关系。镜像采用了多层文件的联合体。通过这些文件层，可以组合出不同的镜像，利用基础镜像进一步扩展镜像变得非常简单。由于 Docker 秉承了开源软件的理念，因此所有用户均可以自由地构建镜像，并将其上传到 Docker Hub 上供其他用户使用。使用 Dockerfile 时，只需要进行少量的配置修改，就可以替代以往大量的更新工作，且所有修改都以增量的方式被分布和更新，从而实现高效、自动化的容器管理。

Docker 是轻量级的应用，且运行速度很快，Docker 针对基于虚拟机管理程序的虚拟机平台提供切实可行且经济高效的替代解决方案。因此，在同样的硬件平台上，用户可以使用更多的计算能力来实现业务目标。Docker 适合需要使用更少资源实现更多任务的高密度环境和中小型应用部署。

（5）环境标准化和版本控制。

Docker 容器可以保证应用程序在整个生命周期中的一致性，保证环境的一致性和标准化。Docker 容器可以像 GitHub 一样，按照版本对提交的 Docker 镜像进行管理。当出现因组件升级导致环境损坏的情况时，Docker 可以快速地回滚到该镜像的前一个版本。相对虚拟机的备份或镜像创建流程而言，Docker 可以快速地进行复制和实现冗余。此外，启动 Docker 就像启动一个普通进程一样快速，启动时间可以达到秒级甚至毫秒级。

Docker 容器对软件及其依赖进行标准化打包，在开发和运维之间搭建了一座桥梁，旨在解决开发和运维之间的矛盾，这是实现 DevOps 的理想解决方案。DevOps 一词是 Development（开发）和 Operation（运维）的组合词，可译为开发运维一体化，旨在突出软件开发人员和运维人员的沟通合作,通过自动化流程使得软件的构建、测试、发布更加快捷、频繁和可靠。在容器模式中,应用程序以容器的形式存在,所有和该应用程序相关的依赖都在容器中,因此移植非常方便,不会存在传统模式中环境不一致的问题。对于容器化的应用程序,项目的团队全程参与开发、测试和生产环节,项目开始时,根据项目预期创建需要的基础镜像,并将 Dockerfile 分发给所有开发人员,所有开发人员根据 Dockerfile 创建的容器或从内部仓库下载的镜像进行开发,达到开发环境的一致;若开发过程中需要添加新的软件,只需要申请修改基础镜像的 Dockerfile 即可;当项目任务结束之后,可以调整 Dockerfile 或者镜像,然后将其分发给测试部门,测试部门就可以进行测试,解决了部署困难等问题。

4. 容器与虚拟机

Docker 之所以拥有众多优势,与操作系统虚拟化自身的特点是分不开的。传统的虚拟机需要有额外的虚拟机管理程序和虚拟机操作系统,而 Docker 容器是直接在操作系统层面之上实现的虚拟化。Docker 容器与传统虚拟机的特性比较如表 2.1 所示。

表 2.1 Docker 容器与传统虚拟机的特性比较

特　　性	Docker 容器	传统虚拟机
启动速度	秒级	分钟级
计算能力损耗	几乎没有	损耗 50%左右
性能	接近原生	弱于原生
内存代价	很小	较大
占用磁盘空间	一般为 MB 级	一般为 GB 级
系统支持量(单机)	上千个	几十个
隔离性	资源限制	完全隔离
迁移性	优秀	一般

应用程序的传统运维方式部署慢、成本高、资源浪费、难以迁移和扩展,可能还会受限于硬件设备。而如果改用虚拟机,则一台物理机可以部署多个应用程序,应用程序独立运行在不同的虚拟机中。虚拟机具有以下优势。

(1) 采用资源池化技术,一台物理机的资源可分配到不同的虚拟机上。

(2) 便于弹性扩展,增加物理机或虚拟机都很方便。

(3) 容易部署,如容易将应用程序部署到云主机上等。

虚拟机突破了传统运维的弊端,但也存在一些局限。

相比之下,每个虚拟机运行一个完整的客户机操作系统,通过虚拟机管理程序以虚拟方式访问主机资源。主机要为每个虚拟机分配资源,当虚拟机数量增大时,操作系统本身消耗的资源势必增多。总体来说,虚拟机提供的环境包含的资源超出了大多数应用程序的实际需要。

容器在主机本地上运行,并与其他容器共享主机的操作系统内核。容器运行一个独立的进程,不会比其他程序占用更多的内存,这就使它具备轻量化的优点。

容器引擎将容器作为进程在主机上运行,各个容器共享主机的操作系统,使用的是主机操作系统的内核,因此容器依赖于主机操作系统的内核版本。虚拟机有自己的操作系统,且独立于主机操作系统,其操作系统内核可以与主机不同。

容器在主机操作系统的用户空间内运行,并且与操作系统的其他进程相互隔离,启动时也不需要启动操作系统内核空间。因此，与虚拟机相比，容器启动快、开销小，而且迁移更便捷。

就隔离特性来说，容器提供应用层面的隔离，虚拟机提供物理资源层面的隔离。当然，虚拟机也可以运行容器，这时的虚拟机本身也充当主机。Docker 与传统虚拟机架构的对比，如图 2.2 所示。

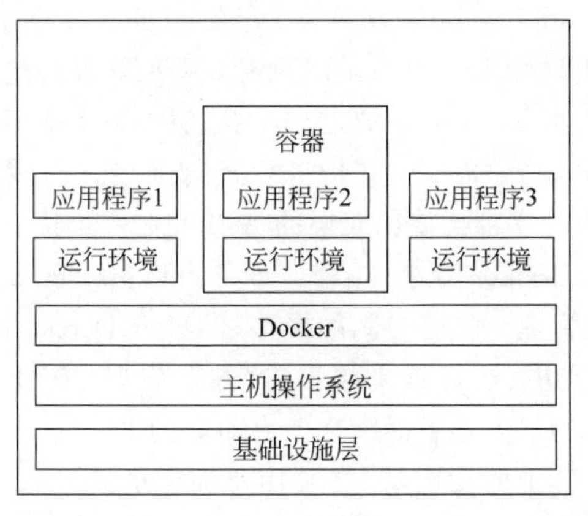

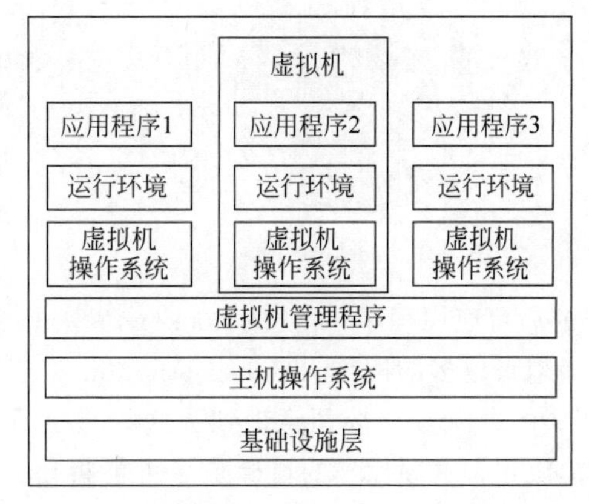

图 2.2 Docker 与传统虚拟机架构的对比

5. Docker 的三大核心概念

镜像、容器、仓库是 Docker 的三大核心概念。

(1) 镜像。

Docker 的镜像是创建容器的基础，类似虚拟机的快照，可以理解为一个面向 Docker 容器引擎的只读模板。例如，一个镜像可以是一个完整的 CentOS 操作系统环境，称为一个 CentOS 镜像；也可以是一个安装了 MySQL 的应用程序，称为一个 MySQL 镜像；等等。Docker 提供了简单的机制来创建和更新现有的镜像，用户也可以从网上下载已经创建好的镜像直接使用。

(2) 容器。

镜像和容器的关系，就像是面向对象程序设计中的类和实例一样。镜像是静态的定义，容器是镜像运行时的实体，Docker 的容器是镜像创建的运行实例，它可以被启动、停止和删除。每一个容器都是互相隔离、互不可见的，以保证平台的安全性。可以将容器看作简易版的 Linux 环境，Docker 利用容器来运行和隔离应用。Docker 使用客户端-服务器(Client/Server，C/S)模式和远程 API 来管理和创建 Docker 容器。

(3) 仓库。

仓库可看成代码控制中心，Docker 仓库是用来集中保存镜像的地方。当开发人员创建了自己的镜像之后，可以使用 push 命令将它上传到公有(Public)仓库或者私有(Private)仓库。下次要在另外一台机器上使用这个镜像时，只需要从仓库中获取即可。仓库注册服务器(Registry)是存放仓库的地方，其中包含多个仓库，每个仓库都集中存放了数量庞大的镜像供用户下载使用。

6. Docker 引擎

Docker 引擎是用来运行和管理容器的核心软件，它是目前主流的容器引擎，如图 2.3 所示。通常人们会简单地将其称为 Docker 或 Docker 平台。Docker 引擎由如下主要的组件构成：Docker 客户端(Docker Client)、Docker 守护进程(Docker Daemon)、REST(Representational State

Transfer)API，它们共同负责容器的创建和运行，包括容器管理、网络管理、镜像管理和卷管理等。

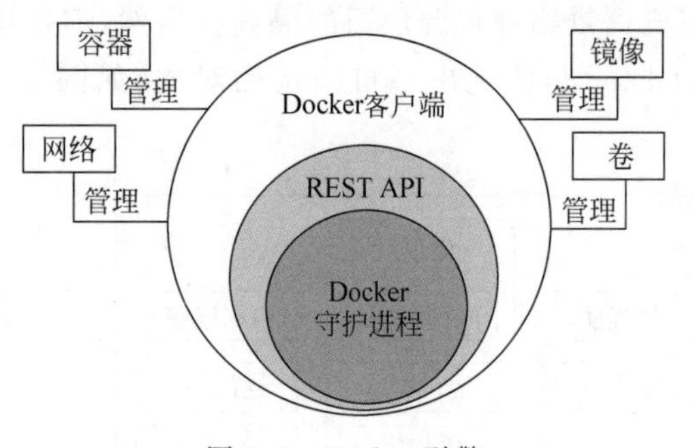

图 2.3　Docker 引擎

Docker 客户端：即命令行接口，可使用 docker 命令进行操作。命令行接口又称命令行界面，可以通过命令或脚本使用 Docker 的 REST API 来控制 Docker Daemon，或者与 Docker Daemon 进行交互。当用户使用 docker run 命令时，客户端将这些命令发送给 Docker 守护进程来执行。Docker 客户端可以与多个 Docker 守护进程进行通信。许多 Docker 应用程序都会使用底层的 API 和命令行接口。

Docker 守护进程：即 Docker Daemon，这是 Docker 的后台应用程序，可使用 docker 命令进行管理。随着时间的推移，Docker Daemon 的整体性带来了越来越多的问题，Docker Daemon 难于变更、运行越来越慢，这并非生态(或 Docker 公司)所期望的。Docker 公司意识到了这些问题，开始努力着手拆解这个大而全的 Docker Daemon，并将其模块化。这项任务的目标是尽可能拆解出其中的功能特性，并用小而专的工具来实现它。这些小工具可以是可替换的，也可以被第三方用于构建其他工具。Docker Daemon 的主要功能包括镜像管理、镜像构建、REST API 支持、身份验证、安全管理、核心网络编排。

REST API：定义程序与 Docker 守护进程交互的接口，便于编程操作 Docker 平台和容器，是一套目前比较成熟的互联网应用程序 API 架构。

7. Docker 的架构

Docker 的架构如图 2.4 所示。Docker 客户端是 Docker 用户与 Docker 交互的主要途径。当用户使用 docker build(建立)、docker pull(拉取)、docker run(运行)等类似命令时，客户端就将这些命令发送到 Docker 守护进程来执行，Docker 客户端可以与多个 Docker 守护进程通信。

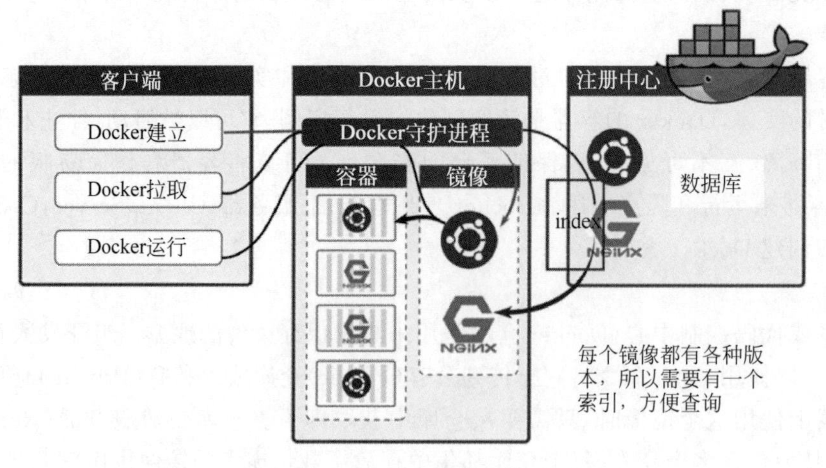

图 2.4　Docker 的架构

一台主机运行一个 Docker 守护进程，又被称为 Docker 主机，Docker 客户端与 Docker 守护进程通信，Docker 守护进程充当 Docker 服务器，负责构建、运行和分发容器。Docker 客户端与守护进程可以在同一个系统上运行，也可以让 Docker 客户端连接到远程主机上的 Docker 守护进程后再运行。Docker 客户端和 Docker 守护进程使用 REST API 通过 Linux 套接字(Socket)或网络接口进行通信。Docker 守护进程和 Docker 客户端属于 Docker 引擎的一部分。Docker 主机管理有镜像和容器等 Docker 对象,以实现对 Docker 服务的管理。

Docker 注册中心用于存储和分发 Docker 镜像,可以理解为代码控制中的代码仓库。Docker Hub 和 Docker Cloud 是任何人都可以使用的公开注册中心,默认情况下,Docker 守护进程会到 Docker Hub 中查找镜像。除此之外,用户还可以运行自己的私有注册中心。Docker Hub 提供了庞大的镜像集合供客户使用。一个 Docker Registry 中可以包含多个仓库(Repository);每个仓库可以包含多个标签(Tag);每个标签对应一个镜像。通常,一个仓库会包含同一个软件不同版本的镜像,而标签就常用于对应该软件的各个版本。当 Docker 客户端用户使用 docker pull 或 docker run 命令时,所请求的镜像如果不在本地 Docker 主机上,就会从所配置的 Docker 注册中心通过数据库索引(Index)的方式拉取(下载)到本地 Docker 主机上。当用户使用 docker push 命令时,镜像会被推送(上传)到所配置的 Docker 注册中心。

2.2.2　Docker 镜像基础知识

镜像是 Docker 的核心技术之一,也是应用发布的标准格式。Docker 镜像类似于虚拟机中的镜像,是一个只读的模板,也是一个独立的文件系统,包括运行容器所需的数据。Docker 镜像是按照 Docker 要求制作的应用程序,就像安装软件包一样。一个 Docker 镜像可以包括一个应用程序及能够运行它的基本操作系统环境。

1. Docker 镜像

镜像(Image)又译为映像,在 IT 领域通常是指一系列文件或一个磁盘驱动器的精确副本。例如,一个 Linux 镜像可以包含一个基本的 Linux 操作系统环境,其中仅安装了 Nginx 应用程序或用户需要的其他应用,可以将其称为一个 Nginx 镜像;一个 Web 应用程序的镜像可能包含一个完整的操作系统(如 Linux)环境、一个 Apache HTTP Server 软件,以及用户开发的 Web 应用程序。Ghost 是使用镜像文件的经典软件,其镜像文件可以包含一个分区甚至是一块硬盘的所有信息。在云计算环境下,镜像就是虚拟机模板,它预先安装基本的操作系统和其他软件,创建虚拟机时首先需要准备一个镜像,然后启动一个或多个镜像的实例即可。与虚拟机类似,Docker 镜像是用于创建容器的只读模板,它包含文件系统,而且比虚拟机更轻巧。

Docker 镜像是 Docker 容器的静态表示,包括 Docker 容器所要运行的应用的代码及运行时的配置。Docker 镜像采用分层的方式构建,每个镜像均由一系列的镜像层和一层容器层组成,镜像一旦被创建就无法被修改。一个运行着的 Docker 容器是一个镜像的实例,当需要修改容器的某个文件时,只能对处于最上层的可写层(容器层)进行变动,而不能覆盖下面只读层内容。如图 2.5 所示,可写层位于若干只读层之上,运行时的所有变化,包括对数据和文件的写操作及更新操作,都会保存在可写层中。同时,Docker 镜像采用了写时复制的策略,多个容器共享镜像,每个容器在启动时并不需要单独复制一份镜像文件,而是将所有镜像层以只读的方式挂载到一个挂载点,在上面覆盖一个可写的容器层。写时复制策略配合分层机制的应用,减少了镜像占用的磁盘空间和容器启动时间。

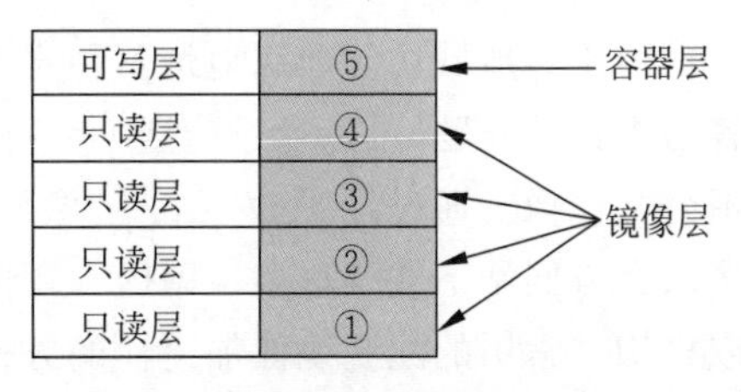

图 2.5　Docker 容器的分层结构

Docker 镜像采用统一文件系统对各层进行管理，统一文件系统技术能够将不同的层整合成一个文件系统，为这些层提供一个统一的视角，这样就可以隐藏这些层，从用户的角度来看，只存在一个文件系统。

操作系统分为内核空间和用户空间。对于 Linux 系统而言，内核启动后，会挂载 root 文件系统，为其提供用户空间支持。而 Docker 镜像就相当于 root 文件系统，是特殊的文件系统，除了提供容器运行时所需要的程序、库、资源等文件外，还包含为运行准备的一些配置参数。镜像不包含任何动态数据，其内容在创建容器之后也不会被改变。镜像是创建容器的基础，通过版本管理和联合文件系统，Docker 提供了一套非常简单的机制来创建镜像和更新现有的镜像。当容器运行时，使用的镜像如果在本地计算机中不存在，Docker 就会自动从 Docker 镜像仓库中下载镜像，默认从 Docker Hub 公开镜像源下载镜像。

2. Docker 镜像仓库

Docker 架构中的镜像仓库是非常重要的，镜像会因业务需求的不同以不同的形式存在，这就需要一个很好的机制对这些镜像进行管理，而镜像仓库就很好地解决了这个问题。

镜像仓库是集中存放镜像的地方，分为公共仓库和私有仓库。Docker 注册服务器(Registry)是存放仓库的地方，可以包含多个仓库，各个仓库根据不同的标签和镜像名管理各种 Docker 镜像。

一个镜像仓库中可以包含同一个软件的不同镜像，利用标签进行区别。可以利用<仓库名>:<标签名>的格式来指定相关软件镜像的版本。例如，CentOS:7.6 和 CentOS:8.4 中，镜像名为 CentOS，利用标签 7.6 和 8.4 来区分版本。如果忽略标签，则默认会使用 latest 进行标记。

仓库名通常以两段路径形式出现，以斜杠为分隔符，可包含可选的主机名前缀。主机名必须符合标准的 DNS 规则，不能包含下画线。如果存在主机名，则可以在其后加一个端口号；反之，使用默认的 Docker 公共仓库。

例如，CentOS/nginx:version3.1.test 表示仓库名为 CentOS、镜像名为 nginx、标签名为 version3.1.test 的镜像。如果要将镜像推送到一个私有的仓库，而不是公共的 Docker 仓库，则必须指定一个仓库的主机名和端口来标记此镜像，如 10.1.1.1:8000/nginx:version3.1.test。

(1) Docker 公共仓库。

公共仓库(Docker Hub)是默认的 Docker Registry，由 Docker 公司维护，其中拥有大量高质量的官方镜像，供用户免费上传、下载和使用，也存在其他提供收费服务的仓库。Docker Hub 具有如下特点。

① 仓库名称前没有命名空间。

② 稳定、可靠、干净。

③ 数量大、种类多。

由于跨地域访问和源地址不稳定等原因，在国内访问 Docker Hub 时，存在访问速度比较慢且容易报错的问题，可以通过配置 Docker 镜像加速器来解决这个问题。加速器表示镜像代理，只代理公共镜像。通过配置 Docker 镜像加速器可以直接从国内的地址下载 Docker Hub 的镜像，比直接从官方网站下载快得多。国内常用的镜像加速器来自华为、中国科学技术大学和阿里云等公司或机构。常用的配置镜像加速器的方法有两种：一种是手动运行命令，如使用 docker pull 命令直接下载镜像；另一种是手动配置 Docker 镜像加速器，配置 Docker 镜像加速器可以加速在国内下载 Docker 官方镜像的速度，国内有不少机构提供了免费的加速器供使用，可以通过修改守护进程 Docker Daemon 的配置文件下载镜像。

(2) Docker 私有仓库。

虽然 Docker 公共仓库有很多优点，但是也存在一些问题。例如，一些企业级的私有镜像，涉及一些机密的数据和软件，私密性比较强，因此不太适合放在公有仓库中。此外，出于安全考虑，一些公司不允许通过公司内网服务器环境访问外网，因此无法下载公有仓库的镜像。为了解决这些问题，可以根据需要搭建私有仓库，存储私有镜像。Docker 私有仓库具有如下特点。

① 自主控制、方便存储和可维护性高。

② 安全性和私密性高。

③ 访问速度快。

Docker 私有仓库能通过 docker-registry 项目来实现，通过 HTTPS 服务完成镜像上传、下载。

3. 镜像描述文件 Dockerfile

Linux 应用开发使用 Makefile 文件描述整个软件项目的所有文件的编译顺序和编译规则，用户只需用 make 命令就能完成整个项目的自动化编译和构建。Docker 用 Dockerfile 文件来描述镜像，采用与 Makefile 文件同样的机制，定义了如何构建 Docker 镜像。Dockerfile 是一个文本文件，包含用来构建镜像的所有命令。Docker 通过读取 Dockerfile 中的指令自动构建镜像。

在验证 Docker 是否成功安装时已经获取了 hello-world 镜像，这是 Docker 官方提供的一个最小的镜像，它的 Dockerfile 内容只有 3 行，如下所示。

```
FROM scratch
COPY hello/
CMD ["/hello"]
```

其中，FROM 命令定义所有的基础镜像，即该镜像从哪个镜像开始构建；scratch 表示空白镜像，即该镜像不依赖其他镜像，从“零”开始构建。第 2 行表示将文件 hello 复制到镜像的根目录。第 3 行则意味着通过镜像启动容器时执行/hello 这个可执行文件。

对 Makefile 文件执行 make 命令可以编译并构建应用。相应地，对 Dockerfile 文件执行 build 命令可以构建镜像。

4. 基础镜像

一个镜像的父镜像(Parent Image)是指该镜像的 Dockerfile 文件中由 FROM 指定的镜像。所有后续的指令都应用到这个父镜像中。例如，一个镜像的 Dockerfile 包含以下定义，说明其父镜像为 CentOS:8.4。

```
FROM CentOS:8.4
```

基于提供 FROM 指令，或提供 FROM scratch 指令的 Dockerfile 所构建的镜像被称为基础镜像(Base Image)。大多数镜像都是从一个父镜像开始扩展的，这个父镜像通常是一个基础镜像。基础镜像不依赖其他镜像，从“零”开始构建。

Docker 官方提供的基础镜像通常都是各种 Linux 发行版的镜像，如 CentOS、Debian、Ubuntu 等，这些 Linux 发行版镜像一般都提供最小化安装的操作系统发行版。这里以 Debian 操作系统为例分析基础镜像,先执行 docker pull debian 命令拉取 Debian 镜像,再执行 docker images debian 命令查看该镜像的基本信息,可以发现该镜像的大小为 100MB 多一点,比 Debian 发行版小。Linux 发行版是在 Linux 内核的基础上增加应用程序形成的完整操作系统,不同发行版的 Linux 内核差别不大。Linux 操作系统的内核启动后,会挂载根文件系统(rootfs)为其提供用户空间支持。对于 Debian 镜像来说,底层直接共享主机的 Linux 内核,自己只需要提供根文件系统即可,而根文件系统上只安装基本的软件,这样就可以节省空间,以 Debian 镜像的 Dockerfile 的内容为例。

```
FROM scratch
ADD rootfs.tar.xz/
CMD ["bash"]
```

其中,第 2 行表示将 Debian 的 rootfs 压缩包添加到容器的根目录下。在使用该压缩包构建镜像时,这个压缩包会自动解压到根目录下,生成/dev、/proc、/bin 等基本目录。Docker 提供多种 Linux 发行版镜像来支持多种操作系统环境,便于用户基于这些基础镜像定制自己的应用镜像。

5. 基于联合文件系统的镜像分层

早期镜像分层结构是通过联合文件系统实现的,联合文件系统将各层的文件系统叠加在一起,向用户呈现一个完整的文件系统,如图 2.6 所示。

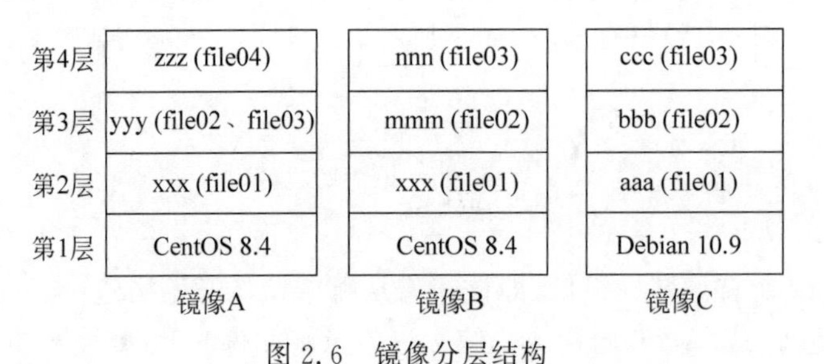

图 2.6 镜像分层结构

以其中的镜像 A 为例,用户可以访问 file01、file02、file03、file04 这 4 个文件,即使它们位于不同的层中。镜像 A 的最底层(第 1 层)是基础镜像,通常表示操作系统。

这种分层结构具有如下优点。

① 方便资源共享。具有相同环境的应用程序的镜像共享同一个环境镜像,不需要为每个镜像都创建一个底层环境,运行时也只需要加载同一个底层环境。镜像相同部分作为一个独立的镜像层,只需要存储一份即可,从而节省磁盘空间。在图 2.6 所示的结构中,如果本地已经下载镜像 A,则下载镜像 B 时就不需要重复下载其中的第 1 层和第 2 层了,因为第 1 层和第 2 层在镜像 A 中已经存在了。

② 便于镜像的修改。一旦其中某层出了问题,不需要修改整个镜像,只需要修改该层的内容即可。

这种分层结构的缺点如下。

① 上层的镜像都基于相同的底层基础镜像,一旦基础镜像需要修改(如安全漏洞修补),而基于它的上层镜像通过容器生成时,维护工作量会变得相当大。

② 镜像的使用者无法对镜像进行审查，存在一定的安全隐患。

③ 会导致镜像的层数越来越多，而联合文件系统所允许的层数是有限的。

④ 当需要修改大文件时，以文件为粒度的写时复制需要复制整个大文件再对其进行修改，这会影响操作效率。

6. 基于 Dockerfile 文件的镜像分层

为弥补上述镜像分层方式的不足，Docker 推荐选择 Dockerfile 文件逐层构建镜像。大多数 Docker 镜像都是在其他镜像的基础上逐层建立起来的，采用这种方式构建镜像，每一层都由镜像的 Dockerfile 指令所决定。除了最后一层，每层都是只读的。

7. 镜像、容器和仓库的关系

Docker 的 3 个核心概念是镜像（Image）、容器（Container）和仓库（Repository），它们贯穿 Docker 虚拟化应用的整个生命周期。容器是镜像创建的运行实例，Docker 应用程序以容器方式部署和运行。一个镜像可以用来创建多个容器，容器之间都是相互隔离的。Docker 仓库又称镜像仓库，类似于代码仓库，是集中存放镜像文件的场所。可以将制作好的镜像推送到仓库以发布应用程序，也可以将所需要的镜像从仓库拉取到本地以创建容器来部署应用程序。注册中心提供的是存放镜像仓库的地方，一个注册中心可以提供很多仓库。镜像、容器和仓库的关系如图 2.7 所示。

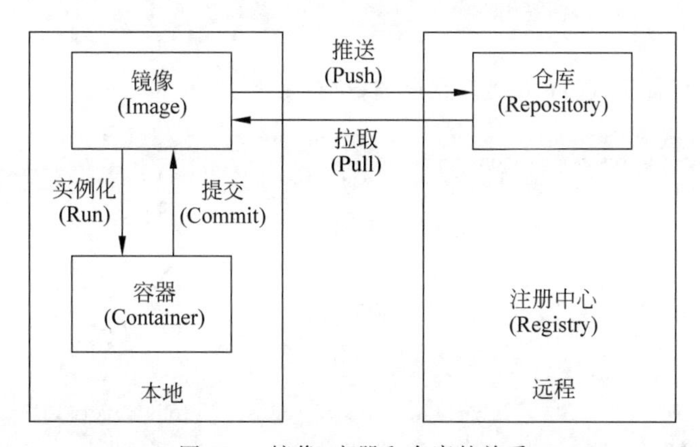

图 2.7　镜像、容器和仓库的关系

2.2.3　Docker 常用命令

Docker 提供了若干镜像操作命令，如 docker pull 用于拉取（下载）镜像，docker image 用于生成镜像列表等，这些命令可看作 docker 命令的子命令。被操作的镜像对象可以使用镜像 ID、镜像名称或镜像摘要值进行标识。有些命令可以操作多个镜像，镜像之间使用空格分隔。

Docker 新版本提供一个统一的镜像操作命令 docker image，基本语法如下。

```
docker image 子命令
```

视频讲解

docker image 子命令用于实现镜像的各类管理操作功能，其大多与传统的镜像操作 docker 子命令相对应，功能和语法也类似，只有个别不同。完整的 Docker 镜像操作命令如表 2.2 所示。

表 2.2　完整的 Docker 镜像操作命令

docker image 子命令	docker 子命令	功能说明
docker image build	docker build	根据 Dockerfile 文件构建镜像
docker image history	docker history	显示镜像的历史记录
docker image import	docker import	从 Tarball 文件导入内容以创建文件系统镜像
docker image inspect	docker inspect	显示一个或多个镜像的详细信息
docker image load	docker load	从.tar 文件或 STDIN 装载镜像
docker image ls	docker images	输入镜像列表
docker image pull	docker pull	从注册服务器拉取镜像或镜像仓库
docker image push	docker push	将镜像或镜像仓库推送到注册服务器
docker image rm	docker rm	删除一个或多个镜像
docker image prune	—	删除未使用的镜像
docker image save	docker save	将一个或多个镜像保存到.tar 文件
docker image tag	docker tag	为指向源镜像的目标镜像添加一个名称

1. 显示本地的镜像列表

可以使用 docker images 命令来列出本地主机上的镜像，其语法格式如下。

```
docker images [选项] [仓库[:标签]]
```

可使用--help 帮助命令，进行命令参数查询，执行命令如下。

```
[root@localhost ~]# docker images --help
```

命令执行结果如下。

```
Usage: docker images [OPTIONS] [REPOSITORY[:TAG]]
List images
Options:
    -a,  --all              Show all images (default hides intermediate images)
         --digests          Show digests
    -f,  --filter filter    Filter output based on conditions provided
         --format string    Pretty-print images using a Go template
         --no-trunc         Don't truncate output
    -q,  --quiet            Only show image IDs
[root@localhost ~]#
```

不带任何选项或参数则会列出全部镜像，使用仓库、标签作为参数，将列出指定的镜像。docker images 常用选项及其功能说明如表 2.3 所示。

表 2.3　docker images 常用选项及其功能说明

选　　项	功能说明
-a,--all	表示列出本地所有镜像
--digest	表示可显示内容寻址标识符
-f,--filter filter	表示显示符合过滤条件的镜像，如果有超过一个镜像，那么使用多个-f 选项

续表

选　　项	功能说明
--no-trunc	表示显示完整的镜像信息
-q,--quiet	表示只显示镜像 ID

命令执行结果如图 2.8 所示。

```
[root@localhost ~]# docker images -a
REPOSITORY    TAG      IMAGE ID       CREATED        SIZE
fedora        latest   055b2e5ebc94   2 weeks ago    178MB
debian        latest   4a7a1f401734   3 weeks ago    114MB
hello-world   latest   d1165f221234   2 months ago   13.3kB
centos        latest   300e315adb2f   5 months ago   209MB
[root@localhost ~]#
```

图 2.8　查看本地镜像列表

docker images 命令显示信息中各字段的说明如下。

(1) REPOSITORY：表示镜像的仓库源。

(2) TAG：镜像的标签。

(3) IMAGE ID：镜像 ID。

(4) CREATED：镜像创建时间。

(5) SIZE：镜像大小。

2. 拉取镜像

在本地运行容器时,若使用一个不存在的镜像,Docker 就会自动下载这个镜像。如果需要预先下载这个镜像,则可以使用 docker pull 命令来拉取它,也就是将它从镜像仓库(默认为 Docker Hub 上公开的仓库)下载到本地,完成之后可以直接使用这个镜像来运行容器。例如,拉取一个 debian:latest 版本的镜像,命令执行结果如图 2.9 所示。

```
[root@localhost ~]# docker pull debian:latest
latest: Pulling from library/debian
d960726af2be: Pull complete
Digest: sha256:acf7795dc91df17e10effee064bd229580a9c34213b4dba578d64768af5d8c51
Status: Downloaded newer image for debian:latest
docker.io/library/debian:latest
[root@localhost ~]#
```

图 2.9　拉取镜像

使用 docker pull 命令从镜像的仓库源获取镜像,或者从一个本地不存在的镜像创建容器时,镜像每层都是单独拉取的,并将镜像保存在 Docker 的本地存储区域(在 Linux 主机上通常在/var/lib/docker 目录)。

3. 设置镜像标签

每个镜像仓库可以有多个标签,而多个标签可能对应的是同一个镜像。标签常用于描述镜像的版本信息。可以使用 docker tag 命令为镜像添加一个新的标签,也就是为镜像命名,这实际上是为指向源镜像的目标镜像添加一个名称,其命令的语法格式如下。

```
docker tag 源镜像[:标签]  目标镜像[:标签]
```

一个完整的镜像名称的结构如下。

```
[主机名:端口]/命名空间/仓库名称:[标签]
```

一个镜像名称由以斜杠分隔的名称组件组成,名称组件通常包括命名空间和仓库名称,如centos/httpd-centos8.4。名称组件可以包含小写字母、数字和分隔符。分隔符可以是句点、一个或两个下画线、一个或多个连字符。一个名称组件不能以分隔符开始或结束。

标签是可选的,可以包含小写字母和大写字母、数字、下画线、句点和连字符,但不能以句点和连字符开头,且最大支持128个字符,如centos8.4。

名称组件前面可以加上主机名前缀,主机名是提供镜像仓库的注册服务器的域名或IP地址,必须符合标准的DNS规则,但不能包含下画线。主机名后面还可以加一个提供镜像注册服务器的端口,如":8000",如果不提供主机名,则默认使用Docker的公开注册中心。

一个镜像可以有多个镜像名称,相当于有多个别名。但无论采用何种方式保存和分发镜像,首先都要给镜像设置标签(重命名),这对镜像的推送特别重要。

为以镜像ID标识的镜像加上标签,以centos:version8.4为例,命令执行结果如图2.10所示。

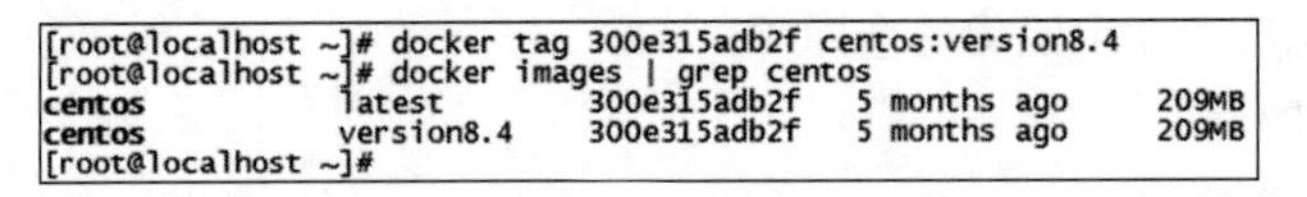

```
[root@localhost ~]# docker tag 300e315adb2f centos:version8.4
[root@localhost ~]# docker images | grep centos
centos          latest          300e315adb2f     5 months ago      209MB
centos          version8.4      300e315adb2f     5 months ago      209MB
[root@localhost ~]#
```

图2.10　设置centos镜像标签

4. 查找镜像

在命令行中使用docker search命令可以搜索Docker Hub中的镜像。例如,查找centos的镜像,则可以执行docker search centos命令,命令执行结果如图2.11所示。

```
[root@localhost ~]# docker search centos
NAME                               DESCRIPTION                                     STARS     OFFICIAL   AUTOMATED
centos                             The official build of CentOS.                   6570      [OK]
ansible/centos7-ansible            Ansible on Centos7                              134                  [OK]
consol/centos-xfce-vnc             Centos container with "headless" VNC session…   129                  [OK]
jdeathe/centos-ssh                 OpenSSH / Supervisor / EPEL/IUS/SCL Repos - …   118                  [OK]
centos/systemd                     systemd enabled base container.                 98                   [OK]
imagine10255/centos6-lnmp-php56    centos6-lnmp-php56                              58                   [OK]
tutum/centos                       Simple CentOS docker image with SSH access      48
kinogmt/centos-ssh                 CentOS with SSH                                 29                   [OK]
pivotaldata/centos-gpdb-dev        CentOS image for GPDB development. Tag names…   13
guyton/centos6                     From official centos6 container with full up…   10                   [OK]
centos/tools                       Docker image that has systems administration…   7                    [OK]
drecom/centos-ruby                 centos ruby                                     6                    [OK]
pivotaldata/centos                 Base centos, freshened up a little with a Do…   5
mamohr/centos-java                 Oracle Java 8 Docker image based on Centos 7    3                    [OK]
darksheer/centos                   Base Centos Image -- Updated hourly             3                    [OK]
pivotaldata/centos-gcc-toolchain   CentOS with a toolchain, but unaffiliated wi…   3
pivotaldata/centos-mingw           Using the mingw toolchain to cross-compile t…   3
indigo/centos-maven                Vanilla CentOS 7 with Oracle Java Developmen…   2                    [OK]
miko2u/centos6                     CentOS6 日本語環境                                     2                    [OK]
amd64/centos                       The official build of CentOS.                   2
blacklabelops/centos               CentOS Base Image! Built and Updates Daily!     1                    [OK]
pivotaldata/centos6.8-dev          CentosOS 6.8 image for GPDB development         1
mcnaughton/centos-base             centos base image                               1                    [OK]
pivotaldata/centos7-dev            CentosOS 7 image for GPDB development           0
smartentry/centos                  centos with smartentry                          0                    [OK]
[root@localhost ~]#
```

图2.11　docker search centos命令执行结果

其中,NAME列显示镜像仓库(源)名称,OFFICIAL列指明镜像是否为Docker官方发布的。

5. 查看镜像详细信息

使用docker inspect命令查看Docker对象(镜像、容器、任务)的详细信息,默认情况下,以JavaScript对象简谱(JavaScript Object Notation,JSON)格式输出所有结果,当只需要其中的特定内容时,可以使用-f(--format)选项指定。例如,获取centos镜像的版本信息,命令执行结果如图2.12所示。

6. 查看镜像的构建历史

使用docker history命令可以查看镜像的构建历史,也就是Dockerfile的执行过程。例如,查

```
[root@localhost ~]# docker inspect --format='{{.DockerVersion}}' centos
19.03.12
```

图 2.12 查看镜像版本信息

看 centos 镜像的构建历史信息,命令执行结果如图 2.13 所示。

```
[root@localhost ~]# docker history centos
IMAGE          CREATED        CREATED BY                                      SIZE     COMMENT
300e315adb2f   5 months ago   /bin/sh -c #(nop)  CMD ["/bin/bash"]            0B
<missing>      5 months ago   /bin/sh -c #(nop)  LABEL org.label-schema.sc…   0B
<missing>      5 months ago   /bin/sh -c #(nop) ADD file:bd7a2aed6ede423b7…   209MB
[root@localhost ~]#
```

图 2.13 查看 centos 镜像的构建历史信息

镜像的构建历史信息也反映了层次。图 2.13 的示例中共有 3 层,每一层的构建操作命令都可以通过 CREATED BY 列显示,如果显示不全,则可以在 docker history 命令中加上选项--no-trunc,以显示完整的操作命令。镜像的各层相当于一个子镜像。例如,第 2 次构建的镜像相当于在第 1 次构建的镜像的基础上形成的新的镜像,以此类推,最新构建的镜像是历次构建结果的累加。在执行 docker history 命令时输出< missing >,表明相应的层在其他系统上构建,并且已经不可用了,可以忽略这些层。

7. 删除本地镜像

可以使用 docker rmi 命令来删除本地主机上的镜像,其命令的语法格式如下。

```
docker rmi [选项] 镜像[镜像 ID… ]
```

可以使用镜像 ID、标签或镜像摘要标识符来指定要删除的镜像,如果一个镜像对应了多个标签,则只有当最后一个标签被删除时,镜像才能被真正删除。

可以使用--help 帮助命令,进行命令参数查询,执行命令如下。

```
[root@localhost ~]# docker rmi --help
```

命令执行结果如下。

```
Usage: docker rmi [OPTIONS] IMAGE [IMAGE...]
Remove one or more images
Options:
    -f,     --force         Force removal of the image
            --no-prune      Do not delete untagged parents
[root@localhost ~]#
```

docker rmi 常用选项及其功能说明如表 2.4 所示。

表 2.4 docker rmi 常用选项及其功能说明

选　　项	功能说明
-f,--force	删除镜像标签,并删除与指定镜像 ID 匹配的所有镜像
--no-prune	表示不删除没有标签的父镜像

例如,删除本地镜像 hello-world-01,镜像 ID 为 bc4bae38a9e6,命令执行结果如图 2.14 所示。

```
[root@localhost ~]# docker images
REPOSITORY        TAG            IMAGE ID       CREATED              SIZE
hello-world-01    test           bc4bae38a9e6   About an hour ago    13.3kB
fedora            latest         055b2e5ebc94   2 weeks ago          178MB
debian/httpd      version10.9    4a7a1f401734   3 weeks ago          114MB
debian            latest         4a7a1f401734   3 weeks ago          114MB
debian            version10.9    4a7a1f401734   3 weeks ago          114MB
hello-world       latest         d1165f221234   2 months ago         13.3kB
centos            latest         300e315adb2f   5 months ago         209MB
centos            version8.4     300e315adb2f   5 months ago         209MB
[root@localhost ~]#
[root@localhost ~]# docker rmi bc4bae38a9e6
Untagged: hello-world-01:test
Deleted: sha256:bc4bae38a9e69c85cd31c49b4846933c3accb90165a0db8f815ea7055824080a
[root@localhost ~]# docker images
REPOSITORY      TAG           IMAGE ID       CREATED         SIZE
fedora          latest        055b2e5ebc94   2 weeks ago     178MB
debian/httpd    version10.9   4a7a1f401734   3 weeks ago     114MB
debian          latest        4a7a1f401734   3 weeks ago     114MB
debian          version10.9   4a7a1f401734   3 weeks ago     114MB
hello-world     latest        d1165f221234   2 months ago    13.3kB
centos          latest        300e315adb2f   5 months ago    209MB
centos          version8.4    300e315adb2f   5 months ago    209MB
[root@localhost ~]#
```

图 2.14　删除本地镜像 hello-world-01

2.2.4　Dockerfile 相关知识

Dockerfile 可以非常容易地定义镜像内容，它是由一系列指令和参数构成的脚本，每一条指令构建一层，因此每一条指令的作用就是描述该层应当如何构建。一个 Dockerfile 包含构建镜像的完整指令，Docker 通过读取一系列 Dockerfile 指令自动构建镜像。

Dockerfile 的结构大致分为 4 部分：基础镜像信息、维护者信息、镜像操作指令和容器启动时的执行指令。Dockerfile 中每行为一条指令，每条指令都可携带多个参数，支持使用以 # 开头的注释。

镜像的定制实际上就是定制每一层所添加的配置、文件。将每一层修改、安装、构建、操作的命令都写入一个 Dockerfile 脚本，使用该脚本构建、定制镜像，可以解决基于窗口生成镜像时镜像无法构建、缺乏透明性和体积偏大的问题。创建 Dockerfile 之后，当需要定制满足自己额外的需求的镜像时，只需在 Dockerfile 上添加或者修改指令，重新生成镜像即可。

1. Dockerfile 构建镜像的基本语法

基于 Dockerfile 构建镜像使用 docker build 命令，其基本语法如下。

```
docker build [选项] 路径 | URL | -
```

该命令通过 Dockerfile 和构建上下文(Build Context)构建镜像。构建上下文是由文件路径(本地文件系统上的目录)或 URL 定义的一组文件。构建上下文以递归方式处理，本地路径包括其中的任何子目录，URL 包括仓库及其子模块。

镜像构建由 Docker 守护进程而不是命令行接口运行，构建开始时，Docker 会将整个构建上下文递归地发送给守护进程。大多数情况下，最好将 Dockerfile 和所需文件复制到一个空的目录中，再以这个目录生成构建上下文进而构建镜像。

一定要注意不要将多余的文件放到构建上下文中，特别是不要把/、/usr 路径作为构建上下文的路径，否则构建过程会相当缓慢甚至失败。

要使用构建上下文中的文件，可由 Dockerfile 引用指令(如 COPY)指定文件。

按照习惯，将 Dockerfile 文件直接命名为 Dockerfile，并置于构建上下文的根目录；否则，执行镜像构建时就需要使用-f 选项指定 Dockerfile 文件的具体位置。

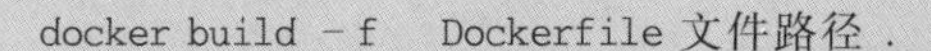

```
docker build -f  Dockerfile 文件路径 .
```

其中,句点(.)表示当前路径。

可以通过-t(--tag)选项指定构建的新镜像的仓库名和标签,例如:

```
docker build -t debian/debian_sshd .
```

要将镜像标记为多个仓库,就要在执行 build 命令时添加多个-t 选项,例如:

```
docker build -t debian/debian_sshd :1.0.1 -t debian/debian_sshd :latest .
```

Docker 守护进程逐一执行 Dockerfile 中的指令。如果需要,则将每条指令的结果提交到新的镜像,最后输出新镜像的 ID。Docker 守护进程会自动清理发送的构建上下文。Dockerfile 中的每条指令都被独立执行并创建一个新镜像,这样 RUN cd/tmp 等命令就不会对下一条指令产生影响。

只要有可能,Docker 会重用构建过程中的镜像(缓存),以加速构建过程。构建缓存仅会使用本地的镜像,如果不想使用本地缓存的镜像,也可以通过--cache-from 选项指定缓存。如果通过--no-cache 选项禁用缓存,则将不再使用本地生成的镜像,而是从镜像仓库中下载。构建成功后,可以将所生成的镜像推送到 Docker 注册中心。

2. Dockerfile 格式

Dockerfile 的格式如下。

```
#注释
指令 参数
```

指令不区分大小写,但建议大写,指令可以指定若干参数。

Docker 按顺序执行其中的指令,Dockerfile 文件必须以 FROM 指令开头,该指令定义构建镜像的基础镜像,FROM 指令之前唯一允许的是 ARG 指令,用于定义变量。

以#开头的行一般被视为注释,除非该行是解析器指令(Parser Directive),行中其他位置的#符号将被视为参数的一部分。

解析器指令是可选的,它会影响处理 Dockerfile 中后续行的方式。解析器指令不会被添加镜像层,也不会在构建步骤中显示,它是使用"#指令=值"格式的一种特殊类型的注释,单个指令只能使用一次。

构建器是用于构建复杂对象的,比如构建一个对象,需要传 3 个参数进去,那么可以定义构建器接口,将参数传入接口构建相关对象。一旦注释、空行或构建器指令被处理,Docker 就不再搜寻解析器指令,而是将格式化解析器指令的任何内容都作为注释,并且判断解析器指令。因此,所有解析器指令都必须位于 Dockerfile 的首部。Docker 可使用解析器指令 escape 设置用于转义的字符,如果未指定,则默认为转义字符,即反斜杠"\"。转义字符既用于转义行中的字符,也用于转义一个新的行,这让 Dockerfile 指令能跨越多行。将转义字符设置为反引号(`)在 Linux 系统中特别有用,默认转义字符"\"是路径分隔符。

```
# escape = \
```

或者

```
# escape = `
```

3. Dockerfile 常用指令

Dockerfile 有多条指令用于构建镜像，常用的 Dockerfile 操作指令及其功能说明如表 2.5 所示。

表 2.5 常用的 Dockerfile 操作指令及其功能说明

指　　令	功能说明
FROM 镜像	指定新镜像所基于的镜像，第一条指令必须为 FROM 指令，每创建一个镜像就需要一条 FROM 指令
MAINTAINER 名字	说明新镜像的维护人信息
RUN 命令	在所基于的镜像上执行命令，并提交到新的镜像中
CMD 命令 ["要运行的程序","参数 1","参数 2"]	启动容器时要运行的命令或者脚本。Dockerfile 只能有一条 CMD 命令，如果指定多条 CMD 命令，也只执行最后一条
EXPOSE 端口	指定新镜像加载到 Docker 时要开启的端口
ENV 命令[环境变量][变量值]	设置一个环境变量的值，会被后面的 RUN 用到
LABEL	向镜像添加标记
ADD 源文件/目录 目标文件/目录	将源文件复制到目标文件，源文件/目标要与 Dockerfile 位于相同目录中，或者同一个 URL
ENTRYPOINT	配置容器的默认入点
COPY 源文件/目录 目标文件/目录	将本地主机上的文件/目标复制到目标地点，源文件/目标要与 Dockerfile 在相同目录中
VOLUME ["目录"]	在容器中创建一个挂载点
USER 用户名/UID	指定运行容器时的用户
WORKDIR 路径	为后续的 RUN、CMD、ENTRYOINT 指定工作目录
ONUUILD 命令	指定所生成的镜像作为一个基础镜像时要运行的命令
HEALTHCHECK	健康检查

在编写 Dockerfile 时，需要遵循严格的格式：第一行必须使用 FROM 指令指明所基于的镜像名称，之后使用 MAINTAINER 指令说明维护该镜像的用户信息，然后是镜像操作的相关指令，如 RUN 指令。每运行一条指令，都会给基础镜像添加新的一层，最后使用 CMD 指令指定启动容器时要运行的命令。

下面介绍常用的 Dockerfile 指令。

(1) FROM。

FROM 指令可以使用以下 3 种格式。

```
FROM <镜像> [AS <名称>]
FROM <镜像> [:<标签>] [AS <名称>]
FROM <镜像> [@<摘要值>] [AS <名称>]
```

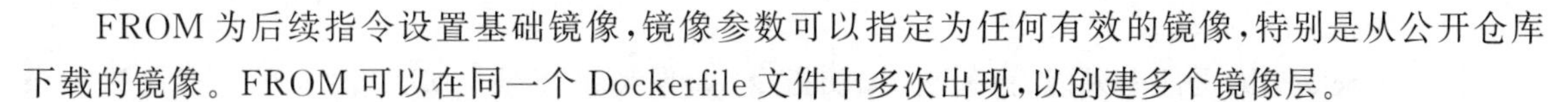

FROM 为后续指令设置基础镜像，镜像参数可以指定为任何有效的镜像，特别是从公开仓库下载的镜像。FROM 可以在同一个 Dockerfile 文件中多次出现，以创建多个镜像层。

可以通过添加"AS <名称>"来为构建的镜像指定一个名称。这个名称可用于在后续的 FROM 指令和 COPY --from=< name|index >指令中引用此阶段构建的镜像。

"标签""摘要值"参数是可选的，如果省略其中任何一个，构建器将默认使用 latest 作为要生成的镜像的标签，如果构建器与标签不匹配，则构建器将提示错误。

(2) RUN。

RUN 指令可以使用以下两种格式。

```
RUN <命令>
RUN ["可执行程序","参数 1","参数 2"]
```

第 1 种是 shell 格式，命令在 Shell 环境中运行，在 Linux 系统中默认为/bin/sh -c 命令。第 2 种是 exec 格式，不会启动 Shell 环境。

RUN 指令将在当前镜像顶部创建新的层，在其中执行所定义的命令并提交结果，提交结果产生的镜像将用于 Dockerfile 的下一步处理。

分层的 RUN 指令和生成的提交结果符合 Docker 的核心理念。提交结果非常容易，可以从镜像历史中的任何节点创建容器，这与软件源代码控制非常类似。

exec 格式可以避免 shell 格式字符串转换，能够使用不包含指定 shell 格式可执行文件的基础镜像来运行 RUN 命令。在 shell 格式中，可以使用反斜杠"\"将单个 RUN 指令延续到下一行，例如：

```
RUN /bin/bash -c 'source $HOME/.bashrc;\
echo $HOME'
```

也可以将这两行指令并到一行中。

```
RUN /bin/bash -c 'source $HOME/.bashrc;echo $HOME'
```

如果不使用/bin/sh，改用其他 Shell，则需要使用 exec 格式并以参数形式传入所要使用的 Shell，例如：

```
RUN ["/bin/bash","-c","echo hello"]
```

(3) CMD。

CMD 指令可以使用以下 3 种格式。

```
CMD ["可执行程序","参数 1","参数 2"]
CMD ["参数 1","参数 2"]
CMD 命令,参数 1,参数 2
```

第 1 种是首选的 exec 格式。

第 2 种是供给 ENTRYPOINT 指令的默认参数。

第3种是shell格式。

一个Dockerfile文件中只能有一条CMD指令,如果列出多条CMD指令,则只有最后一条CMD指令有效。CMD的主要作用是为运行中的容器提供默认值。这些默认值可以包括可执行文件。如果不提供可执行文件,则必须指定ENTRYPOINT指令。CMD一般是整个Dockerfile的最后一条指令,当Dockerfile完成了所有环境的安装和配置后,使用CMD指示docker run命令运行镜像时要执行的命令。CMD指令使用shell格式或exec格式设置运行镜像时要执行的命令,如果使用shell格式,则命令将在/bin/sh -c语句中执行,例如:

```
FROM centos
CMD echo "hello everyone." | wc
```

如果不使用Shell运行命令,则必须使用JSON格式的命令,并给出可执行文件的完整路径。这种形式是CMD的首选格式,任何附加参数都必须以字符串的形式提供,例如:

```
FROM centos
CMD ["/usr/bin/wc","--help"]
```

如果希望容器每次运行同一个可执行的文件,则应考虑组合使用ENTRYPOIN和CMD指令,后面会对此给出详细说明。如果用户执行docker run命令时指定了参数,则该参数会覆盖CMD指令中的默认定义。

注意,不要混淆RUN和CMD。RUN实际执行命令并提交结果;CMD在构建镜像时不执行任何命令,只为镜像定义想要执行的命令。

(4) EXPOSE。

EXPOSE指令的语法格式如下。

```
EXPOSE <端口> [<端口>…]
```

EXPOSE指令通知容器在运行时监听指定的网络,可以指定传输控制协议(Transmission Control Protocol,TCP)端口或用户数据报协议(User Datagram Protocol,UDP)端口,默认是TCP端口。

EXPOSE不会发布该端口,只起声明作用。要发布端口在运行容器时,可以使用-p选项发布一个或多个端口,或者使用-P选项发布所有暴露的端口。

(5) ENV。

ENV指令可以使用以下两种格式。

```
ENV <键> <值>
ENV <键> = <值> …
```

ENV指令以键值对的形式定义环境变量。其中的值会存在于构建镜像阶段的所有后续指令环境中,也可以在运行时被指定的环境变量替换。

第1种格式将单个变量设置为一个值,ENV指令第1个空格后面的整个字符串将被视为值的一部分,包括空格和引号等字符。

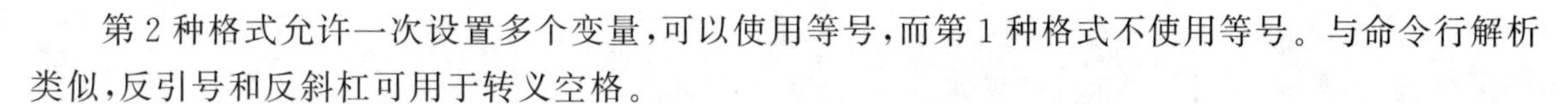

第2种格式允许一次设置多个变量,可以使用等号,而第1种格式不使用等号。与命令行解析类似,反引号和反斜杠可用于转义空格。

(6) LABEL。

LABEL 指令的语法格式如下。

```
LABEL <键> = <值> <键> = <值> …
```

每个标签以键值对的形式表示。要在其中包含空格,应使用反引号和反斜杠做转义,就像在命令行解析中一样,例如:

```
LABEL version = "8.4"
LABEL description = "这个镜像的版本为 \
CentOS 8.4"
```

一个镜像可以有多个标签。要指定多个标签,Docker 建议尽可能将它们合并到单个 LABEL 指令中。这是因为每条 LABEL 指令产生一个新层,如果使用多余 LABEL 指令指定标签,可能会生成效率低下的镜像层。

(7) VOLUME。

VOLUME 指令的语法格式如下。

```
VOLUME ["挂载点路径"]
```

VOLUME 指令用于创建具有指定名称的挂载点,并将其标记为从本地主机或其他容器可访问的外部挂载点。挂载点路径可以是 JSON 数据,如 VOLUME ["/mnt/data"],或具有多个参数的纯字符串,如 VOLUME /mnt/data。

(8) WORKDIR。

WORKDIR 指令的语法格式如下。

```
WORKDIR 工作目录
```

WORKDIR 指令为 Dockerfile 中的任何 RUN、CMD、ENTRYPOINT、COPY 和 ADD 指令设置工作目录,如果该目录不存在,则将被自动创建,即使它没有在任何后续 Dockerfile 指令中被使用。可以在一个 Dockerfile 文件中多次使用 WORKDIR 指令,如果一条 WORKDIR 指令提供了相对路径,则该路径是相对于前一条 WORKDIR 指令指定的路径的,例如:

```
WORKDIR /aaa
WORKDIR bbb
RUN pwd
```

在此 Dockerfile 中,最终 pwd 命令的输出是/aaa/bbb。

(9) COPY。

COPY 指令可以使用以下两种语法格式。

```
COPY [ -- chown = <用户>:<组>] <源路径>…<目的路径>
COPY [ -- chown = <用户>:<组>] ["<源路径>", … ,"<目的路径>"]
```

--chown 选项只能用于构建 Linux 容器,不能在 Windows 容器上工作。因为用户和组的所有权概念不能在 Linux 容器和 Windows 容器之间转换,所以对于路径中包含空白字符的情况,必须采用第 2 种格式。

COPY 指令将指定源路径的文件或目录复制到容器文件系统指定的目的路径中。COPY 指令可以指定多个源路径,但文件和目录的路径将被视为相对于构建上下文的源路径,每个源路径可能包含通配符,匹配将使用 Go 的 filepath. Match 规则,例如:

```
COPY fil* /var/data           #添加(复制)所有以 fil 开头的文件到/var/data 目录中
COPY fil?.txt /var/data       #?用于替换任何单字符(如 file.txt 中的 e)
```

目的路径可以是绝对路径,也可以是相对于工作目录的路径(由 WORKDIR 指令指定),例如:

```
COPY file-test data-dir/          #将 file-test 添加到相对路径/data-dir/
COPY file-test /data-dir/         #将 file-test 添加到绝对路径/data-dir/
```

COPY 指令遵守如下复制规则。

① 源路径必须位于构建上下文中,不能使用指令 COPY ../aaa/bbb,因为 docker build 命令的第 1 步是发送上下文目录及其子目录到 Docker 守护进程中。

② 如果源路径指向目录,则复制目录的整个内容,包括文件系统元数据。注意,目录本身不会被复制,被复制的只是其内容。

③ 如果源路径指向任何其他类型的文件,则文件与其元数据被分别复制。在这种情形下,如果目的路径以斜杠(/)结尾,则它将被认为是一个目录源内容将被写到"<目的>/base(<源>)"路径中。

④ 如果直接指定多个源路径,或者源路径中使用了通配符,则目的路径必须是目录,并且必须以斜杠结尾。

⑤ 如果目的路径不以斜杠结尾,则它将被视为常规文件,源路径将被写入该文件。

⑥ 如果目的路径不存在,则其会与其路径中所有缺少的目录一起被创建。

复制过来的源路径在容器中作为新文件和目录,它们都以用户 ID(User ID,UID)和组 ID(Group ID,GID)为 0 的用户或账号的身份被创建,除非使用--chown 选项明确指定用户名、组名或 UID、GID 的组合。

(10) ADD。

ADD 指令可以使用以下两种语法格式。

```
ADD [ -- chown = <用户>:<组>] <源文件>…<目的文件>
ADD [ -- chown = <用户>:<组>] ["<源文件>", … ,"<目的文件>"]
```

ADD 指令与 COPY 指令功能基本相同,不同之处有两点:一是 ADD 指令可以使用 URL 指定路径;二是 ADD 指令的归档文件在复制过程中能够被自动解压缩。文件归档是指遵循文件的形成规律,保持文件之间的有机联系,便于保管和利用。

在源是远程 URL 的情况下,复制产生的目的文件将具有数字 600 所表示的权限,即只有所有者可读写,其他人不可访问。

如果源是一个 URL,而目的路径不以斜杠结尾,则下载 URL 指向的文件,并将其复制到目的路径中。

如果源是 URL,并且目的路径以斜杠结尾,则从 URL 中解析出文件名,并将文件下载到"<目的路径>/<文件名>"中。

如果源是具有可识别的压缩格式的本地. tar 文件,则将其解压缩为目录,来自远程 URL 的资源不会被解压缩。

(11) ENTRYPOINT。

ENTRYPOINT 指令可以使用以下两种语法格式。

```
ENTRYPOINT ["可执行文件","参数 1","参数 2"]
ENTRYPOINT 命令 参数 1 参数 2
```

第 1 种是首选的 exec 格式,第 2 种是 shell 格式。

ENTRYPOINT 用于配置容器运行的可执行文件,例如,下面的示例将使用 Nginx 镜像的默认内容启动监听端口 80。

```
ENTRYPOINT ["/bin/echo","hello!  $ name"]
docker run  - i  - t  - rm  - p 80:80 nginx
```

docker run <镜像>的命令行参数将附加在 exec 格式的 ENTRYPOINT 指令所定义的所有元素之后,并将覆盖使用 CMD 指令所指定的所有元素。这种方式允许参数被传递给入口点,即将 docker run <镜像> -d 参数传递给入口点,用户可以使用 docker run --entrypoint 命令覆盖 ENTRYPOINT 指令。

shell 格式的 ENTRYPOINT 指令防止使用任何 CMD 或 run 命令行参数,其缺点是 ENTRYPOINT 指令将作为/bin/sh -c 的子命令启动,不传递任何其他信息。这就意味着可执行文件将不是容器的第 1 个进程,并且不会接收 Linux 信号,因此可执行文件将不会从 docker stop <容器>命令中接收到中止信号(SIGTERM),在 Dockerfile 中只有最后一个 ENTRYPOINT 指令会起作用。

4. Dockerfile 指令的 exec 格式和 shell 格式

RUN、CMD 和 ENTRYPOINT 指令都会用到 exec 格式和 shell 格式,exec 格式的语法如下。

```
<指令> ["可执行程序","参数 1","参数 2"]
```

指令执行时会直接调用命令,参数中的环境变量不会被 Shell 解析,例如:

```
ENV name Listener
ENTRYPOINT ["/bin/echo","hello!  $ name"]
```

运行该镜像将输出以下结果。

```
hello! $ name
```

其中,环境变量 name 没有被解析。采用 exec 格式时,如果要使用环境变量,则可进行如下修改。

```
ENV name Listener
ENTRYPOINT ["/bin/sh","-c","echo hello! $ name"]
```

这时运行该镜像将输出以下结果。

```
hello! Listener
```

exec 格式没有运行 Bash 或 Shell 的开销,还可以在没有 Bash 或 Shell 的镜像中运行。

shell 格式的语法如下。

```
<指令>  <命令>
```

指令被执行时 shell 格式底层会调用/bin/sh -c 语句来执行命令,例如:

```
ENV name Listener
ENTRYPOINT echo hello! $ name
```

运行该镜像将输出以下结果。

```
hello! Listener
```

其中,环境变量 name 已经被替换为变量值。

CMD 和 ENTRYPOINT 指令应首选 exec 格式,因为这样指令的可读性更强,更容易理解;RUN 指令则两种格式都可以,如果使用 CMD 指令为 ENTRYPOINT 指令提供默认参数,则 CMD 和 ENTRYPOINT 指令都应以 JSON 格式指定。

5. RUN、CMD 和 ENTRYPOINT 指令的区别和联系

RUN 指令执行命令并创建新的镜像层,经常用于安装应用程序和软件包。RUN 先于 CMD 或 ENTRYPOINT 指令在构建镜像时执行,并被固化在所生成的镜像中。

CMD 和 ENTRYPOINT 指令在每次启动容器时才被执行,两者的区别在于 CMD 指令被 docker run 命令所覆盖。两个指令一起使用时,ENTRYPOINT 指令作为可执行文件,而 CMD 指令则为 ENTRYPOINT 指令提供默认参数。

CMD 指令的主要作用是为运行容器提供默认值,即默认执行的命令及其参数,但当运行带有替代参数的容器时,CMD 指令将被覆盖。如果 CMD 指令省略可执行文件,则还必须指定 ENTRYPOINT 指令,CMD 可以为 ENTRYPOINT 提供额外的默认参数,同时可利用 docker run 命令替换默认参数。

当容器作为可执行文件时,应该定义 ENTRYPOINT 指令。ENTRYPOINT 指令配置容器启动时运行的命令,可让容器以应用程序或者服务的形式运行。与 CMD 指令不同,ENTRYPOINT 指令不会被忽略,一定会被执行,即使执行 docker run 命令时指定了其他命令参数也是如此。如

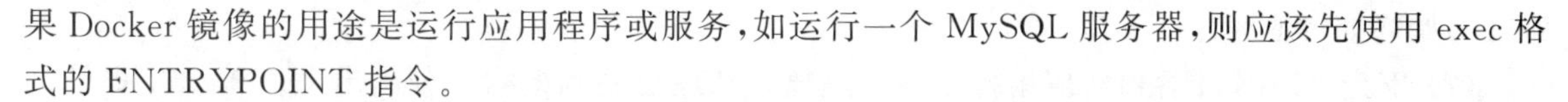

果 Docker 镜像的用途是运行应用程序或服务，如运行一个 MySQL 服务器，则应该先使用 exec 格式的 ENTRYPOINT 指令。

ENTRYPOINT 指令中的参数始终会被 docker run 命令使用，不可改变；而 CMD 指令中的额外参数可以在执行 docker run 命令启动容器时被动态替换掉。

6. 组合使用 CMD 和 ENTRYPOINT 指令

CMD 和 ENTRYPOINT 指令都可以定义运行容器时要执行的命令，两者组合使用时应遵循以下规则。

① Dockerfile 中应至少定义一个 CMD 或 ENTRYPOINT 指令。

② 将整个容器作为一个可执行文件时应当定义 ENTRYPOINT 指令。

③ CMD 指令应为 ENTRYPOINT 指令提供默认参数，或者用于容器中，临时执行一些命令。

④ 当使用替代参数运行容器时，CMD 指令的定义将会被覆盖。

值得注意的是，如果 CMD 指令从基础镜像定义，那么 ENTRYPOINT 指令的定义会将 CMD 指令重置为空值。在这种情况下，必须在当前镜像中为 CMD 指令指定一个实际的值。

2.2.5　Docker 容器基础知识

Docker 的最终目的是部署和运行应用程序，这是由容器来实现的。从软件的角度看，镜像用于软件生命周期的构建和打包阶段，而容器则用于启动和运行阶段。获得镜像后，就可以以镜像为模板启动容器了。可以将容器理解为在一个相对独立的环境中运行的一个或一组进程，相当于自带操作系统的应用程序。独立环境拥有进程运行时所需的一切资源包括文件系统、库文件、脚本等。

1. 什么是容器

容器的英文名称为 Container，在 Docker 中指从镜像创建的应用程序运行实例。镜像和容器就像面向对象程序设计中的类和实例，镜像是静态的定义，容器是镜像运行时的实体，基于同一镜像可以创建若干不同的容器。

Docker 作为一个开源的应用容器引擎，让开发者可以打包应用及其依赖包到一个可移植的容器中，并将容器发布到任何装有流行的 Linux 操作系统的机器中，也可以实现虚拟化。容器是相对独立的运行环境，这一点类似虚拟机，但是它不像虚拟机独立得那么彻底。容器通过将软件与周围环境隔离，将外界的影响降到最低。

Docker 的设计借鉴了集装箱的概念，每个容器都有一个软件镜像，相当于集装箱中的货物。可以将容器看作应用程序及其依赖环境打包而成的集装箱。容器可以被创建、启动、停止、删除、暂停等。Docker 在执行这些操作时并不关心容器里有什么软件。

容器的实质是进程，但与直接在主机上执行的进程不同，容器进程在属于自己的独立的命名空间内运行。因此，容器可以拥有自己的根文件系统、网络配置、进程空间，甚至自己的用户 ID 空间。容器内的进程运行在隔离的环境里，使用起来就好像是在独立主机的系统下操作一样。通常容器之间是彼此隔离、互不可见的。这种特性使得容器封装的应用程序比直接在主机上运行的应用程序更加安全，但这种特性可能会导致一些初学者混淆容器和虚拟机，这个问题应引起注意。

Docker 容器具有以下特点。

(1) 标准。Docker 容器基于开放标准，适用于基于 Linux 和 Windows 的应用，在任何环境中都能够始终如一地运行。

(2) 安全。Docker 容器将应用程序彼此隔离并从底层基础架构中分离出来。Docker 提供了强大的默认隔离功能,可以将应用程序问题限制在一个容器中,并非整个机器中。

(3) 轻量级。在一台机器上运行的 Docker 容器共享宿主机的操作系统内核,只需占用较少的资源。

(4) 独立性。可以在一个相对独立的环境中运行一个或一组进程,相当于自带操作系统的应用程序。

2. 可写的容器层

容器与镜像的主要不同之处是容器顶部有可写层。一个镜像由多个可读的镜像层组成,正在运行的容器会在镜像层上面增加一个可写的容器层,所有写入容器的数据都保存在这个可写层中,包括添加的新数据或修改的已有数据。当容器被删除时,这个可写层也会被删除,但是底层的镜像层保持不变,因此,任何对容器的操作均不会影响到其镜像。

由于每个容器都有自己的可写层,所有的改变都存储在这个容器层中,因此多个容器可以共享同一个底层镜像,并且仍然拥有自己的数据状态。如图 2.15 所示,多个容器共享同一个 CentOS 8.4 镜像。

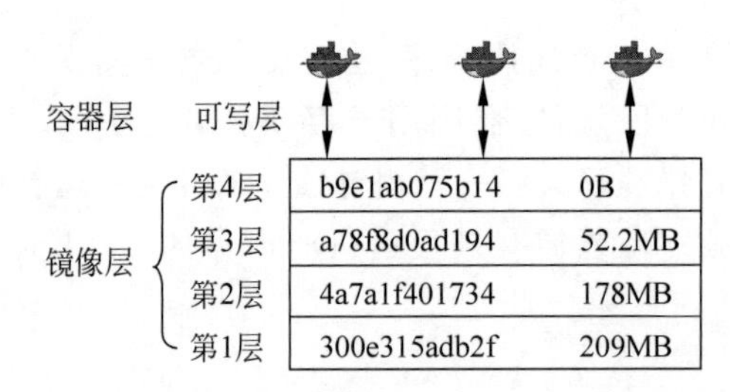

图 2.15 多个容器共享同一个 CentOS 8.4 镜像

Docker 使用存储驱动来管理镜像层和容器层的内容,每个存储驱动的实现都是不同的,但所有驱动都使用可堆叠的镜像层和写时复制策略。

3. 写时复制策略

写时复制策略是一个高效的文件共享和复制策略。如果一个文件位于镜像中的较低层,其他层需要读取它,包括可写层,那么只需使用现有文件即可。其他层首次需要修改该文件时,构建镜像或运行容器,文件将会被复制到该层并被修改,这最大限度地减少了后续的读取工作,并且减少了文件占用的空间。

共享有助于减小镜像大小。使用 docker pull 命令从镜像源获取镜像时,或者从一个本地不存在的镜像创建容器时,每个层都是独立拉取的,并保存在 Docker 的本地存储区域(在 Linux 主机上通常是/var/lib/docker 目录)。

启动容器时,一个很小的容器层会被添加到其他层的顶部,容器对文件系统的任何改变都保存在此层,容器中不需要修改的任何文件都不会复制到这个可写层,这就意味着可写层可能占用较小的空间。

修改容器中已有的文件时,存储驱动执行写时复制策略,具体步骤取决于特定的存储驱动,对于联合文件系统(AUFS)、overlay 和 overlay2 驱动来说,执行写时复制策略的大致步骤如下。

(1) 从镜像各层中搜索要修改的文件，从最新的层开始直到最底层，被找到的文件将被添加到缓存中以加速后续操作。

(2) 对找到的文件的第一个副本执行 copy_up 操作，将其复制到容器的可写层中。

任何修改只针对该文件的这个副本，容器不能看见该文件位于镜像层的只读副本。

4. 容器的基本信息

可以使用 docker ps -a 命令输出本地全部容器的列表，执行命令如下。

```
[root@localhost ~]# docker ps -a
```

命令执行结果如图 2.16 所示。

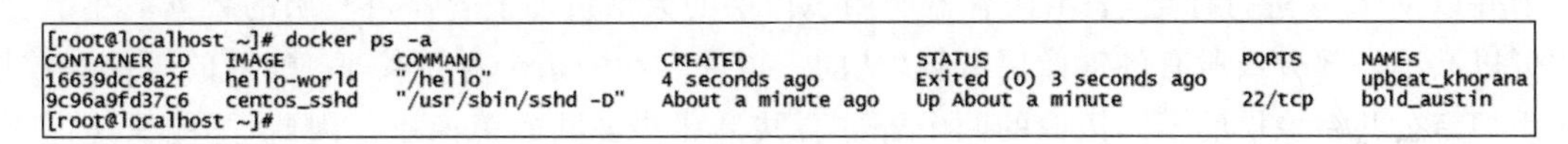

```
[root@localhost ~]# docker ps -a
CONTAINER ID   IMAGE         COMMAND                 CREATED            STATUS                     PORTS     NAMES
16639dcc8a2f   hello-world   "/hello"                4 seconds ago      Exited (0) 3 seconds ago             upbeat_khorana
9c96a9fd37c6   centos_sshd   "/usr/sbin/sshd -D"     About a minute ago Up About a minute          22/tcp    bold_austin
[root@localhost ~]#
```

图 2.16　输出本地全部容器的列表

上面列表中反映了容器的基本信息。CONTAINER ID 列表示容器的 ID，IMAGE 列表示容器所用镜像的名称，COMMAND 列表示启动容器时执行的命令，CREATED 列表示容器的创建时间，STATUS 列表示容器运行的状态(Up 表示运行中，Exited 表示已停止)，PORTS 列表示容器对外发布的端口号，NAMES 列表示容器的名称。

创建容器之后对容器进行的各种操作，如启动、停止、修改或删除等，都可以通过容器 ID 来进行引用。容器的唯一标识容器 ID 与镜像 ID 一样采用通用唯一标识码(Universally Unique Identifier，UUID)形式表示，它是由 64 个十六进制字符组成的字符串。可以在 docker ps 命令中加上--no-trunc 选项显示完整的容器 ID，但通常采用 12 个字符的缩略形式，这在同一主机上就足以区分各个容器了。容器数量小时，还可以使用更短的格式，容器 ID 可以只取前面几个字符即可。

容器 ID 能保证唯一性，但难以记忆，因此可以通过容器名称来代替容器 ID 引用容器。容器名称默认由 Docker 自动生成，也可在执行 docker run 命令时通过--name 选项自行指定，还可以使用 docker rename 命令为现有的容器重新命名，以便于后续的容器操作。例如，使用以下命令更改容器名称。

```
docker rename 300e315adb2f centos_mysql
```

5. 磁盘上的容器大小

要查看一个运行中的容器的大小，可以使用 docker ps -s 命令，在输出结果中的 SIZE 列会显示两个不同的值。这里以运行 centos_sshd 镜像为例，启动相应的容器，执行命令如下。

```
[root@localhost ~]# docker run -d centos_sshd
```

命令执行结果如下。

```
9c96a9fd37c6e12eb89a0dc15594068a2bf402b546f08cdd0bf9609a20354099
[root@localhost ~]#
```

再查看该容器的大小,执行命令如下。

```
[root@localhost ~]# docker ps -s
```

命令执行结果如图 2.17 所示。

```
[root@localhost ~]# docker ps -s
CONTAINER ID   IMAGE         COMMAND               CREATED          STATUS          PORTS    NAMES         SIZE
9c96a9fd37c6   centos_sshd   "/usr/sbin/sshd -D"   9 minutes ago    Up 9 minutes    22/tcp   bold_austin   2B (virtual 247MB)
[root@localhost ~]#
```

图 2.17　查看容器大小

SIZE 列的第 1 个值表示每个容器的可写层当前所有数据的大小。第 2 个值是虚拟大小,位于括号中并以 virtual 进行标记,表示该容器所用镜像层的数据量加上容器可写层的数据大小。多个容器可以共享一部分或所有的镜像层数据,从同一镜像启动的两个容器共享 100%的镜像层数据,而使用拥有公共镜像层的不同镜像的两个容器会共享那些公共的镜像层。因此,不能只是汇总虚拟大小,这会导致潜在数据量的使用,进而出现高估磁盘用量的问题。

磁盘上正运行的容器所用的磁盘空间是每个容器大小和虚拟大小值的总和。如果多个容器从完全相同的镜像启动,那么这些容器的总磁盘用量是容器部分大小的总和(示例中为 2B)加上一个镜像大小(虚拟大小,示例中为 247MB),这还没有包括容器通过其他方式占用的磁盘空间。

6. 容器操作命令

Docker 提供了相当多的容器操作命令,既包括创建、启动、停止、删除、暂停等容器生命周期管理操作,如 docker create、docker start; 又包括查看、连接、导出容器运维操作,以及容器列表、日志、事件查看操作,如 docker ps、docker attach。这些都可看作 docker 命令的子命令。

被操作的容器可以使用容器 ID 或容器名称进行标识。有些命令可以操作多个容器,多个容器 ID 或容器名称之间使用空格分隔。

Docker 新版本提供一个统一的容器管理操作命令 docker container,其基本语法如下。

```
docker container 子命令
```

docker container 子命令用于实现容器的各类管理操作功能,大多与传统的容器操作 docker 子命令相对应,功能和语法也接近,只有个别不同。Docker 容器操作命令及功能说明如表 2.6 所示。

表 2.6　Docker 容器操作命令及功能说明

docker container 子命令	docker 子命令	功 能 说 明
docker container attach	docker attach	将本地的标准输入、标准输出和标准错误流附加到正在运行的容器上,也就是连接到正在运行的容器上,其实就是进入容器
docker container commit	docker commit	从当前容器创建新的镜像
docker container cp	docker cp	在容器和本地文件系统之间复制文件和目录
docker container create	docker create	创建新的容器
docker container diff	docker diff	检查容器创建以来其文件系统上文件或目录的更改
docker container exec	docker exec	在正在运行的容器中执行命令
docker container export	docker export	将容器的文件系统导出为一个归档文件

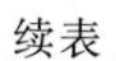

续表

docker container 子命令	docker 子命令	功 能 说 明
docker container inspect	docker inspect	显示一个或多个容器的详细信息
docker container kill	docker kill	停止一个正运行的容器
docker container logs	docker logs	获取容器的日志信息
docker container ls	docker ps	输出容器列表
docker container pause	docker pause	暂停一个或多个容器内的所有进程
docker container port	docker port	列出容器的端口映射或特定的映射
docker container prune	—	删除所有停止执行的镜像
docker container rename	docker rename	对容器重命名
docker container restart	docker restart	重启一个或多个容器
docker container rm	docker rm	删除一个或多个容器
docker container run	docker run	创建一个新的容器并执行命令
docker container start	docker start	启动一个或多个已停止的容器
docker container stats	docker stats	显示容器资源使用统计信息的实时流
docker container stop	docker stop	停止一个或多个正在运行的容器
docker container top	docker top	显示容器中正在运行的进程
docker container unpause	docker unpause	恢复一个或多个容器内被暂停的所有进程
docker container update	docker update	更新一个或多个容器的配置
docker container wait	docker wait	阻塞一个或多个容器的运行，直到容器停止运行，然后输出退出码

下面介绍 Docker 容器常用的命令。

(1) docker run 命令：创建并启动容器。

运行一个容器常用的方法之一就是使用 docker run 命令，该命令用于创建一个新的容器并启动它，其基本语法如下。

```
docker run [选项] 镜像 [命令] [参数 …]
```

docker run 命令各选项及其功能说明，如表 2.7 所示。

表 2.7　docker run 命令各选项及其功能说明

选　　项	功 能 说 明
-d,--detach=false	指定容器运行于前台还是后台，默认为前台(false)，并返回容器 ID
-i,--interactive=false	打开 STDIN，用于控制台交互，通常与-t 选项同时使用
-t,--tty=false	分配终端 tty 设备，可以支持终端登录，默认为 false，即不支持终端登录
-u,--user=""	指定容器的用户
-a,--attach=[ ]	登录容器(必须是以 docker run -d 命令启动的容器)
-w,--workdir=""	指定容器的工作目录
-c,--cpu-shares=0	设置容器 CPU 权重，在 CPU 共享场景中使用
-e,--env=[ ]	指定环境变量，容器中可以使用该环境变量
-m,--memory=""	指定容器的内存上限
-P,--publish-all=false	指定容器暴露的端口
-p,--publish=[ ]	指定容器暴露的端口

续表

选　　项	功能说明
-h,--hostname=""	指定容器的主机名
-v,--volume=[ ]	将存储卷挂载到容器的某个目录
--volumes-from=[ ]	将其他容器上的卷挂载到容器的某个目录
--cap-add=[ ]	添加权限
--cap-drop=[ ]	删除权限
--cidfile=""	运行容器后,在指定文件中写入容器进程 ID(Process ID,PID)值,是一种典型的监控系统用法
--cpuset=""	设置容器可以使用哪些 CPU,此参数可以用来设置容器独占 CPU
--device=[ ]	添加主机设备给容器,相当于设备直通
--dns=[ ]	指定容器的 DNS 服务器
--dns-search=[ ]	指定容器的 DNS 搜索域名,并将其写入容器的/etc/resolv. conf 文件
--entrypoint=""	覆盖镜像的入口点
--env-file=[ ]	指定环境变量文件,文件格式为每行一个环境变量
--expose=[ ]	指定容器暴露的端口,即修改镜像的暴露端口
--link=[ ]	指定容器间的关联,使用其他容器的 IP 地址、环境变量 env 等信息
--lxc-conf=[ ]	指定容器的配置文件,只有在指定--exec-driver=lxc 时使用
--name=""	指定容器名字,后续可以通过名字进行容器管理,links 链路特性需要使用名字
--net="bridge"	指定容器网络的设置,具体参数介绍如下。 bridge:使用 Docker Daemon 指定的网桥。 host:容器使用主机的网络。 container:NAME 或 ID:使用其他容器的网络,共享 IP 地址和端口等网络资源。 none:容器使用自己的网络(类似--net=bridge),但是不进行配置
--privileged=false	指定容器是否为特权容器,特权容器拥有所有的能力(权限)
--restart="no"	指定容器停止后的重启策略,具体参数介绍如下。 no:容器退出时不重启。 on-failure:容器故障退出(返回值非零)时重启。 always:容器退出时总是重启
--rm=false	指定容器停止后自动删除容器(不支持以 docker run -d 启动的容器)
--sig-proxy=true	设置由代理接受并处理信号,但是信号终止(SIGCHLD)、信号停止(SIGSTOP)和信号杀死(SIGKILL)不能被代理

(2) docker create 命令:创建容器。

使用 docker create 命令创建一个新的容器,但不启动它,其基本语法如下。

```
docker create [选项] 镜像 [命令] [参数 …]
```

docker create 命令与容器运行模式相关的选项及其功能说明如表 2.8 所示。

表 2.8　docker create 命令与容器运行模式相关的选项及其功能说明

选　　项	功能说明
-a,--attach=[ ]	是否绑定容器到标准输入、标准输出和标准错误
-d,--detach=true| false	是否在后台运行容器,默认为 false

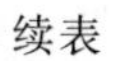

续表

选　　项	功能说明
--detach-keys=""	从连接 attach 模式退出的快捷键
--entrypoint=""	镜像存在入口命令时，将其覆盖为新的命令
-- expose=[ ]	指定容器会暴露出来的端口或端口范围
--group-add=[ ]	运行容器的用户组
-i,-- interactive=true| false	保持标准输入打开，默认为 false
--ipc=""	容器进程间通信(Interprocess Communication,ICP)命名空间，可以为其他容器或主机
-- isolation= "default"	容器使用的隔离机制
-- log-driver= "json-file"	指定容器的日志驱动类型，可以为 json-file、syslog、journald、gelf、fluentd、awslogs、splunk、etwlogs、gcplogs 或 none
--log-opt=[ ]	传递给日志驱动的选项
--net= "bridge"	指定容器网络模式，包括 bridge、none、其他容器内网络、主机的网络或某个现有网络等
--net-alias=[ ]	容器在网络中的别名
-P,--publish-all=true | false	通过 NAT 机制将容器标记暴露的端口自动映射到本地主机的临时端口
-p, --publish=[ ]	指定如何映射到本地主机端口
--pid=host	容器的 PID 命名空间
--userns=""	启用 userns - remap 时配置用户命名空间的模式
--uts=host	容器的 uts 命名空间
-- restart= "no"	容器的重启策略，包括 no、on- failure[:max-retry]、always、unless- stopped 等
-- rm=true | false	容器退出后是否自动删除，不能跟-d 同时使用
-t,--tty=true | false	是否分配一个伪终端，默认为 false
--tmpfs= [ ]	挂载临时文件系统到容器
-v| --volume	挂载主机上的文件卷到容器内
- -volume - driver=""	挂载文件卷的驱动类型
--volumes- from=[ ]	从其他容器挂载卷
-W,--workdir= ""	容器内的默认工作目录

docker create 命令与容器环境和配置相关的选项及其功能说明如表 2.9 所示。

表 2.9　docker create 命令与容器环境和配置相关的选项及其功能说明

选　　项	功能说明
-- add-host=[ ]	在容器内添加一个主机名到 IP 地址的映射关系(通过/etc/hosts 文件)
-- device=[ ]	映射物理机上的设备到容器内
--dns-search= [ ]	DNS 搜索域
--dns-opt= [ ]	自定义的 DNS 选项
--dns= [ ]	自定义的 DNS 服务器
-e,--env= [ ]	指定容器内环境变量
--env-file=[ ]	从文件中读取环境变量到容器内
-h,-- hostname=" "	指定容器内的主机名
--ip=" "	指定容器的 IPv4 地址
--ip6=" "	指定容器的 IPv6 地址

续表

选　　项	功 能 说 明
--link=［< name or id >：alias］	链接到其他容器
--link-local-ip=［ ］	容器的本地链接地址列表
-- mac-address=" "	指定容器的介质访问控制(Medium Access Control，MAC)地址
--name=" "	指定容器的别名

docker create 命令与容器资源限制和安全保护相关的选项及其功能说明如表 2.10 所示。

表 2.10　docker create 命令与容器资源限制和安全保护相关的选项及其功能说明

选　　项	功 能 说 明
--blkio-weight=10～1000	容器读写块设备的 I/O 性能权重，默认为 0
--blkio-weight-device=［DEVICE_NAME：WEIGHT］	指定各个块设备的 I/O 性能权重
--cpu-shares=0	允许容器使用 CPU 资源的相对权重，默认一个容器能用满核的 CPU
--cap-add=［ ］	增加容器的 Linux 指定安全能力
--cap-drop=［ ］	移除容器的 Linux 指定安全能力
--cgroup-parent=" "	容器 CGroups 限制的创建路径
--cidfile=""	指定将容器的进程 ID 写到文件
--cpu-period=0	限制容器在完全公平调度器(Completely Fair Scheduler，CFS)下的 CPU 占用时间片
--cpuset-cpus=" "	限制容器能使用哪些 CPU 内核
--cpuset-mems=" "	非统一内存访问(Non Uniform Memory Access，NUMA)架构下使用哪些内核的内存
--cpu-quota=0	限制容器在 CFS 调度器下的 CPU 配额
--device-read-bps=［ ］	挂载设备的读吞吐率(以 b/s 为单位)限制
--device-write-bps=［ ］	挂载设备的写吞吐率(以 b/s 为单位)限制
--device-read-iops=［ ］	挂载设备的读速率(以每秒 I/O 次数为单位)限制
--device-write-iops=［ ］	挂载设备的写速率(以每秒 I/O 次数为单位)限制
--health-cmd=" "	指定检查容器健康状态的命令
--health-interval=0s	执行健康检查的间隔时间，单位可以为 ms、s、min 或 h
--health-retries=int	健康检查失败时的重试次数，若超过则认为不健康
--health-start-period=0s	容器启动后进行健康检查的等待时间，单位可以为 ms、s、min 或 h
--health-timeout=0s	健康检查的执行超时，单位可以为 ms、s、min 或 h
--no-healthcheck=true|false	是否禁用健康检查
--init	在容器中执行一个 init 进程，来负责响应信号和处理僵尸状态的子进程
--kernel-memory=" "	限制容器使用内核的内存大小，单位可以是 b、KB、MB 或 GB
-m，--memory=" "	限制容器内应用使用的内存，单位可以是 b、KB、MB 或 GB
--memory-reservation=""	当系统中内存过少时，容器会被强制限制内存大小到给定值，默认情况下给定值等于内存限制值
--memory-swap="LIMIT"	限制容器使用内存和交换区的总大小
--oom-kill-disable=true|false	内存耗尽时是否停止容器
--oom-score-adj=""	调整容器的内存耗尽参数

续表

选　项	功能说明
--pids-limit=""	限制容器的 PID 个数
--privileged-true|false	是否给容器高权限，这意味着容器内应用将不受权限的限制，一般不推荐
--read-only=true|false	是否让容器内的文件系统只读
--security-opt=[ ]	指定一些安全参数，包括权限、安全能力等
--stop-signal=SIGTERM	指定停止容器的系统信号
--shm-size=""	/dev/shm 的大小
--sig-proxy=true| false	是否将代理收到的信号传给应用，默认为 true，不能代理 SIGCHLD、SIGSTOP 和 SIGKILL 信号
--memory-swappiness="0～100"	调整容器的内存交换区参数
-U，--user=""	指定在容器内执行命令的用户信息
--userns=""	指定用户命名空间
--ulimit=[ ]	限制最大文件数、最大进程数

(3) docker start 命令：启动容器。

使用 docker start 命令启动一个或多个处于停止状态的容器，其基本语法如下。

```
docker start [选项] 容器 [容器 … ]
```

docker start 命令各选项及其功能说明如表 2.11 所示。

表 2.11　docker start 命令各选项及其功能说明

选　项	功能说明
-a，--attach	附加 STDOUT/STDERR 和转发信号
--detache-keys	覆盖用于分离容器的键序列
-i，--interactive	附加到容器的 STDIN

(4) docker stop 命令：停止容器。

使用 docker stop 命令停止一个或多个处于运行状态的容器，其基本语法如下。

```
docker stop [选项] 容器 [容器 … ]
```

docker stop 命令各选项及其功能说明如表 2.12 所示。

表 2.12　docker stop 命令各选项及其功能说明

选　项	功能说明
-t，--time int	停止倒计时，默认为 10s

(5) docker restart 命令：重启容器。

使用 docker restart 命令重启一个或多个处于运行状态的容器，其基本语法如下。

```
docker restart [选项] 容器 [容器 … ]
```

docker restart 命令各选项及其功能说明如表 2.13 所示。

表 2.13　docker restart 命令各选项及其功能说明

选　　项	功 能 说 明
-t,--time int	重启倒计时,默认为 10s

(6) docker ps 命令：显示容器列表。

使用 docker ps 命令显示容器列表,其基本语法如下。

```
docker ps [选项]
```

docker ps 命令各选项及其功能说明如表 2.14 所示。

表 2.14　docker ps 命令各选项及其功能说明

选　　项	功 能 说 明
-a,--all	显示所有的容器,包括未运行的
-f,--filter	根据条件过滤显示的内容
--format	指定返回值的模板文件
-l,--latest	显示最近创建的容器
-n,--last int	列出最近创建的 n 个容器
--no-trunc	不截断输出,显示完整的容器信息
-q,--quiet	静默模式,只显示容器 ID
-s,--size	显示总的文件大小

(7) docker inspect 命令：查看容器详细信息。

使用 docker inspect 命令查看容器详细信息,也就是元数据,默认情况下,以 JSON 格式输出所有结果,其基本语法如下。

```
docker inspect [选项] 容器 [容器 … ]
```

docker inspect 命令各选项及其功能说明如表 2.15 所示。

表 2.15　docker inspect 命令各选项及其功能说明

选　　项	功 能 说 明
-f,--format	指定返回值的模板文件
-s,--size	如果类型为容器,则显示文件总大小
--type	返回指定类型的 JSON 数据

(8) docker attach 命令：进入容器。

使用 docker attach 命令连接到正在运行的容器,其基本语法如下。

```
docker attach [选项] 容器
```

docker attach 命令各选项及其功能说明如表 2.16 所示。

表 2.16 docker attach 命令各选项及其功能说明

选 项	功能说明
--detach-keys	用于重写分离容器键的序列
--no-stdin	不要附上 STDIN
--sig-proxy	代理所有收到的进程信号(默认为 true)

(9) docker exec 命令：进入容器。

使用 docker exec 命令连接到正在运行的容器，其基本语法如下。

```
docker exec [选项] 容器 命令 [参数 ···]
```

docker exec 命令各选项及其功能说明如表 2.17 所示。

表 2.17 docker exec 命令各选项及其功能说明

选 项	功能说明
-d,--detach	分离模式，在后台运行命令
--detach-keys string	指定退出容器的快捷键
-e,--env list	设置环境变量，可以设置多个
--env-file list	设置环境变量文件，可以设置多个
-i,--interactive	打开标准输入接收用户输入的命令，即使没有附加其他参数，也保持 STDIN 打开
--privileged	是否给执行命令最高权限，默认为 false
-t,--tty	分配一个伪终端，进入容器的命令行界面模式
-u,--user string	指定访问容器的用户名
-w,--workdir string	需要执行命令的目录

(10) docker rm 命令：删除容器。

使用 docker rm 命令删除容器，其基本语法如下。

```
docker rm [选项] 容器 [容器 ···]
```

docker rm 命令各选项及其功能说明如表 2.18 所示。

表 2.18 docker rm 命令各选项及其功能说明

选 项	功能说明
-f,--force	通过 SIGKILL 信号强制删除一个运行中的容器
-l,--link	移除容器间的网络连接，而非容器本身
-v,--volumes	删除与容器关联的卷

(11) docker logs 命令：获取容器的日志信息。

使用 docker logs 命令获取容器的日志信息，其基本语法如下。

```
docker logs [选项] 容器
```

docker logs 命令各选项及其功能说明如表 2.19 所示。

表 2.19　docker logs 命令各选项及其功能说明

选　　项	功能说明
--details	显示更多的信息
-f,--follow	跟踪实时日志
--since string	显示自某个生成日期之后的日志,可以指定相对时间,如 30min
--tail string	在日志末尾显示多少行日志，默认是 all
-t,--timestamps	查看日志生成日期
--until string	显示自某个生成日期之前的日志,可以指定相对时间,如 30min(即 30 分钟)

(12) docker stats 命令：动态显示容器的资源消耗情况。

使用 docker stats 命令动态显示容器的资源消耗情况,包括 CPU、内存、网络 I/O,其基本语法如下。

```
docker stats [选项] [容器 … ]
```

docker stats 命令各选项及其功能说明如表 2.20 所示。

表 2.20　docker stats 命令各选项及其功能说明

选　　项	功能说明
-a,--all	查看所有容器的信息(默认显示运行中的)
--format	以 Go 模板展示镜像信息,Go 模板提供大量的预定义函数
--no-stream	不展示容器的一些动态信息

(13) docker cp 命令：在宿主机和容器之间复制文件。

使用 docker cp 命令可以在宿主机和容器之间复制文件,其基本语法如下。

```
docker cp [选项] 文件|URL [仓库[:标签]]
```

docker cp 命令各选项及其功能说明如表 2.21 所示。

表 2.21　docker cp 命令各选项及其功能说明

选　　项	功能说明
-a	存档模式(复制所有 UID/GID 信息)
-L	保持源目标中的链接

(14) docker port 命令：查看容器与宿主机端口映射的信息。

使用 docker port 命令可以查看容器与宿主机端口映射的信息,其基本语法如下。

```
docker port 容器 [选项]
```

docker port 命令各选项及其功能说明如表 2.22 所示。

表 2.22　docker port 命令各选项及其功能说明

选　　项	功 能 说 明
PRIVATE_PORT	指定查询的端口
PROTO	协议类型(TCP、UDP)

(15) docker export 命令：将容器导出为.tar 文件。

使用 docker export 命令将容器导出为.tar 文件，其基本语法如下。

```
docker export [选项] 容器
```

docker export 命令各选项及其功能说明如表 2.23 所示。

表 2.23　docker export 命令各选项及其功能说明

选　　项	功 能 说 明
-o	打包输出的选项，将输入内容写到文件中

(16) docker import 命令：导入一个镜像文件。

使用 docker import 命令导入一个镜像文件(.tar 文件)，其基本语法如下。

```
docker import [选项] 容器
```

docker import 命令各选项及其功能说明如表 2.24 所示。

表 2.24　docker import 命令各选项及其功能说明

选　　项	功 能 说 明
-c	应用 Docker 指令创建镜像
-m	提交时的说明文字

(17) docker top 命令：查看容器中运行的进程情况。

使用 docker top 命令查看容器中运行的进程情况，其基本语法如下。

```
docker top [选项] 容器
```

(18) docker pause 命令：暂停容器进程。

使用 docker pause 命令暂停容器进程，其基本语法如下。

```
docker pause 容器 [容器…]
```

(19) docker unpause 命令：恢复容器内暂停的进程。

使用 docker unpause 命令恢复容器内暂停的进程，其基本语法如下。

```
docker unpause 容器 [容器…]
```

(20) docker rename 命令：重命名容器。

使用 docker rename 命令为现有的容器重新命名，以便于后续的容器操作，其基本语法如下。

```
docker rename 容器 容器名称
```

2.2.6 Docker 容器实现原理

容器和虚拟机具有相似的资源隔离和分配优势，但是它们的功能不同。虚拟机实现资源隔离的方法是通过独立的客户机操作系统，并利用 Hypervisor 虚拟化 CPU、内存、I/O 设备等实现，引导、加载操作系统内核是比较耗时而又消耗资源的过程。与虚拟机实现资源和环境隔离相比，容器不用重新加载操作系统内核，它利用 Linux 内核特性实现隔离，可以在几秒内完成启动、停止，并可以在宿主机上启动多个容器。

1. Docker 容器的功能

Docker 容器的功能如下。

(1) 通过命名空间对不同的容器实现隔离，命名空间允许一个进程及其子进程从共享的宿主机内核资源(挂载点、进程列表等)中获得仅自己可见的隔离区域，让同一个命名空间下的所有进程感知彼此的变化，而对外界进程一无所知，仿佛运行在独占的操作系统中。

(2) 通过 CGroups 隔离宿主机上的物理资源，如 CPU、内存、磁盘 I/O 和网络带宽。使用 CGroups 还可以为资源设置权重、计算使用量、操控任务(进程或线程)启动或停止等。

(3) 使用镜像管理功能，利用 Docker 的镜像分层、写时复制、内容寻址、联合挂载技术实现一套完整的容器文件系统及运行环境。结合镜像仓库，镜像可以快速下载和共享。

2. Docker 对容器内文件的操作

Docker 镜像是 Docker 容器运行的基础。有了镜像才能启动容器，容器可以被创建、启动、终止、删除、暂停等。在容器启动前，Docker 需要本地存在对应的镜像，如果本地不存在对应的镜像，则 Docker 通过镜像仓库(默认镜像仓库是 Docker Hub)下载。

每一个镜像都会有一个文本文件 Dockerfile，其定义了如何构建 Docker 镜像。由于 Docker 镜像是分层管理的，因此 Docker 镜像的定制实际上就是定制每一层所添加的配置、文件。一个新镜像是由基础镜像一层一层叠加生成的，每安装一个软件就会在现有的镜像层上增加一层。

当容器启动时，一个新的可写层被加载到镜像层的顶部，这一层称为容器层，容器层之下都为镜像层。只有容器层是可写的，容器层下面的所有镜像层都是只读的，对容器的任何改动都只会发生在容器层中。如果 Docker 容器需要改动底层 Docker 镜像中的文件，则会启动写时复制机制，即先将此文件从镜像层中复制到最上层的可写层中，再对可写层中的副本进行操作。因此，容器层保存的是镜像变化的部分，不会对镜像本身进行任何修改，所以镜像可以被多个容器共享。Docker 对容器内文件的操作可以归纳如下。

(1) 添加文件。在容器中创建文件时，新文件被添加到容器层中。

(2) 读取文件。当在容器中读取某个文件时，Docker 会从上向下依次在各镜像层中查找此文件，一旦找到就打开此文件并计入内存。

(3) 修改文件。在容器中修改已存在的文件时，Docker 会从上向下依次在各镜像层中查找此文件，一旦找到就立即将其复制到容器中，再进行修改。

(4) 删除文件。在容器中删除文件时，Docker 会从上向下依次在各镜像层中查找此文件，找到后在容器层记录此删除操作。

2.2.7　Docker Compose 基础知识

Docker Compose 是一个定义和运行复杂应用程序的 Docker 工具，它负责实现对容器的编排与部署，通过配置文件管理多个容器，非常适合于组合多个容器进行开发的场景。

1. 为什么要使用 Docker Compose 编排与部署容器

使用 Docker 编排与部署容器的步骤是，先定义 Dockerfile 文件，然后使用 docker build 命令构建镜像，再用 docker run 命令启动容器。

然而在生产环境，尤其是微服务架构中，业务模块一般包含若干服务，每个服务一般都会部署多个实例。整个系统的部署或启动、停止将涉及多个子服务的部署或启动、停止，而且这些子服务之间还存在强依赖关系，手动操作不仅劳动强度大还容易出错。

Docker Compose 就是解决这种容器编排问题的一个高效轻量化工具，它通过一个配置文件来描述整个应用涉及的所有容器与容器之间的依赖关系，然后可以用一条指令来启动或停止整个应用。先来分解一下平时是怎样编排与部署 Docker 的。

① 先是定义 Dockerfile 文件，然后使用 docker build 命令构建镜像或使用 docker search 命令查找镜像。

② 使用 docker run -dit <镜像名称>运行指定镜像。

③ 如果需要运行其他镜像，需要执行 docker search、docker run 等命令。

上面的" docker run --dit <镜像名称>"只是基本的操作。如果要映射硬盘、设置 NAT 网络或者映射端口等，则需要做更多的 Docker 操作，这显然是非常没有效率的，况且如果要进行大规模的部署，就更麻烦了。但是如果把这些操作写在 Docker Compose 文件里面，只需要运行命令 docker-compose up -d 就可以完成操作。许多应用程序通过多个更小的服务互相协作来构成完整可用的项目，如一个订单应用程序可能包括 Web 前端、订单处理程序和后台数据库等多个服务，这相当于一个简单的微服务架构。这种架构很适合用容器实现，每个服务由一个容器承载，一台计算机同时运行多个容器就能部署整个应用程序。

仅使用 docker 命令部署和管理这类多容器应用程序时往往需要编写若干脚本文件，使用的命令可能会变得冗长，包括大量的选项和参数，配置过程比较复杂，而且容易发生差错。为了解决这个问题，Orchard 公司推出了多容器部署管理工具 Fig。Docker 公司收购 Fig 之后就将其改名为 Docker Compose。Docker Compose 并不是通过脚本和各种 docker 命令将多个容器组织起来的，而是通过一个声明式的配置文件描述整个应用程序，从而让用户使用一条 docker-compose 命令即可完成整个应用程序的部署。

2. Docker Compose 的项目概念

在使用 Docker 时，可以通过定义 Dockerfile 文件，并利用 docker build、docker run 等命令操作容器。然而，微服务架构的应用系统通常包括若干微服务，每个微服务又会部署多个实例，如果每个微服务都要手动启动、停止，则会带来效率低、维护量大的问题，而使用 Docker Compose 可以轻松、高效地管理容器。

视频讲解

Compose 是 Docker 官方的开源项目,定位是"定义和运行多个 Docker 容器应用的工具",其前身是 Fig,负责实现对 Docker 容器集群的快速编排,实现配置应用程序的服务。

在 Docker 中构建自定义镜像是通过使用 Dockerfile 模板文件来实现的,从而使用户可以方便地定义单独的应用容器。而 Compose 使用的模板文件是一个 YAML 格式文件,它允许用户通过 docker-compose. yml 模板文件将一组相关联的应用容器定义为一个项目。

Docker Compose 以项目为单位管理应用程序的部署,可以将它所管理的对象从上到下依次分为以下 3 个层次。

(1) 项目。

项目又称工程,表示需要实现的一个应用程序,并涵盖该应用程序所需的所有资源,是由一组关联的容器组成的一个完整业务单元。在 docker-compose. yml 中定义,即 Compose 的一个配置文件可以解析为一个项目,Compose 文件定义一个项目要完成的所有容器管理与部署操作。一个项目拥有特定的名称,可包含一个或多个服务。Docker Compose 实际上是面向项目进行管理的,它通过命令对项目中的一组容器实现生命周期管理。项目具体由项目目录下的所有文件(包括配置文件)和子目录组成。

(2) 服务。

服务是一个比较抽象的概念,表示需要实现的一个子应用程序,它以容器方式完成某项任务。一个服务运行一个镜像,它决定了镜像的运行方式。一个应用的容器,实际上可以包括若干运行相同镜像的容器实例,每个服务都有自己的名称、使用的镜像、挂载的数据卷、所属的网络、依赖的服务等,服务也可以看作分布式应用程序或微服务的不同组件。

(3) 容器。

这里的容器指的是服务的副本,每个服务又可以以多个容器实例的形式运行,可以更改容器实例的数量来增减服务数量,从而为进程中的服务分配更多的计算资源。例如,Web 应用为保证高可用性和负载平衡,通常会在服务器上运行多个服务。即使在单主机环境下,Docker Compose 也支持一个服务有多个副本,每个副本就是一个服务容器。

Docker Compose 的默认管理对象是项目,通过子命令对项目中的一组容器进行便捷的生命周期管理。Docker Compose 将逻辑关联的多个容器编排为一个整体进行统一管理,提高了应用程序部署效率。

3. Docker Compose 的工作机制

docker-compose 命令运行的目录下的所有文件(docker-compose. yml、extends 文件或环境变量文件等)组成一个项目。一个项目当中可包含多个服务,每个服务中定义了容器运行的镜像、参数与依赖。每一个服务当中又包含一个或多个容器实例,但 Docker Compose 并没有负载均衡功能,还需要借助其他工具来实现服务发现与负载均衡。创建 Docker Compose 项目的核心在于定义配置文件,配置文件的默认名称为 docker-compose. yml,也可以用其他名称,但需要修改环境变量 COMPOSE_FILE 或者启动时通过-f 参数指定配置文件。配置文件定义了多个有依赖关系的服务及每个服务运行的容器。

Docker Compose 启动一个项目主要经历如下步骤。

(1) 项目初始化。解析配置文件(包括 docker-compose. yml、外部配置文件 extends、环境变量配置文件 env_file),并将每个服务的配置转换为 Python 字典,初始化 docker-py 客户端(即用

Python 写的一个 API 客户端)用于与 Docker 引擎通信。

(2) 根据 docker-compose 的命令参数将命令分发给相应的处理函数,其中启动命令为 up。

调用 project 类的 up 函数,得到当前项目中的所有服务,并根据服务的依赖关系进行拓扑排序并去掉重复出现的服务。

通过项目名及服务名从 Docker 引擎获取当前项目中处于运行状态中的容器,从而确定当前项目中各个服务的状态,再根据当前状态为每个服务制定接下来的动作。Docker Compose 使用 labels 标记启动的容器,使用 docker inspect 命令可以看到通过 Docker Compose 启动的容器都被添加了标签。

使用 Docker Compose 启动一个项目时,根据每个服务动作执行不同的操作,存在以下几种情况。

- 若容器不存在,则服务动作设置为创建(create)。
- 若容器存在但设置不允许重建,则服务动作设置为启动(start)。
- 若容器配置(config-hash)发生变化或者设置强制重建标志,则服务动作设置为重建(recreate)。
- 若容器状态为停止,则服务动作设置为启动。
- 若容器状态为运行但其依赖容器需要重建,则服务状态设置为重建。
- 若容器状态为运行且无配置改变,则不进行操作。

(3) 根据拓扑排序的次序,依次执行每个服务的动作。

① 如果服务动作为创建,则检查镜像是否存在,若镜像不存在,则检查配置文件中关于镜像的定义。如果在配置文件中设置为 build(建立),则调用 docker-py build 建立函数与 Docker 引擎通信,完成 docker build 建立的功能;如果在配置文件中设置为 image(镜像),则通过 docker-py pull 拉取函数与 Docker 引擎通信,完成 docker pull 拉取的功能。

② 如果服务动作为重建,则停止当前的容器,将现有的容器重命名,这样数据卷在原容器被删除前就可以复制到新创建的容器中了。

创建并启动新容器,previous_container 设置为原容器确保其运行在同一台主机(存储卷挂载);删除旧容器。

③ 如果服务动作为启动,则启动停止的容器。这就是 docker-compose up 的命令执行过程,docker-compose.yml 文件中定义的所有服务或容器会被全部启动。

(4) 获取当前服务中容器的配置信息,如端口、存储卷、主机名,使用镜像环境变量等配置的信息。若在配置中指定本服务必须与某个服务在同一台主机(previous_container,用于集群)则在环境变量中设置 affinity:container。通过 docker-py 与 Docker 引擎通信创建并启动容器。

使用 Docker Compose 时,首先要编写定义多容器应用的 YAML 格式的 Compose 文件,即 docker-compose.yml 配置文件。然后将其由 docker-compose 命令处理,Docker Compose 就会基于 Docker 引擎完成应用程序的部署。

Docker Compose 项目使用 Python 语言编写而成,实际上调用 Docker API 来实现对容器的管理,Docker Compose 的工作机制如图 2.18 所示。对于不同的 docker-compose 命令,Docker Compose 将调用不同的处理方法来处理。由于处理必须落实到 Docker 引擎对容器的部署与管理上,因此 Docker Compose 最终必须与 Docker 引擎建立连接,并在该连接之上完成 Docker API 的处理。实际上 Docker Compose 是借助 docker-py 软件来完成这个任务的,docker-py 是一个使用 Python 开发并调用 Docker API 的软件。通过调用 docker-py 库与 Docker 引擎交互实现构建

Docker镜像,启动、停止Docker容器等操作实现容器编排,而docker-py库则通过调用docker remote API(远程API接口)与Docker Daemon交互,可通过DOCKER_HOST配置本地或远程Docker Daemon的地址来操作Docker镜像与容器实现其管理。

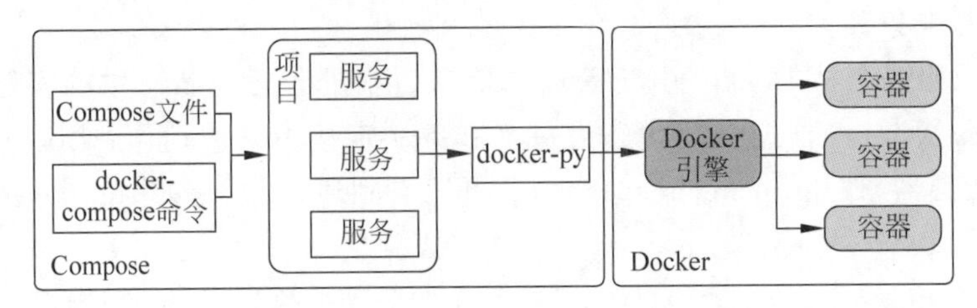

图2.18　Docker Compose的工作机制

4. Docker Compose的基本使用步骤

Docker Compose的基本使用步骤如下。

(1) 使用Dockerfile定义应用程序的环境,以便可以在任何地方分发应用程序。通过Docker Compose编排的主要是多容器的复杂应用程序,这些容器的创建和运行需要相应的镜像,而镜像则要基于Dockerfile构建。

(2) 使用Compose文件定义组成应用程序的服务。该文件主要声明应用程序的启动配置,可以定义一个包含多个相互关联的容器的应用程序。

(3) 执行docker-compose up命令启动整个应用程序。使用这条简单的命令即可启动配置文件中的所有容器,不再需要使用任何Shell脚本。

5. Docker Compose的特点

Docker Compose的特点如下。

(1) 为不同环境定制编排。

Docker Compose支持Compose文件中的变量,可以使用这些变量为不同的环境或不同的用户定制编排。

(2) 在单主机上建立多个隔离环境。

Docker Compose使用项目名称隔离环境,其应用场景如下。

① 在开发主机上可以创建单个环境的多个副本,如为一个项目的每个功能分支运行一个稳定的副本。

② 在共享主机或开发主机上,防止可能使用相同服务名称的不同项目之间的相互干扰。

③ 在持续集成服务上为防止构建互相干扰,可以将项目名称设置为唯一的构建编号。

(3) 仅重建已更改的容器。

Docker Compose可以使用缓存创建容器,当重新启动更改的服务时,将重用已有的容器,仅重建已更改的容器,这样可以快速更改环境。

(4) 创建容器时保留卷数据。

Docker Compose会保留服务所使用的所有卷,确保在卷中创建的任何数据都不会丢失。

6. Docker Compose的应用场景

视频讲解

Docker Compose是一个部署多个容器的简单但是非常必要的工具,可以使用一条简单的命令部署多个容器。Docker Compose在实际工作中非常有价值,其大大简化了多容器的部署过程,避免了在不同环境运行多个重复步骤所带来的错误，使多容器移植变得简单可控。从其路线图(Roadmap)可以看出，Docker Compose的目标是做一个生产环境可用的工具，包括服务回滚、多环境(dev/test/staging/prod)支持、支持在线服务部署升级、防止服务中断并且监控服务使其始终运行在正确的状态。另一个目标是更好地与Docker Swarm集成。目前版本存在的主要问题是无法保证处于多个主机的容器间正常通信，因为目前不支持跨主机间容器通信，相信新的Docker网络实现将会解决这一问题。另一个问题是在Docker Compose中定义构建的镜像只存在于一台Docker Swarm主机上，无法做到多主机共享，因此目前需要手动构建镜像并将其上传到一个镜像仓库，使多个Docker Swarm主机可以访问并下载镜像。相信随着Docker Compose的完善，其必将取代docker run成为开发者启动Docker容器的首选。

(1) 单主机部署。

Docker Compose一直专注于开发和测试工作流，但在每个发行版中都会增加更多面向生产的功能。可以使用Docker Compose将应用程序部署到远程Docker引擎中，Docker引擎可以是Docker Machine(安装Docker在虚拟主机上，并且通过docker-machine命令进行管理)或整个Docker集群配置的单个实例。

(2) 软件开发环境。

在开发软件时，Docker Compose命令行工具可用于创建隔离的环境，在其中运行应用程序并与之进行交互。Compose文件提供了记录和配置所有应用程序的服务依赖关系的方式，如数据库、队列、缓存和Web服务API等。通过Docker Compose命令行工具，可以使用单个命令为每个项目创建和启动一个或多个容器。

(3) 自动化测试环境。

自动化测试环境是持续部署或持续集成过程的一个重要部分，通过Docker Compose可以创建和销毁用于测试集合的隔离测试环境。在Compose文件中定义完整的环境后，可以仅使用几条命令就创建和销毁这些环境。

2.2.8　编写Docker Compose文件

Compose文件是Docker Compose项目的配置文件，又称Compose模板文件。它用于定义整个应用程序，包括服务、网络和卷。Compose文件是文本文件，采用YAML格式，可以使用.yml或.yaml扩展名，默认的文件名为docker-compose.yml。YAML是JSON的一个子集，是一种轻量级的数据交换格式，因此，Compose也可以使用JSON格式，构建时需要明确指定要使用的文件名，如docker-compose -f docker-compose.json up。建议统一使用YAML格式。编写Compose文件是使用Docker Compose的关键环节。

YAML是YAML Ain't a Markup Language(YAML不是一种标记语言)的递归缩写。在开发这种语言时，YAML的意思其实是Yet Another Markup Language(仍是一种标记语言)，但为了强调这种语言以数据为中心，而不是以标记语言为重点，而用反义缩写重命名。

1. YAML文件格式

YAML是一种数据序列化格式，易于阅读和使用，尤其适合用来表示数据。YAML类似于可扩展标记语言(eXtensible Markup Language，XML)，但YAML的语法比XML的语法简单得多。YAML的数据结构通过缩进表示，连续的项目通过减号表示，键值对用冒号分隔，数据用方括号

([ ])标注,散列函数用花括号({ })标注。

使用 YAML 时需要注意如下事项。

(1) 通常开头缩进两个空格。

(2) 使用缩进表示层级关系,不支持使用制表符缩进,需要使用空格缩进,但相同层级应当左对齐(一般为 2 个或 4 个空格)。

(3) 每个冒号与它后面所跟的参数之间都需要一个空格,字符(如冒号、逗号、横杠)后需要一个空格。

(4) 如果包含特殊字符,要使用单引号(' ')标注。

(5) 使用 # 表示注释,YAML 中只有行注释。

(6) 布尔值(true、false、yes、no、on、off)必须用双引号(" ")标注,这样分析器才会将它们解释为字符串。

(7) 字符串可以不用引号标注。

(8) 区分大小字符。

2. YAML 表示的数据类型

YAML 表示的数据类型可分为以下 3 种。

(1) 序列。

序列(Sequence)就是列表,相当于数组,使用一个短横线加一个空格表示一个序列项,实际上是一种字典,例如:

```
- "5000"
- "7000"
```

序列支持流式语法,如上面的示例,也可将它们改写在一行中。

```
["5000", "7000"]
```

(2) 标量。

标量(Scalar)相当于常量,是 YAML 数据的最小单位,不可再分割。YAML 支持整数、浮点数、字符串、NULL、日期、布尔值和时间等多种标量类型。

(3) 映射。

映射(Map)相当于 JSON 中的对象,也使用键值对表示,只是冒号后面一定要加一个空格,同一缩进层次的所有键值对属于同一个映射,例如:

```
RACK_ENV: development
SHOW: 'true'
```

3. Compose 文件结构

docker-compose.yml 文件包含 version、services、networks 和 volumes 这 4 部分,其中 services 和 networks 是关键部分。

version 是必须指定的,而且总位于文件的第一行,没有任何下级节点,它定义了 Compose 文件格式的版本。目前有 3 种版本的 Compose 文件格式:版本 1.x 是传统的格式,通过 YAML 文

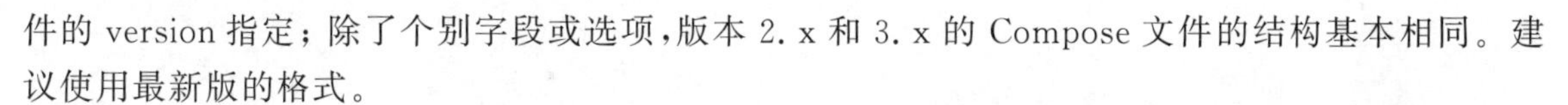

件的 version 指定；除了个别字段或选项，版本 2.x 和 3.x 的 Compose 文件的结构基本相同。建议使用最新版的格式。

services、networks 和 volumes 分别定义服务、网络和卷（存储）资源配置，都由下级节点具体定义。

首先要在各部分中定义资源名称，在 services、networks 和 volumes 各部分中分别可以指定若干服务、网络和卷的名称，然后在这些资源名称下采用缩进结构"<键>: <选项>: <值>"定义其具体配置，键也被称为字段。服务定义包含该服务启动的每个容器的配置，这与将命令行参数传递给 docker container create 命令类似。同样地，定义网络和卷类似于使用 docker network create 和 docker volume create 命令。

services 用于定义不同的应用服务，服务中定义了镜像、端口、网络和卷等，Docker Compose 会将每个服务部署在各自的容器中。networks 用于定义要创建的容器网络，Docker Compose 会创建默认的桥接网络。volumes 用于定义要创建的卷，可以使用默认配置，即使用 Docker 的默认驱动 local（本地驱动）。

docker-compose.yml 文件配置常用字段及其描述如表 2.25 所示。

表 2.25 docker-compose.yml 文件配置常用字段及其描述

字　段	描　述
build	指定 Dockerfile 文件名
context	可以是 Dockerfile 的路径，或者是指向 Git 仓库的 URL
command	执行命令，覆盖默认命令
container name	指定容器名称。由于容器名称是唯一的，如果指定自定义名称，则无法使用 scale 命令
dockerfile	构建镜像上下文路径
deploy	指定部署和运行服务相关配置，只能在 Swarm 模式使用
environment	添加环境变量
hostname	容器主机名
image	指定镜像
networks	加入网络
ports	暴露容器端口，与-p 相同，但端口号不小于 60
restart	重启策略，默认值为 no，可选值有 always、nofailure、unless-stoped
volumes	挂载宿主机路径或命令卷

4. 服务定义

在 services 部分中定义若干服务，每个服务实际上是一个容器，需要基于镜像运行。每个 Compose 文件必须指定 image 或 build 键以提供镜像，其他键是可选的。和使用 docker container create 命令一样，Dockerfile 中的指令，如 CMD、EXPOSE、ENV、VOLUME 等，默认已经被接受，不必在 Compose 文件中定义它们。

在 services 部分中指定服务的名称，在服务名称下面使用键进行具体定义。下面介绍部分常用的键及其选项。

（1）image 标签。

image 标签用于指定启动容器的镜像，可以指定镜像名称或镜像 ID，例如：

```
services:
    web:
        image: centos
        image: nignx
        image: fedora:latest
        image: debian:10.9
        image: d1165f221234
```

在 services 标签下的 web 为第二级标签，标签名可由用户自定义，它也是服务名称。

如果镜像在本地不存在，则 Docker Compose 将会尝试从镜像注册中心摘取镜像。如果定义有 build 键，则将基于 Dockerfile 构建镜像。

(2) build 标签。

build 键用于定义构建镜像时的配置，可以定义包括构建上下文路径的字符串，例如：

```
build: ./test_dir
```

也可以定义对象，例如：

```
build:
    context: ./test_dir
    dockerfile: Dockerfile
    args:
        buildno: 1
```

可指定 arg 标签，与 Dockerfile 中的 ARG 指令一样，arg 标签可以在构建过程中指定环境变量，并在构建成功后取消。

如果同时指定了 image 和 build 两个键，那么 Docker Compose 会构建镜像并且将镜像命名为 image 键所定义的那个名称。例如，镜像将从./test_dir 中构建，被命名为 centos_web，并被设置 app_tag 标签。

```
build: ./test_dir
image: centos_web:app_tag
```

build 键下面可以使用如下选项。

① context：定义构建上下文路径，可以是包含 Dockerfile 的目录，也可以是访问 Git 仓库的 URL。

② dockerfile：指定 Dockerfile。

③ args：指定构建参数，即仅在构建阶段访问的环境变量，允许是空值。

(3) command 标签。

command 标签用于覆盖容器启动后默认执行的命令，例如：

```
command: bundle exec thin - p 4000
```

也可以写为类似 Dockerfile 中的格式，例如：

```
command: [bundle, exec, thin, -p, 4000]
```

(4) dns 标签。

dns 标签用于配置 DNS 服务器,其可以是具体值,例如:

```
dns: 114.114.114.114
```

也可以是列表,例如:

```
dns:
- 114.114.114.114
- 8.8.8.8
```

还可以配置 DNS 搜索域,其可以是值或列表,例如:

```
dns_search: www.example.com
dns_search:
    - www.example01.com
    - www.example02.com
```

(5) depends_on 标签。

depends_on 标签用于定义服务之间的依赖关系,指定容器服务的启动顺序,例如:

```
version: "3.7"
services:
    web:
        build: .
        depends_on:
            - db
            - redis
    redis:
        images: redis
    db:
        images: database
```

按服务依赖顺序启动服务时,容器会先启动 redis 和 db 两个服务,再启动 web 服务。

执行 docker-compose up <服务名称>命令将自动编排该服务的依赖。上面示例中如果执行的是 docker-compose up web 命令,也会创建并启动 db 服务和 redis 服务。

按依赖顺序停止服务时,上面示例中的 web 服务先于 db 服务和 redis 服务停止。

(6) environment 标签。

environment 标签用于设置镜像变量。arg 标签设置的变量仅用于构建过程中,而 environment 标签设置的变量会一直存在于镜像和容器中,例如:

```
environment:
    RACK_ENV: development
    SHOW: 'true'
    SESSION_SECRET:
```

也可以是如下格式：

```
environment:
    - RACK_ENV = development
    - SHOW = true
    - SESSION_SECRET
```

（7）env_file 标签。

env_file 标签用于设置从 env 文件中获取的环境变量，可以指定一个文件路径或路径列表，其优先级低于 environment 指定的环境变量，即当其设置的变量名称与 environment 标签设置的变量名称冲突时，以 environment 标签设置的变量名称为主，例如：

```
env_file: .env
```

（8）expose 标签。

expose 标签用于设置暴露端口，只将端口暴露给连接的服务，而不暴露给主机，例如：

```
expose:
    - "6000"
    - "6050"
```

（9）links 标签。

links 标签用于指定容器连接到当前连接，可以设置别名，例如：

```
links:
    - db
    - db:database
    - redis
```

（10）logs 标签。

logs 标签用于设置日志 I/O 信息，例如：

```
logging:
   driver: syslog
   options:
      syslog - address: "tcp://192.168.100.100:3000"
```

（11）network_mode 标签。

network_mode 标签用于设置网络模式，例如：

```
network_mode:"bridge"
network_mode:"host"
network_mode:"none"
network_mode:"service:[service name]"
network_mode:"container:[container name/id]"
```

（12）networks 标签。

默认情况下，Docker Compose 会为应用程序自动创建名为“<项目名>_default”的默认网络。服务的每个容器都会加入默认网络，该网络上的其他容器都可以访问该网络，并且可以通过与容器名称相同的主机名来发现该网络。对于每项服务都可以使用 networks 键指定要连接的网络，此处的网络名称引用 networks 部分中所定义的名称，例如：

```
services:
    some_service:
          - front_network
          - back_network
```

networks 标签有一个特别的 aliases 选项，用来设置服务在该网络上的别名。同一网络的其他容器可以使用服务名称或该别名来连接该服务的一个容器，同一服务可以在不同的网络上有不同的别名。在下面的示例中，分别提供了名为 web、ftp 和 db 的 3 个服务，以及 front_network 和 back_network 网络。db 服务可以通过 front_network 网络中的主机名 db 或别名 database 访问，也可以通过 back_network 网络中的主机名 db 或别名 mysql 访问，例如：

```
version: "3.7"
services:
    web:
        image: "nginx:latest"
        networks:
            - front_network
    ftp:
        images: "my_ftp:latest"
        networks:
            - back_network
    db:
        images: "mysql:latest"
        networks:
            front_network:
                aliases:
                    - database
            back_network:
                aliases:
                    - mysql
networks:
    front_network:
    back_network:
```

要让服务加入现有的网络，可以使用 external 选项，例如：

```
networks:
    default:
        external:
            name: my_network
```

不用创建名为“<项目名>_default”的默认网络，Docker Compose 会查找名为 my_network 的网络，并将应用程序的容器连接到它。

(13) ports 标签。

ports 标签用于对外暴露端口定义，使用 host:container 格式，或者只指定容器的端口号，宿主机会随机映射端口，例如：

```
ports:
    - "5000"
    - "5869:5869"
    - "8080:8080"
```

当使用 host:container 格式来映射端口时，如果使用的容器端口号小于 60，则可能会得到错误的结果，因为 YAML 会将< mm:nn >格式的数字解析为六十进制，所以建议使用字符串格式。

(14) volumes 标签。

volumes 标签用于指定卷挂载路径。与 volumes 部分专门定义卷存储不同，volumes 标签可以挂载目录或者已存在的数据卷容器。可以直接使用 host:container 格式，或者使用 host:container:ro 格式，对于容器来说后者的数据卷是只读的，这样可以有效保护宿主机的文件系统。

```
volumes:
    # 只指定路径(该路径是容器内部的)，Docker 会自动创建数据卷
    - /var/lib/mysql
    # 使用绝对路径挂载数据卷
    - /opt/data: /var/lib/mysql
    # 以 Compose 配置文件为参照的相对路径将作为数据卷挂载到容器
    - ./cache: /tmp/cache
    # 使用用户的相对路径(～/表示的目录是 /home/<用户目录>/ 或者 /root/)
    - ～ /configs: /etc/configs/:ro
    # 已经存在的数据卷
    - datavolume: /var/lib/mysql
```

如果不使用宿主机的路径，则可以指定 volume_driver。

```
volume_driver:mydriver
```

(15) volumes_from 标签。

volumes_from 标签用于设置从其他容器或服务挂载数据卷，可选的参数是:ro 和:rw，前者表示容器是只读的，后者表示容器对数据卷是可读写的，默认情况下是可读写的。

```
volumes_from:
    - service_name
    - service_name: ro
    - container: container_name
    - container: container_name:rw
```

5. 网络定义

除使用默认的网络外，还可以自定义网络，创建更复杂的拓扑，并设置自定义网络驱动和选

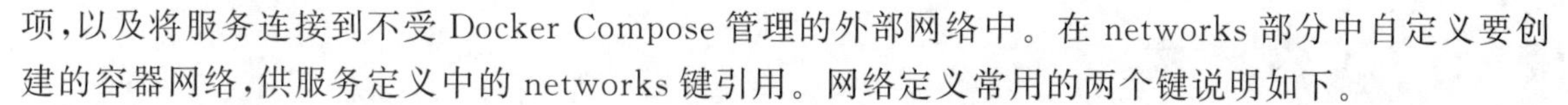

项，以及将服务连接到不受 Docker Compose 管理的外部网络中。在 networks 部分中自定义要创建的容器网络，供服务定义中的 networks 键引用。网络定义常用的两个键说明如下。

（1）driver 标签。

driver 标签用于设置网络的驱动，默认驱动取决于 Docker 引擎的配置方式，但在大多数情况下，在单机上使用 bridge 驱动，而在 Swarm 集群中使用 overlay 驱动，例如：

```
driver:overlay
```

（2）external 标签。

external 标签用于设置网络是否在 Docker Compose 外部创建。如果设置为 true，则 docker-compose up 命令不会尝试创建它，如果该网络不存在，则会引发错误。之前 external 键不能与其他网络定义键（driver、driver_opts、ipam、internal）一起使用，不过从 Docker Compose 版本 3.4 开始，这个问题就不存在了。

在下面的示例中，proxy 是到外部网络的网关，这里没有创建一个名为"<项目名>_outside"的网络，而是让 Docker Compose 查找一个名为 outside 的现有网络，并将 proxy 服务的容器连接到该网络，例如：

```
version: "3.7"
services:
    proxy:
        build: ./proxy
             - outside
             - default
    app:
        build: ./app
            networks:
                - default
services:
    outside:
        external: true
```

6. 卷（存储）定义

不同于前文中服务定义的 volumes 键，这里的卷定义是指要单独创建命名卷，这些卷能在多个服务中重用，可以通过 Docker 命令行或 API 查找和查看。

下面是一个设置两个服务的示例，其中一个数据库服务的数据目录作为一个卷与其他服务共享，可以被周期性地备份，例如：

```
version: "3.7"
services:
    db:
        image: db
        volumes:
```

```
            - data-volume:/var/lib/db
    backup:
        image: backup-service
        volumes:
            - data-volume:/var/lib/backup/db
volumes:
    data-volume:
```

volumes 部分中定义的卷可以只有名称，不做其他具体配置。这种情形会使用 Docker 配置的默认驱动，也可以使用以下键对卷进行具体配置。

（1）driver 标签。

driver 标签用于定义卷驱动，默认使用 Docker 所配置的驱动，多数据情况下使用本地驱动。如果驱动不可用，则在执行 docker-compose up 命令创建卷时，Docker 会返回错误。下面是一个简单的示例。

```
driver: foobar
```

（2）external 标签。

external 标签用于设置卷是否在 Docker Compose 外部创建。如果设置为 true，则 docker-compose up 命令不会尝试创建它，如果该卷不存在，则会引发错误。external 键不能与其他卷配置键(driver、driver_opts、labels)一起使用，不过从 Docker Compose 版本 3.4 开始，这个问题就不存在了。

在下面的示例中，Docker Compose 不会尝试创建一个名为"<项目名>_data"的卷，而是会查找一个名称为 data 的卷，并将其挂载到 db 服务的容器中，例如：

```
version: "3.7"
services:
    db:
        image: mysql
        volumes:
            - data:/var/lib/mysql/data
volumes:
    data:
        external: true
```

2.2.9 Docker Compose 常用命令

除了部署应用程序外，Docker Compose 还可以管理应用程序，如启动、停止和删除应用程序，以及获取应用程序的状态等，这需要用到 Compose 命令。

Compose 的常用命令常跟在 docker-compose 主命令后面，其基本语法格式如下。

```
docker-compose [-f <arg>…] [选项] [命令] [参数…]
```

docker-compose 命令各选项及其功能说明如表 2.26 所示。

表 2.26 docker-compose 命令各选项及其功能说明

选　　项	功能说明
-f, --file FILE	指定 Compose 配置文件,默认为 docker-compose. yml
-p,--project-name <项目名>	指定项目名称,默认使用当前目录名作为项目名称
--project-directory <项目路径>	指定项目路径,默认为 Compose 文件所在路径
--verbose	输出更多调试信息
--log-level <日志级别>	设置日志级别(DEBUG、INFO、WARNING、ERROR、CRITICAL)
--no-ansi	不输出 ANSI 控制字符
-v, --version	显示 Docker Compose 命令的版本信息
-h,--help	获取 Compose 命令的帮助信息

Compose 命令支持多个选项,-f 是一个特殊的选项,用于指定一个或多个 Compose 文件的名称和路径,如果不定义该选项,则将使用默认的 docker-compose. yml 文件。使用多个-f 选项提供多个 Compose 文件时,Docker Compose 将它们按提供的顺序组合到单一的配置中,修改过的 Compose 文件中的定义将覆盖之前的 Compose 文件中的定义,例如:

```
docker-compose -f docker-compose.yml -f docker-com
docker-compose -f docker-compose.yml -f docker-compose.root.yml run backup_db
```

默认情况下,Compose 文件位于当前目录下。对于不在当前目录下的 Compose 文件,可以使用-f 选项明确指定其路径。例如,要运行 Compose nginx 实例,在 myweb/nginx 目录中有一个 docker-compose. yml 文件,可使用以下命令为 db 服务获取相应的镜像。

```
docker-compose -f ~/myweb/nginx/docker-compose.yml pull db
```

docker-compose 命令与 docker 命令的使用方法非常相似,但是需要注意的是,大部分的 docker-compose 命令都需要在 docker-compose. yml 文件所在的项目目录下才能正常执行。

docker-compose 命令的子命令比较多,可以执行以下命令查看某个具体命令的使用说明。

```
docker-compose [子命令] --help
```

使用帮助命令查看命令选项和子命令的使用说明,执行命令如下。

```
[root@localhost ~]# docker-compose --help
```

命令执行结果如下。

```
Define and run multi-container applications with Docker.
Usage:
    docker-compose [-f <arg>...] [options] [COMMAND] [ARGS...]
    docker-compose -h|--help
Options:
    -f, --file FILE              Specify an alternate compose file
                                 (default: docker-compose.yml)
```

```
    -p, --project-name NAME         Specify an alternate project name
                                    (default: directory name)
    --verbose                       Show more output
    --log-level LEVEL               Set log level (DEBUG, INFO, WARNING, ERROR, CRITICAL)
    --no-ansi                       Do not print ANSI control characters
    -v, --version                   Print version and exit
    -H, --host HOST                 Daemon socket to connect to
    --tls                           Use TLS; implied by --tlsverify
    --tlscacert CA_PATH             Trust certs signed only by this CA
    --tlscert CLIENT_CERT_PATH      Path to TLS certificate file
    --tlskey TLS_KEY_PATH           Path to TLS key file
    --tlsverify                     Use TLS and verify the remote
    --skip-hostname-check           Don't check the daemon's hostname against the
                                    name specified in the client certificate
    --project-directory PATH        Specify an alternate working directory
                                    (default: the path of the Compose file)
    --compatibility                 If set, Compose will attempt to convert keys
                                    in v3 files to their non-Swarm equivalent
Commands:
    build          Build or rebuild services
    bundle         Generate a Docker bundle from the Compose file
    config         Validate and view the Compose file
    create         Create services
    down           Stop and remove containers, networks, images, and volumes
    events         Receive real time events from containers
    exec           Execute a command in a running container
    help           Get help on a command
    images         List images
    kill           Kill containers
    logs           View output from containers
    pause          Pause services
    port           Print the public port for a port binding
    ps             List containers
    pull           Pull service images
    push           Push service images
    restart        Restart services
    rm             Remove stopped containers
    run            Run a one-off command
    scale          Set number of containers for a service
    start          Start services
    stop           Stop services
    top            Display the running processes
    unpause        Unpause services
    up             Create and start containers
    version        Show the Docker-Compose version information
[root@localhost ~]#
```

(1) docker-compose ps 命令。

docker-compose ps 命令用于列出所有运行的容器,其基本语法格式如下。

```
docker - compose ps [选项] [容器 … ]
```

docker-compose ps 命令各选项及其功能说明如表 2.27 所示。

表 2.27 docker-compose ps 命令各选项及其功能说明

选　项	功能说明
-q,--quiet	只显示容器 ID
--services	显示服务
--filter KEY=VAL	过滤服务属性值
-a,--all	显示所有的容器,包括已停止的容器

例如,列出所有运行的容器的代码,执行命令如下。

```
docker - compose ps
```

(2) docker-compose build 命令。

docker-compose build 命令用于构建或重新构建服务,其基本语法格式如下。

```
docker - compose build [选项] [ -- build - arg 键 = 值 … ] [服务 … ]
```

"服务"参数指定的是服务的名称,默认格式为"项目名_服务名",如项目名为 compose_test,一个服务名为 web,则它构建的服务名称为 compose_test_web。

docker-compose build 命令各选项及其功能说明如表 2.28 所示。

表 2.28 docker-compose build 命令各选项及其功能说明

选　项	功能说明
--compress	使用 gzip 压缩构建上下文
--force-rm	删除构建过程中的临时容器
--no-cache	构建镜像的过程中不使用缓存,这会延长构建过程
--pull	总是尝试拉取最新版本的镜像
-m,--memory mem	创建容器时对内存的限制
--build-arg key=val	为服务设置构建时变量
--parallel	并行构建镜像

如果 Compose 文件定义了镜像名称,则该镜像将以该名称作为标签,替换之前的标签名称。如果改变了服务的 Dockerfile 或者其构建目录的内容,则需要执行 docker-compose build 命令重新构建服务,可以随时在项目目录下运行该命令重新构建服务。

(3) docker-compose up 命令。

docker-compose up 命令较为常用且功能强大,用于构建镜像,创建、启动和连接指定的服务容器,使用该命令连接的所有服务都会被启动,除非它们已经运行,其基本语法格式如下。

```
docker - compose up [选项] [ -- scale 服务 = 值 … ] [服务 … ]
```

docker-compose up 命令各选项及其功能说明如表 2.29 所示。

表 2.29　docker-compose up 命令各选项及其功能说明

选　　项	功能说明
-d,--detach	与使用 docker run 命令创建容器一样,该选项表示分离模式,即在后台运行服务容器,会输出新容器的名称,该选项与--abort-on-container-exit 选项不能兼容
--no-color	产生单色输出
--quiet-pull	拉取镜像时不会输出进程信息
--no-deps	不启动所连接的服务
--force-recreate	强制重新创建容器,即使其配置和镜像没有改变
--always-recreate-deps	总是重新创建所依赖的容器,它与--no-recreate 选项不兼容
--no-recreate	如果容器已经存在,不要重新创建容器,与--force-recreate 和-V 不兼容
--no-build	不构建缺失的镜像
--no-start	创建服务后不启动服务
--build	在启动容器之前构建镜像
--abort-on-container-exit	只要有容器停止就停止所有的容器,它与-d 选项不兼容
-t,--timeout TIMEOUT	设置停止连接的容器或已经运行的容器的超时时间,单位是秒。默认值为 10,也就是说,对已启动的容器发出关闭命令,需要等待 10s 后才能执行
-V,--renew-anon-volumes	重新创建匿名卷,而不是从以前的容器中检索数据
--remove-orphans	移除 Compose 文件中未定义的服务容器
--exit-code-from SERVICE	为指定服务的容器返回退出码
--scale SERVICE=NUM	设置服务的实例数,该选项的值会覆盖 Compose 文件中的 scale 键值

docker-compose up 命令会聚合指定的每个容器的输出,实质上是执行 docker-compose logs -f 命令。该命令默认所有输出重定向到当前终端,相当于 docker run 命令的前台模式,这对排查问题很有用。该命令执行完成后,所有的容器都会停止。当然,加上-d 选项执行 docker-compose up 命令时会采用分离模式在后台启动容器并让它们保持运行。

如果服务的容器已经存在,服务的配置或镜像在创建后被改变,则执行 docker-compose up 命令会停止并重新创建容器(保留挂载的卷)。要阻止 Docker Compose 的这种行为,可使用--no-recreate 选项。

如果使用 SIGINT(按 Ctrl+C 组合键)或 SIGTERM 信号中断进程,则容器会被停止,退出码是 0;如果遇到错误,退出码是 1;在关闭阶段发送 SIGINT 或 SIGTERM 信号,正在运行的容器会被强制停止,退出码是 2。

(4) docker-compose logs 命令。

docker-compose logs 命令用于查看服务日志输出,其基本语法格式如下。

```
docker - compose logs [选项] [服务 …]
```

docker-compose logs 命令各选项及其功能说明如表 2.30 所示。

表 2.30　docker-compose logs 命令各选项及其功能说明

选　　项	功能说明
--no-color	产生单色输出
-f,--follow	实时输出日志

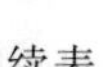

续表

选　　项	功能说明
-t,--timestamps	显示时间戳
--tail="all"	对于每个容器在日志末尾显示行数

例如,查看 nginx 的实时日志,执行命令如下。

```
docker - compose logs  - f nginx
```

(5) docker-compose port 命令。

docker-compose port 命令用于输出绑定的公共端口,其基本语法格式如下。

```
docker - compose port [选项] [服务 … ]
```

docker-compose port 命令各选项及其功能说明如表 2.31 所示。

表 2.31　docker-compose port 命令各选项及其功能说明

选　　项	功能说明
--protocol=proto	TCP 或 UDP,默认为 TCP
--index=index	使用多个容器时的索引,默认为 1

例如,输出 Nginx 服务 8650 端口所绑定的公共端口,执行命令如下。

```
docker - compose port nginx 8650
```

(6) docker-compose start 命令。

docker-compose start 命令仅用于重新启动之前已经创建但已停止的容器,并不是创建新的容器,其基本语法格式如下。

```
docker - compose start [服务 … ]
```

例如,启动 Nginx 容器,执行命令如下。

```
docker - compose start nginx
```

(7) docker-compose stop 命令。

docker-compose stop 命令用于已经运行服务的容器,其基本语法格式如下。

```
docker - compose stop [服务 … ]
```

例如,停止 Nginx 容器,执行命令如下。

```
docker - compose stop nginx
```

(8) docker-compose rm 命令。

docker-compose rm 命令删除已停止服务的容器,其基本语法格式如下。

```
docker - compose rm [选项] [服务 ... ]
```

docker-compose rm 命令各选项及其功能说明如表 2.32 所示。

表 2.32　docker-compose rm 命令各选项及其功能说明

选　　项	功能说明
-f,--force	强制删除
-s,--stop	删除容器时需要先停止容器
-v	删除与容器相关的任何匿名卷
-a,--all	弃用已无效的容器

例如,删除已停止的 Nginx 容器,执行命令如下。

```
docker - compose rm nginx
```

(9) docker-compose exec 命令。

docker-compose exec 命令用于在支持的容器中执行命令,其基本语法格式如下。

```
docker - compose exec [选项] [服务 ... ]
```

docker-compose exec 命令各选项及其功能说明如表 2.33 所示。

表 2.33　docker-compose exec 命令各选项及其功能说明

选　　项	功能说明
-d,--detach	在后台运行容器
--privileged	授予进程特殊权限
-u,--user USER	以指定的用户身份运行命令
-T	禁用伪 tty 分配。默认情况下通过 docker-compose exec 分配 tty
--index=index	使用多个容器时的索引,默认为 1
-e,--env KEY=VAL	设置环境变量
-w,--workdir DIR	设置 workdir 目录的路径

例如,登录到 Nginx 容器,执行命令如下。

```
docker - compose exec nginx bash
```

(10) docker-compose scale 命令。

docker-compose scale 命令用于指定服务启动容器的个数,其基本语法格式如下。

```
docker - compose scale [选项] [服务 = 数值 ... ]
```

docker-compose scale 命令各选项及其功能说明如表 2.34 所示。

表 2.34 docker-compose scale 命令各选项及其功能说明

选 项	功能说明
-t,--timeout TIMEOUT	以秒为单位,指定关机超时时间,默认为 10s

例如,设置指定服务运行容器的个数,以<服务>=<数值>的形式指定,执行命令如下。

```
docker - compose scale user = 4 movie = 4
```

(11) docker-compose down 命令。

docker-compose down 命令用于停止容器和删除容器、网络、数据卷及镜像,其基本语法格式如下。

```
docker - compose down [选项] [服务 … ]
```

docker-compose down 命令各选项及其功能说明如表 2.35 所示。

表 2.35 docker-compose down 命令各选项及其功能说明

选 项	功能说明
--rmi type	删除指定类型的镜像。all:删除 Compose 文件中定义的所有镜像,local:删除镜像名为空的镜像
-v, --volumes	删除在文件的卷部分中声明的命名卷以及附加到容器的匿名卷
--remove-orphans	删除组合文件未定义服务的容器
-t, --timeout TIMEOUT	以秒为单位指定关机超时,默认为 10s

docker-compose down 命令用于停止容器并删除 docker-compose up 命令启动的容器、网络、卷和镜像。默认情况下,只有以下对象会被同时删除。

① Compose 文件中定义服务的容器。

② Compose 文件中 networks 部分所定义的网络。

③ 所使用的默认网络。

外部定义的网络和卷不会被删除。

例如,使用--volumes 选项可以删除由容器使用的数据卷,执行命令如下。

```
docker - compose down -- volumes
```

使用--remove-orphans 选项可删除未在 Compose 文件中定义的服务容器。

(12) docker-compose 的 3 个命令 up、run、start 的区别。

通常使用 docker-compose up 命令启动或重新构建在 docker-compose.yml 中定义的所有服务。在默认的前台模式下,将看到所有容器中的所有日志。在分离模式(由-d 选项指定)中,Docker Compose 在启动容器后退出,但容器继续在后台运行。

docker-compose run 命令用于运行"一次性"或"临时性"任务。它需要指定运行的服务名称,并且仅启动正在运行的服务所依赖的服务容器。该命令适合运行测试或执行管理任务,如删除或添加数据的容器。docker-compose run 命令的作用与用 docker run -it 命令打开容器的交互式终端一样,docker-compose run 命令返回与容器中的进程的退出状态匹配的退出状态。

docker-compose start 命令仅用于重新启动之前创建但已停止的容器,并不创建新的容器。

(13) docker-compose 命令的其他管理子命令。

① docker-compose create 命令用于创建一个服务。

② docker-compose help 命令用于查看帮助信息。

③ docker-compose image 命令用于列出本地的 Docker 镜像。

④ docker-compose kill 命令通过发送 SIGKILL 信号来停止指定服务的容器。

⑤ docker-compose pause 命令用于挂起容器。

⑥ docker-compose pull 命令用于下载镜像。

⑦ docker-compose push 命令用于推送镜像。

⑧ docker-compose restart 命令用于重启服务。

2.2.10 Docker 仓库基础知识

云原生技术的兴起为企业数字化转型带来新的可能。作为云原生的要素之一,更为轻量的虚拟化的容器技术起到举足轻重的推动作用。其实很早之前,容器技术已经有所应用,而 Docker 的出现和兴起彻底带"火"了容器。其关键因素是 Docker 提供了使用容器的完整工具链,使得容器的上手和使用变得非常简单。工具链中的关键,就是定义了新的软件打包格式,即镜像。镜像包括软件运行所需要的包含基础操作系统在内的所有依赖,运行时可直接启动。从镜像构建环境到运行环境,镜像的快速分发成为硬需求。同时,大量构建以及依赖的镜像的出现,也给镜像的维护管理带来挑战,镜像仓库的出现成为必然。

视频讲解

以 Docker 为代表的容器技术,改变了传统的交付方式。通过把业务及其依赖的环境打包进 Docker 镜像,解决了开发环境和生产环境的差异问题,提升了业务交付的效率。如何高效地管理和分发 Docker 镜像是众多企业需要考虑的问题,仓库(Repository)就是存放镜像的地方,注册服务器(Registry)比较容易与仓库混淆。实际上注册服务器是用来管理仓库的服务器,一个注册服务器上可以存在多个仓库,而一个仓库下可以有多个镜像。Docker Harbor 具有可视化的 Web 管理界面,可以方便地管理 Docker 镜像,并且提供了多个项目的镜像权限管理控制功能。

1. 什么是 Harbor

Harbor 是 VMware 公司开源的企业级 Docker Registry 项目,其目标是帮助用户迅速搭建一个企业级的 Docker Registry 服务。它以 Docker 公司开源的 Registry 为基础,提供管理图形化用户界面(User Interface,UI)设计、基于角色的访问控制(Role Based Access Control,RBAC)、轻量级 DAP(Lightweight Directory Access Protocol,LDAP)/活动目录(Active Directory,AD)集成,以及审计日志(Audit Logging)等企业用户需求的功能。作为一个企业级私有 Registry 服务器,Harbor 提供了更好的性能和安全性,以提升用户使用 Registry 构建和运行环境传输镜像的效率。

镜像仓库中的 Docker 架构是非常重要的,镜像会因业务需求的不同以不同形式存在,这就需要一个很好的机制对这些不同形式的镜像进行管理,而镜像仓库就很好地解决了这个问题。

Harbor 是一个用于存储和分发 Docker 镜像的企业级 Registry 服务器,可以用来构建企业内部的 Docker 镜像仓库,如图 2.19 所示。

Harbor 支持复制安装在多个 Registry 节点的镜像资源,镜像全部保存在私有 Registry 中,

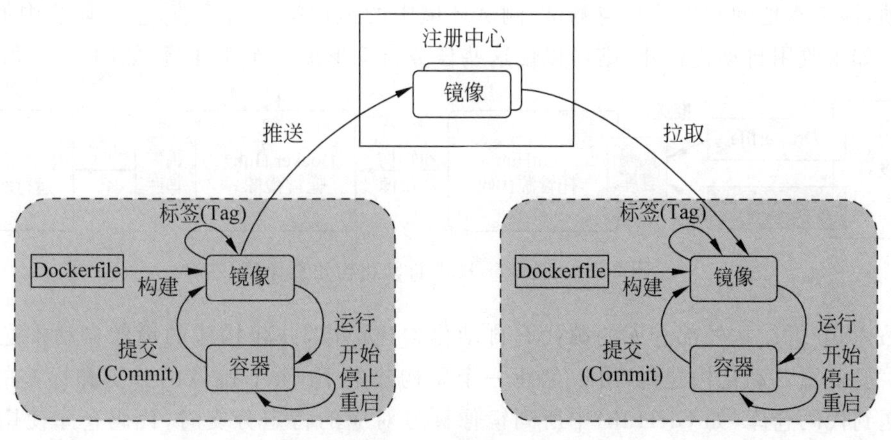

图 2.19　镜像仓库

确保数据和知识产权在公司内部网络中管控。另外，Harbor 也提供了高级的安全特性，如用户管理、访问控制和活动审计等。

2. Harbor 的优势

Harbor 提供了多种途径来帮助用户快速搭建 Harbor 镜像仓库服务。Harbor 具有如下优势。

(1) 离线安装包：通过 docker-compose 编排运行。安装包除了包含相关的安装脚本外，还包含安装所需要的所有 Harbor 组件镜像，可以在离线环境下安装使用。

(2) 在线安装包：与离线安装包类似，唯一的区别就是不包含 Harbor 组件镜像，安装时镜像需要从网络上的仓库服务拉取。

(3) Helm Chart：最复杂的 Kubernetes 应用程序。Helm Chart 可以定义，安装和开放通过 Helm 的方式将 Harbor 部署到目标的 Kubernetes 集群中。目前仅覆盖 Harbor 自身组件的部署安装，其依赖的如数据库、Redis 缓存及可能的存储服务需要用户自己负责安装。

(4) Kubernetes Operator：基于 Kubernetes Operator 框架编排部署，重点关注一体化的双机集群高可用(Highly Available，HA)系统部署模式的支持。

(5) 基于角色控制：用户和仓库都是基于项目进行组织的，用户在项目中可以拥有不同的权限。

(6) 基于镜像的复制策略：镜像可以在多个 Harbor 实例之间复制(同步)，适用于负载平衡、高可用性、多数据中心、混合和多云的场景。

(7) 支持 LDAP/AD：用于用户认证和管理。

(8) 镜像删除和空间回收：镜像可以删除，镜像占用的空间也可以回收。

(9) 支持 UI 设计：用户可以轻松浏览、搜索镜像仓库以及对项目进行管理。

(10) 支持审计功能：对存储的所有操作都进行记录。

(11) 支持 RESTful API 架构：描述性状态迁移(Representational State Transfer，REST) API。REST 指的是一组架构约束条件和原则，如果一个架构符合 REST 的约束条件和原则，称它为 RESTful 架构。提供可用于大多数管理操作的 RESTful API，易于与外部系统集成。

3. 镜像的自动化构建

在开发环境和生产环境中使用 Docker，如果采用手动构建方式，在部署应用时需要执行的任务比较烦琐,涉及本地的软件编写与测试、测试环境中的镜像构建与更改、生产环境中的镜像构建与更改等。如果改用自动化构建,则可以使这些任务自动形成一个工作流,如图 2.20 所示。

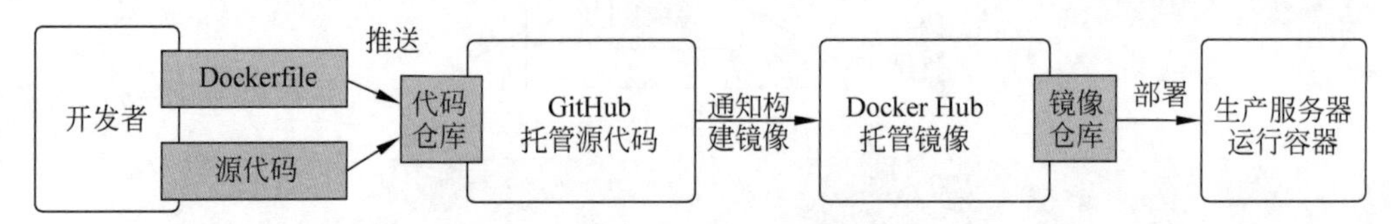

图 2.20 Docker Hub 自动化构建工作流

Docker Hub 可以从外部仓库的源代码自动化构建镜像,并将构建的镜像自动推送到 Docker 镜像仓库。要设置自动化构建时,可以创建一个要构建的 Docker 镜像的分支和标签的列表。将源代码推送到代码仓库(如 GitHub)中所列镜像标签对应的特定分支时,代码仓库使用 Webhook(Webhook 是一个 API 概念,是微服务 API 的使用范式之一,也被称为反向 API,即前端不主动发送请求,完全由后端进行推送)来触发新的构建操作以产生 Docker 镜像,已构建的镜像随后被推送到 Docker Hub。

如果配置有自动化测试功能,将在构建镜像之后、推送到仓库之前运行自动化测试。可以使用这种测试功能来创建持续集成工作流,测试失败的构建操作不会被推送到已构建的镜像。自动化测试也不会将镜像推送到自己的仓库,如果要推送到 Docker Hub,需要启动自动化构建功能。

构建镜像的上下文是 Dockerfile 和特定位置的任何文件。对于自动化构建,构建的上下文是包含 Dockerfile 的代码库。自动化构建需要 Docker Hub 授权用户使用 GitHub 或 Bibucket 托管的源代码来自动创建镜像。自动化构建具有如下优点。

(1) 构建的镜像完全符合期望。

(2) 任何可以访问代码仓库的人都可以使用 Dockerfile。

(3) 代码修改之后镜像仓库会自动更新。

4. Docker Harbor 的架构

视频讲解

Docker Harbor 的架构主要由 6 大模块组成,如图 2.21 所示。

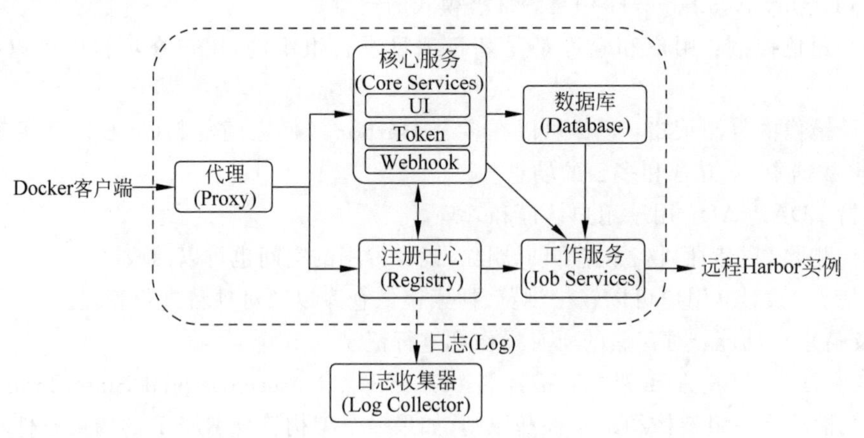

图 2.21 Docker Harbor 的架构

(1) 代理:Harbor 的 Registry、UI、Token 等组件,都在一个反向代理后边。该代理将来自浏览器、Docker 客户端的请求转发到后端服务上。

(2) Registry：负责存储Docker镜像，以及处理Docker推送/拉取请求。因为Harbor强制要求对镜像的访问做权限控制，在每一次推送/拉取请求时，Registry会强制要求客户端从Token Services那里获得一个有效的令牌(Token)。

(3) Core Services：Harbor的核心功能，主要包括3个服务。

① UI：作为Registry Webhook，以图形化用户界面的方式辅助用户管理镜像，并对用户进行授权。

② Token：负责根据用户权限给每个Docker推送/拉取请求分配对应的令牌。假如相应的请求并没有包含令牌，Registry会将该请求重定向到Token Services。

③ Webhook：Registry中配置的一种机制，当Registry中镜像发生改变时，就可以通知到Harbor的Webhook Endpoint。Harbor使用Webhook来更新日志、初始化和同步工作等。

(4) Database：用于存放工程元数据、用户数据、角色数据、同步策略以及镜像元数据。

(5) Job Services：主要用于镜像复制，本地镜像可以被同步到远程Harbor实例上。

(6) Log Collector：监控Harbor运行，负责收集其他组件的日志，供日后分析使用。

Harbor是通过Docker Compose来部署的，在Harbor源代码的make目录下的Docker Compose模板会被用于部署Harbor。Harbor的每一个组件都被包装成一个Docker容器。这些容器之间都通过Docker内的DNS发现来连接通信。通过这种方式，每一个Harbor组件都可以通过相应的容器来进行访问。对于终端用户来说，只有反向代理服务(Nginx)的端口需要对外暴露。

2.3 项目实施

2.3.1 Docker的安装与部署

各主流操作系统都支持Docker，包括Windows操作系统、Linux操作系统以及macOS操作系统等。目前，最新的RHEL、CentOS以及Ubuntu操作系统官方软件源中都已经默认自带Docker包，可以直接安装使用，也可以用Docker自己的YUM源进行配置。

1. 在Windows操作系统中安装与部署Docker

Docker并非一个通用的容器工具，它依赖于已存在并运行的Linux内核环境。Docker实质上在已经运行的Linux下制造了一个隔离的文件环境，因此它的执行效率几乎等同于所部署的Linux主机的执行效率。所以，Docker必须部署在使用Linux内核的系统上。如果其他系统想部署Docker就必须安装虚拟Linux环境。Windows操作系统中Docker的安装与部署逻辑架构如图2.22所示。

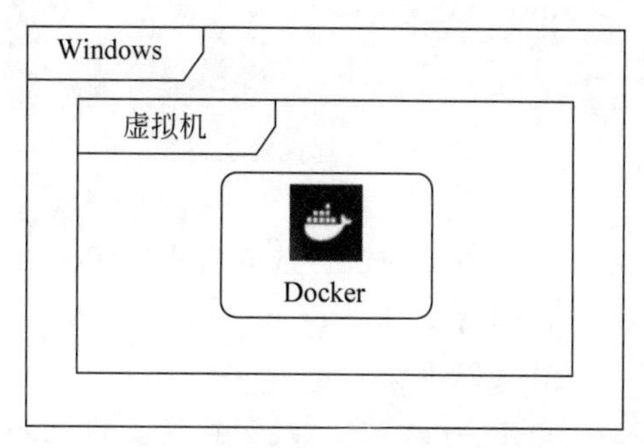

图2.22 Windows操作系统中Docker的安装与部署逻辑架构

安装Docker的基本要求：64位操作系统，版本为 Windows 7 或更高；支持硬件虚拟化技术(Hardware Virtualization Technology)功能，并且要求开启该功能。

(1) 在 Docker 官方网站上下载 DockerToolbox-19.03.1.exe 文件，双击打开这个文件，弹出“打开文件-安全警告”对话框，如图 2.23 所示。

(2) 单击“运行”按钮，打开 Setup-Docker Toolbox 窗口，如图 2.24 所示。

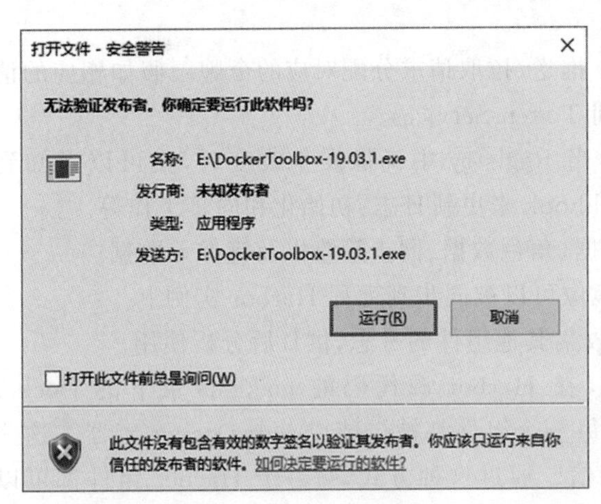

图 2.23 “打开文件-安全警告”对话框

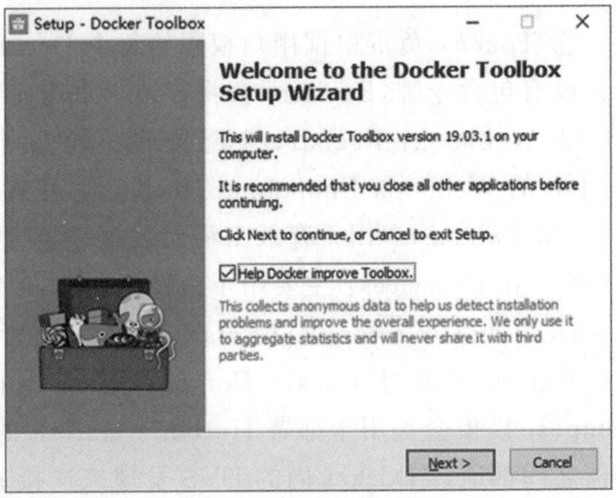

图 2.24 Setup-Docker Toolbox 窗口

(3) 单击 Next 按钮，选择安装路径，如图 2.25 所示。

(4) 单击 Next 按钮，选中所需的组件，如图 2.26 所示。

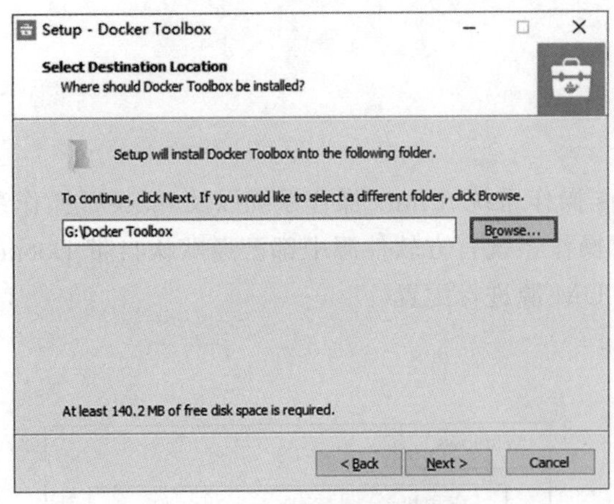

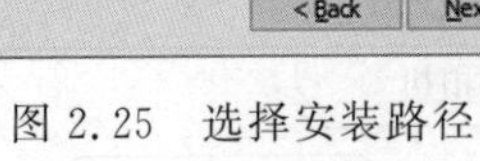

图 2.25 选择安装路径

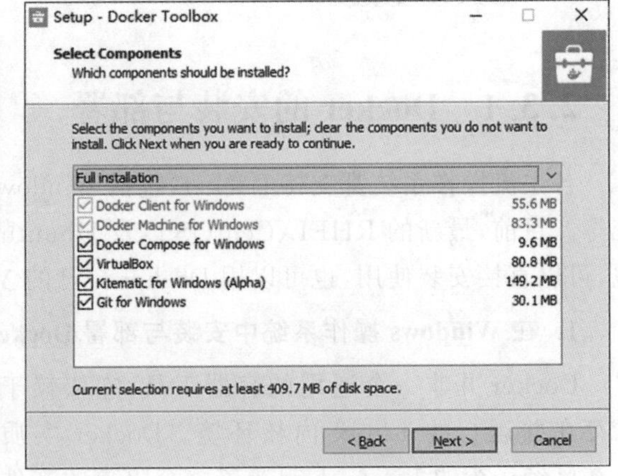

图 2.26 选中所需的组件

(5) 单击 Next 按钮，选择需要创建桌面快捷方式(Create a desktop shortcut)，需要添加环境变量到 Path(Add docker binaries to PATH)，升级引导 Docker 虚拟机(Upgrade Boot2Docker VM)，如图 2.27 所示。

(6) 单击 Next 按钮，跳转到安装 Docker Toolbox 工具确认窗口，确认安装路径、需要安装的组件等，如图 2.28 所示。

(7) 单击 Install 按钮，进入 Docker Toolbox 工具等待安装阶段，如图 2.29 所示。

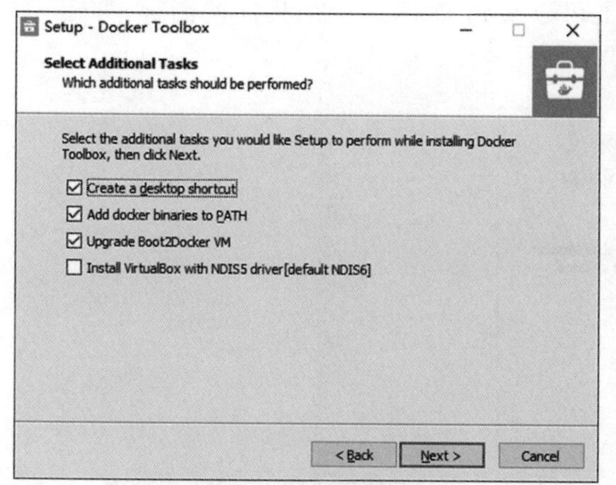

图 2.27　选中添加的其他任务

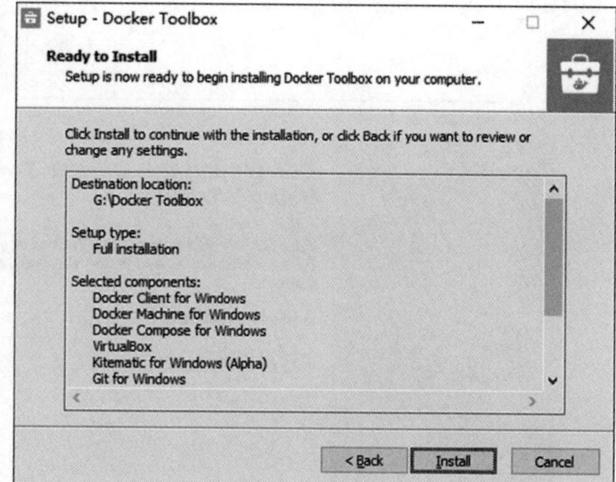

图 2.28　安装 Docker Toolbox 工具确认窗口

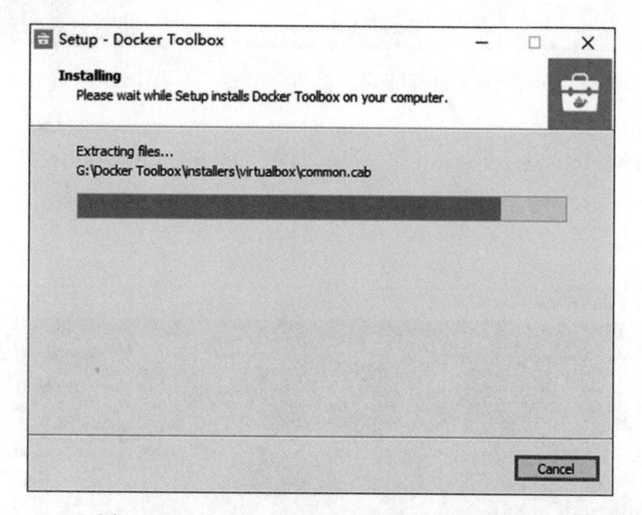

图 2.29　Docker Toolbox 工具等待安装阶段

(8) 在 Docker Toolbox 的安装过程中会出现其他应用的安装过程，如 Oracle Corporation 等系列软件，选择全部安装即可，如图 2.30 所示。

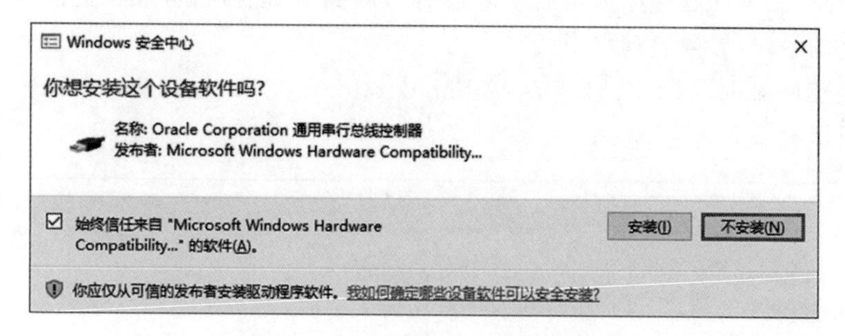

图 2.30　其他应用的安装过程

(9) 单击“安装”按钮，进入 Docker Toolbox 工具安装完成窗口，如图 2.31 所示。

(10) 单击 Finish 按钮,安装结束后,在桌面上可以看到 Docker 应用程序的图标,如图 2.32 所示。

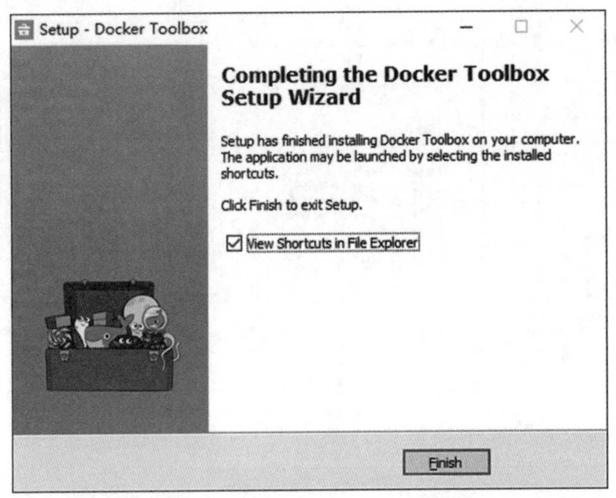

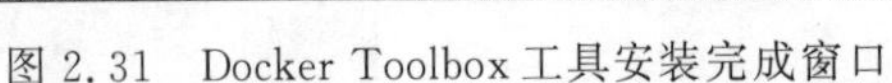
图 2.31 Docker Toolbox 工具安装完成窗口

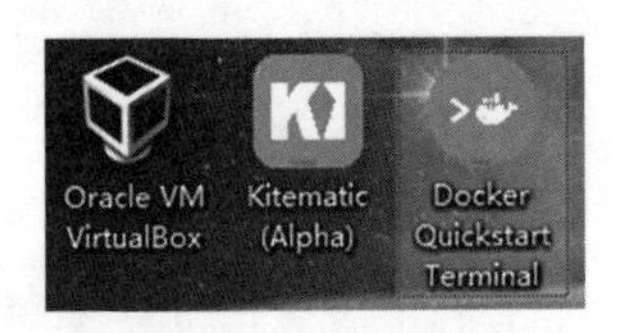

图 2.32 Docker 应用程序的图标

(11) 双击 Docker Quickstart Terminal 图标,打开 Docker Quickstart Terminal 应用。该应用会自动进行一些设置,进行检测工作,当 Docker Quickstart Terminal 提示如下信息时,表示启动失败,如图 2.33 所示。

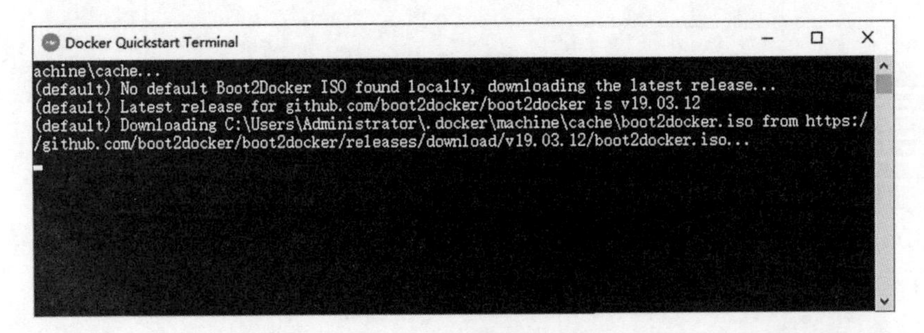

图 2.33 启动失败

分析提示信息,出现问题的原因是启动时没有检测到 boot2docker.iso 文件,在下载过程中出现了网络连接上的错误,导致启动失败。

解决方案是删除临时目录 C:\Users\Administrator\.docker\machine\cache 中已下载的文件,如图 2.34 所示。

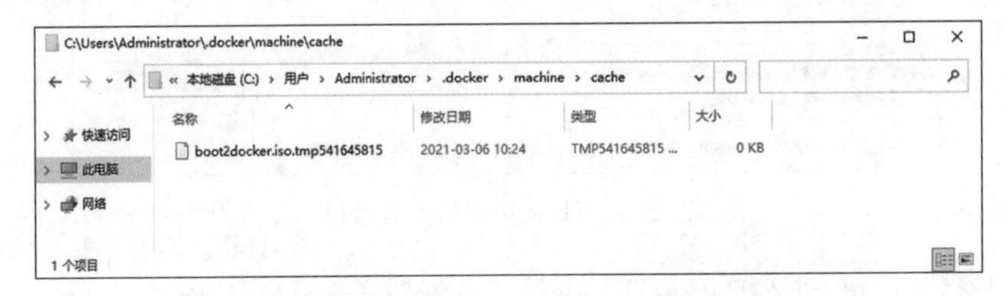

图 2.34 删除 boot2docker.iso.tmp541645815 文件

使用其他工具下载对应的 boot2docker.iso 文件,将下载好的文件放到临时目录下(不需要解压),本书提供的资料中已经提供相应的 boot2docker.iso 文件,如图 2.35 所示。

图 2.35　下载对应的 boot2docker.iso 文件

(12) 双击 Docker Quickstart Terminal 图标,当出现 Docker 运行界面时,表示 Docker 安装完成,如图 2.36 所示。

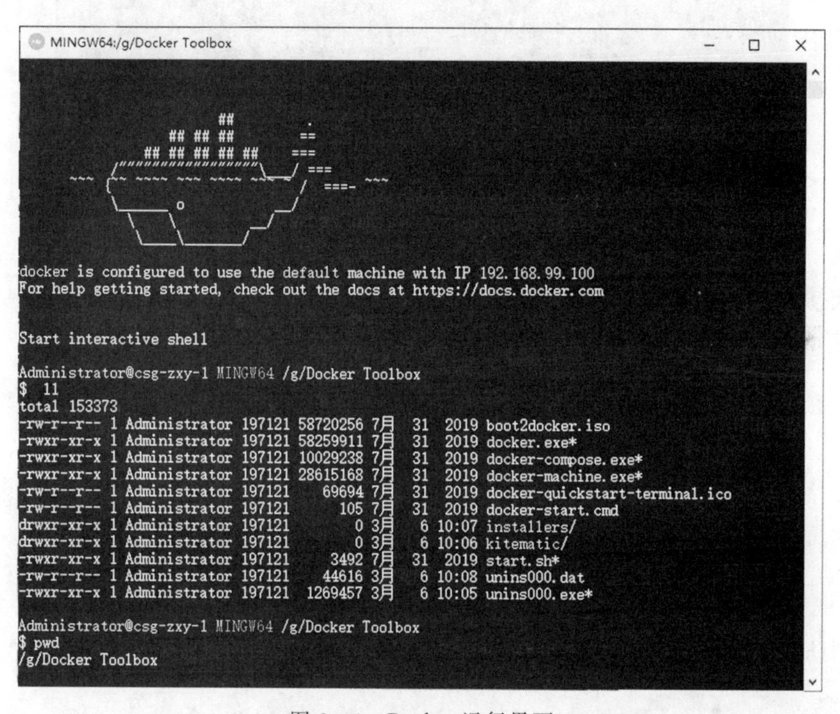

图 2.36　Docker 运行界面

(13) 使用 docker version 命令,查看当前安装的 Docker 版本,如图 2.37 所示。

2. 在 CentOS 7.6 操作系统中在线安装与部署 Docker

在 CentOS 操作系统中使用统一资源定位符(Uniform Resource Locator,URL)获得 Docker 的安装脚本进行安装,在新主机上首次安装 Docker 社区版之前,需要设置 Docker 的 YUM 仓库,这样可以很方便地从该仓库中安装和更新 Docker。

(1) 检查安装 Docker 的基本要求:64 位 CPU 架构的计算机,目前不支持 32 位 CPU 架构的计算机;Linux 系统内核版本为 3.10 及以上。本任务是将 Docker 安装在 VMware 虚拟机中,因

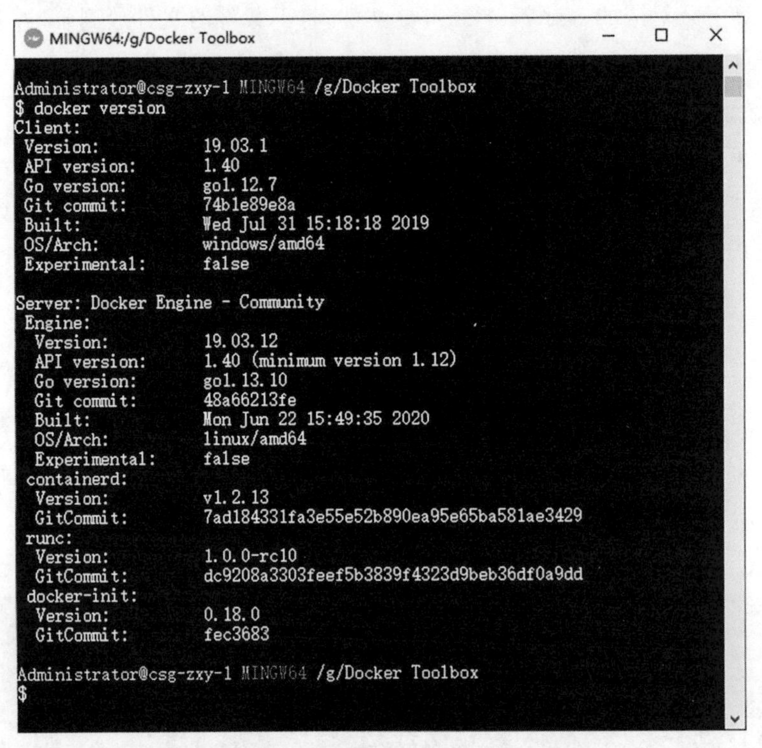

图 2.37　查看当前安装的 Docker 版本

此需要保证将虚拟机的网卡设置为桥接模式。

(2) 通过 uname -r 命令查看当前系统的内核版本,执行命令如下。

```
[root@localhost ~]# uname - r            //查看 Linux 系统内核版本
```

命令执行结果如下。

```
3.10.0 - 957.el7.x86_64
[root@localhost ~]#
```

(3) 关闭防火墙,并查询防火墙是否关闭,执行命令如下。

```
[root@localhost ~]# systemctl stop firewalld            //关闭防火墙
[root@localhost ~]# systemctl disable firewalld         //设置开机禁用防火墙
```

命令执行结果如下。

```
Removed symlink /etc/systemd/system/multi - user.target.wants/firewalld.service.
Removed symlink /etc/systemd/system/dbus - org.fedoraproject.FirewallD1.service.
[root@localhost ~]# systemctl status firewalld            //查看防火墙状态
```

命令执行结果如下。

```
firewalld.service - firewalld - dynamic firewall daemon
Loaded: loaded (/usr/lib/systemd/system/firewalld.service; disabled; vendor preset: enabled)
Active: inactive (dead)          //提示防火墙已关闭
    Docs: man:firewalld(1)
3月 06 16:01:59 localhost systemd[1]: Starting firewalld - dynamic firewall daemon...
3月 06 16:02:01 localhost systemd[1]: Started firewalld - dynamic firewall daemon.
3月 06 16:28:59 localhost systemd[1]: Stopping firewalld - dynamic firewall daemon...
3月 06 16:28:59 localhost systemd[1]: Stopped firewalld - dynamic firewall daemon.
[root@localhost ~]#
```

(4) 修改/etc/selinux目录中的config文件,设置SELinux为disabled之后,保存并退出文件,执行命令如下。

```
[root@localhost ~]# setenforce 0          //设置SELinux的模式为Permissive
[root@localhost ~]# getenforce            //查看当前SELinux模式
```

命令执行结果如下。

```
Permissive
[root@localhost ~]# vim /etc/selinux/config
```

命令执行结果如下。

```
SELINUX=disabled          //将SELINUX=enforcing改为SELINUX=disabled
[root@localhost ~]# cat /etc/selinux/config
```

命令执行结果如下。

```
# This file controls the state of SELinux on the system.
# SELINUX= can take one of these three values:
#     enforcing - SELinux security policy is enforced.
#     permissive - SELinux prints warnings instead of enforcing.
#     disabled - No SELinux policy is loaded.
SELINUX=disabled
# SELINUXTYPE= can take one of three values:
#     targeted - Targeted processes are protected,
#     minimum - Modification of targeted policy. Only selected processes are protected.
#     mls - Multi Level Security protection.
SELINUXTYPE=targeted
[root@localhost ~]#
```

(5) 修改网卡配置信息,执行命令如下。

```
[root@localhost ~]# vim /etc/sysconfig/network-scripts/ifcfg-ens33
```

命令执行结果如下。

```
TYPE = Ethernet
BOOTPROTO = static
IPADDR = 192.168.100.100
PREFIX = 24
GATEWAY = 192.168.100.2
DNS1 = 8.8.8.8
NAME = ens33
UUID = 1992e26a - 0c1d - 4591 - bda5 - 0a2d13c3f5bf
DEVICE = ens33
ONBOOT = yes
[root @localhost ~]# systemctl restart network            //重启网络服务
```

测试与外网的连通性,以网易网站为例,执行命令如下。

```
[root@localhost ~]# ping www.163.com
```

命令执行结果如下。

```
PING www.163.com.lxdns.com (221.180.209.122) 56(84) bytes of data.
64 bytes from 221.180.209.122 (221.180.209.122): icmp_seq = 1 ttl = 128 time = 4.79 ms
64 bytes from 221.180.209.122 (221.180.209.122): icmp_seq = 2 ttl = 128 time = 4.50 ms
64 bytes from 221.180.209.122 (221.180.209.122): icmp_seq = 3 ttl = 128 time = 4.85 ms
64 bytes from 221.180.209.122 (221.180.209.122): icmp_seq = 4 ttl = 128 time = 2.17 ms
64 bytes from 221.180.209.122 (221.180.209.122): icmp_seq = 5 ttl = 128 time = 4.63 ms
^C
--- www.163.com.lxdns.com ping statistics ---
5 packets transmitted, 5 received, 0 % packet loss, time 4296ms
rtt min/avg/max/mdev = 4.509/4.794/2.175/0.234 ms
[root @localhost ~]#
```

从"5 packets transmitted, 5 received, 0% packet loss, time 4296ms"提示信息可知,本机可以访问外网。

(6) 配置时间同步,可以选用网络时间协议(Network Time Protocol,NTP)或者自建 NTP 服务器,NTP 是用来使计算机时间同步化的一种协议,它可以使计算机对其服务器或时钟源(如石英钟、GPS 等)做同步化,还可以提供高精准度的时间校正(LAN 上与标准间差小于 1 毫秒,WAN 上几十毫秒),且可借由加密确认的方式来防止恶毒的协议攻击,本书使用阿里云的时间服务器,执行命令如下。

```
[root@localhost ~]# yum - y install ntpdate
[root@localhost ~]# ntpdate ntp1.aliyun.com
```

命令执行结果如下。

```
6 Mar 17:16:06 ntpdate[23454]: adjust time server 120.22.112.20 offset 0.009681 sec
[root @localhost ~]#
```

(7) 如果安装旧版本,则需要卸载已安装的旧版本,执行命令如下。

```
[root@localhost ~]# yum remove docker docker-common docker-selinux docker-engine
[root@localhost ~]#
```

(8) 安装必需的软件包。其中,yum-utils 提供 yum-config-manager 工具,devicemapper 存储驱动程序需要安装 device-mapper-persistent-data 和 lvm2 工具软件,执行命令如下。

```
[root@localhost ~]# yum install yum-utils device-mapper-persistent-data lvm2
[root@localhost ~]#
```

(9) 设置 Docker 社区版稳定版的仓库地址,这里使用阿里云的镜像仓库源,执行命令如下。

```
[root@localhost ~]# yum-config-manager --add-repo http://mirrors.aliyun.com/docker-ce/
linux/centos/docker-ce.repo
```

命令执行结果如下。

```
已加载插件:fastestmirror, langpacks
adding repo from: http://mirrors.aliyun.com/docker-ce/linux/centos/docker-ce.repo
grabbing file http://mirrors.aliyun.com/docker-ce/linux/centos/docker-ce.repo to /etc/yum.repos.d/
docker-ce.repo
repo saved to /etc/yum.repos.d/docker-ce.repo
[root@localhost ~]#
```

这将在/etc/yum.repos.d 目录下创建一个名为 docker-ce.repo 的文件。该文件中定义了多个仓库地址,但默认只有稳定版(Stable)被启用。如果要启用 Nightly 和 Test 仓库,则要启用相应的选项,执行命令如下。

```
[root@localhost ~]# yum-config-manager --enable docker-ce-nightly
[root@localhost ~]# yum-config-manager --enable docker-ce-test
```

要禁用仓库,使用--disable 选项即可。

如果不使用阿里云的镜像仓库源,改用 Docker 官方的源,则创建 docker-ce.repo 文件,执行命令如下。

```
[root@localhost ~]# yum-config-manager --add-repo https://download.docker.com/linux/
centos/docker-ce.repo
```

命令执行结果如下。

```
已加载插件:fastestmirror, langpacks
adding repo from: https://download.docker.com/linux/centos/docker-ce.repo
grabbing file https://download.docker.com/linux/centos/docker-ce.repo to /etc/yum.repos.d/docker-
ce.repo
repo saved to /etc/yum.repos.d/docker-ce.repo
[root@localhost ~]#
```

可以使用命令查看/etc/yum.repos.d目录下的文件以及docker-ce.repo文件内容，执行命令如下。

```
[root@localhost ~]# ll /etc/yum.repos.d
```

命令执行结果如下。

```
总用量 40
-rw-r--r--. 1 root root 1664   11月  23  2018 CentOS-Base.repo
-rw-r--r--. 1 root root 1309   11月  23  2018 CentOS-CR.repo
-rw-r--r--. 1 root root 649    11月  23  2018 CentOS-Debuginfo.repo
-rw-r--r--. 1 root root 314    11月  23  2018 CentOS-fasttrack.repo
-rw-r--r--. 1 root root 630    11月  23  2018 CentOS-Media.repo
-rw-r--r--. 1 root root 1331   11月  23  2018 CentOS-Sources.repo
-rw-r--r--. 1 root root 5701   11月  23  2018 CentOS-Vault.repo
-rw-r--r--. 1 root root 1919   3月   3    06:43 docker-ce.repo
-rw-r--r--. 1 root root 664    12月  25  2018 epel-7.repo
[root@localhost ~]#
[root@localhost ~]# cat /etc/yum.repos.d/docker-ce.repo
```

命令执行结果如下。

```
[docker-ce-stable]
name=Docker CE Stable - $basearch
baseurl=https://download.docker.com/linux/centos/$releasever/$basearch/stable
enabled=1
gpgcheck=1
gpgkey=https://download.docker.com/linux/centos/gpg

[docker-ce-stable-debuginfo]
name=Docker CE Stable - Debuginfo $basearch
baseurl=https://download.docker.com/linux/centos/$releasever/debug-$basearch/stable
enabled=0
gpgcheck=1
gpgkey=https://download.docker.com/linux/centos/gpg

[docker-ce-stable-source]
name=Docker CE Stable - Sources
baseurl=https://download.docker.com/linux/centos/$releasever/source/stable
enabled=0
gpgcheck=1
gpgkey=https://download.docker.com/linux/centos/gpg

[docker-ce-test]
name=Docker CE Test - $basearch
baseurl=https://download.docker.com/linux/centos/$releasever/$basearch/test
enabled=0
gpgcheck=1
gpgkey=https://download.docker.com/linux/centos/gpg
```

```
[docker-ce-test-debuginfo]
name=Docker CE Test - Debuginfo $basearch
baseurl=https://download.docker.com/linux/centos/$releasever/debug-$basearch/test
enabled=0
gpgcheck=1
gpgkey=https://download.docker.com/linux/centos/gpg

[docker-ce-test-source]
name=Docker CE Test - Sources
baseurl=https://download.docker.com/linux/centos/$releasever/source/test
enabled=0
gpgcheck=1
gpgkey=https://download.docker.com/linux/centos/gpg

[docker-ce-nightly]
name=Docker CE Nightly - $basearch
baseurl=https://download.docker.com/linux/centos/$releasever/$basearch/nightly
enabled=0
gpgcheck=1
gpgkey=https://download.docker.com/linux/centos/gpg

[docker-ce-nightly-debuginfo]
name=Docker CE Nightly - Debuginfo $basearch
baseurl=https://download.docker.com/linux/centos/$releasever/debug-$basearch/nightly
enabled=0
gpgcheck=1
gpgkey=https://download.docker.com/linux/centos/gpg

[docker-ce-nightly-source]
name=Docker CE Nightly - Sources
baseurl=https://download.docker.com/linux/centos/$releasever/source/nightly
enabled=0
gpgcheck=1
gpgkey=https://download.docker.com/linux/centos/gpg
[root@localhost ~]#
```

（10）查看仓库中的所有 Docker 版本。在生产环境中往往需要安装指定版本的 Docker，而不是最新版本，列出可用的 Docker 版本，执行命令如下。

```
[root@localhost ~]# yum list docker-ce --show duplicates | sort -r
```

其中，sort -r 命令表示对版本结果由高到低排序，命令执行结果如图 2.38 所示。

结果中第 1 列是软件包名称；第 2 列是版本字符串；第 3 列是仓库名称，表示软件包存储的位置，第 3 列中以符号@开头的名称（第 2 行的@docker-ce-stable）表示该版本已在本机安装。

（11）安装 Docker。安装最新版本的 Docker 社区版和 containerd，执行命令如下。

```
[root@localhost ~]# yum install -y docker-ce docker-ce-cli containerd.io
```

```
[root@localhost ~]# yum list docker-ce --showduplicates | sort -r
已加载插件：fastestmirror, langpacks
已安装的软件包
可安装的软件包
 * updates: mirrors.bfsu.edu.cn
Loading mirror speeds from cached hostfile
 * extras: mirrors.bfsu.edu.cn
docker-ce.x86_64            3:20.10.5-3.el7                    docker-ce-stable
docker-ce.x86_64            3:20.10.5-3.el7                    @docker-ce-stable
docker-ce.x86_64            3:20.10.4-3.el7                    docker-ce-stable
docker-ce.x86_64            3:20.10.3-3.el7                    docker-ce-stable
docker-ce.x86_64            3:20.10.2-3.el7                    docker-ce-stable
docker-ce.x86_64            3:20.10.1-3.el7                    docker-ce-stable
docker-ce.x86_64            3:20.10.0-3.el7                    docker-ce-stable
docker-ce.x86_64            3:19.03.9-3.el7                    docker-ce-stable
docker-ce.x86_64            3:19.03.8-3.el7                    docker-ce-stable
docker-ce.x86_64            3:19.03.7-3.el7                    docker-ce-stable
docker-ce.x86_64            3:19.03.6-3.el7                    docker-ce-stable
docker-ce.x86_64            3:19.03.5-3.el7                    docker-ce-stable
docker-ce.x86_64            3:19.03.4-3.el7                    docker-ce-stable
docker-ce.x86_64            3:19.03.3-3.el7                    docker-ce-stable
docker-ce.x86_64            3:19.03.2-3.el7                    docker-ce-stable
docker-ce.x86_64            3:19.03.15-3.el7                   docker-ce-stable
docker-ce.x86_64            3:19.03.14-3.el7                   docker-ce-stable
docker-ce.x86_64            3:19.03.1-3.el7                    docker-ce-stable
docker-ce.x86_64            3:19.03.13-3.el7                   docker-ce-stable
docker-ce.x86_64            3:19.03.12-3.el7                   docker-ce-stable
docker-ce.x86_64            3:19.03.11-3.el7                   docker-ce-stable
docker-ce.x86_64            3:19.03.10-3.el7                   docker-ce-stable
docker-ce.x86_64            3:19.03.0-3.el7                    docker-ce-stable
docker-ce.x86_64            3:18.09.9-3.el7                    docker-ce-stable
docker-ce.x86_64            3:18.09.8-3.el7                    docker-ce-stable
docker-ce.x86_64            3:18.09.7-3.el7                    docker-ce-stable
docker-ce.x86_64            3:18.09.6-3.el7                    docker-ce-stable
docker-ce.x86_64            3:18.09.5-3.el7                    docker-ce-stable
docker-ce.x86_64            3:18.09.4-3.el7                    docker-ce-stable
docker-ce.x86_64            3:18.09.3-3.el7                    docker-ce-stable
docker-ce.x86_64            3:18.09.2-3.el7                    docker-ce-stable
docker-ce.x86_64            3:18.09.1-3.el7                    docker-ce-stable
docker-ce.x86_64            3:18.09.0-3.el7                    docker-ce-stable
docker-ce.x86_64            18.06.3.ce-3.el7                   docker-ce-stable
docker-ce.x86_64            18.06.2.ce-3.el7                   docker-ce-stable
docker-ce.x86_64            18.06.1.ce-3.el7                   docker-ce-stable
docker-ce.x86_64            18.06.0.ce-3.el7                   docker-ce-stable
docker-ce.x86_64            18.03.1.ce-1.el7.centos            docker-ce-stable
docker-ce.x86_64            18.03.0.ce-1.el7.centos            docker-ce-stable
docker-ce.x86_64            17.12.1.ce-1.el7.centos            docker-ce-stable
docker-ce.x86_64            17.12.0.ce-1.el7.centos            docker-ce-stable
docker-ce.x86_64            17.09.1.ce-1.el7.centos            docker-ce-stable
docker-ce.x86_64            17.09.0.ce-1.el7.centos            docker-ce-stable
docker-ce.x86_64            17.06.2.ce-1.el7.centos            docker-ce-stable
docker-ce.x86_64            17.06.1.ce-1.el7.centos            docker-ce-stable
docker-ce.x86_64            17.06.0.ce-1.el7.centos            docker-ce-stable
docker-ce.x86_64            17.03.3.ce-1.el7                   docker-ce-stable
docker-ce.x86_64            17.03.2.ce-1.el7.centos            docker-ce-stable
docker-ce.x86_64            17.03.1.ce-1.el7.centos            docker-ce-stable
docker-ce.x86_64            17.03.0.ce-1.el7.centos            docker-ce-stable
 * base: mirrors.bfsu.edu.cn
[root@localhost ~]#
```

图 2.38　列出可用的 Docker 版本

使用以下特定的命令，可以安装特定版本的 Docker。

```
yum install docker-ce-<版本字符串> docker-ce-cli-<版本字符串> containerd.io
```

例如，安装特定版本 20.10.1-3.el7，执行命令如下。

```
[root@localhost ~]# yum install -y docker-ce-20.10.1-3.el7 docker-ce-cli-20.10.1-3.el7 containerd.io
```

(12) 启动 Docker，查看当前版本并进行测试，执行命令如下。

```
[root@localhost ~]# systemctl start docker          //启动 Docker
[root@localhost ~]# systemctl enable docker         //开机启动 Docker
```

命令执行结果如下。

```
Created symlink from /etc/systemd/system/multi-user.target.wants/docker.service to /usr/lib/systemd/system/docker.service.
```

显示当前 Docker 版本，执行命令如下。

```
[root@localhost ~]# docker version
```

命令执行结果如下。

```
Client: Docker Engine - Community
    Version:          20.10.5
    API version:      1.41
    Go version:       go1.13.15
    Git commit:       55c4c88
    Built:            Tue Mar 2 20:33:55 2021
    OS/Arch:          linux/amd64
    Context:          default
    Experimental:     true
Server: Docker Engine - Community
    Engine:
        Version:      20.10.5
        API version:  1.41 (minimum version 1.12)
        Go version:   go1.13.15
        Git commit:   363e9a8
        Built:        Tue Mar 2 20:32:17 2021
        OS/Arch:      linux/amd64
        Experimental:false
    containerd:
        Version:      1.4.3
        GitCommit:    269548fa27e0089a8b8278fc4fc781d7f65a939b
    runc:
        Version:      1.0.0-rc92
        GitCommit:    ff819c7e9184c13b7c2607fe6c30ae19403a7aff
    docker-init:
        Version:      0.19.0
        GitCommit:    de40ad0
[root@localhost ~]#
```

通过运行 hello-world 镜像来验证 Docker 社区版已经正常安装，执行命令如下。

```
[root@localhost ~]# docker run hello-world
```

命令执行结果如下。

```
Unable to find image 'hello-world:latest' locally
latest: Pulling from library/hello-world
b8dfde127a29: Pull complete
Digest: sha256:89b647c604b2a436fc3aa56ab1ec515c26b085ac0c15b0d105bc475be15738fb
Status: Downloaded newer image for hello-world:latest
Hello from Docker!
This message shows that your installation appears to be working correctly.
To generate this message, Docker took the following steps:
    1. The Docker client contacted the Docker daemon.
```

```
    2. The Docker daemon pulled the "hello-world" image from the Docker Hub.
       (amd64)
    3. The Docker daemon created a new container from that image which runs the
       executable that produces the output you are currently reading.
    4. The Docker daemon streamed that output to the Docker client, which sent it
       to your terminal.
To try something more ambitious, you can run an Ubuntu container with:
    $docker run -it ubuntu bash
Share images, automate workflows, and more with a free Docker ID:
    https://hub.docker.com/
For more examples and ideas, visit:
    https://docs.docker.com/get-started/
[root@localhost ~]#
```

出现以上消息就表明安装的Docker可以正常工作了。为了生成此消息,Docker完成了如下步骤。

① Docker客户端联系Docker守护进程。

② Docker守护进程从Docker Hub中拉取了hello-world镜像。

③ Docker守护进程基于该镜像创建了一个新容器,该容器运行可执行文件并输出当前正在阅读的消息。

④ Docker守护进程将该消息流式传输到Docker客户端,由Docker客户端将此消息发送到用户终端。

(13) 升级Docker版本。

升级Docker版本,只需要选择新的版本安装即可。

(14) 卸载Docker,执行命令如下。

```
[root@localhost ~]# yum remove docker-ce docker-ce-cli containerd.io
```

Docker主机上的镜像、容器、卷或自定义配置文件不会自动删除,Docker默认的安装目录为/var/lib/docker。要删除所有镜像、容器和卷,执行如下命令。

```
[root@localhost ~]# ll /var/lib/docker          //查看目录详细信息
```

命令执行结果如下。

```
总用量 0
drwx--x--x.  4 root root  120   3月   7 06:15 buildkit
drwx-----x.  3 root root  78    3月   7 06:25 containers
drwx------.  3 root root  22    3月   7 06:15 image
drwxr-x---.  3 root root  19    3月   7 06:15 network
drwx-----x.  6 root root  261   3月   7 06:25 overlay2
drwx------.  4 root root  32    3月   7 06:15 plugins
drwx------.  2 root root  6     3月   7 06:15 runtimes
drwx------.  2 root root  6     3月   7 06:15 swarm
drwx------.  2 root root  6     3月   7 06:25 tmp
drwx------.  2 root root  6     3月   7 06:15 trust
drwx-----x.  2 root root  50    3月   7 06:15 volumes
[root@localhost ~]#rm -rf /var/lib/docker        //强制删除目录下所有文件及子目录
```

3. 在 CentOS 7.6 操作系统中离线安装与部署 Docker

在 CentOS 操作系统中使用 YUM 仓库安装 Docker。离线环境下不能直接从软件源下载软件包进行安装,Docker 官方提供了完整的软件包,下载之后手动安装即可。

(1) 下载 CentOS 7.6 镜像文件 CentOS-7-x86_64-DVD-1810.iso 与 Docker 镜像文件 Docker.tar.gz。设置虚拟机虚拟光驱使用 ISO 映像文件的路径,如图 2.39 所示。

图 2.39 ISO 映像文件的路径设置

使用 SecureFX 工具,将下载的 Docker 镜像文件 Docker.tar.gz 上传到虚拟机/root 目录下,如图 2.40 所示。

(2) 挂载光驱,执行命令如下。

```
[root@localhost ~]# mkdir -p /opt/centos7                    //创建挂载目录
[root@localhost ~]# mount /dev/cdrom /opt/centos7            //将光驱挂载到目录/opt/centos7
```

命令执行结果如下。

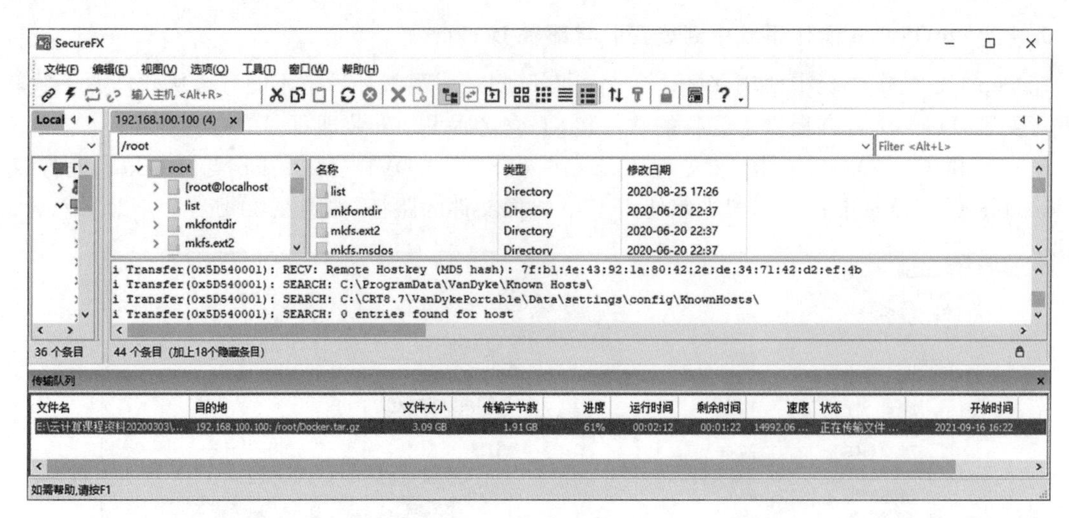

图 2.40　上传 Docker 镜像文件 Docker. tar. gz

```
mount: /dev/sr0 写保护,将以只读方式挂载
[root@localhost ~]# df -hT          //查看磁盘挂载情况
```

命令执行结果如下。

```
文件系统                  类型        容量     已用     可用     已用%    挂载点
/dev/mapper/centos-root  xfs         36G      7.6G     28G      22%     /
devtmpfs                 devtmpfs    1.9G     0        1.9G     0%      /dev
tmpfs                    tmpfs       1.9G     0        1.9G     0%      /dev/shm
tmpfs                    tmpfs       1.9G     13M      1.9G     1%      /run
tmpfs                    tmpfs       1.9G     0        1.9G     0%      /sys/fs/cgroup
/dev/sda1                xfs         1014M    179M     836M     18%     /boot
tmpfs                    tmpfs       378M     32K      378M     1%      /run/user/0
/dev/sr0                 iso9660     4.3G     4.3G     0        100%    /opt/centos7
[root@localhost ~]# ll /opt/centos7                //查看挂载目录详细信息
```

命令执行结果如下。

```
总用量 686
-rw-rw-r--.  1 root root     14 11 月 26    2018 CentOS_BuildTag
drwxr-xr-x.  3 root root   2048 11 月 26    2018 EFI
……//省略部分内容
-rw-rw-r--.  1 root root   1690 12 月 10    2015 RPM-GPG-KEY-CentOS-7
-rw-rw-r--.  1 root root   1690 12 月 10    2015 RPM-GPG-KEY-CentOS-Testing-7
-r--r--r--.  1 root root   2883 11 月 26    2018 TRANS.TBL
[root@localhost ~]#
```

(3) 解压 Docker 镜像文件 Docker. tar. gz 至/opt 目录下,执行命令如下。

```
[root@localhost ~]# ll
```

命令执行结果如下。

```
总用量 3236404
-rw-------.     1 root root   1647        6月   8 2020 anaconda-ks.cfg
drwxr-xr-x.     2 root root   25          3月   7 08:56 bak
-rw-r--r--.     1 root root   3314069073  2月   24 2020 Docker.tar.gz
-rw-r--r--.     1 root root   1695        6月   8 2020 initial-setup-ks.cfg
drwxr-xr-x.     2 root root   6           6月   8 2020 公共
……//省略部分内容
drwxr-xr-x.     2 root root   40          6月   8 2020 桌面
[root@localhost ~]# tar -zxvf Docker.tar.gz -C /opt          //解压文件至/opt 目录
[root@localhost ~]# ll /opt
```

命令执行结果如下。

```
总用量 883098
drwxrwxr-x.  8 root root   2048       11月   26 2018 centos7
drwxr-xr-x.  2 root root   110        11月   4 2019 compose
drwxr-xr-x.  4 root root   34         11月   4 2019 Docker
-rw-r--r--1 root root   904278926 9月    12 2018 harbor-offline-installer-v1.2.3.tgz
drwxr-xr-x.  2 root root   4096       11月   4 2019 images
-rwxr-xr-x. 1 root root   1015       11月   4 2019 image.sh
drwxr-xr-x.  2 root root   6          10月   31 2018 rh
[root@localhost ~]# ll /opt/Docker
```

命令执行结果如下。

```
总用量 28
drwxr-xr-x.    2 root root    20480    11月    4 2019 base
drwxr-xr-x.    2 root root    4096     11月    4 2019 repodata
[root@localhost ~]#
```

(4) 配置YUM仓库,构建本地安装源,执行命令如下。

```
[root@localhost ~]# mkdir -p /root/bak                      //创建备份目录
[root@localhost ~]# mv /etc/yum.repos.d/* /root/bak         //移动文件至备份目录中
[root@localhost ~]# ll /etc/yum.repos.d/
```

命令执行结果如下。

```
总用量 0
[root@localhost ~]# ll /root/bak
```

命令执行结果如下。

```
总用量 4
-rw-r--r--. 1 root root 131 9月 11 20:40 apache.repo
[root@localhost ~]# vim /etc/yum.repos.d/docker-ce.repo
[Docker]
name=Docker
```

```
baseurl = file:///opt/Docker
gpgcheck = 0
enabled = 1

[centos7]
name = centos7
baseurl = file:///opt/centos7
gpgcheck = 0
enabled = 1
[root@localhost ~]#
[root@localhost ~]# yum clean all
[root@localhost ~]# yum makecache
[root@localhost ~]# yum repolist
```

命令执行结果如下。

```
已加载插件:fastestmirror, langpacks
Loading mirror speeds from cached hostfile
源标识          源名称          状态
Docker          Docker          341
centos7         centos7         4,021
repolist: 4,362
[root@localhost ~]#
```

(5) 安装 Docker,查看版本信息,执行命令如下。

```
[root@localhost ~]# yum install yum-utils device-mapper-persistent-data lvm2 -y
[root@localhost ~]# yum install docker-ce -y
[root@localhost ~]# systemctl start docker
[root@localhost ~]# systemctl enable docker
[root@localhost ~]# docker version
```

命令执行结果如下。

```
Client: Docker Engine - Community
    Version:                 20.10.14
    API version:             1.41
    Go version:              go1.16.15
    Git commit:              a224086
    Built:                   Thu Mar 24 01:49:57 2022
    OS/Arch:                 linux/amd64
    Context:                 default
    Experimental:            true
Server: Docker Engine - Community
    Engine:
        Version:             20.10.14
        API version:         1.41 (minimum version 1.12)
        Go version:          go1.16.15
        Git commit:          87a90dc
        Built:               Thu Mar 24 01:48:24 2022
```

```
        OS/Arch:                      linux/amd64
        Experimental:                 false
    containerd:
        Version:                      1.5.11
        GitCommit:                    3df54a852345ae127d1fa3092b95168e4a88e2f8
    runc:
        Version:                      1.0.3
        GitCommit:                    v1.0.3-0-gf46b6ba
        docker-init:
        Version:                      0.19.0
        GitCommit:                    de40ad0
[root@localhost ~]# docker info       //查看 Docker 信息
```

命令执行结果如下。

```
Client:
    Context: default
    Debug Mode: false
    Plugins:
        app: Docker App (Docker Inc., v0.9.1-beta3)
        buildx: Docker Buildx (Docker Inc., v0.8.1-docker)
        scan: Docker Scan (Docker Inc., v0.17.0)
Server:
    Containers: 33
        Running: 16
        Paused: 0
        Stopped: 17
    Images: 11
    Server Version: 20.10.14
    Storage Driver: overlay2
        Backing Filesystem: xfs
……//省略部分内容
    Insecure Registries:
        127.0.0.0/8
    Live Restore Enabled: false
[root@localhost ~]#
```

2.3.2 离线环境下导入镜像

离线环境下不能直接执行 docker pull 命令从官方网站下载 Docker 镜像，但可以利用 Docker 镜像的导入功能从其他计算机中导入镜像。

(1) 先在一个联网的 Docker 主机上拉取 Docker 镜像，可执行 docker pull centos 命令，拉取 CentOS 的最新版本镜像，执行命令如下。

```
[root@localhost ~]# docker pull centos
```

命令执行结果如图 2.41 所示。

```
[root@localhost ~]# docker pull centos
Using default tag: latest
latest: Pulling from library/centos
Digest: sha256:5528e8b1b1719d34604c87e11dcd1c0a20bedf46e83b5632cdeac91b8c04efc1
Status: Image is up to date for centos:latest
docker.io/library/centos:latest
[root@localhost ~]#
```

图 2.41　拉取 CentOS 的最新版本镜像

(2) 使用 docker save 命令将镜像导出到归档文件中,也就是将镜像保存到联网的 Docker 主机的本地文件中,执行命令如下。

```
[root@localhost ~]# docker save --output centos.tar centos
[root@localhost ~]# ls -sh centos.tar
```

命令执行结果如图 2.42 所示。

```
[root@localhost ~]# docker save --output centos.tar centos
[root@localhost ~]# ls  -sh centos.tar
207M centos.tar
[root@localhost ~]#
```

图 2.42　将镜像导出到归档文件中

(3) 将归档文件复制到离线的 Docker 主机上,可以使用 SecureFX 工具进行镜像传送,如图 2.43 所示。

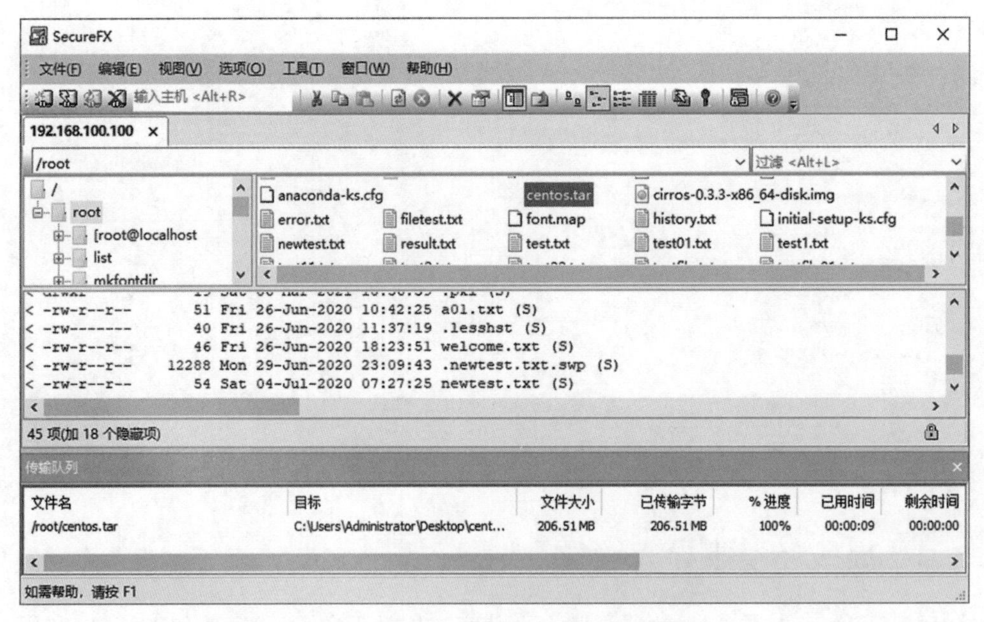

图 2.43　使用 SecureFX 工具进行镜像传送

(4) 使用 docker load 命令从归档文件中加载该镜像,执行命令如下。

```
[root@localhost ~]# docker load --input centos.tar
```

命令执行结果如图 2.44 所示。

```
[root@localhost ~]# docker load --input centos.tar
2653d992f4ef: Loading layer [==================================================>]  216.5MB/216.5MB
Loaded image: centos:latest
Loaded image: centos:version8.4
[root@localhost ~]#
```

图 2.44　从归档文件中加载镜像

(5) 使用 docker images 命令查看刚加载的镜像,执行命令如下。

```
[root@localhost ~]# docker images
```

命令执行结果如图 2.45 所示。

```
[root@localhost ~]# docker  images
REPOSITORY      TAG            IMAGE ID       CREATED         SIZE
fedora          latest         055b2e5ebc94   2 weeks ago     178MB
debian/httpd    version10.9    4a7a1f401734   3 weeks ago     114MB
debian          latest         4a7a1f401734   3 weeks ago     114MB
debian          version10.9    4a7a1f401734   3 weeks ago     114MB
hello-world     latest         d1165f221234   2 months ago    13.3kB
centos          latest         300e315adb2f   5 months ago    209MB
centos          version8.4     300e315adb2f   5 months ago    209MB
[root@localhost ~]#
```

图 2.45　查看刚加载的镜像

2.3.3　通过 commit 命令创建镜像

对于 Docker 用户来说,创建镜像最方便的方式之一是使用自己的镜像。如果找不到合适的现有镜像,或者需要在现有镜像中加入特定的功能,则需要自己构建镜像。当然,对于自己开发的应用程序,如果要在容器中部署运行,一般都要构建自己的镜像。大部分情况下,用户都是基于一个已有的基础镜像来构建镜像的,不必从"零"开始。

基于容器生成镜像。容器启动后是可写的,所有操作都保存在顶部的可写层中,可以通过使用 docker commit 命令对现有的容器进行提交来生成新的镜像,即将一个容器中运行的程序及该程序的运行环境打包起来以生成新的镜像。

具体的实现原理是通过对可写层的修改生成新的镜像。这种方式会让镜像的层数越来越多,因为联合文件系统所允许的层数是有限的,所以该方式还存在一些不足。Docker 并不推荐使用这种方式,而是建议通过 Dockerfile 来构建镜像。

视频讲解

虽然 docker commit 命令可以比较直观地构建镜像,但在实际环境中并不建议使用 docker commit 命令构建镜像,其主要原因如下。

- 在构建镜像的过程中,由于需要安装软件,因此可能会有大量的无关内容被添加进来,如果不仔细清理,则会导致镜像极其臃肿。
- 在构建镜像的过程中,docker commit 命令对所有镜像的操作都属于"暗箱操作",除了制定镜像的用户知道执行过什么命令、怎样生成的镜像之外,其他用户无从得知,因此给后期对镜像的维护带来了很大的困难。

理论上讲,用户并未真正"创建"一个新的镜像,无论是启动一个容器还是创建一个镜像,都是在已有的基础镜像上构建的,如基础的 CentOS 镜像、Debian 镜像等。

docker commit 命令只提交容器镜像发生变更的部分,即修改后的容器镜像与当前仓库对应镜像之间的差异部分,这使得更新非常轻量。

Docker Daemon 接收到对应的 HTTP 请求后,需要执行的步骤如下。

① 根据用户请求判定是否暂停对应 Docker 容器的运行。

② 将容器的可读写层导出打包,该层代表了当前运行容器的文件系统与当初启动容器的镜像之间的差异。

③ 在层存储中注册可读写层差异包。

④ 更新镜像历史信息,并据此在镜像存储中创建一个新镜像,记录其元数据。

⑤ 如果指定了仓库 repository 信息,则给上述镜像添加标签信息。

可以使用 docker commit 命令从容器中创建一个新的镜像,其命令的语法格式如下。

```
docker commit [选项] 容器[仓库[:标签]]
```

可使用--help 选项,进行命令参数查询,执行命令如下。

```
[root@localhost ~]# docker commit --help
Usage: docker commit [OPTIONS] CONTAINER [REPOSITORY[:TAG]]
Create a new image from a container's changes
Options:
    -a, --author string        Author (e.g., "John Hannibal Smith <hannibal@a-team.com>")
    -c, --change list          Apply Dockerfile instruction to the created image
    -m, --message string       Commit message
    -p, --pause                Pause container during commit (default true)
[root@localhost ~]#
```

docker commit 常用选项及其功能说明如表 2.36 所示。

表 2.36　docker commit 常用选项及其功能说明

选　　项	功 能 说 明
-a,--author	指定提交的镜像作者信息
-c,--change list	表示使用 Dockerfile 指令来创建镜像
-m,--message string	提交镜像说明信息
-p,--pause	表示在执行 commit 命令时将容器暂停

(1) 要启动一个镜像,可以使用 docker run 命令,在容器里进行修改,然后将修改后的容器提交为新的镜像,需要记住该容器的 ID。使用 docker ps 命令,查看当前容器列表,执行命令如下。

```
[root@localhost ~]# docker run centos
[root@localhost ~]# docker ps -a
```

命令执行结果如图 2.46 所示。

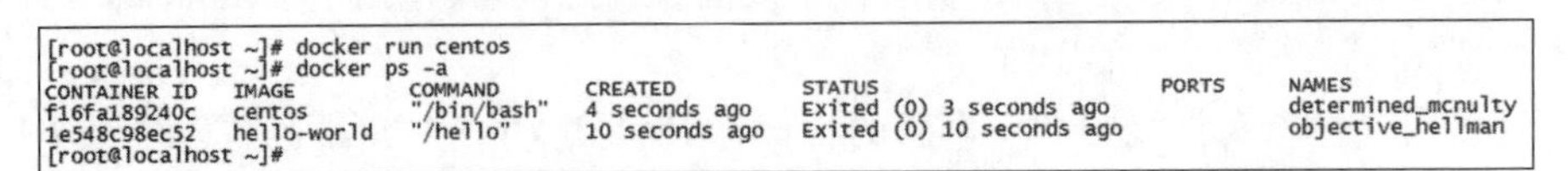

图 2.46　查看当前容器列表

(2) 使用 docker commit 命令创建一个新的镜像,以镜像 centos 8.4(容器 ID 为 f16fa189240c)为例,执行命令如下。

```
[root@localhost ~]# docker commit -m "new" -a "centos8.4" f16fa189240c centos8.4:test
```

命令执行结果如图 2.47 所示。

```
[root@localhost ~]# docker commit  -m "new"  -a "centos8.4" f16fa189240c centos8.4:test
sha256:b9eeab075b442e43c576fe1a9a11d77420934ab4c6dab1e9620216f9168116fe
[root@localhost ~]#
```

图 2.47　使用 docker commit 命令创建一个新的镜像

(3) 创建完成后,会返回新镜像的 ID 信息,查看镜像列表时,可以看到新镜像的信息,执行命令如下。

```
[root@localhost ~]# docker images | grep centos
[root@localhost ~]# docker images
```

命令执行结果如图 2.48 所示。

```
[root@localhost ~]# docker images | grep centos
centos8.4       test          b9eeab075b44   9 minutes ago   209MB
centos          latest        300e315adb2f   5 months ago    209MB
centos          version8.4    300e315adb2f   5 months ago    209MB
[root@localhost ~]# docker images
REPOSITORY      TAG           IMAGE ID       CREATED         SIZE
centos8.4       test          b9eeab075b44   9 minutes ago   209MB
fedora          latest        055b2e5ebc94   2 weeks ago     178MB
debian/httpd    version10.9   4a7a1f401734   3 weeks ago     114MB
debian          latest        4a7a1f401734   3 weeks ago     114MB
debian          version10.9   4a7a1f401734   3 weeks ago     114MB
hello-world     latest        d1165f221234   2 months ago    13.3kB
centos          latest        300e315adb2f   5 months ago    209MB
centos          version8.4    300e315adb2f   5 months ago    209MB
[root@localhost ~]#
```

图 2.48　查看新镜像的信息

2.3.4　利用 Dockerfile 创建镜像

除了手动生成 Docker 镜像之外,还可以使用 Dockerfile 自动生成镜像。Dockerfile 是由一组指令组成的文件,每条指令对应 Linux 中的一条命令,Docker 程序将读取 Dockerfile 中的指令生成指定镜像。

例如,在 centos 基础镜像上安装安全外壳守护进程(Secure Shell Daemon,SSHD)服务,使用 Dockerfile 创建镜像并在容器中运行,首先需要建立目录,作为生成镜像的工作目录,然后分别创建并编写 Dockerfile 文件、需要运行的脚本文件,以及要复制到容器中的文件。

(1) 下载基础镜像。

下载一个用来创建 SSHD 镜像的基础镜像 centos,可以使用 docker pull centos 命令拉取镜像,执行命令如下。

```
[root@localhost ~]# docker pull centos
```

(2) 建立工作目录。

创建 sshd 目录,执行命令如下。

```
[root@localhost ~]# mkdir -p sshd
[root@localhost ~]# cd sshd
[root@localhost sshd]#
```

(3) 创建并编写 Dockerfile 文件。

编写 Dockerfile 文件内容,执行命令如下。

```
[root@localhost sshd]# vim Dockerfile
```

命令执行结果如下。

```
#第一行必须指明基础镜像
FROM centos:latest
#说明新镜像的维护人信息
MAINTAINER The centos_sshd Project <cloud@csg>
#镜像操作指令
RUN echo "welcome to here" >> test01.txt
#开启 22 端口
EXPOSE 22
#启动容器并修改执行指令
CMD ["/bin/bash","-D"]
[root@localhost sshd]# ll
```

命令执行结果如下。

```
总用量 4
-rw-r--r-- 1 root root 282 5 月 21 16:18 Dockerfile
[root@localhost ssdh]#
```

(4) 使用 docker build 命令构建镜像。

使用 docker build 命令构建镜像,执行命令如下。

```
[root@localhost sshd]# docker build -t centos_sshd:latest.
```

命令执行结果如下。

```
Sending build context to Docker daemon 2.048kB
Step 1/5 : FROM centos:latest
---> 5d0da3dc9764
Step 2/5 : MAINTAINER The centos_sshd Project <cloud@csg>
---> Running in 5034cc9c3548
Removing intermediate container 5034cc9c3548
---> f64987aede30
Step 3/5 : RUN echo "welcome to here" >> test01.txt
---> Running in 3828ee864316
Removing intermediate container 3828ee864316
---> d74f98036aee
Step 4/5 : EXPOSE 22
---> Running in d424004b5d8d
Removing intermediate container d424004b5d8d
---> 09c7a36abf87
Step 5/5 : CMD ["/bin/bash","-D"]
```

```
--- > Running in 194a70f14688
Removing intermediate container 194a70f14688
--- > f00227906eb9
Successfully built f00227906eb9
Successfully tagged centos_sshd:latest
[root@localhost ssdh]#
```

(5) 查看镜像是否构建成功。

使用 docker images 命令,查看镜像是否构建成功,执行命令如下。

```
[root@localhost sshd]# docker images
```

命令执行结果如图 2.49 所示。

```
[root@localhost sshd]# docker images
REPOSITORY      TAG            IMAGE ID       CREATED          SIZE
centos_sshd     latest         45fbe05b9e9e   8 minutes ago    247MB
centos8.4       test           b9eeab075b44   41 hours ago     209MB
fedora          latest         055b2e5ebc94   3 weeks ago      178MB
debian/httpd    version10.9    4a7a1f401734   3 weeks ago      114MB
debian          latest         4a7a1f401734   3 weeks ago      114MB
debian          version10.9    4a7a1f401734   3 weeks ago      114MB
hello-world     latest         d1165f221234   3 months ago     13.3kB
centos          latest         300e315adb2f   5 months ago     209MB
centos          version8.4     300e315adb2f   5 months ago     209MB
[root@localhost sshd]#
```

图 2.49　查看新创建的 centos_sshd 镜像信息

2.3.5　Docker 容器创建和管理

Docker 提供了相当多的容器生命周期管理相关的操作命令。

1. 创建容器

使用 docker create 命令创建一个新的容器。例如,使用 Docker 镜像 centos: latest 创建容器,并将容器命名为 centos_nginx,并查看容器状态,执行命令如下。

```
[root@localhost ~]# docker create -it --name centos_nginx centos:latest
[root@localhost ~]# docker ps -a
```

命令执行结果如图 2.50 所示。

```
[root@localhost ~]# docker  create  -it  --name centos_nginx  centos:latest
cc69326e37b1814064bbdd17b2bef859f1a3d2af83ced7de860bba09d9eacaaa
[root@localhost ~]# docker  ps -a
CONTAINER ID   IMAGE           COMMAND                 CREATED          STATUS                        PORTS     NAMES
cc69326e37b1   centos:latest   "/bin/bash"             28 seconds ago   Created                                 centos_nginx
16639dcc8a2f   hello-world     "/hello"                24 hours ago     Exited (0) 24 hours ago                 upbeat_khorana
9c96a9fd37c6   centos_sshd     "/usr/sbin/sshd -D"     24 hours ago     Exited (255) 13 minutes ago   22/tcp    bold_austin
[root@localhost ~]#
```

图 2.50　创建 centos_nginx 容器

通过 docker ps -a 命令可以查看到新建的名称为 centos_nginx 的容器状态为 Created,容器并未实际启动,可以利用 docker start 命令启动容器。

2. 启动容器

启动容器有两种方式:一种是将终止状态的容器重新启动;另一种是基于镜像创建一个容器并启动。

(1) 启动终止的容器。

可以使用 docker start 命令启动一个已经终止的容器,例如,启动刚刚创建的容器 centos_nginx,执行命令如下。

```
[root@localhost ~]# docker start centos_nginx
```

命令执行结果如下。

```
centos_nginx
[root@localhost ~]#
```

查看当前容器状态,命令执行结果如图 2.51 所示。

```
[root@localhost ~]# docker  ps -a
CONTAINER ID   IMAGE           COMMAND               CREATED          STATUS                        PORTS    NAMES
cc69326e37b1   centos:latest   "/bin/bash"           44 minutes ago   Up 18 minutes                          centos_nginx
16639dcc8a2f   hello-world     "/hello"              25 hours ago     Exited (0) 25 hours ago                upbeat_khorana
9c96a9fd37c6   centos_sshd     "/usr/sbin/sshd -D"   25 hours ago     Exited (255) 57 minutes ago   22/tcp   bold_austin
[root@localhost ~]#
```

图 2.51　查看当前容器状态

容器启动成功后,容器状态由 Created 变为 Up。启动容器时,可以使用容器名称、容器 ID 或容器短 ID 表示容器,但要求短 ID 必须唯一。例如,上面启动容器的操作也可执行如下命令实现。

```
[root@localhost ~]# docker start cc69326e37b1
```

docker start 命令只将容器启动起来,如果需要进入交互式终端,则可以利用 docker exec 命令,并指定一个 Bash 终端。

(2) 创建并启动容器。

除了利用 docker create 命令创建容器并通过 docker start 命令来启动容器外,也可以直接利用 docker run 命令创建并启动容器。docker run 命令等同于先执行 docker create 命令,再执行 docker start 命令。

例如,利用镜像 centos_sshd,使用 docker run 命令输出 hello world 信息后容器自动终止,执行命令如下。

```
[root@localhost ~]# docker run centos_sshd:latest /bin/echo "hello world"
```

命令执行结果如下。

```
hello world
[root@localhost ~]# docker ps -a
```

命令执行结果如图 2.52 所示。

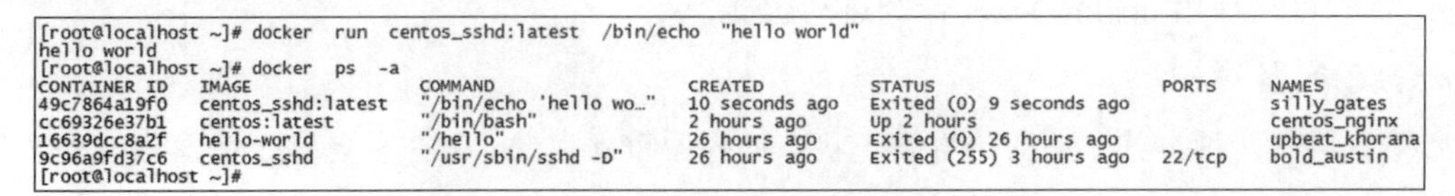

```
[root@localhost ~]# docker  run  centos_sshd:latest  /bin/echo  "hello world"
hello world
[root@localhost ~]# docker  ps  -a
CONTAINER ID   IMAGE                COMMAND                  CREATED          STATUS                      PORTS    NAMES
49c7864a19f0   centos_sshd:latest   "/bin/echo 'hello wo…"   10 seconds ago   Exited (0) 9 seconds ago             silly_gates
cc69326e37b1   centos:latest        "/bin/bash"              2 hours ago      Up 2 hours                           centos_nginx
16639dcc8a2f   hello-world          "/hello"                 26 hours ago     Exited (0) 26 hours ago              upbeat_khorana
9c96a9fd37c6   centos_sshd          "/usr/sbin/sshd -D"      26 hours ago     Exited (255) 3 hours ago    22/tcp   bold_austin
[root@localhost ~]#
```

图 2.52　使用 docker run 命令创建并启动容器

从上面的执行结果可以看出，使用 docker run 命令输出 hello world 信息后容器自动终止，此时容器状态为 Exited。该命令与在本地直接执行/bin/echo "hello world"命令几乎没有区别，无法知晓容器是否已经启动，也无法实现容器与用户的交互。

当利用 docker run 命令来创建并启动容器时，Docker 在后台运行的流程如下。

① 检查本地是否存在指定的镜像，若不存在，则从镜像仓库中下载。

② 利用镜像创建并启动一个容器。

③ 分配文件系统，并在只读的镜像层上挂载可写容器层。

④ 从宿主机的网桥接口中桥接虚拟接口到容器中。

⑤ 从地址池分配 IP 地址给容器。

⑥ 执行用户指定的应用程序。

⑦ 执行完毕后容器被终止。

如果需要实现容器与用户的交互操作，则可以启动一个 Bash 终端，执行命令如下。

```
[root@localhost ~]# docker run -it centos_sshd:latest /bin/bash
[root@240eb810df27 /]#
```

其中，-i 选项表示允许容器的标准输入保持开启状态；-t 选项表示允许 Docker 分配一个伪终端(pseudo-tty)并将伪终端绑定到容器的标准输入上。

在交互模式下，用户可以在终端上执行命令如下。

```
[root@240eb810df27 /]# date
```

命令执行结果如下。

```
Tue Jun 8 13:42:16 UTC 2021
[root@20b91523619b /]# ls
```

命令执行结果如下。

```
bin dev etc home lib lib64 lost+found media mnt opt proc root run sbin srv sys tmp usr var
[root@20b91523619b /]#
```

可以输入 exit 命令或按 Ctrl+D 组合键退出容器，让容器处于 Exited 状态。

通常情况下，用户需要容器在后台以守护状态(即一直运行状态)运行，而不是把执行命令的结果直接输出到当前宿主机中，此时可以使用-d 参数，执行命令如下。

```
[root@localhost ~]# docker run -dit --name test_centos_sshd centos_sshd:latest
```

命令执行结果如下。

```
c43a0360bb4d271cf77eb6c0600fe56719022b94320e2febd0a6dbd0dc01ac69
[root@localhost ~]#
```

结果如图 2.53 所示。

```
[root@localhost ~]# docker  run  -dit  --name  test_centos_sshd  centos_sshd:latest
c43a0360bb4d271cf77eb6c0600fe56719022b94320e2febd0a6dbd0dc01ac69
[root@localhost ~]#
[root@localhost ~]#
[root@localhost ~]# docker  ps  -a
CONTAINER ID   IMAGE                COMMAND                  CREATED            STATUS                          PORTS     NAMES
c43a0360bb4d   centos_sshd:latest   "/usr/sbin/sshd -D"      30 seconds ago     Up 29 seconds                   22/tcp    test_centos_sshd
20b91523619b   centos_sshd:latest   "/bin/bash"              6 minutes ago      Exited (127) About a minute ago           vibrant_heisenberg
240eb810df27   centos_sshd:latest   "/bin/bash"              11 minutes ago     Exited (127) 10 minutes ago               wizardly_vaughan
49c7864a19f0   centos_sshd:latest   "/bin/echo 'hello wo…"   30 minutes ago     Exited (0) 30 minutes ago                 silly_gates
cc69326e37b1   centos:latest        "/bin/bash"              3 hours ago        Up 2 hours                                centos_nginx
16639dcc8a2f   hello-world          "/hello"                 27 hours ago       Exited (0) 27 hours ago                   upbeat_khorana
9c96a9fd37c6   centos_sshd          "/usr/sbin/sshd -D"      27 hours ago       Exited (255) 3 hours ago        22/tcp    bold_austin
[root@localhost ~]#
```

图 2.53　容器在后台以守护状态运行

查看新建容器的 IP 地址,执行命令如下。

```
[root@localhost ~]# docker exec test_centos_sshd hostname -I
```

命令执行结果如下。

```
172.17.0.3
[root@localhost ~]#
```

验证 SSH 是否配置成功,执行命令如下。

```
[root@localhost ~]# ssh root@172.17.0.3
```

命令执行结果如下。

```
The authenticity of host '172.17.0.3 (172.17.0.3)' can't be established.
RSA key fingerprint is SHA256:gJMDFsJp3m2NbxK5vMSgWZbYGUFNQF+vBb16h2a7vSU.
RSA key fingerprint is MD5:17:80:45:ed:07:fb:cd:50:8a:cd:a2:57:8d:2c:f5:c2.
Are you sure you want to continue connecting (yes/no)? yes          //输入 yes
Warning: Permanently added '172.17.0.3' (RSA) to the list of known hosts.
root@172.17.0.3's password:                                         //输入密码 admin123
[root@c43a0360bb4d ~]#                                              //SSH 登录成功
[root@c43a0360bb4d ~]# ls
anaconda-ks.cfg anaconda-post.log original-ks.cfg
[root@c43a0360bb4d ~]#
[root@c43a0360bb4d ~]# ifconfig
eth0: flags=4163<UP,BROADCAST,RUNNING,MULTICAST> mtu 1500
        inet 172.17.0.3 netmask 252.252.0.0 broadcast 172.17.252.255
        ether 02:42:ac:11:00:03 txqueuelen 0 (Ethernet)
        RX packets 140 bytes 18844 (18.4 KiB)
        RX errors 0 dropped 0 overruns 0 frame 0
        TX packets 91 bytes 18618 (18.1 KiB)
        TX errors 0 dropped 0 overruns 0 carrier 0 collisions 0

    lo: flags=73<UP,LOOPBACK,RUNNING> mtu 65536
        inet 127.0.0.1 netmask 252.0.0.0
        loop txqueuelen 1000 (Local Loopback)
        RX packets 0 bytes 0 (0.0 B)
        RX errors 0 dropped 0 overruns 0 frame 0
        TX packets 0 bytes 0 (0.0 B)
        TX errors 0 dropped 0 overruns 0 carrier 0 collisions 0
[root@c43a0360bb4d ~]#
```

3. 显示容器列表

可以使用 docker ps 命令显示容器列表信息。

例如，使用 docker ps 命令并且不加任何参数时，可以列出本地宿主机中所有正在运行的容器的信息，执行命令如下。

```
[root@localhost ~]# docker ps
```

命令执行结果如图 2.54 所示。

```
[root@localhost ~]# docker ps
CONTAINER ID   IMAGE           COMMAND       CREATED           STATUS         PORTS     NAMES
cc69326e37b1   centos:latest   "/bin/bash"   30 minutes ago    Up 3 minutes             centos_nginx
[root@localhost ~]#
```

图 2.54　本地宿主机中所有正在运行的容器的信息

列出本地宿主机中最近创建的两个容器的信息，执行如下命令。

```
[root@localhost ~]# docker ps -n 2
```

命令执行结果如图 2.55 所示。

```
[root@localhost ~]# docker  ps  -n  2
CONTAINER ID   IMAGE           COMMAND       CREATED           STATUS                    PORTS     NAMES
cc69326e37b1   centos:latest   "/bin/bash"   37 minutes ago    Up 10 minutes                       centos_nginx
16639dcc8a2f   hello-world     "/hello"      24 hours ago      Exited (0) 24 hours ago             upbeat_khorana
[root@localhost ~]#
```

图 2.55　最近创建的两个容器的信息

列出本地宿主机中所有容器的信息，执行如下命令。

```
[root@localhost ~]# docker ps -a -q
[root@localhost ~]# docker ps -a
```

命令执行结果如图 2.56 所示。

```
[root@localhost ~]# docker  ps  -a  -q
cc69326e37b1
16639dcc8a2f
9c96a9fd37c6
[root@localhost ~]# docker  ps -a
CONTAINER ID   IMAGE           COMMAND                 CREATED          STATUS                         PORTS     NAMES
cc69326e37b1   centos:latest   "/bin/bash"             40 minutes ago   Up 14 minutes                            centos_nginx
16639dcc8a2f   hello-world     "/hello"                25 hours ago     Exited (0) 25 hours ago                  upbeat_khorana
9c96a9fd37c6   centos_sshd     "/usr/sbin/sshd -D"     25 hours ago     Exited (255) 53 minutes ago    22/tcp    bold_austin
[root@localhost ~]#
```

图 2.56　所有容器的信息

4. 查看容器详细信息

使用 docker inspect 命令可以查看容器的配置信息，包括容器名称、环境变量、运行命令、主机配置、网络配置和数据卷配置等，默认情况下，以 JSON 格式输出所有结果，执行命令如下。

```
[root@localhost ~]# docker inspect centos:latest
```

命令执行结果如下。

```
[
    {
        "Id": "
sha256:300e315adb2f96afe5f0b2780b87f28ae95231fe3bdd1e16b9ba606307728f55","RepoTags": [
            "centos:latest",
            "centos:version8.4"
        ],
……//省略部分内容
        "Metadata": {
            "LastTagTime": "0001-01-01T00:00:00Z"
        }
    }
]
[root@localhost ~]#
```

如果只需要其中的特定内容,可以使用-f(--format)选项来指定。例如,获取容器 cc69326e37b1 的名称,执行命令如下。

```
[root@localhost ~]# docker inspect --format='{{.Name}}' cc69326e37b1
```

命令执行结果如下。

```
/centos_nginx
[root@localhost ~]#
```

例如,获取 centos_nginx 容器的 IP 地址,执行命令如下。

```
[root@localhost ~]# docker inspect --format='{{range .NetworkSettings.Networks}}{{.IPAddress}}{{end}}' centos_nginx
```

命令执行结果如下。

```
172.17.0.2
[root@localhost ~]#
```

5. 进入容器

当使用-d 选项创建容器后,由于容器在后台运行,因此无法看到容器中的信息,也无法对容器进行操作。如果需要进入容器的交互模式,用户可以通过执行相应的 Docker 命令进入该容器。目前 Docker 主要提供以下两种操作方法。

(1) 使用 docker attach 命令连接到正在运行的容器。

例如,利用 centos 镜像生成容器,并利用 docker attach 命令进入容器,执行命令如下。

```
[root@localhost ~]# docker run -dit centos:latest /bin/bash
```

命令执行结果如下。

```
fff053681985fb0ebba5658ff315f747e9ca467080592713e78645b08b0d8e56
[root@localhost ~]# docker ps -n 1
[root@localhost ~]# docker attach fff053681985
```

命令执行结果如下。

```
[root@fff053681985 /]# ls
[root@fff053681985 /]# exit
exit
[root@localhost ~]#
```

命令执行结果如图 2.57 所示。

```
[root@localhost ~]# docker  run  -dit  centos:latest  /bin/bash
fff053681985fb0ebba5658ff315f747e9ca467080592713e78645b08b0d8e56
[root@localhost ~]# docker  ps  -n  1
CONTAINER ID   IMAGE           COMMAND       CREATED          STATUS          PORTS     NAMES
fff053681985   centos:latest   "/bin/bash"   16 seconds ago   Up 14 seconds             nifty_mcnulty
[root@localhost ~]# docker  attach  fff053681985
[root@fff053681985 /]# ls
bin  dev  etc  home  lib  lib64  lost+found  media  mnt  opt  proc  root  run  sbin  srv  sys  tmp  usr  var
[root@fff053681985 /]#
[root@fff053681985 /]# exit
exit
[root@localhost ~]#
```

图 2.57　利用 docker attach 命令进入容器

连接到容器后,可使用 exit 命令或按 Ctrl+C 组合键退出当前容器(脱离容器),这会导致容器停止。要使容器依然运行,就需要在执行 docker run 命令运行容器时加上--sig-proxy=false 选项,确保按 Ctrl+C 组合键后不会停止容器,例如,执行命令如下。

```
[root@localhost ~]# docker run -dit --name test_centos_01 centos:latest /bin/bash
[root@localhost ~]# docker ps -n 1
[root@localhost ~]# docker attach --sig-proxy=false test_centos_01
[root@b70f15ea4f04 /]# ls
[root@b70f15ea4f04 /]# ^C
[root@b70f15ea4f04 /]# exit
```

命令执行结果如图 2.58 所示。

```
[root@localhost ~]#  docker  run  -dit  --name  test_centos_01  centos:latest  /bin/bash
b70f15ea4f04e6cf8c505366601b9e64d3b80293baf7fe530f3b55cbaa6aff79
[root@localhost ~]# docker  ps  -n  1
CONTAINER ID   IMAGE           COMMAND       CREATED         STATUS         PORTS     NAMES
b70f15ea4f04   centos:latest   "/bin/bash"   9 seconds ago   Up 8 seconds             test_centos_01
[root@localhost ~]# docker  attach  --sig-proxy=false   test_centos_01
[root@b70f15ea4f04 /]# ls
bin  dev  etc  home  lib  lib64  lost+found  media  mnt  opt  proc  root  run  sbin  srv  sys  tmp  usr  var
[root@b70f15ea4f04 /]# ^C
[root@b70f15ea4f04 /]# exit
[root@localhost ~]#
[root@localhost ~]# docker  ps  -n  1
CONTAINER ID   IMAGE           COMMAND       CREATED          STATUS                        PORTS     NAMES
b70f15ea4f04   centos:latest   "/bin/bash"   11 minutes ago   Exited (130) 10 minutes ago             test_centos_01
[root@localhost ~]#
```

图 2.58　运行容器时加上--sig-proxy=false 选项

从上面的执行结果可以看出,使用 exit 命令退出容器后,此时容器 STATUS 列显示 Exited 状态,表示当前容器 test_centos_01 已停止。

(2) 使用 docker exec 命令在正在运行的容器中执行命令。

```
[root@localhost~]# docker run -dit --name test_centos_02 centos:latest /bin/bash
[root@localhost ~]# docker ps -n 1
[root@localhost ~]# docker exec -it test_centos_02 /bin/bash
[root@436305a7577c /]# ls
[root@436305a7577c /]# ^C
[root@436305a7577c /]# exit
[root@localhost ~]# docker ps -a
```

命令执行结果如图 2.59 所示。

```
[root@localhost ~]# docker  run  -dit  --name  test_centos_02  centos:latest  /bin/bash
436305a7577c26b4c1be99ad4682bb319a606f1b2669f0dee8df0e5dfdb8d7a9
[root@localhost ~]# docker  ps  -n  1
CONTAINER ID   IMAGE          COMMAND        CREATED          STATUS          PORTS     NAMES
436305a7577c   centos:latest  "/bin/bash"   8 seconds ago    Up 7 seconds              test_centos_02
[root@localhost ~]# docker  exec  -it  test_centos_02  /bin/bash
[root@436305a7577c /]# ls
bin  dev  etc  home  lib  lib64  lost+found  media  mnt  opt  proc  root  run  sbin  srv  sys  tmp  usr  var
[root@436305a7577c /]# ^C
[root@436305a7577c /]# exit
[root@localhost ~]# docker  ps  -a
CONTAINER ID   IMAGE               COMMAND                  CREATED          STATUS                         PORTS     NAMES
436305a7577c   centos:latest       "/bin/bash"              55 seconds ago   Up 55 seconds                            test_centos_02
b70f15ea4f04   centos:latest       "/bin/bash"              18 minutes ago   Exited (130) 18 minutes ago              test_centos_01
fff053681985   centos:latest       "/bin/bash"              45 minutes ago   Exited (0) 40 minutes ago                nifty_mcnulty
155aa2315779   centos_sshd:latest  "/bin/bash"              8 hours ago      Exited (255) About an hour ago  22/tcp   elastic_darwin
c43a0360bb4d   centos_sshd:latest  "/usr/sbin/sshd -D"      9 hours ago      Exited (255) About an hour ago  22/tcp   test_centos_sshd
20b91523619b   centos_sshd:latest  "/bin/bash"              9 hours ago      Exited (127) 9 hours ago                 vibrant_heisenberg
240eb810df27   centos_sshd:latest  "/bin/bash"              9 hours ago      Exited (127) 9 hours ago                 wizardly_vaughan
49c7864a19f0   centos_sshd:latest  "/bin/echo 'hello wo…"   9 hours ago      Exited (0) 9 hours ago                   silly_gates
cc69326e37b1   centos:latest       "/bin/bash"              11 hours ago     Exited (255) About an hour ago           centos_nginx
16639dcc8a2f   hello-world         "/hello"                 35 hours ago     Exited (0) 35 hours ago                  upbeat_khorana
9c96a9fd37c6   centos_sshd         "/usr/sbin/sshd -D"      35 hours ago     Exited (255) 12 hours ago       22/tcp   bold_austin
[root@localhost ~]#
```

图 2.59　利用 docker exec 命令进入容器

从上面的执行结果可以看出,当使用 exit 命令退出容器后,此时容器 STATUS 列显示 Up 状态,表示当前容器 test_centos_02 并没有停止。

在利用 docker exec 命令进入交互环境时,必须指定-i、-t 选项的参数以及 Shell 的名称。

利用 docker exec 和 docker attach 命令均可进入容器,在实际应用中,推荐使用 docker exec 命令,主要原因如下。

① docker attach 是同步的,若有多个用户进入同一个容器,则当一个窗口命令被阻塞时,其他窗口都无法执行操作。

② 利用 docker attach 命令进入交互环境时,使用 exit 命令退出窗口之后,容器即停止,而利用 docker exec 命令后则容器不会停止。

6. 容器重命名

可以使用 docker rename 命令进行容器名称更改,显示最近创建的容器,并将容器的名称 test_centos_02 更改为 test_centos_20,执行命令如下。

```
[root@localhost ~]# docker ps -n 1
[root@localhost ~]# docker rename test_centos_02 test_centos_20
```

命令执行结果如图 2.60 所示。

7. 删除容器

可以使用 docker rm 命令删除一个或多个容器,默认只能删除非运行状态的容器。

例如,删除容器 test_centos_20,执行命令如下。

```
[root@localhost ~]# docker ps  -n  1
CONTAINER ID   IMAGE           COMMAND        CREATED        STATUS                      PORTS     NAMES
436305a7577c   centos:latest   "/bin/bash"    14 hours ago   Exited (255) 12 minutes ago           test_centos_02
[root@localhost ~]# docker  rename  test_centos_02 test_centos_20
[root@localhost ~]# docker ps  -n  1
CONTAINER ID   IMAGE           COMMAND        CREATED        STATUS                      PORTS     NAMES
436305a7577c   centos:latest   "/bin/bash"    14 hours ago   Exited (255) 12 minutes ago           test_centos_20
[root@localhost ~]#
```

图 2.60　使用 docker rename 命令进行容器名称更改

```
[root@localhost ~]# docker rm test_centos_20
```

命令执行结果如图 2.61 所示。

```
[root@localhost ~]# docker ps  -n  1
CONTAINER ID   IMAGE           COMMAND       CREATED        STATUS                      PORTS   NAMES
436305a7577c   centos:latest   "/bin/bash"   14 hours ago   Exited (255) 29 minutes ago         test_centos_20
[root@localhost ~]# docker  rm  test_centos_20
test_centos_20
[root@localhost ~]# docker ps  -a
CONTAINER ID   IMAGE                 COMMAND                  CREATED        STATUS                      PORTS    NAMES
b70f15ea4f04   centos:latest         "/bin/bash"              15 hours ago   Exited (130) 15 hours ago            test_centos_01
fff053681985   centos:latest         "/bin/bash"              15 hours ago   Exited (0) 15 hours ago              nifty_mcnulty
155aa2315779   centos_sshd:latest    "/bin/bash"              23 hours ago   Exited (255) 16 hours ago   22/tcp   elastic_darwin
c43a0360bb4d   centos_sshd:latest    "/usr/sbin/sshd -D"      23 hours ago   Exited (255) 16 hours ago   22/tcp   test_centos_sshd
20b91523619b   centos_sshd:latest    "/bin/bash"              23 hours ago   Exited (127) 23 hours ago            vibrant_heisenberg
240eb810df27   centos_sshd:latest    "/bin/bash"              23 hours ago   Exited (127) 23 hours ago            wizardly_vaughan
49c7864a19f0   centos_sshd:latest    "/bin/echo 'hello wo…"   24 hours ago   Exited (0) 24 hours ago              silly_gates
cc69326e37b1   centos:latest         "/bin/bash"              26 hours ago   Exited (255) 16 hours ago            centos_nginx
16639dcc8a2f   hello-world           "/hello"                 2 days ago     Exited (0) 2 days ago                upbeat_khorana
9c96a9fd37c6   centos_sshd           "/usr/sbin/sshd -D"      2 days ago     Exited (255) 26 hours ago   22/tcp   bold_austin
[root@localhost ~]#
```

图 2.61　使用 docker rm 命令删除容器 test_centos_20

如果容器处于非运行状态,则可以正常删除;反之会报错,需要先终止容器再进行删除。可以使用-f 选项进行强制删除,也可以在删除容器时,删除容器挂载的数据卷。从 Docker 1.13 开始,可以利用 docker container prune 命令删除停止的容器。

8. 导入和导出容器

(1) 导出容器。

如果要导出某个容器到本地,则可以利用 docker export 命令,将容器导出为.tar 文件。

例如,将容器名称为 test_centos_01 的容器导出,文件名格式为"centos_01-日期.tar",使用-o 选项表示指定导出的.tar 文件名,执行命令如下。

```
[root@localhost ~]# docker export -o centos_01-`date +%Y%m%d`.tar test_centos_01
[root@localhost ~]# ls centos_01*
```

命令执行结果如下。

```
centos_01-20210609.tar
[root@localhost ~]#
```

(2) 导入容器。

可以利用 docker import 命令导入一个容器镜像,类型为.tar 文件。

例如,使用镜像归档文件 centos_01-20210609.tar 导入镜像 centos_test,执行命令如下。

```
[root@localhost ~]# docker import centos_01-20210609.tar centos_test:import
[root@localhost ~]# docker images
```

命令执行结果如图 2.62 所示。

```
[root@localhost ~]# docker  import centos_01-20210609.tar  centos_test:import
sha256:0ac78671f2fae66627edcb91605682efc3e31b83723c418fcec7331f78ca76ac
[root@localhost ~]# docker images
REPOSITORY      TAG            IMAGE ID       CREATED          SIZE
centos_test     import         0ac78671f2fa   5 seconds ago    209MB
centos_sshd     latest         9a3ceb67ec5a   3 days ago       247MB
centos8.4       test           b9eeab075b44   5 days ago       209MB
fedora          latest         055b2e5ebc94   3 weeks ago      178MB
debian          latest         4a7a1f401734   4 weeks ago      114MB
debian          version10.9    4a7a1f401734   4 weeks ago      114MB
debian/httpd    version10.9    4a7a1f401734   4 weeks ago      114MB
hello-world     latest         d1165f221234   3 months ago     13.3kB
centos          latest         300e315adb2f   6 months ago     209MB
centos          version8.4     300e315adb2f   6 months ago     209MB
[root@localhost ~]#
```

图 2.62　使用 docker import 命令导入镜像 centos_test

9. 查看容器日志

使用 docker logs 命令可以将标准输出数据作为日志输出到执行 docker logs 命令的终端上，常用于查看在后台运行的容器的日志信息。

例如，查看容器 test_centos_01 的日志信息，执行命令如下。

```
[root@localhost ~]# docker logs test_centos_01
```

命令执行结果如图 2.63 所示。

```
[root@localhost ~]# docker  logs   test_centos_01
[root@b70f15ea4f04 /]# ls
bin  dev  etc  home  lib  lib64  lost+found  media  mnt  opt  proc  root
[root@b70f15ea4f04 /]# ^C
[root@b70f15ea4f04 /]# exit
[root@localhost ~]#
```

图 2.63　使用 docker logs 命令查看容器 test_centos_01 的日志信息

10. 查看容器资源使用情况

可以使用 docker stats 命令动态显示容器的资源使用情况。

例如，查看容器 test_centos_01 的资源使用情况，执行命令如下。

```
[root@localhost ~]# docker stats test_centos_01
```

命令执行结果如图 2.64 所示。

```
[root@localhost ~]# docker  stats  test_centos_01
CONTAINER ID   NAME             CPU %   MEM USAGE / LIMIT    MEM %   NET I/O        BLOCK I/O   PIDS
b70f15ea4f04   test_centos_01   0.00%   528KiB / 3.683GiB    0.01%   2.42kB / 0B    0B / 0B     1
CONTAINER ID   NAME             CPU %   MEM USAGE / LIMIT    MEM %   NET I/O        BLOCK I/O   PIDS
b70f15ea4f04   test_centos_01   0.00%   528KiB / 3.683GiB    0.01%   2.42kB / 0B    0B / 0B     1
CONTAINER ID   NAME             CPU %   MEM USAGE / LIMIT    MEM %   NET I/O        BLOCK I/O   PIDS
b70f15ea4f04   test_centos_01   0.00%   528KiB / 3.683GiB    0.01%   2.42kB / 0B    0B / 0B     1
CONTAINER ID   NAME             CPU %   MEM USAGE / LIMIT    MEM %   NET I/O        BLOCK I/O   PIDS
b70f15ea4f04   test_centos_01   0.00%   528KiB / 3.683GiB    0.01%   2.42kB / 0B    0B / 0B     1
CONTAINER ID   NAME             CPU %   MEM USAGE / LIMIT    MEM %   NET I/O        BLOCK I/O   PIDS
b70f15ea4f04   test_centos_01   0.00%   528KiB / 3.683GiB    0.01%   2.42kB / 0B    0B / 0B     1
CONTAINER ID   NAME             CPU %   MEM USAGE / LIMIT    MEM %   NET I/O        BLOCK I/O   PIDS
b70f15ea4f04   test_centos_01   0.00%   528KiB / 3.683GiB    0.01%   2.42kB / 0B    0B / 0B     1
CONTAINER ID   NAME             CPU %   MEM USAGE / LIMIT    MEM %   NET I/O        BLOCK I/O   PIDS
b70f15ea4f04   test_centos_01   0.00%   528KiB / 3.683GiB    0.01%   2.42kB / 0B    0B / 0B     1
CONTAINER ID   NAME             CPU %   MEM USAGE / LIMIT    MEM %   NET I/O        BLOCK I/O   PIDS
b70f15ea4f04   test_centos_01   0.00%   528KiB / 3.683GiB    0.01%   2.42kB / 0B    0B / 0B     1
CONTAINER ID   NAME             CPU %   MEM USAGE / LIMIT    MEM %   NET I/O        BLOCK I/O   PIDS
b70f15ea4f04   test_centos_01   0.00%   528KiB / 3.683GiB    0.01%   2.42kB / 0B    0B / 0B     1
CONTAINER ID   NAME             CPU %   MEM USAGE / LIMIT    MEM %   NET I/O        BLOCK I/O   PIDS
b70f15ea4f04   test_centos_01   0.00%   528KiB / 3.683GiB    0.01%   2.42kB / 0B    0B / 0B     1
CONTAINER ID   NAME             CPU %   MEM USAGE / LIMIT    MEM %   NET I/O        BLOCK I/O   PIDS
b70f15ea4f04   test_centos_01   0.00%   528KiB / 3.683GiB    0.01%   2.42kB / 0B    0B / 0B     1
CONTAINER ID   NAME             CPU %   MEM USAGE / LIMIT    MEM %   NET I/O        BLOCK I/O   PIDS
b70f15ea4f04   test_centos_01   0.00%   528KiB / 3.683GiB    0.01%   2.42kB / 0B    0B / 0B     1
CONTAINER ID   NAME             CPU %   MEM USAGE / LIMIT    MEM %   NET I/O        BLOCK I/O   PIDS
b70f15ea4f04   test_centos_01   0.00%   528KiB / 3.683GiB    0.01%   2.42kB / 0B    0B / 0B     1
CONTAINER ID   NAME             CPU %   MEM USAGE / LIMIT    MEM %   NET I/O        BLOCK I/O   PIDS
b70f15ea4f04   test_centos_01   0.00%   528KiB / 3.683GiB    0.01%   2.42kB / 0B    0B / 0B     1
CONTAINER ID   NAME             CPU %   MEM USAGE / LIMIT    MEM %   NET I/O        BLOCK I/O   PIDS
b70f15ea4f04   test_centos_01   0.00%   528KiB / 3.683GiB    0.01%   2.42kB / 0B    0B / 0B     1
CONTAINER ID   NAME             CPU %   MEM USAGE / LIMIT    MEM %   NET I/O        BLOCK I/O   PIDS
b70f15ea4f04   test_centos_01   0.00%   528KiB / 3.683GiB    0.01%   2.42kB / 0B    0B / 0B     1
^C
[root@localhost ~]#
```

图 2.64　使用 docker stats 命令查看容器 test_centos_01 的资源使用情况

11. 查看容器中运行的进程的信息

可以使用 docker top 命令查看容器中运行的进程的信息。

例如，查看容器 test_centos_01 中运行的进程的信息，执行命令如下。

```
[root@localhost ~]# docker top test_centos_01
```

命令执行结果如图 2.65 所示。

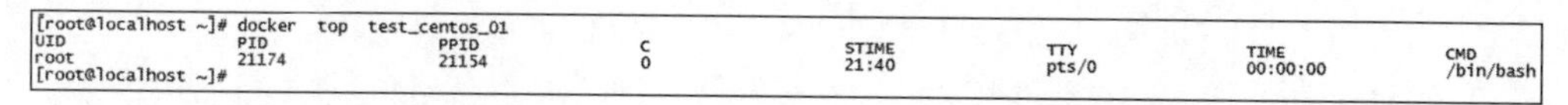

```
[root@localhost ~]# docker  top  test_centos_01
UID        PID       PPID      C       STIME      TTY       TIME        CMD
root       21174     21154     0       21:40      pts/0     00:00:00    /bin/bash
[root@localhost ~]#
```

图 2.65　使用 docker top 命令查看容器 test_centos_01 中运行的进程的信息

12. 在宿主机和容器之间复制文件

可以使用 docker cp 命令在宿主机和容器之间复制文件。

例如，将容器 test_centos_01 中的/root/anaconda-post.log 文件复制到宿主机的/mnt 目录下，执行命令如下。

```
[root@localhost ~]# docker exec -it test_centos_01 /bin/bash
[root@b70f15ea4f04 /]# ls
[root@b70f15ea4f04 /]# cd root
[root@b70f15ea4f04 ~]# ls
```

命令执行结果如下。

```
anaconda-ks.cfg anaconda-post.log original-ks.cfg
[root@b70f15ea4f04 ~]# exit
[root@localhost ~]# docker ps -n 1
[root@localhost ~]# docker cp test_centos_01:/root/anaconda-post.log /mnt
[root@localhost ~]# ls /mnt
```

命令执行结果如下。

```
anaconda-post.log
[root@localhost ~]#
```

命令执行结果如图 2.66 所示。

```
[root@localhost ~]# docker exec -it  test_centos_01  /bin/bash
[root@b70f15ea4f04 /]# ls
bin  dev  etc  home  lib  lib64  lost+found  media  mnt  opt  proc  root  run  sbin  srv  sys  tmp  usr  var
[root@b70f15ea4f04 /]# cd root
[root@b70f15ea4f04 ~]# ls
anaconda-ks.cfg  anaconda-post.log  original-ks.cfg
[root@b70f15ea4f04 ~]# exit
exit
[root@localhost ~]# docker  ps -n  1
CONTAINER ID   IMAGE           COMMAND       CREATED        STATUS         PORTS     NAMES
b70f15ea4f04   centos:latest   "/bin/bash"   16 hours ago   Up 21 minutes            test_centos_01
[root@localhost ~]# docker cp  test_centos_01:/root/anaconda-post.log  /mnt
[root@localhost ~]# ls  /mnt
anaconda-post.log
[root@localhost ~]#
```

图 2.66　使用 docker cp 命令将容器中的文件复制到宿主机中

同时,也可以将宿主机中的文件/mnt/anaconda-post.log 复制到容器 test_centos_01 的/mnt 中,执行命令如下。

```
[root@localhost ~]# docker cp /mnt/anaconda-post.log test_centos_01:/mnt
[root@localhost ~]# docker exec -it test_centos_01 /bin/bash
[root@b70f15ea4f04 /]# cd /mnt
[root@b70f15ea4f04 mnt]# ls
```

命令执行结果如下。

```
anaconda-post.log
[root@b70f15ea4f04 mnt]# exit
exit
[root@localhost ~]#
```

13. 停止容器

可以使用 docker stop 命令停止容器。

例如,停止容器 centos_nginx,执行命令如下。

```
[root@localhost ~]# docker stop centos_nginx
[root@localhost ~]# docker ps -a
```

命令执行结果如图 2.67 所示。

```
[root@localhost ~]# docker  stop  centos_nginx
centos_nginx
[root@localhost ~]# docker  ps -a
CONTAINER ID   IMAGE               COMMAND                  CREATED         STATUS                      PORTS     NAMES
b70f15ea4f04   centos:latest       "/bin/bash"              16 hours ago    Up 44 minutes                         test_centos_01
fff053681985   centos:latest       "/bin/bash"              17 hours ago    Exited (0) 17 hours ago               nifty_mcnulty
155aa2315779   centos_sshd:latest  "/bin/bash"              24 hours ago    Exited (255) 17 hours ago   22/tcp    elastic_darwin
c43a0360bb4d   centos_sshd:latest  "/usr/sbin/sshd -D"      25 hours ago    Exited (255) 17 hours ago   22/tcp    test_centos_sshd
20b91523619b   centos_sshd:latest  "/bin/bash"              25 hours ago    Exited (127) 25 hours ago             vibrant_heisenberg
240eb810df27   centos_sshd:latest  "/bin/bash"              25 hours ago    Exited (127) 25 hours ago             wizardly_vaughan
49c7864a19f0   centos_sshd:latest  "/bin/echo 'hello wo…"   25 hours ago    Exited (0) 25 hours ago               silly_gates
cc69326e37b1   centos:latest       "/bin/bash"              27 hours ago    Exited (0) 2 seconds ago              centos_nginx
16639dcc8a2f   hello-world         "/hello"                 2 days ago      Exited (0) 2 days ago                 upbeat_khorana
9c96a9fd37c6   centos_sshd         "/usr/sbin/sshd -D"      2 days ago      Exited (255) 28 hours ago   22/tcp    bold_austin
[root@localhost ~]#
```

图 2.67　使用 docker stop 命令停止容器 centos_nginx

14. 暂停和恢复容器

可以使用 docker pause 命令暂停容器。

例如,暂停容器 centos_nginx,执行命令如下。

```
[root@localhost ~]# docker pause centos_nginx
[root@localhost ~]# docker ps -a
```

命令执行结果如图 2.68 所示。

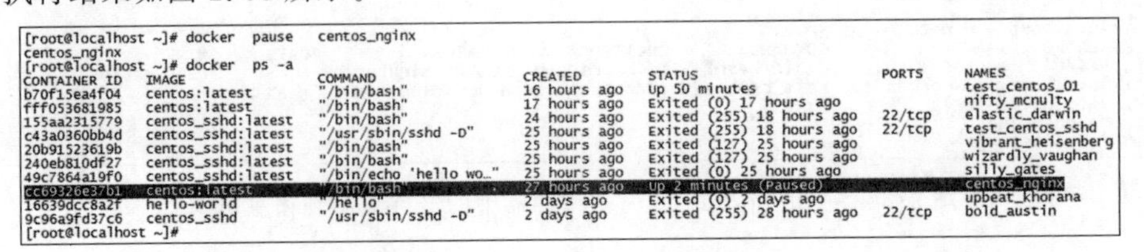

```
[root@localhost ~]# docker  pause  centos_nginx
centos_nginx
[root@localhost ~]# docker  ps -a
CONTAINER ID   IMAGE               COMMAND                  CREATED         STATUS                      PORTS     NAMES
b70f15ea4f04   centos:latest       "/bin/bash"              16 hours ago    Up 50 minutes                         test_centos_01
fff053681985   centos:latest       "/bin/bash"              17 hours ago    Exited (0) 17 hours ago               nifty_mcnulty
155aa2315779   centos_sshd:latest  "/bin/bash"              24 hours ago    Exited (255) 18 hours ago   22/tcp    elastic_darwin
c43a0360bb4d   centos_sshd:latest  "/usr/sbin/sshd -D"      25 hours ago    Exited (255) 18 hours ago   22/tcp    test_centos_sshd
20b91523619b   centos_sshd:latest  "/bin/bash"              25 hours ago    Exited (127) 25 hours ago             vibrant_heisenberg
240eb810df27   centos_sshd:latest  "/bin/bash"              25 hours ago    Exited (127) 25 hours ago             wizardly_vaughan
49c7864a19f0   centos_sshd:latest  "/bin/echo 'hello wo…"   25 hours ago    Exited (0) 25 hours ago               silly_gates
cc69326e37b1   centos:latest       "/bin/bash"              27 hours ago    Up 2 minutes (Paused)                 centos_nginx
16639dcc8a2f   hello-world         "/hello"                 2 days ago      Exited (0) 2 days ago                 upbeat_khorana
9c96a9fd37c6   centos_sshd         "/usr/sbin/sshd -D"      2 days ago      Exited (255) 28 hours ago   22/tcp    bold_austin
[root@localhost ~]#
```

图 2.68　使用 docker pause 命令暂停容器 centos_nginx

可以使用 docker unpause 命令恢复容器。

例如，恢复容器 centos_nginx，执行命令如下。

```
[root@localhost ~]# docker unpause centos_nginx
[root@localhost ~]# docker ps -a
```

命令执行结果如图 2.69 所示。

```
[root@localhost ~]# docker  unpause  centos_nginx
centos_nginx
[root@localhost ~]# docker  ps -a
CONTAINER ID   IMAGE                COMMAND                  CREATED         STATUS                      PORTS    NAMES
b70f15ea4f04   centos:latest        "/bin/bash"              16 hours ago    Up 52 minutes                        test_centos_01
fff053681985   centos:latest        "/bin/bash"              17 hours ago    Exited (0) 17 hours ago              nifty_mcnulty
155aa2315779   centos_sshd:latest   "/bin/bash"              24 hours ago    Exited (255) 18 hours ago   22/tcp   elastic_darwin
c43a0360bb4d   centos_sshd:latest   "/usr/sbin/sshd -D"      25 hours ago    Exited (255) 18 hours ago   22/tcp   test_centos_sshd
20b91523619b   centos_sshd:latest   "/bin/bash"              25 hours ago    Exited (127) 25 hours ago            vibrant_heisenberg
240eb810df27   centos_sshd:latest   "/bin/bash"              25 hours ago    Exited (127) 25 hours ago            wizardly_vaughan
49c7864a19f0   centos_sshd:latest   "/bin/echo 'hello wo…"   25 hours ago    Exited (0) 25 hours ago              silly_gates
cc69326e37b1   centos:latest        "/bin/bash"              27 hours ago    Up 5 minutes                         centos_nginx
16639dcc8a2f   hello-world          "/hello"                 2 days ago      Exited (0) 2 days ago                upbeat_khorana
9c96a9fd37c6   centos_sshd          "/usr/sbin/sshd -D"      2 days ago      Exited (255) 28 hours ago   22/tcp   bold_austin
[root@localhost ~]#
```

图 2.69　使用 docker unpause 命令恢复容器 centos_nginx

15. 重启容器

可以使用 docker restart 命令重启容器。

例如，重启容器 centos_nginx，执行命令如下。

```
[root@localhost ~]# docker restart centos_nginx
[root@localhost ~]# docker ps -a
```

命令执行结果如图 2.70 所示。

```
[root@localhost ~]# docker  restart  centos_nginx
centos_nginx
[root@localhost ~]# docker  ps -a
CONTAINER ID   IMAGE                COMMAND                  CREATED         STATUS                      PORTS    NAMES
b70f15ea4f04   centos:latest        "/bin/bash"              16 hours ago    Up 55 minutes                        test_centos_01
fff053681985   centos:latest        "/bin/bash"              17 hours ago    Exited (0) 17 hours ago              nifty_mcnulty
155aa2315779   centos_sshd:latest   "/bin/bash"              24 hours ago    Exited (255) 18 hours ago   22/tcp   elastic_darwin
c43a0360bb4d   centos_sshd:latest   "/usr/sbin/sshd -D"      25 hours ago    Exited (255) 18 hours ago   22/tcp   test_centos_sshd
20b91523619b   centos_sshd:latest   "/bin/bash"              25 hours ago    Exited (127) 25 hours ago            vibrant_heisenberg
240eb810df27   centos_sshd:latest   "/bin/bash"              25 hours ago    Exited (127) 25 hours ago            wizardly_vaughan
49c7864a19f0   centos_sshd:latest   "/bin/echo 'hello wo…"   25 hours ago    Exited (0) 25 hours ago              silly_gates
cc69326e37b1   centos:latest        "/bin/bash"              28 hours ago    Up 2 seconds                         centos_nginx
16639dcc8a2f   hello-world          "/hello"                 2 days ago      Exited (0) 2 days ago                upbeat_khorana
9c96a9fd37c6   centos_sshd          "/usr/sbin/sshd -D"      2 days ago      Exited (255) 28 hours ago   22/tcp   bold_austin
[root@localhost ~]#
```

图 2.70　使用 docker restart 命令重启容器 centos_nginx

2.3.6　安装 Docker Compose 并部署 WordPress

Docker Compose 是 Docker 官方的开源项目，依赖 Docker 引擎才能正常工作，但 Compose 并未完全集成到 Docker 引擎中，因此安装 Docker Compose 之前应确保已经安装了本地或远程 Docker 引擎。

1. 安装 Docker Compose

在 Linux 系统上先安装 Docker，再安装 Docker Compose。作为一个需要在 Docker 主机上进行安装的外部 Python 工具，Compose 有两种常用的安装方式：一种是通过 GitHub 上的 Docker Compose 仓库下载 Docker Compose 二进制文件进行安装；另一种是使用 pip 安装 Docker Compose。

(1) 通过仓库下载并安装 Compose。

在 GitHub 上下载 Compose 二进制文件,将二进制文件下载到指定路径中,执行命令如下。

```
[root@localhost ~]# curl -L https://github.com/docker/compose/releases/download/1.24.1/docker-compose-`uname -s`-`uname -m` -o /usr/local/bin/docker-compose
```

命令执行结果如图 2.71 所示。

```
[root@localhost ~]# curl  -L https://github.com/docker/compose/releases/download/1.24.1/docker-compose-`uname -s`-`uname -m`  -o  /usr/local/bin/docker-compose
  % Total    % Received % Xferd  Average Speed   Time    Time     Time  Current
                                 Dload  Upload   Total   Spent    Left  Speed
100   633  100   633    0     0   1020      0 --:--:-- --:--:-- --:--:--  1019
100 15.4M  100 15.4M    0     0  5032k      0  0:00:03  0:00:03 --:--:-- 7708k
[root@localhost ~]# chmod +x /usr/local/bin/docker-compose
[root@localhost ~]# ll /usr/local/bin/docker-compose
-rwxr-xr-x 1 root root 16168192 6月  12 10:03 /usr/local/bin/docker-compose
[root@localhost ~]# docker-compose --version
docker-compose version 1.24.1, build 4667896b
[root@localhost ~]#
```

图 2.71　通过仓库下载并安装 Compose

添加可执行的权限,执行命令如下。

```
[root@localhost ~]# chmod +x /usr/local/bin/docker-compose
[root@localhost ~]# ll /usr/local/bin/docker-compose
```

命令执行结果如下。

```
-rwxr-xr-x 1 root root 16168192 6月 12 10:03 /usr/local/bin/docker-compose
[root@localhost ~]#
```

查看 Compose 的版本,执行命令如下。

```
[root@localhost ~]# docker-compose --version
```

命令执行结果如下。

```
docker-compose version 1.24.1, build 4667896b
[root@localhost ~]#
```

(2) 通过 pip 安装 Compose 工具(此处用 pip3 进行安装)。

因为 Compose 是使用 Python 语言编写的,所以可以将其当作一个 Python 应用从 pip 源中下载并进行安装。

① 检查 Linux 系统中是否已经安装 pip,执行命令如下。

```
[root@localhost bin]# pip3 -V
```

命令执行结果如下。

```
bash: pip: 未找到命令……
[root@localhost bin]#
```

② 没有 pip 时,需要进行 epel-release 安装,执行命令如下。

```
[root@localhost bin]# yum -y install epel-release
```

命令执行结果如图 2.72 所示。

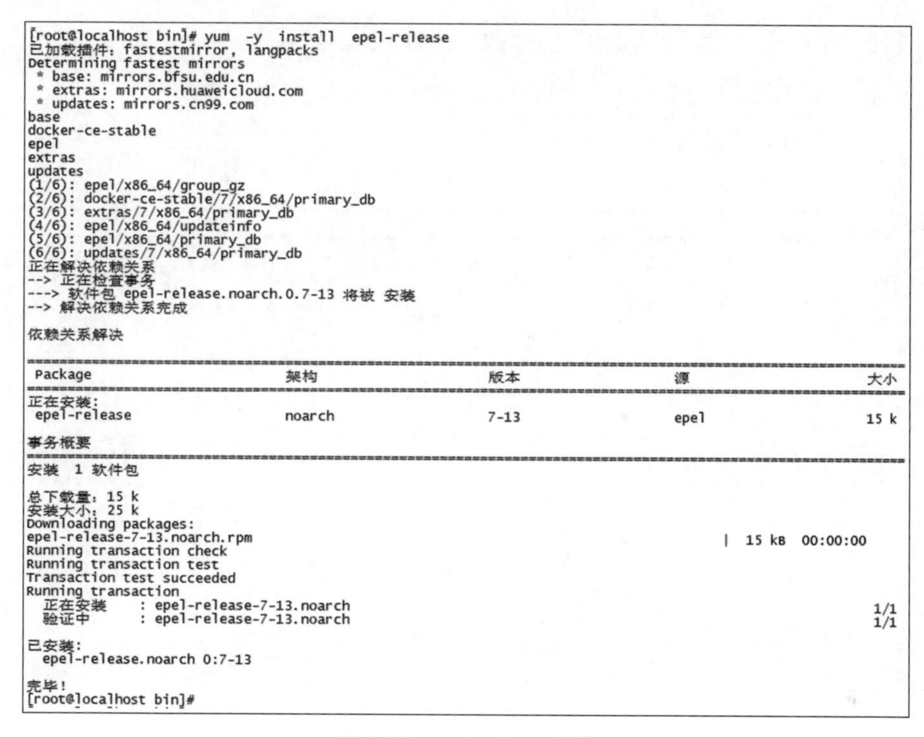

```
[root@localhost bin]# yum  -y  install  epel-release
已加载插件：fastestmirror, langpacks
Determining fastest mirrors
 * base: mirrors.bfsu.edu.cn
 * extras: mirrors.huaweicloud.com
 * updates: mirrors.cn99.com
base
docker-ce-stable
epel
extras
updates
(1/6): epel/x86_64/group_gz
(2/6): docker-ce-stable/7/x86_64/primary_db
(3/6): extras/7/x86_64/primary_db
(4/6): epel/x86_64/updateinfo
(5/6): epel/x86_64/primary_db
(6/6): updates/7/x86_64/primary_db
正在解决依赖关系
--> 正在检查事务
---> 软件包 epel-release.noarch.0.7-13 将被 安装
--> 解决依赖关系完成

依赖关系解决

================================================================================
 Package               架构            版本            源              大小
================================================================================
正在安装:
 epel-release          noarch          7-13            epel            15 k

事务概要
================================================================================
安装  1 软件包

总下载量：15 k
安装大小：25 k
Downloading packages:
epel-release-7-13.noarch.rpm                              |  15 kB  00:00:00
Running transaction check
Running transaction test
Transaction test succeeded
Running transaction
  正在安装    : epel-release-7-13.noarch                                  1/1
  验证中      : epel-release-7-13.noarch                                  1/1

已安装:
  epel-release.noarch 0:7-13

完毕!
[root@localhost bin]#
```

图 2.72 epel-release 安装

③ 进行 python3-pip 安装,执行命令如下。

```
[root@localhost ~]# yum -y install python3-pip
```

命令执行结果如图 2.73 所示。

④ 安装好以后更新 pip 工具,执行命令如下。

```
[root@localhost ~]# pip3 install --upgrade pip
```

命令执行结果如下。

```
Collecting pip
    Downloading https://files.pythonhosted.org/packages/cd/82/04e9aaf603fdbaecb4323b9e723f13c92
c245f6ab2902195c53987848c78/pip-21.1.2-py3-none-any.whl (1.5MB)
        100% |████████████████████████████████| 1.6MB 803kB/s
Installing collected packages: pip
Successfully installed pip-21.1.2
[root@localhost ~]#
```

```
[root@localhost ~]# yum  -y  install  python3-pip
已加载插件：fastestmirror, langpacks
Repository epel is listed more than once in the configuration
Repository epel-debuginfo is listed more than once in the configuration
Repository epel-source is listed more than once in the configuration
Loading mirror speeds from cached hostfile
 * base: mirrors.bfsu.edu.cn
 * extras: mirrors.bfsu.edu.cn
 * updates: mirrors.ustc.edu.cn
正在解决依赖关系
--> 正在检查事务
---> 软件包 python3-pip.noarch.0.9.0.3-8.el7 将被 安装
--> 正在处理依赖关系 python(abi) = 3.6，它被软件包 python3-pip-9.0.3-8.el7.noarch 需要
--> 正在处理依赖关系 python3-setuptools，它被软件包 python3-pip-9.0.3-8.el7.noarch 需要
--> 正在处理依赖关系 /usr/bin/python3，它被软件包 python3-pip-9.0.3-8.el7.noarch 需要
--> 正在检查事务
---> 软件包 python3.x86_64.0.3.6.8-18.el7 将被 安装
--> 正在处理依赖关系 python3-libs(x86-64) = 3.6.8-18.el7，它被软件包 python3-3.6.8-18.el7.x86_64 需要
--> 正在处理依赖关系 libpython3.6m.so.1.0()(64bit)，它被软件包 python3-3.6.8-18.el7.x86_64 需要
---> 软件包 python3-setuptools.noarch.0.39.2.0-10.el7 将被 安装
--> 正在检查事务
---> 软件包 python3-libs.x86_64.0.3.6.8-18.el7 将被 安装
--> 解决依赖关系完成

依赖关系解决

================================================================================
 Package                    架构              版本                  源              大小
================================================================================
正在安装:
 python3-pip                noarch            9.0.3-8.el7           base           1.6 M
为依赖而安装:
 python3                    x86_64            3.6.8-18.el7          updates         70 k
 python3-libs               x86_64            3.6.8-18.el7          updates        6.9 M
 python3-setuptools         noarch            39.2.0-10.el7         base           629 k

事务概要
================================================================================
安装  1 软件包 (+3 依赖软件包)

总下载量：9.3 M
安装大小：47 M
Downloading packages:
(1/4): python3-3.6.8-18.el7.x86_64.rpm                       |  70 kB  00:00:00
(2/4): python3-setuptools-39.2.0-10.el7.noarch.rpm           | 629 kB  00:00:00
(3/4): python3-pip-9.0.3-8.el7.noarch.rpm                    | 1.6 MB  00:00:00
(4/4): python3-libs-3.6.8-18.el7.x86_64.rpm                  | 6.9 MB  00:00:01
--------------------------------------------------------------------------------
总计                                              5.1 MB/s | 9.3 MB  00:00:01
Running transaction check
Running transaction test
Transaction test succeeded
Running transaction
  正在安装    : python3-setuptools-39.2.0-10.el7.noarch                      1/4
  正在安装    : python3-pip-9.0.3-8.el7.noarch                               2/4
  正在安装    : python3-3.6.8-18.el7.x86_64                                  3/4
  正在安装    : python3-libs-3.6.8-18.el7.x86_64                             4/4
  验证中      : python3-libs-3.6.8-18.el7.x86_64                             1/4
  验证中      : python3-setuptools-39.2.0-10.el7.noarch                      2/4
  验证中      : python3-3.6.8-18.el7.x86_64                                  3/4
  验证中      : python3-pip-9.0.3-8.el7.noarch                               4/4

已安装:
  python3-pip.noarch 0:9.0.3-8.el7

作为依赖被安装:
  python3.x86_64 0:3.6.8-18.el7    python3-libs.x86_64 0:3.6.8-18.el7    python3-setuptools.noarch 0:39.2.0-10.el7

完毕！
[root@localhost ~]#
```

图 2.73　python3-pip 安装

⑤ 查看当前 pip3 版本，执行命令如下。

```
[root@localhost bin]# pip3 -V
```

命令执行结果如下。

```
pip 21.1.2 from /usr/lib/python3.6/site-packages (python 3.6)
[root@localhost bin]#
```

⑥ 通过 pip3 安装 Compose 工具，执行命令如下。

```
[root@localhost ~]# pip3 install docker-compose
```

命令执行结果如下。

```
Collecting docker-compose
    Downloading
https://files.pythonhosted.org/packages/f3/3e/ca05e486d44e38eb495ca60b8ca526b192071717387346ed
1031ecf78966/docker_compose-1.29.2-py2.py3-none-any.whl (114kB)
        100% |████████████████████████████████| 122kB 1.3MB/s
Collecting distro<2,>=1.2.0 (from docker-compose)
    Downloading
https://files.pythonhosted.org/packages/25/b7/b3c4270a11414cb22c6352ebc7a83aaa3712043be29daa05
018fd5a5c956/distro-1.2.0-py2.py3-none-any.whl
Collecting docker[ssh]>=5 (from docker-compose)
    ……//省略部分内容
Collecting six>=1.11.0 (from jsonschema<4,>=2.2.1->docker-compose)
[root@localhost ~]#
```

(3) 卸载 Compose 工具。

如果 Compose 是以二进制文件方式安装的,删除二进制文件即可以卸载 Compose 工具,执行命令如下。

```
[root@localhost ~]# rm /usr/local/bin/docker-compose
```

如果 Compose 是通过 pip3 工具安装的,卸载 Compose 工具,执行命令如下。

```
[root@localhost ~]# pip3 uninstall docker-compose
```

命令执行结果如下。

```
Please see https://github.com/pypa/pip/issues/5599 for advice on fixing the underlying issue.
To avoid this problem you can invoke Python with '-m pip' instead of running pip directly.
……//省略部分内容
Proceed (y/n)? y
    Successfully uninstalled docker-compose-1.29.2
    [root@localhost ~]#
```

2. 使用 Docker Compose 部署 WordPress

WordPress 是使用页面超文本预处理器(Page Hypertext Preprocessor,PHP)语言开发的博客平台,用户可以在支持 PHP 和 MySQL 数据库的服务器上架设属于自己的网站,也可以把 WordPress 当作一个内容管理系统来使用。WordPress 也是一个个人博客系统,并逐步演化成一个内容管理系统软件,用户可以在支持 PHP 和 MySQL 数据库的服务器上使用自己的博客。

(1) WordPress 的优点与缺点。

WordPress 的优点如下。

① WordPress 功能强大、扩展性强,这主要得益于其插件众多,易于扩充功能。基本上一个完整网站该有的功能,通过其第三方插件都能实现。

② WordPress 搭建的博客搜索引擎友好,博客收录速度快。

③ 适合自己搭建,如果喜欢内容丰富的网站,那么 WordPress 可以很好地符合喜好。

④ 主题很多，各色各样，应有尽有。

⑤ WordPress 的内容备份和网站转移比较方便，原站点使用站内工具导出后，使用 WordPress Importer 插件就能方便地将内容导入新网站。

⑥ WordPress 有强大的社区支持，有上千万的开发者贡献代码和审查 WordPress，所以 WordPress 是安全并且不断发展的。

WordPress 的缺点如下。

① WordPress 源代码系统初始内容只是一个框架，需要时间自己搭建。

② 插件虽多，但是不能安装太多插件，否则会拖慢网站速度和降低用户体验。

③ 服务器空间选择不够自由。

④ 静态化较差，如果想为整个网站生成真正的静态化页面，还做不到很好，最多生成首页和文章页静态页面，所以只能对整站实现伪静态化。

⑤ WordPress 的博客程序定位和简单的数据库层等特点都注定了它不能适应大数据环境。

⑥ WordPress 使用的字体、头像经常被阻截，访问时加载速度慢，不能一键更新。

(2) 部署 WordPress。

使用 Docker Compose 进行容器编排、部署 WordPress 之前，应当确认已经安装了 Docker Compose。

① 定义项目。

创建一个空的项目目录，执行命令如下。

```
[root@localhost ~]# mkdir my_wordpress
```

该目录可根据需要进行命名，这个名称将作为 Docker Compose 项目名称。该目录是应用程序镜像的构建上下文，仅包含用于构建镜像的资源。这个项目目录应包括一个名为 docker-compose.yml 的 Compose 文件，用来定义项目。

将当前工作目录切换到该项目目录中，执行命令如下。

```
[root@localhost ~]# cd my_wordpress
```

在该目录下创建并编辑 docker-compose.yml 文件，执行命令如下。

```
[root@localhost my_wordpress]# vim docker-compose.yml
```

命令执行结果如下。

```
version: '3.3'
services:
    db:
        image: mysql:2.7
        volumes:
            - db_data:/var/lib/mysql
        restart: always
```

```
        environment:
            MYSQL_ROOT_PASSWORD: wordpress
            MYSQL_DATABASE: wordpress
            MYSQL_USER: wordpress
            MYSQL_PASSWORD: wordpress

        wordpress:
        depends_on:
            - db
        image: wordpress:latest
        ports:
            - "8000:80"
        restart: always
        environment:
            WORDPRESS_DB_HOST: db:3306
            WORDPRESS_DB_USER: wordpress
            WORDPRESS_DB_PASSWORD: wordpress
            WORDPRESS_DB_NAME: wordpress
volumes:
    db_data: {}
[root@localhost my_wordpress]#
```

这个 Compose 文件中定义了两个服务：db 是独立的 MySQL 服务，用于持久存储数据；wordpress 是 WordPress。它还定义了一个卷 db_data，用于保存 WordPress 提交到数据库的任何数据。

② 构建项目。

在当前目录下执行 docker-compose up -d 命令，下载所需的 Docker 镜像，在后台启动 WordPress 和数据库容器，执行命令如下。

```
[root@localhost my_wordpress]# docker - compose up - d
```

命令执行结果如下。

```
Creating network "my_wordpress_default" with the default driver
Creating volume "my_wordpress_db_data" with default driver
Pulling db (mysql:2.7)...
2.7: Pulling from library/mysql
b4d181a07f80: Pull complete
a462b60610f5: Pull complete
……//省略部分内容
Creating my_wordpress_wordpress_1 ... done
[root@localhost my_wordpress]#
```

查看当前正在运行的容器，执行 docker ps 命令，命令执行结果如图 2.74 所示。

从图 2.74 中可以看出，执行 docker ps 命令之后，启动了两个容器，这两个容器分别被命名为 my_wordpress_wordpress_1 和 my_wordpress_db_1。

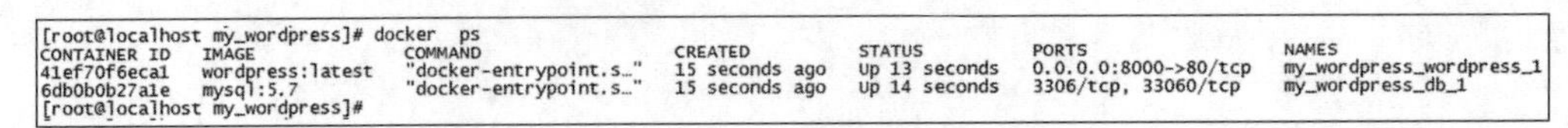

```
[root@localhost my_wordpress]# docker  ps
CONTAINER ID   IMAGE              COMMAND                  CREATED          STATUS          PORTS                    NAMES
41ef70f6eca1   wordpress:latest   "docker-entrypoint.s…"   15 seconds ago   Up 13 seconds   0.0.0.0:8000->80/tcp     my_wordpress_wordpress_1
6db0b0b27a1e   mysql:5.7          "docker-entrypoint.s…"   15 seconds ago   Up 14 seconds   3306/tcp, 33060/tcp      my_wordpress_db_1
[root@localhost my_wordpress]#
```

图 2.74　查看当前正在运行的容器

每个服务容器就是服务的一个副本,其名称的格式为“项目名_服务名_序号”,序号从 1 开始,不同的序号表示依次分配的副本,默认只为服务分配一个副本,其序号为 1。

③ 在浏览器中打开 WordPress。

当用户第一次使用浏览器打开 WordPress 时,需要进行初始化安装,在浏览器中访问 http://192.168.100.100:8000/wp-admin/install.php(192.168.100.100 为主机 IP 地址)。

进行安装时,首先选择安装语言,如图 2.75 所示。单击“继续”按钮,弹出安装界面,填写 WordPress 的配置相关信息,如图 2.76 所示。

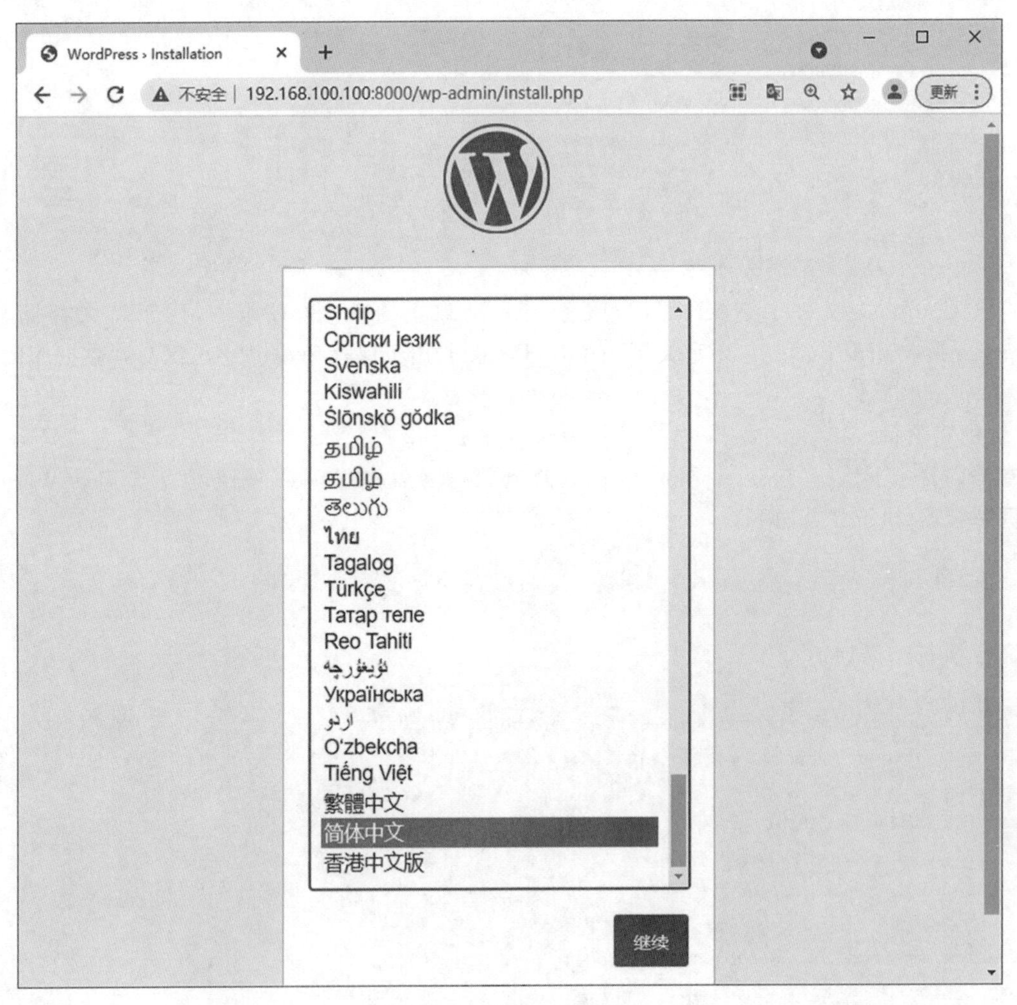

图 2.75　选择安装语言

相关信息填写完成后,单击“安装 WordPress”按钮,进行 WordPress 安装,安装完成后,弹出保存密码对话框,如图 2.77 所示。单击“保存”按钮,完成 WordPress 安装,如图 2.78 所示。

图 2.76 填写 WordPress 的配置相关信息

图 2.77 保存密码对话框

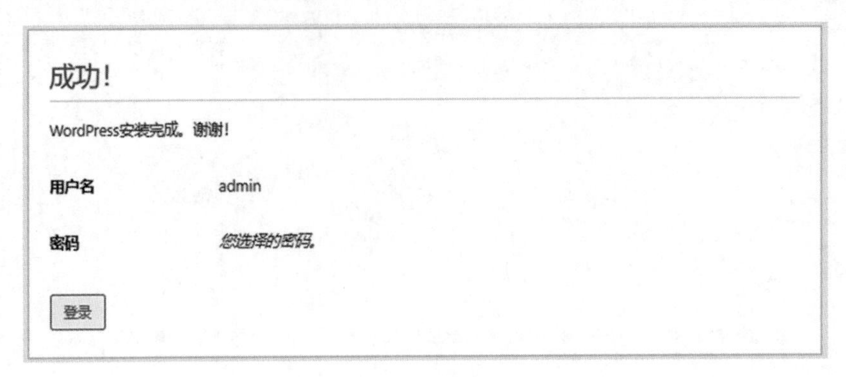

图 2.78　完成 WordPress 安装

单击“登录”按钮,弹出 WordPress 登录界面,如图 2.79 所示。输入用户名或电子邮箱地址和密码,单击“登录”按钮,弹出 my_wordpress 仪表盘界面,如图 2.80 所示。

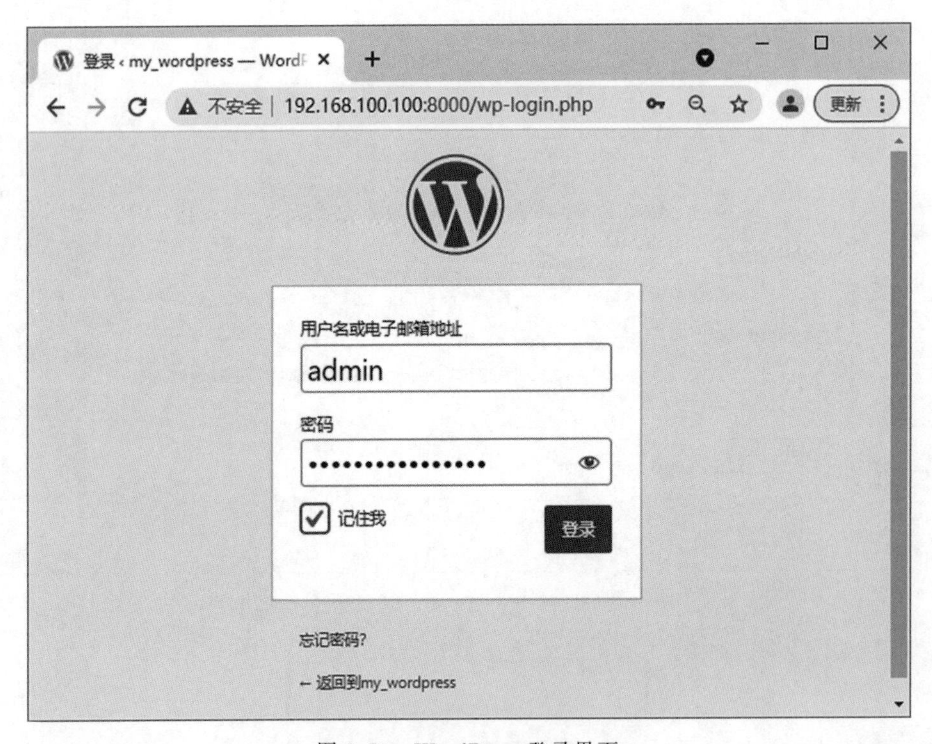

图 2.79　WordPress 登录界面

④ 关闭和清理。

执行 docker-compose down 命令可以删除容器和默认网络,但是会保留存储在卷中的 WordPress 数据库,如果要同时删除卷,执行命令如下。

```
[root@localhost my_wordpress]# docker-compose down --volumes
```

命令执行结果如下。

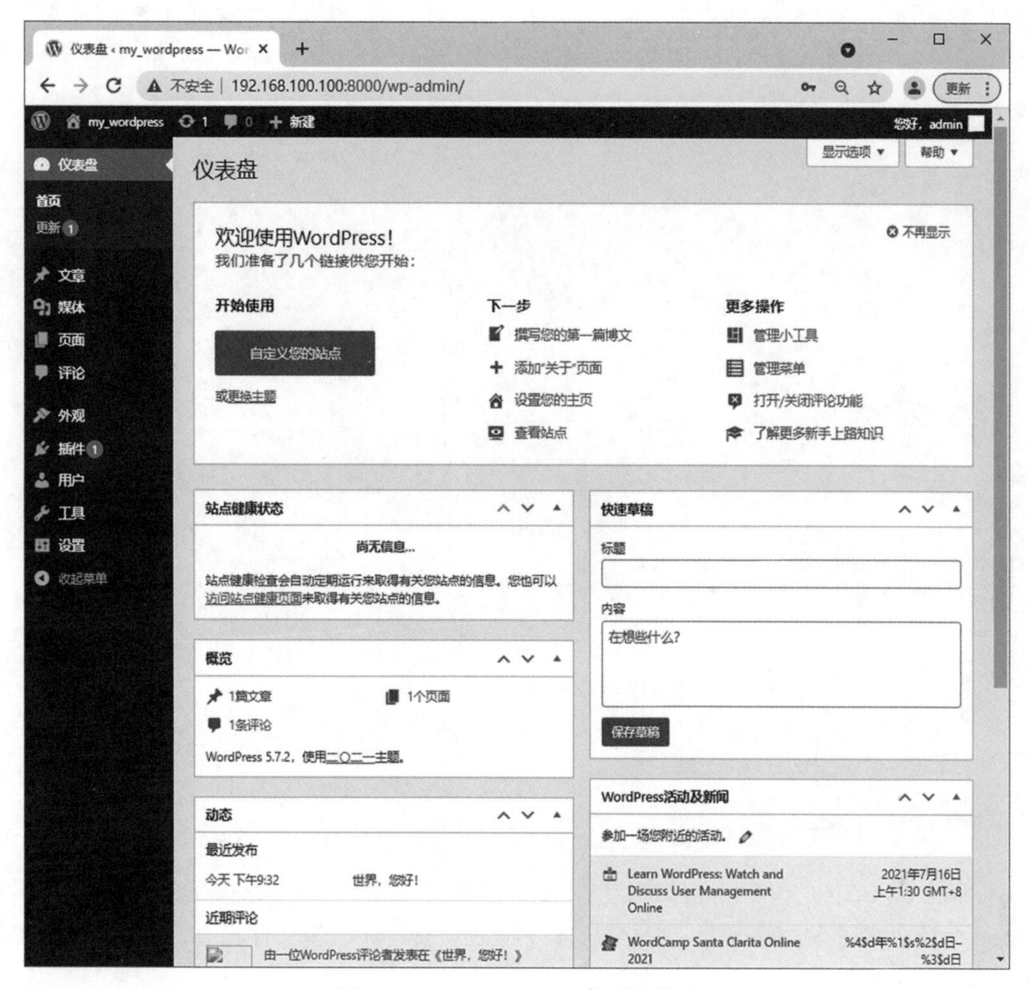

图 2.80　my_wordpress 仪表盘界面

```
Stopping my_wordpress_wordpress_1 ... done
Stopping my_wordpress_db_1        ... done
Removing my_wordpress_wordpress_1 ... done
Removing my_wordpress_db_1        ... done
Removing network my_wordpress_default
Removing volume my_wordpress_db_data
[root@localhost my_wordpress]#
```

2.3.7　从源代码开始构建、部署和管理应用程序

可以使用 Docker Compose 从源代码开始构建、部署和管理应用程序。

1. 编写单个服务的 Compose 文件

对于单个服务容器的部署，可以使用 Docker 命令轻松实现，但是如果涉及的选项和参数比较多，则采用 Compose 文件实现更为方便。下面编写 docker-compose.yml 文件，使用 Docker Compose 部署 MySQL 8.0 服务，执行命令如下。

```
[root@localhost ~]# vim docker-compose.yml
```

命令执行结果如下。

```
version: '3.7'
services:
    mysql:
        image: mysql:8
        container_name: mysql8
        ports:
        - 3306:3306
        command:
            --default-authentication-plugin=mysql_native_password
            --character-set-server=utf8mb4
            --collation-server=utf8mb4_general_ci
            --explicit_defaults_for_timestamp=true
            --lower_case_table_names=1
        environment:
        - MYSQL_ROOT_PASSWORD=root
        volumes:
        - /etc/localtime:/etc/localtime:ro
        - mysql8-data:/var/lib/mysql
volumes:
    mysql8-data: null
[root@localhost ~]#
```

从上面的 Compose 文件中,可以看出仅基于已有镜像定义了一个 MySQL 服务,其中通过 command 命令定义了 MySQL 的一些设置,另外将 MySQL 数据库文件保存在卷中,使用主机的 /etc/localtime 文件设置 MySQL 容器的时间。

编写好 Compose 文件之后,可以执行 docker-compose config 命令进行验证和查看,执行命令如下。

```
[root@localhost ~]# docker-compose config
```

命令执行结果如下。

```
services:
    mysql:
        command: --default-authentication-plugin=mysql_native_password --character-set-
server=utf8mb4
            --collation-server=utf8mb4_general_ci --explicit_defaults_for_timestamp=true
            --lower_case_table_names=1
        container_name: mysql8
        environment:
            MYSQL_ROOT_PASSWORD: root
        image: mysql:8
        ports:
```

```
        - published: 3306
          target: 3306
        volumes:
        - /etc/localtime:/etc/localtime:ro
        - mysql8-data:/var/lib/mysql:rw
version: '3.7'
volumes:
    mysql8-data: {}
[root@localhost ~]#
```

验证结果正常，并以更规范的形式显示整个 Compose 文件。

启动 MySQL 服务，执行命令如下。

```
[root@localhost ~]# docker-compose up -d
```

命令执行结果如下。

```
Creating network "root_default" with the default driver
Creating volume "root_mysql8-data" with default driver
Pulling mysql (mysql:8)...
8: Pulling from library/mysql
b4d181a07f80: Already exists
……//省略部分内容
Creating mysql8 ... done
[root@localhost ~]#
```

查看正在运行的服务，可以发现 MySQL 服务正常运行，执行命令如下。

```
[root@localhost ~]# docker-compose ps
```

命令执行结果如下。

```
Name         Command                         State          Ports
---------------------------------------------------------------------------------------
mysql8 docker-entrypoint.sh --def ... Up              0.0.0.0:3306->3306/tcp, 33060/tcp
[root@localhost ~]#
```

实验完成后，可以进行关闭并清理服务操作，执行命令如下。

```
[root@localhost ~]# docker-compose down --volumes
```

命令执行结果如下。

```
Stopping mysql8 ... done
Removing mysql8 ... done
Removing network root_default
Removing volume root_mysql8-data
```

```
[root@localhost ~]# docker-compose ps
Name Command State Ports
------------------------------
[root@localhost ~]#
```

2. 编写多个服务的 Compose 文件

Django 是一个基于 Python 的 Web 应用框架,它与 Python 的另外的 Web 应用框架 Flask 最大的区别是,它奉行"包含一切"的理念。该理念即为:创建 Web 应用所需的通用功能都应该包含到框架中,而不应存在于独立的软件包中。例如,身份验证、URL 路由、模板系统、对象关系映射和数据库迁移等功能都已包含在 Django 框架中,这虽然看上去失去了弹性,但是可以在构建网站时更加有效率。

Docker Compose 主要用于编排多个服务,这种情形要重点考虑各服务的依赖关系和相互通信。这里给出部署 Django 框架的示例,示范如何使用 Docker Compose 建立和运行简单的使用 Django 和 PostgreSQL 应用程序。

(1) 定义项目组件。

在这个项目中,需要创建一个 Dockerfile 文件、一个 Python 依赖文件和一个名为 docker-compose.yml 的 Compose 文件。

① 创建一个空的项目目录。

这个目录为应用程序镜像的构建上下文,应当包括构建镜像的资源。创建名为 django-ps 的项目目录,并将当前工作目录切换到该项目目录,执行命令如下。

```
[root@localhost ~]# mkdir django-ps
[root@localhost ~]# cd django-ps
```

② 在该项目目录下创建并编辑 Dockerfile 文件。

执行命令如下。

```
[root@localhost django-ps]# vim Dockerfile
```

命令执行结果如下。

```
#从 Python 3 父镜像开始
FROM python:3
ENV PYTHONUNBUFFERED 1
#在镜像中添加 code 目录
RUN mkdir /code
WORKDIR /code
COPY requirements.txt /code/
#在镜像中安装由 requirements.txt 文件指定要安装的 Python 依赖
RUN pip install -r requirements.txt
COPY . /code/
[root@localhost django-ps]#
```

Dockerfile 通过若干配置镜像的构建指令定义一个镜像的内容,一旦完成构建,就可以在容器中运行该镜像。

③ 在该项目目录下创建并编辑 requirements. txt 文件。

执行命令如下。

```
[root@localhost django-ps]# vim requirements.txt
```

命令执行结果如下。

```
Django>=2.0,<3.0
psycopg2>=2.7,<3.0
[root@localhost django-ps]#
```

Python 项目中包含一个 requirements. txt 文件，用于记录所有依赖及其可用版本号范围，以便于部署依赖。

④ 在该项目目录下创建并编辑 docker-compose. yml 文件。

执行命令如下。

```
[root@localhost django-ps]# vim docker-compose.yml
```

命令执行结果如下。

```
version: '3'
services:
    db:
        image: postgres
        environment:
            - POSTGRES_DB=postgres
            - POSTGRES_USER=postgres
            - POSTGRES_PASSWORD=postgres
        volumes:
            - db_data:/var/lib/postgresql
    web:
        build: .
        command: python manage.py runserver 0.0.0.0:8000
        volumes:
            - .:/code
        ports:
            - "8000:8000"
        depends_on:
        - db
volumes:
        db_data: {}
[root@localhost django-ps]#
```

docker-compose. yml 文件描述了组成应用程序的服务，其中定义了两个服务：一个是名为 db 的 PostgresSQL 数据库；另一个是名为 web 的 Django 应用程序，它还描述了服务所用的 Docker 镜像、服务如何连接、服务要暴露的端口，以及需要挂载到容器中的卷。

(2) 创建 Django 项目。

通过上一步定义的构建上下文、构建镜像来创建一个 Django 初始项目。

① 在该项目目录下,通过执行 docker-compose run 命令创建 Django 项目,执行命令如下。

```
[root@localhost django-ps]#docker-compose run web django-admin startproject myexample .
```

命令执行结果如下。

```
Creating network "django-ps_default" with the default driver
Creating volume "django-ps_db_data" with default driver
Pulling db (postgres:)...
latest: Pulling from library/postgres
b4d181a07f80: Already exists
46ca1d02c28c: Pull complete
……//省略部分内容
Successfully tagged django-ps_web:latest
WARNING: Image for service web was built because it did not already exist. To rebuild this image you must
use `docker-compose build` or `docker-compose up --build`.
[root@localhost django-ps]#
```

docker-compose run 命令让 Docker Compose 使用 Web 服务的镜像和配置在一个容器中执行 django-admin startproject myexample 命令。因为 Web 镜像不存在,所以 Docker Compose 按照 docker-compose.yml 文件中的“build:.”行的定义,从当前目录构建该镜像。Web 镜像构建完毕后,Docker Compose 在容器中执行 django-admin startproject 命令,该命令引导 Django 创建一个 Django 项目,即一组特定的文件和目录。

② 执行完以上 docker-compose 命令之后,可以查看所创建项目目录的内容,执行命令如下。

```
[root@localhost django-ps]# ll
```

命令执行结果如下。

```
总用量 16
-rw-r--r-- 1  root root  398  7月  13 22:24 docker-compose.yml
-rw-r--r-- 1  root root  147  7月  13 22:11 Dockerfile
-rwxr-xr-x 1  root root  629  7月  13 23:53 manage.py
drwxr-xr-x 2  root root  74   7月  13 23:53 myexample
-rw-r--r-- 1  root root  37   7月  13 22:14 requirements.txt
[root@localhost django-ps]#
```

本示例在 Linux 平台上运行 Docker,由 django-admin 所创建的文件的所有者为 root,这是因为容器以 root 身份运行。可以修改这些文件的所有者,执行命令如下。

```
[root@localhost django-ps]# chown -R $USER:$USER .
```

(3) 连接数据库。

现在可以为 Django 设置数据库连接了。

① 编辑项目目录中的 myexample/settings. py 文件，对其中的 ALLOWED_HOSTS 与 DATABASES 定义进行如下修改。

```
[root@localhost django-ps]# cd myexample
[root@localhost myexample]# ll
```

命令执行结果如下。

```
用量 12
-rw-r--r-- 1   root root   0     7月   13 23:53 __init__.py
-rw-r--r-- 1   root root   3098  7月   13 23:53 settings.py
-rw-r--r-- 1   root root   751   7月   13 23:53 urls.py
-rw-r--r-- 1   root root   395   7月   13 23:53 wsgi.py
[root@localhost myexample]# vim settings.py
```

命令执行结果如下。

```
ALLOWED_HOSTS = ['*']
DATABASES = {
    'default': {
        'ENGINE': 'django.db.backends.postgresql',
        'NAME': 'postgres',
        'USER': 'postgres',
        'PASSWORD': 'postgres',
        'HOST': 'db',
        'PORT': 5432,
    }
}
[root@localhost myexample]#
```

这些设置由 docker-compose. yml 文件所指定的 postgres 镜像所决定。保存并关闭该文件。

如果提示端口 8000 已经被占用，可使用 docker ps 命令进行查看，也可使用 docker stop 命令停止相应容器服务。

② 在项目目录下执行 docker-compose up 命令。

```
[root@localhost django-ps]# docker-compose up
```

命令执行结果如下。

```
Starting django-ps_db_1 ... done
Starting django-ps_web_1 ... done
Attaching to django-ps_db_1, django-ps_web_1
db_1 |
……//省略部分内容
web_1 | Starting development server at http://0.0.0.0:8000/
web_1 | Quit the server with CONTROL-C.
```

至此,Django应用程序开始在Docker主机的8000端口上运行。打开浏览器访问http://192.168.100.100:8000网址,出现Django欢迎界面,说明Django部署成功,如图2.81所示。

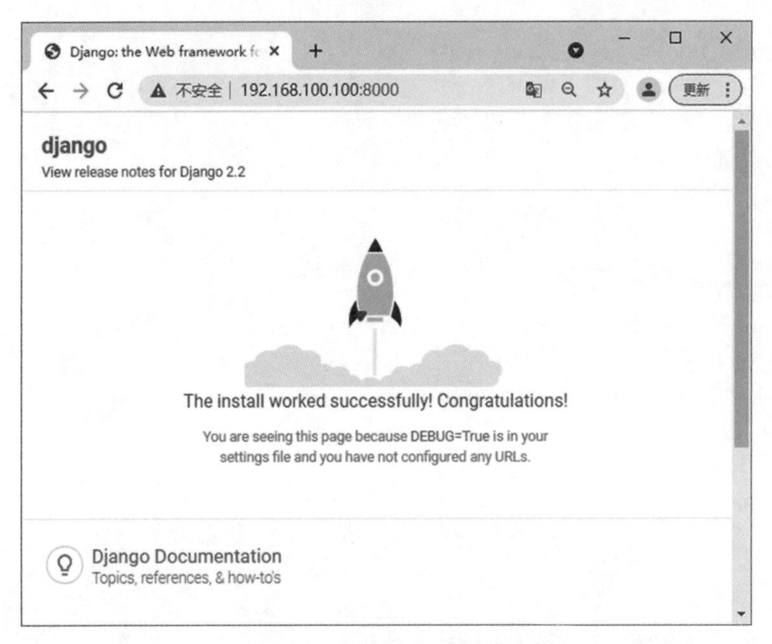

图2.81 Django部署成功

③ 关闭并清理服务。

可以在当前终端窗口按Ctrl+C组合键结束应用程序的运行,也可以打开另一个终端窗口,切换到项目目录下,执行docker-compose down --volumes命令,删除整个项目目录,执行命令如下。

```
[root@localhost django-ps]# docker-compose down --volumes
```

命令执行结果如下。

```
Removing django-ps_web_1                     ... done
Removing django-ps_web_run_c22d641daf0c      ... done
Removing django-ps_db_1                      ... done
Removing network django-ps_default
Removing volume django-ps_db_data
[root@localhost django-ps]#
```

3. 使用Docker Compose部署Web应用程序

Flask是一个微型的基于Python开发的Web框架,使Web应用程序开发人员能够编写应用程序,而不必在意协议、线程管理等细节。下面通过Flask框架和Redis服务部署Python Web应用程序,Python开发环境和Redis可以由Docker镜像提供,不必安装。本示例程序很简单,并不要求读者熟悉Python编程,其实现机制如图2.82所示。

(1) 创建项目目录并准备应用程序的代码及其依赖关系。

创建项目目录,并将当前目录切换到该项目目录,执行命令如下。

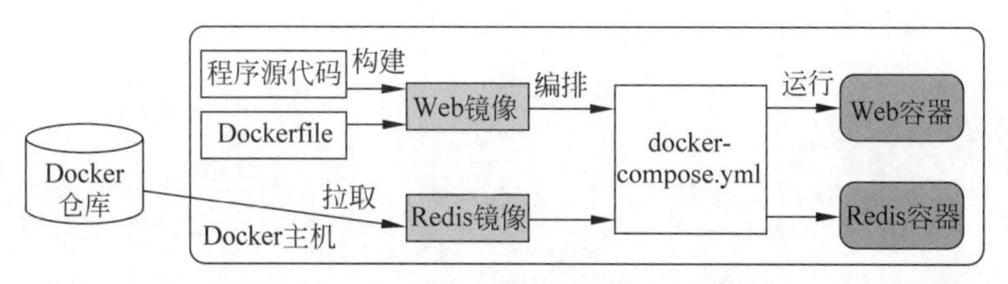

图 2.82　Python Web 应用程序的实现机制

```
[root@localhost ~]# mkdir flask-web -p
[root@localhost ~]# cd flask-web
[root@localhost flask-web]#
```

在该项目目录中创建 app.py 文件，执行命令如下。

```
[root@localhost flask-web]# vim app.py
```

命令执行结果如下。

```
import time
import redis
from flask import Flask
app = Flask(__name__)
cache = redis.Redis(host='redis', port=6379)
def get_hit_count():
    retries = 5
    while True:
        try:
            return cache.incr('hits')
        except redis.exceptions.ConnectionError as exc:
            if retries == 0:
                raise exc
            retries -= 1
            time.sleep(0.5)
@app.route('/')
def hello():
        count = get_hit_count()
        return 'Hello from Docker! I have been seen {} times.\n'.format(count)
if __name__ == "__main__":
        app.run(host="0.0.0.0", debug=True)
[root@localhost flask-web]#
```

在这个示例中，redis 是应用程序网络上的 Redis 容器的主机名，这里使用 Redis 服务的默认端口 6379。

在项目目录中创建文本文件 requirements.txt，执行命令如下。

```
[root@localhost flask-web]# vim requirements.txt
```

命令执行结果如下。

```
flask
redis
[root@localhost flask-web]#
```

(2) 创建 Dockerfile。

编写用于构建 Docker 镜像的 Dockerfile,该镜像包含 Python 应用程序的所有依赖关系(包括 Python 自身在内)。在项目目录中创建名为 Dockerfile 的文件,执行命令如下。

```
[root@localhost flask-web]# vim Dockerfile
```

命令执行结果如下。

```
#基于 python:3.7-alpine 镜像构建此镜像
FROM python:3.7-alpine
#将当前目录添加到镜像的/code 目录中
ADD . /code
#将工作目录设置为/code
WORKDIR /code
#安装 Python 依赖
RUN pip install -r requirements.txt
#将启动容器的默认命令设置为 python app.py
CMD ["python", "app.py"]
[root@localhost flask-web]#
```

(3) 在 Compose 文件中定义服务。

在项目目录中创建名为 docker-compose.yml 的文件,执行命令如下。

```
[root@localhost flask-web]# vim docker-compose.yml
```

命令执行结果如下。

```
version: '3'
services:
    web:
        build: .
        ports:
        - "5000:5000"
        volumes:
        - .:/code
    redis:
        image: "redis:alpine"
[root@localhost flask-web]#
```

这个 Compose 文件定义了 Web 和 Redis 这两个服务。Web 服务使用基于当前目录的 Dockerfile 构建的镜像,将容器上的 5000 端口映射到主机上的 5000 端口,这里使用 Flask Web 服务器的默认端口 5000，Redis 服务拉取 Redis 镜像。

（4）通过 Docker Compose 构建并运行应用程序。

在项目目录中执行 docker-compose up 命令启动应用程序，执行命令如下。

```
[root@localhost flask-web]# docker-compose up
```

命令执行结果如下。

```
Creating network "flask-web_default" with the default driver
Building web
Step 1/5 : FROM python:3.7-alpine
3.7-alpine: Pulling from library/python
5843afab3874: Pull complete
……//省略部分内容
web_1 | * Debugger PIN: 952-984-626
web_1 | 172.22.0.1 - - [13/Jul/2021 20:26:51] "GET / HTTP/1.1" 200 -
```

Docker Compose 会下载 Redis 镜像，基于 Dockerfile 从准备的程序代码中构建镜像，并启动定义的服务。这个示例中，代码在构建时直接被复制到镜像中。

① 切换到另一个终端窗口，使用 curl 工具访问 http://172.22.0.3:5000，查看返回的信息，执行命令如下。

```
[root@localhost ~]# curl http://172.22.0.3:5000
```

命令执行结果如下。

```
Hello from Docker! I have been seen 1 times.
```

② 再次执行上述命令，会发现次数增加。

```
[root@localhost ~]# curl http://172.22.0.3:5000
```

命令执行结果如下。

```
Hello from Docker! I have been seen 2 times.
[root@localhost ~]#
```

③ 执行 docker images 命令列出本地镜像，执行命令如下。

```
[root@localhost ~]# docker images
```

命令执行结果如下。

```
REPOSITORY        TAG           IMAGE ID        CREATED          SIZE
flask-web_web     latest        68d83f44b432    9 minutes ago    54.5MB
redis             alpine        500703a12fa4    7 days ago       32.3MB
python            3.7-alpine    93ac4b41defe    13 days ago      41.9MB
[root@localhost ~]#
```

(5) 查看当前正在运行的服务。

如果要在后台运行服务,则可以在使用 docker-compose up 命令时加上-d 选项,执行命令如下。

```
[root@localhost flask-web]# docker-compose up -d
```

命令执行结果如下。

```
flask-web_redis_1 is up-to-date
flask-web_web_1 is up-to-date
[root@localhost flask-web]#
```

然后执行 docker-compose ps 命令来查看当前正在运行的服务,执行命令如下。

```
[root@localhost flask-web]# docker-compose ps
```

命令执行结果如下。

```
        Name            Command                          State          Ports
-------------------------------------------------------------------------------------------
flask-web_redis_1 docker-entrypoint.sh redis ...       Up             6379/tcp
flask-web_web_1   python app.py                        Up             0.0.0.0:5000->5000/tcp
[root@localhost   flask-web]#
```

还可以执行 docker-compose run web env 命令查看 Web 服务的环境变量,执行命令如下。

```
[root@localhost flask-web]# docker-compose run web env
```

命令执行结果如下。

```
PATH=/usr/local/bin:/usr/local/sbin:/usr/local/bin:/usr/sbin:/usr/bin:/sbin:/bin
HOSTNAME=3f3cea0b1fa1
TERM=xterm
LANG=C.UTF-8
GPG_KEY=0D96DF4D4110E5C43FBFB17F2D347EA6AA65421D
PYTHON_VERSION=3.7.11
PYTHON_PIP_VERSION=21.1.3
PYTHON_GET_PIP_URL=https://github.com/pypa/get-pip/raw/a1675ab6c2bd898ed82b1f58c486
097f763c74a9/public/get-pip.py
PYTHON_GET_PIP_SHA256=6665659241292b2147b58922b9ffe11dda66b39d52d8a6f3aa310bc1d60ea6f7
HOME=/root
[root@localhost flask-web]#
```

最后停止应用程序,完全删除容器以及卷,执行命令如下。

```
[root@localhost flask-web]# docker-compose down --volumes
```

命令执行结果如下。

```
Stopping flask-web_web_1 ... done
Stopping flask-web_redis_1 ... done
……//省略部分内容
Removing network flask-web_default
[root@localhost flask-web]#
```

至此,完成了整个应用程序构建、部署和管理的全过程。

2.3.8　私有镜像仓库 Harbor 部署

Harbor 可用于部署多个 Docker 容器,因此可以部署在任何支持 Docker 的 Linux 发行版上,服务端主机需要安装 Docker、Python 和 Docker Compose。

1. 部署 Harbor 所依赖的 Docker Compose 服务

(1) 下载最新版的 Docker Compose,执行命令如下。

```
[root@localhost ~]# curl -L https://github.com/docker/compose/releases/download/1.24.1/docker-compose-`uname -s`-`uname -m` -o /usr/local/bin/docker-compose
```

(2) 添加可执行的权限,执行命令如下。

```
[root@localhost ~]# chmod +x /usr/local/bin/docker-compose
```

(3) 查看 Docker Compose 版本,执行命令如下。

```
[root@localhost ~]# docker-compose --version
```

命令执行结果如下。

```
docker-compose version 1.24.1, build 4667896b
[root@localhost ~]#
```

2. 下载 Harbor 安装包

(1) 下载最新版 Harbor 安装包,执行命令如下。

```
[root@localhost ~]# wget https://storage.googleapis.com/harbor-releases/release-1.6.0/harbor-offline-installer-v1.6.0.tgz
```

命令执行结果如下。

```
--2021-07-15 18:07:09-- https://storage.googleapis.com/harbor-releases/release-1.6.0/harbor-offline-installer-v1.6.0.tgz
正在解析主机 storage.googleapis.com (storage.googleapis.com)... 172.217.160.112, 172.217.24.16, 216.58.200.48, ...
```

```
正在连接 storage.googleapis.com (storage.googleapis.com)|172.217.160.112|:443... 已连接.
已发出 HTTP 请求,正在等待回应... 200 OK
长度:694863055 (663M) [application/x-tar]
正在保存至: "harbor-offline-installer-v1.6.0.tgz"
100%[===============>] 694,863,055 36.5MB/s 用时 24s
2021-07-15 18:07:34 (28.0 MB/s) - 已保存 "harbor-offline-installer-v1.6.0.tgz" [694863055/
694863055])
[root@localhost ~]#
```

(2) 进行 Harbor 安装包解压,执行命令如下。

```
[root@localhost ~]# tar xvf harbor-offline-installer-v1.6.0.tgz
```

命令执行结果如下。

```
harbor/common/templates/
harbor/common/templates/nginx/
harbor/common/templates/nginx/nginx.https.conf
……//省略部分内容
harbor/docker-compose.chartmuseum.yml
[root@localhost ~]#
```

3. 配置 Harbor 文件

安装之前需要修改 IP 地址,配置参数位于 harbor/harbor.cfg 文件中,修改管理员的密码,执行命令如下。

```
[root@localhost ~]# ll harbor/harbor.cfg
```

命令执行结果如下。

```
-rw-r--r-- 1 root root 7913 9月 7 2018 harbor/harbor.cfg
[root@localhost ~]# cd harbor
[root@localhost harbor]# vim harbor.cfg
```

命令执行结果如下。

```
hostname = 192.168.100.100
#admin用户的密码
harbor_admin_password = Harbor12345
[root@localhost harbor]#
```

在 harbor.cfg 配置文件中有两类参数:所需参数和可选参数。

(1) 所需参数。

这些参数需要在配置文件 harbor.cfg 中设置。如果用户更新它们并运行 install.sh 脚本重新安装 Harbor,参数将生效,具体参数如下。

hostname:主机名,用于访问用户界面和 Register 服务。它应该是目标机器的 IP 地址或完全限定的域名(Fully Qualified Domain Name,FQDN),例如,192.168.100.100 或 reg.mydomain.com。不要使用 localhost 或 127.0.0.1 为主机名。

ui_url_protocol:值为 HTTP 或 HTTPS,默认为 HTTP,用于访问 UI 和令牌/通知服务的协议。如果公证处于启用状态(即安全认证状态),则此参数必须为 HTTPS。

max_job_workers:镜像复制作业线程。

db_password:用于 db_auth 的 MySQL 数据库 root 用户的密码。

customize_crt:该参数可设置为打开或关闭,默认为打开。打开此参数时,准备脚本创建私钥和根证书,用于生成/验证注册表令牌。当由外部来源提供密钥和根证书时,将此属性设置为关闭。

ssl_cert:安全套接字层(Secure Socket Layer,SSL)证书的路径,仅当 ui_url_protocol 协议设置为 HTTPS 时才应用。

ssl_cert_key:SSL 密钥的路径,仅当 ui_url_protocol 协议设置为 HTTPS 时才应用。

secretkey_path:用于在复制策略中加密或解密远程 Register 密码的密钥路径。

(2) 可选参数。

这些参数是可选的,即用户可以将其保留为默认值,并在启动 Harbor 后在 Web UI 上进行更新。这些参数如果被写入 harbor.cfg,只会在第一次启动 Harbor 时生效,之后对这些参数的更新将被 Harbor 忽略。

如果选择通过 UI 设置这些参数,应确保在启动 Harbor 后立即执行此操作。具体来说,必须在注册或在 Harbor 中创建任何新用户之前设置所需的 auth_mode 参数。当系统中有用户(除了默认的 admin 用户)时,auth_mode 不能被修改。具体参数如下。

Email:Harbor 需要该参数才能向用户发送"密码重置"电子邮件,并且只有在需要使用密码重置功能时才需要设置。注意,在默认情况下(SSL 连接时)没有启用。如果简单邮件传送协议(Simple Mail Transfer Protocol,SMTP)服务器需要 SSL,但不支持 STARTTLS(STARTTLS 是一种明文通信协议的扩展,它能够让明文的通信连线直接成为加密连线,使用 SSL 或 TLS 加密),那么应该通过设置启用 SSL(email_ssl = TRUE)。

harbor_admin_password:管理员的初始密码,只在 Harbor 第一次启动时生效。之后,此设置将被忽略,并且应在 UI 中设置管理员的密码。注意,默认的用户名/密码是 admin/Harbor12345。

auth_mode:使用的认证类型,默认情况下,它是 db_auth,即凭据存储在数据库中。对于 LDAP 身份验证,应将其设置为 ldap_auth。

self_registration:启用/禁用用户注册功能。禁用时,新用户只能由 admin 用户创建,只有 admin 用户可以在 Harbor 中创建新用户。注意,当 auth_mode 设置为 ldap_auth 时,自注册功能将始终处于禁用状态。

Token_expiration:由令牌服务创建的令牌的过期时间(单位为分钟),默认为 30 分钟。

project_creation_restriction:用于控制哪些用户有权创建项目的参数。默认情况下,每个人都可以创建一个项目。如果将其值设置为 adminonly,那么只有 admin 可以创建项目。

verify_remote_cert:此参数决定了当 Harbor 与远程 Register 实例通信时是否验证 SSL/TLS(Transport Layer Security,传输层安全协议)证书,默认值为 on。将此参数设置为 off 将绕过 SSL/TLS 验证,这经常在远程实例具有自签名或不可信证书时使用。

另外,默认情况下,Harbor 将镜像存储在本地文件系统上。在生产环境中,可以考虑使用其他存储后端而不是本地文件系统,如 S3 智能分层存储、OpenStack Swif 对象存储、Ceph 分布式存储等,但需要更新 common/templates/registry/config.yml 文件。

4. 安装 Harbor

配置完成后就可以安装 Harbor 了,执行命令如下。

```
[root@localhost harbor]# ll
```

命令执行结果如下。

```
总用量 686068
drwxr-xr-x   3 root root      23     7月    15 18:15 common
-rw-r--r-- 1 root root       727     9月    7 2018 docker-compose.chartmuseum.yml
-rw-r--r-- 1 root root       777     9月    7 2018 docker-compose.clair.yml
……//省略部分内容
-rwxr-xr-x  1 root root      6162    9月    7 2018 install.sh
……//省略部分内容
-rwxr-xr-x  1 root root      39496   9月    7 2018 prepare
[root@localhost harbor]#. install.sh            //安装 Harbor
```

命令执行结果如下。

```
[Step 0]: checking installation environment ...
Note: docker version: 20.10.5
Note: docker-compose version: 1.24.1
[Step 1]: loading Harbor images ...
dba693fc2701: Loading layer 118.7MB/133.4MB
……//省略部分内容
Creating nginx ... done
√ ---- Harbor has been installed and started successfully. ----
Now you should be able to visit the admin portal at http://192.168.100.100.
For more details, please visit https://github.com/goharbor/harbor.
[root@localhost harbor]#
```

Harbor 已经成功完成安装,可以通过浏览器访问 http://192.168.100.100 的管理页面。

5. 查看 Harbor 所有运行容器列表

查看 Harbor 所有运行容器列表,执行命令如下。

```
[root@localhost harbor]# docker-compose ps
```

命令执行结果如图 2.83 所示。

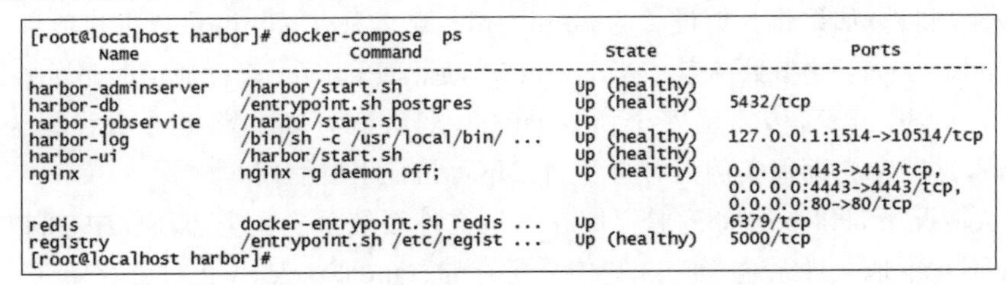

```
[root@localhost harbor]# docker-compose  ps
       Name                    Command                    State                    Ports
-----------------------------------------------------------------------------------------------------
harbor-adminserver   /harbor/start.sh                Up (healthy)
harbor-db            /entrypoint.sh postgres         Up (healthy)   5432/tcp
harbor-jobservice    /harbor/start.sh                Up
harbor-log           /bin/sh -c /usr/local/bin/ ...  Up (healthy)   127.0.0.1:1514->10514/tcp
harbor-ui            /harbor/start.sh                Up (healthy)
nginx                nginx -g daemon off;            Up (healthy)   0.0.0.0:443->443/tcp,
                                                                    0.0.0.0:4443->4443/tcp,
                                                                    0.0.0.0:80->80/tcp
redis                docker-entrypoint.sh redis ...  Up             6379/tcp
registry             /entrypoint.sh /etc/regist ...  Up (healthy)   5000/tcp
[root@localhost harbor]#
```

图 2.83　查看 Harbor 所有运行容器列表

如果一切正常，则可以打开浏览器访问 http://192.168.100.100 的管理页面，默认的管理员和密码分别是 admin 和 Harbor12345，如图 2.84 所示，则表示部署成功。

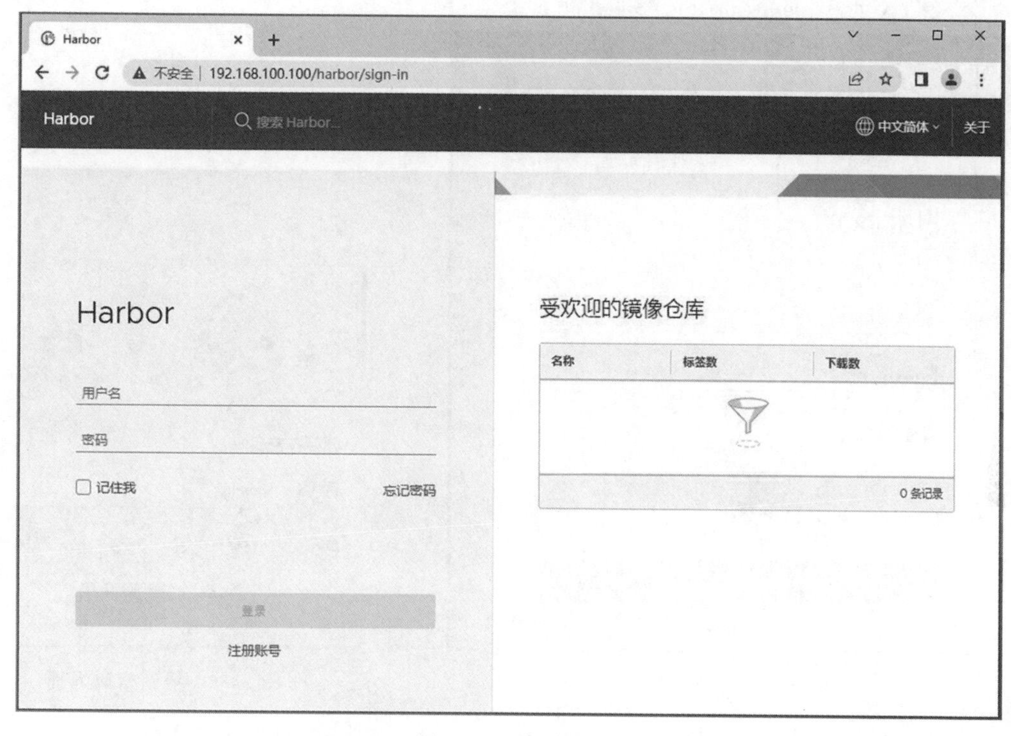

图 2.84　管理页面

2.3.9　Harbor 项目配置与管理

Harbor 部署完成后，可通过 Web 界面进行 Harbor 项目配置与管理操作。

1. 创建一个新项目

在 Web 界面创建新项目的操作步骤如下。

(1) 在用户登录界面输入用户名(admin)和密码(Harbor12345)，如图 2.85 所示。单击"登录"按钮，弹出更新密码界面，如图 2.86 所示。

(2) 登录后进入 Harbor，如图 2.87 所示，可以查看所有项目，也可以单独显示"私有"项目或"公开"项目。

(3) 单击"新建项目"按钮，弹出"新建项目"对话框，将项目命名为 myproject-01，如图 2.88 所示。

项目访问级别可以被设置为"私有"或"公开"，如果将项目访问级别设置为"公开"，则所有人对此项目下的镜像拥有读权限，命令行中不需要执行 docker login 命令即可下载镜像。

(4) 单击"确定"按钮，成功创建新项目后，页面效果如图 2.89 所示。

(5) 此时可使用 Docker 命令在本地通过访问 http://127.0.0.1 来登录和推送镜像，默认情况下 Register 服务器在 80 端口监听，登录 Harbor，执行命令如下。

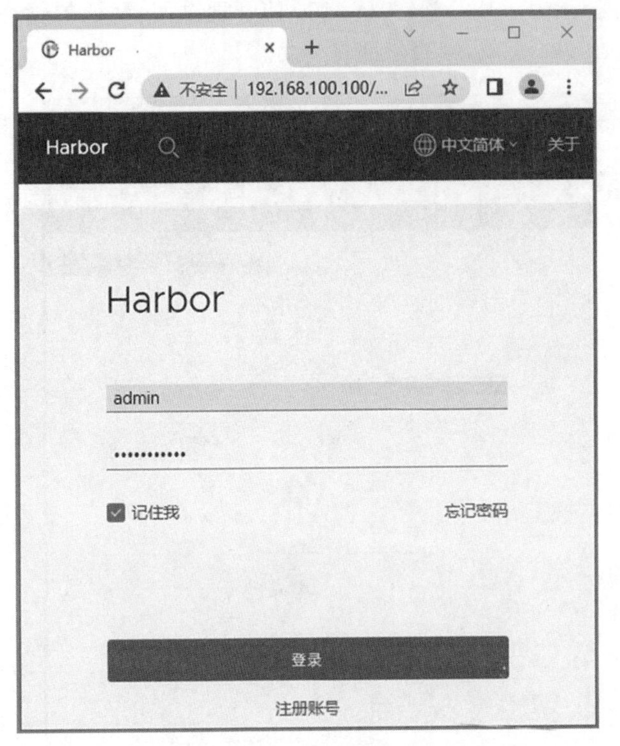

图 2.85　用户登录界面

图 2.86　更新密码界面

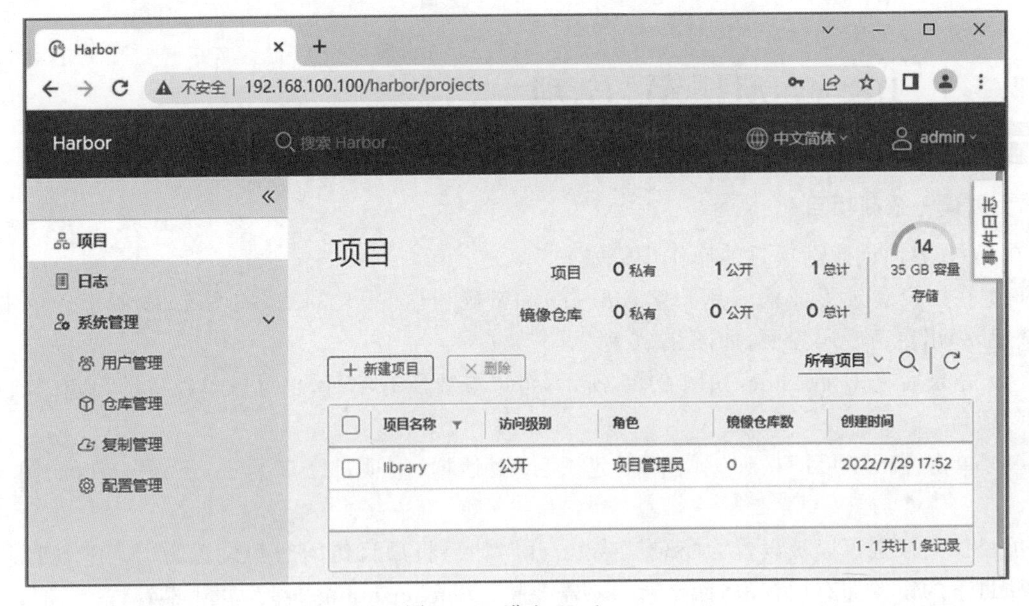

图 2.87　进入 Harbor

图 2.88　新建项目并命名

图 2.89　创建的 myproject-01 项目

```
[root@localhost ~]# cd harbor
[root@localhost harbor]# docker login -u admin -p Harbor12345 http://127.0.0.1
```

命令执行结果如下。

```
WARNING! Using --password via the CLI is insecure. Use --password-stdin.
WARNING! Your password will be stored unencrypted in /root/.docker/config.json.
Configure a credential helper to remove this warning. See
https://docs.docker.com/engine/reference/commandline/login/#credentials-store
Login Succeeded
[root@localhost harbor]#
```

(6) 下载镜像进行测试,执行命令如下。

```
[root@localhost harbor]# docker pull cirros
```

命令执行结果如下。

```
Using default tag: latest
latest: Pulling from library/cirros
……//省略部分内容
Status: Downloaded newer image for cirros:latest
docker.io/library/cirros:latest
[root@localhost harbor]#
```

注意：docker pull 命令拉取的镜像都默认保存在 /var/lib/docker 目录下。

(7) 给镜像添加标签，执行命令如下。

```
[root@localhost harbor]# docker tag cirros 127.0.0.1/myproject-01/cirros:v1
```

(8) 上传镜像到 Harbor，执行命令如下。

```
[root@localhost harbor]# docker push 127.0.0.1/myproject-01/cirros:v1
```

命令执行结果如下。

```
The push refers to repository [127.0.0.1/myproject-01/cirros]
984ad441ec3d: Pushed
f0a496d92efa: Pushed
e52d19c3bee2: Pushed
v1: digest:
sha256:483f15ac97d03dc3d4dcf79cf71ded2e099cf76c340f3fdd0b3670a40a198a22 size: 943
[root@localhost harbor]#
```

(9) 在 Harbor 界面的 myproject-01 目录下，可以看到此镜像及其相关信息，如图 2.90 所示。

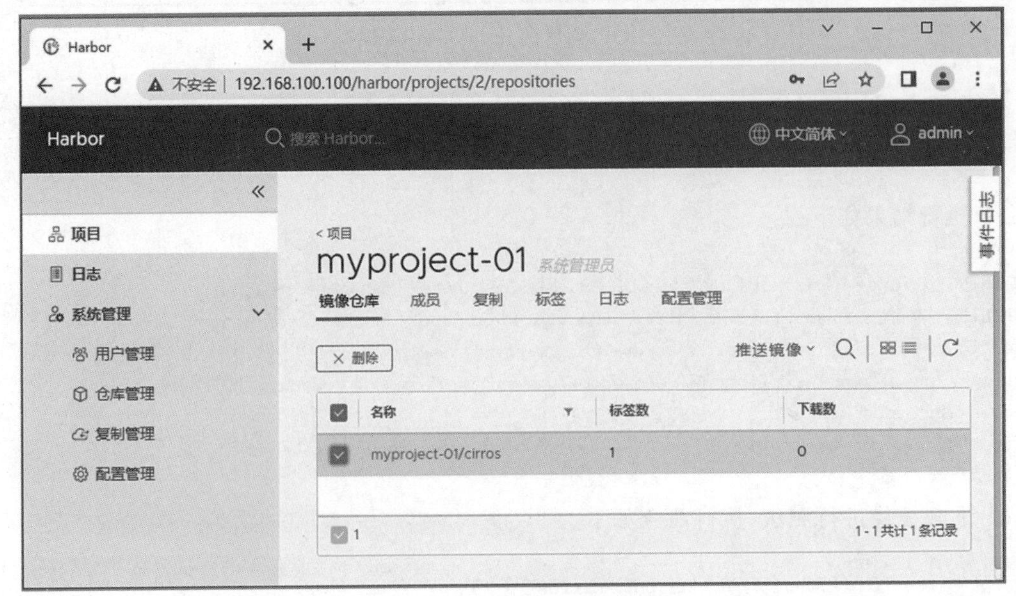

图 2.90 镜像仓库信息

2. 从客户端上传镜像

以上操作都是在Harbor服务器上的本地操作，如果是从其他客户端上传镜像到Harbor，就会报错。出现错误的原因是Docker Registry交互使用HTTPS服务，但是搭建的私有镜像默认使用HTTP服务，所以与私有镜像交互时会出现错误，执行命令如下。

```
[root@localhost harbor]# docker login -u admin -p Harbor12345 http://192.168.100.100
```

命令执行结果如下。

```
WARNING! Using --password via the CLI is insecure. Use --password-stdin.
Error response from daemon: Get https://192.168.100.100/v2/: dial tcp 192.168.100.100:443: connect:
connection refused
[root@localhost harbor]#
```

解决方法：在Docker Server启动前，增加启动参数，默认使用HTTP服务。

(1) 在Docker客户端进行相关配置，执行命令如下。

```
[root@localhost harbor]# vim /usr/lib/systemd/system/docker.service
```

命令执行结果如下。

```
ExecStart=/usr/bin/dockerd -H fd:// --insecure-registry 192.168.100.100 --containerd=/run/
containerd/containerd.sock
[root@localhost harbor]#
```

(2) 重新启动Docker，再次登录，执行命令如下。

```
[root@localhost harbor]# systemctl daemon-reload
[root@localhost harbor]# systemctl restart docker
```

(3) 再次登录Harbor，执行命令如下。

```
[root@localhost harbor]# docker login -u admin -p Harbor12345 http://192.168.100.100
```

命令执行结果如下。

```
WARNING! Using --password via the CLI is insecure. Use --password-stdin.
WARNING! Your password will be stored unencrypted in /root/.docker/config.json.
Configure a credential helper to remove this warning. See
https://docs.docker.com/engine/reference/commandline/login/#credentials-store
Login Succeeded
[root@localhost harbor]#
```

(4) 下载镜像进行测试，执行命令如下。

```
[root@localhost harbor]# docker pull cirros
```

(5) 给镜像添加标签并将镜像上传到 myproject-01 项目中,执行命令如下。

```
[root@localhost harbor]# docker tag cirros 192.168.100.100/myproject-01/cirros:v2
[root@localhost harbor]# docker push 192.168.100.100/myproject-01/cirros:v2
```

命令执行结果如下。

```
The push refers to repository [192.168.100.100/myproject-01/cirros]
984ad441ec3d: Layer already exists
f0a496d92efa: Layer already exists
e52d19c3bee2: Layer already exists
v2: digest:
sha256:483f15ac97d03dc3d4dcf79cf71ded2e099cf76c340f3fdd0b3670a40a198a22 size: 943
[root@localhost harbor]#
```

(6) 查看已上传的镜像,myproject-01 项目内有两个镜像,如图 2.91 所示。

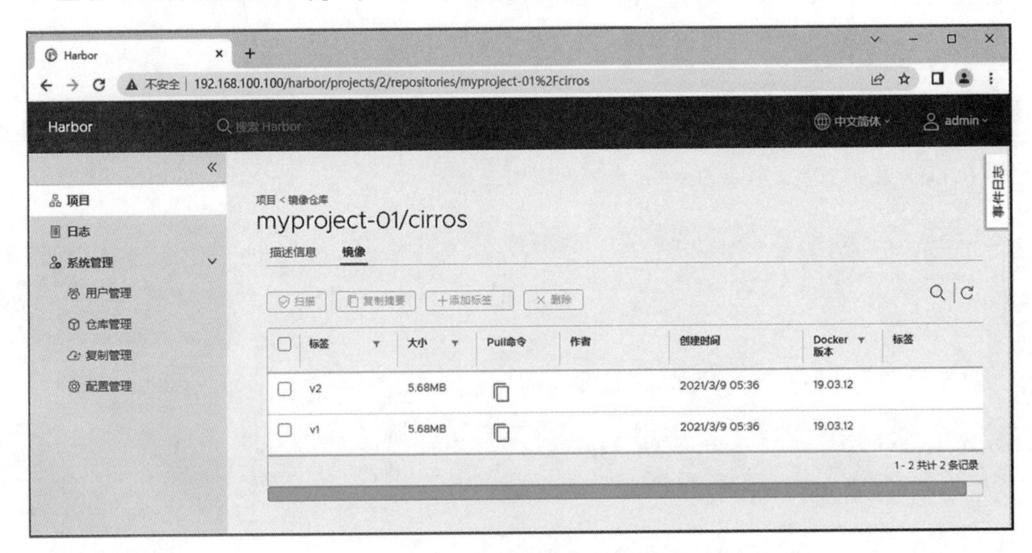

图 2.91 查看已上传的镜像

2.3.10 Harbor 系统管理与维护

Harbor 系统管理包括用户管理、仓库管理、复制管理、配置管理和维护管理。

1. 用户管理

下面是 Harbor 用户管理操作。

选择“系统管理”→“用户管理”选项,进行用户管理,如图 2.92 所示。

(1) 创建用户。

单击“创建用户”按钮,弹出“创建用户”对话框,输入用户名和密码,以及相关信息,如图 2.93 所示。

注意: 密码长度在 8~20 个字符之间且需要包含至少一个大写字符、一个小写字符和一个数字。

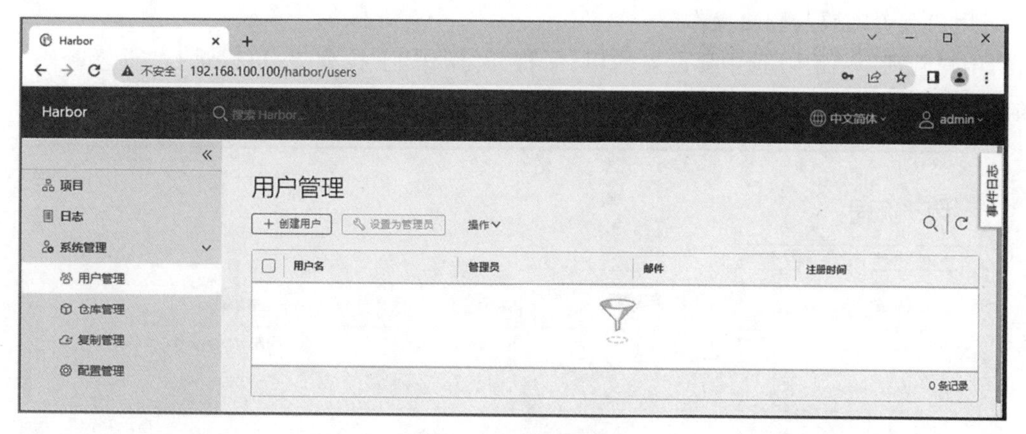

图 2.92　用户管理

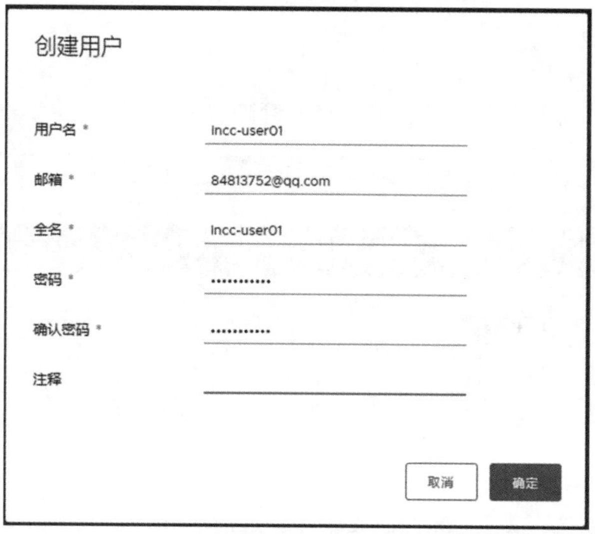

创建用户

用户名 *　lncc-user01

邮箱 *　84813752@qq.com

全名 *　lncc-user01

密码 *　···········

确认密码 *　···········

注释

取消　确定

图 2.93　创建用户

(2) 设置用户权限。

在“用户管理”界面中，选中要设置权限的用户，单击“设置为管理员”按钮，如图 2.94 所示。

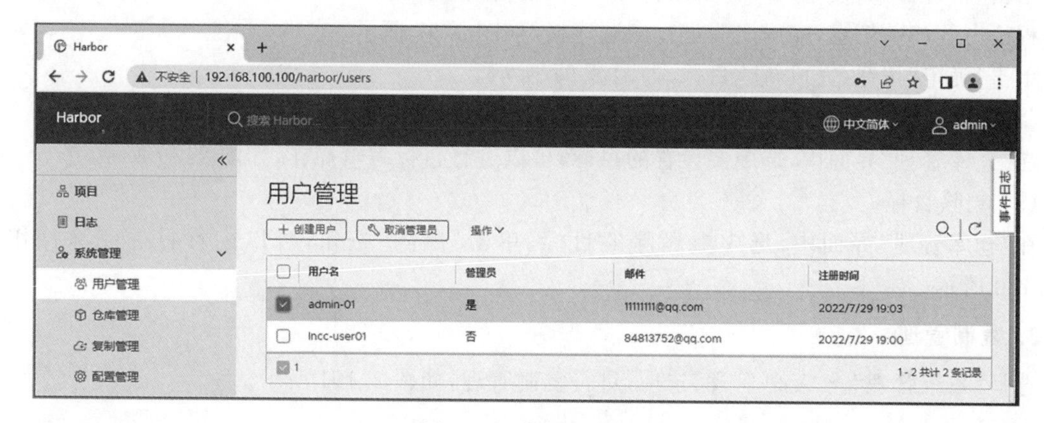

图 2.94　管理员设置

(3) 用户重置密码与删除操作。

在“用户管理”界面中,选中要设置的用户,打开“操作”下拉列表,可以进行“重置密码”与“删除”操作,如图 2.95 所示。

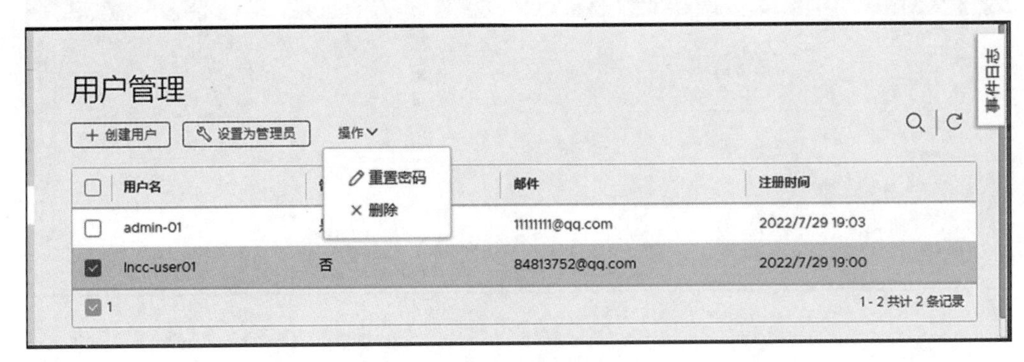

图 2.95 “重置密码”与“删除”操作

2. 仓库管理

选择“系统管理”→“仓库管理”选项,进行仓库管理,如图 2.96 所示。

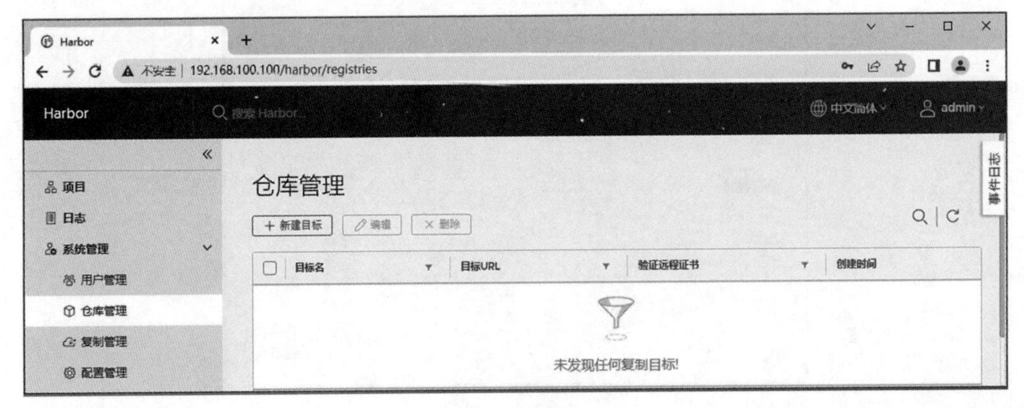

图 2.96 仓库管理

(1) 新建目标。

单击“新建目标”按钮,弹出“新建目标”对话框,输入目标名、目标 URL、用户名和密码,以及验证远程证书等相关信息,完成之后进行测试连接,如图 2.97 所示。

单击“确定”按钮,完成新建目标,如图 2.98 所示。

(2) 编辑目标。

在“仓库管理”界面中,选中要设置的目标,可以进行目标编辑操作,如图 2.99 所示。

(3) 删除目标。

在“仓库管理”界面中,选中要删除的目标,单击“删除”按钮,可以进行目标删除操作,如图 2.100 所示。

3. 复制管理

选择“系统管理”→“复制管理”选项,进行复制管理,如图 2.101 所示。

图 2.97　新建目标

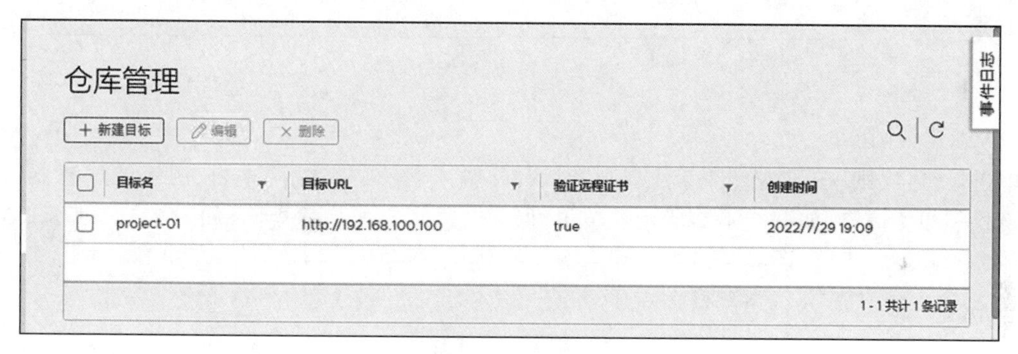

图 2.98　新建目标列表

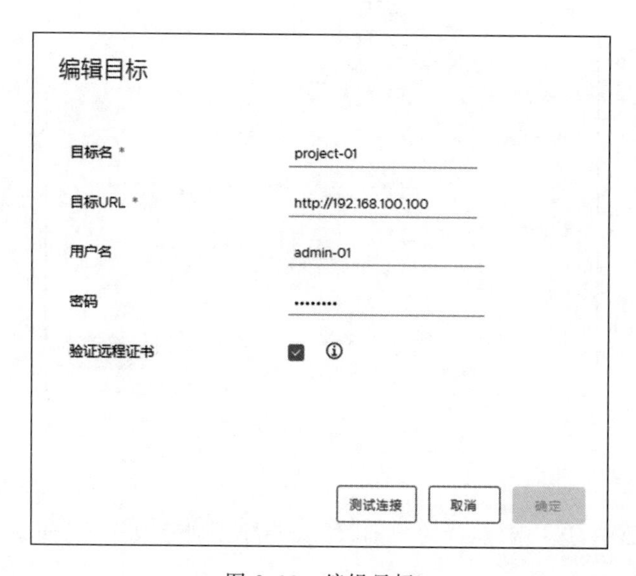

图 2.99　编辑目标

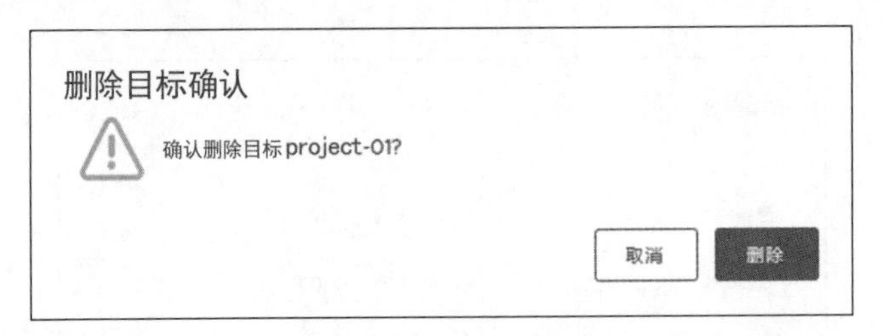

图 2.100　删除目标确认

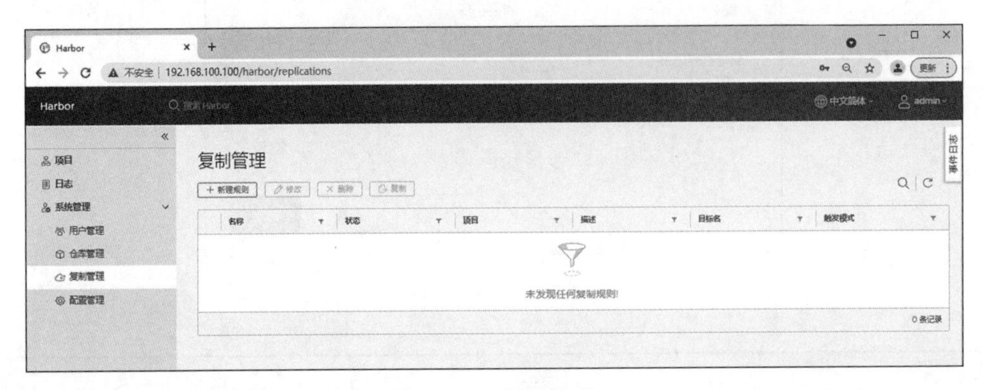

图 2.101　复制管理

(1) 新建规则。

单击“新建规则”按钮,弹出“新建规则”对话框,输入名称、描述、源项目、源镜像过滤器、目标、触发模式等相关信息,如图 2.102 所示。单击“保存”按钮,完成新建规则,如图 2.103 所示。

图 2.102　新建规则

(2) 修改规则。

在“复制管理”界面中,选中要设置的规则,可以进行规则修改操作,如图 2.104 所示。

(3) 删除规则。

复制管理
+ 新建规则
修改
删除
复制
事件日志
名称
状态
项目
描述
目标名
触发模式
rule-01
Enabled
myproject-01
规则1
project-01
Manual
1-1共计1条记录

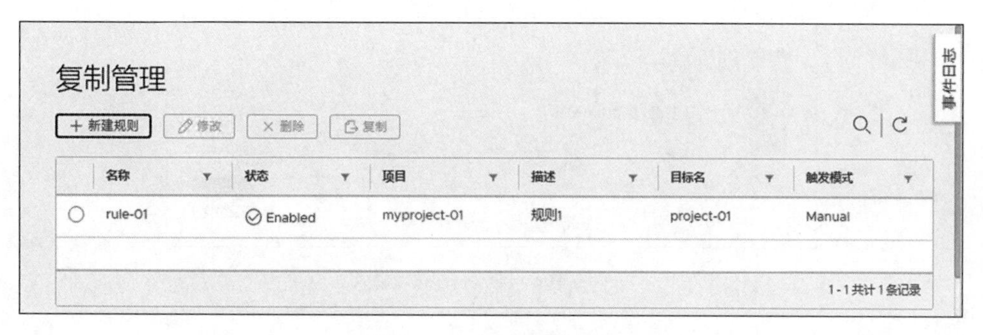

图 2.103 新建规则列表

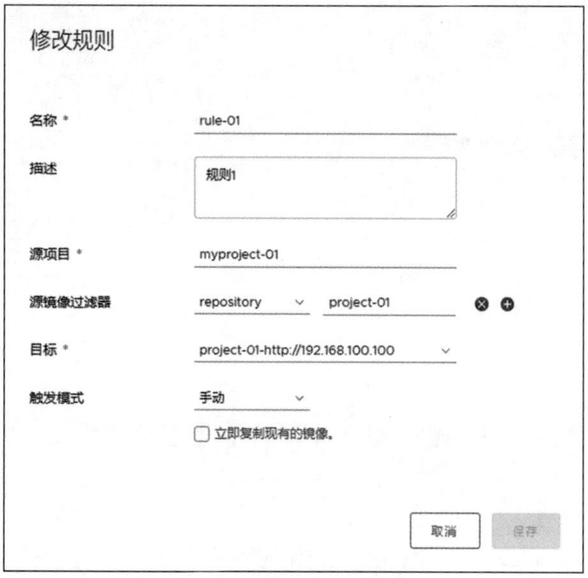

修改规则
名称 *
rule-01
描述
规则1
源项目 *
myproject-01
源镜像过滤器
repository
project-01
目标 *
project-01-http://192.168.100.100
触发模式
手动
立即复制现有的镜像。
取消
保存

图 2.104 修改规则

在“复制管理”界面中，选中要删除的规则，单击“删除”按钮，可以进行删除规则操作，如图 2.105 所示。

删除规则确认
确认删除规则 rule-01?
取消
删除

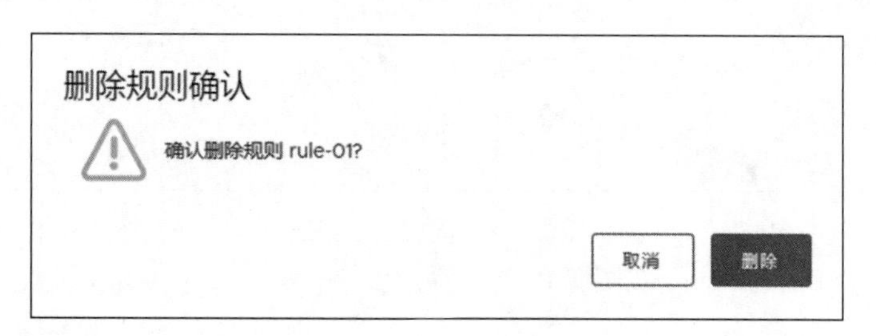

图 2.105 删除规则确认

(4) 复制规则。

在“复制管理”界面中，选中要复制的规则，单击“复制”按钮，可以进行规则复制操作，如图 2.106 所示。在“复制规则确认”对话框中，单击“复制”按钮，可以在事件日志中查看本地事件，如图 2.107 所示。

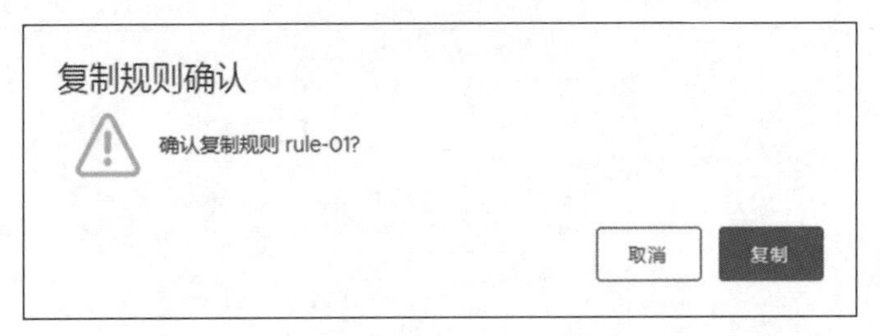

图 2.106　复制规则确认

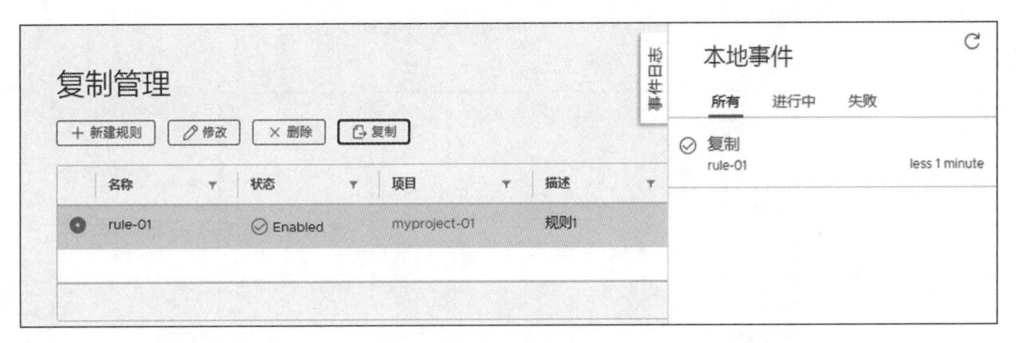

图 2.107　查看本地事件

4. 配置管理

(1) 认证模式。

选择"系统管理"→"配置管理"选项，进行配置管理，配置认证模式，如图 2.108 所示。

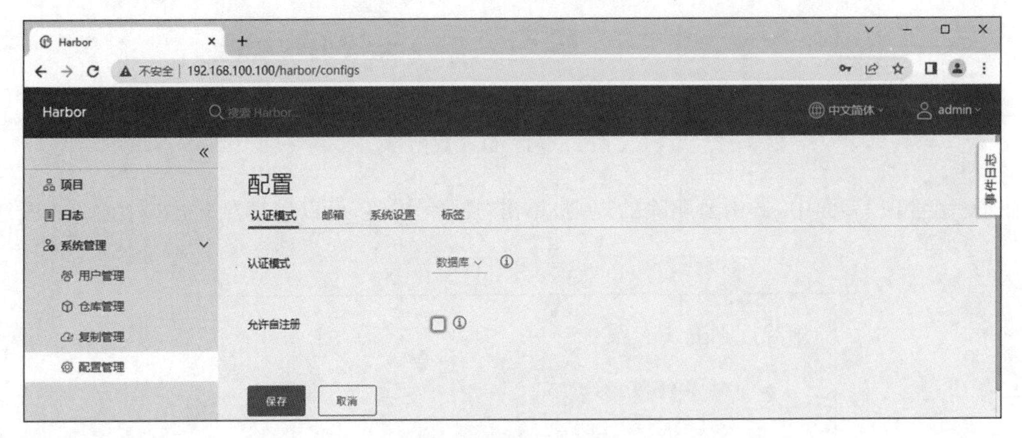

图 2.108　配置认证模式

(2) 邮箱。

选择"系统管理"→"配置管理"选项，选择"邮箱"选项卡，如图 2.109 所示。

(3) 系统设置。

选择"系统管理"→"配置管理"选项，选择"系统设置"选项卡，如图 2.110 所示。

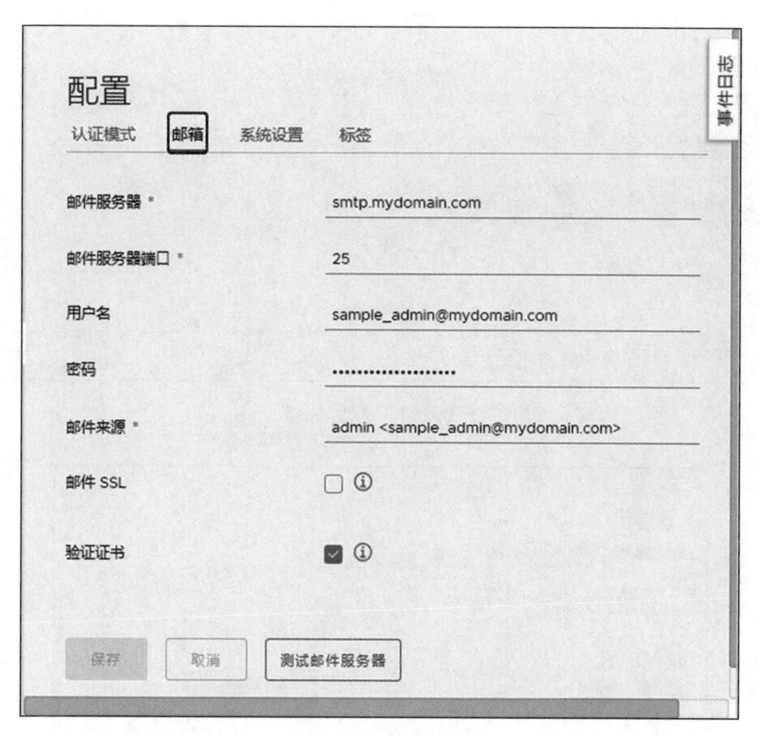

图 2.109　配置邮箱

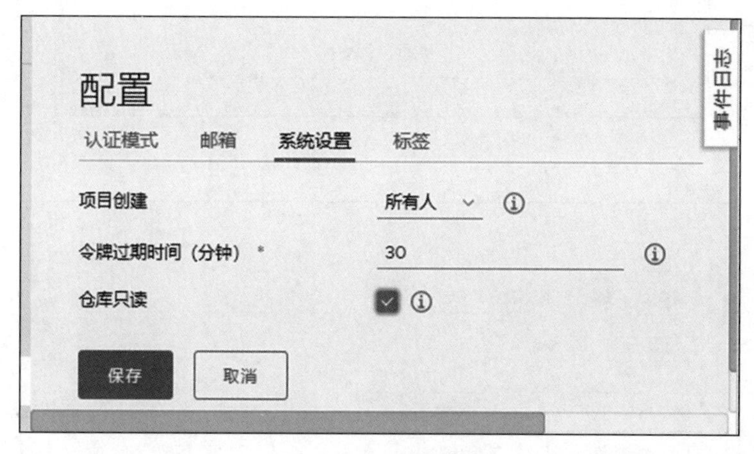

图 2.110　系统设置

（4）标签。

选择“系统管理”→“配置管理”选项，选择“标签”选项卡，如图 2.111 所示。

在“标签”选项卡中，单击“新建标签”按钮，输入相关信息，如图 2.112 所示。

单击“确定”按钮，完成新建标签设置，如图 2.113 所示。

5. 维护管理

Harbor 可以实现日志管理，可以使用 docker-compose 来管理 Harbor。

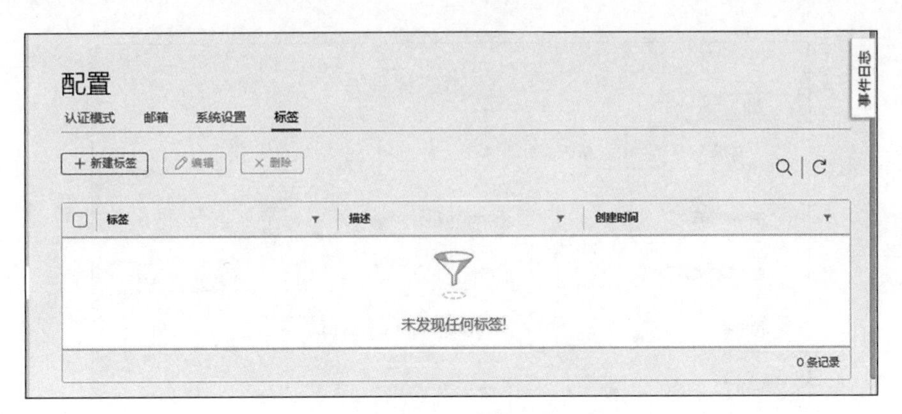

图 2.111 配置标签

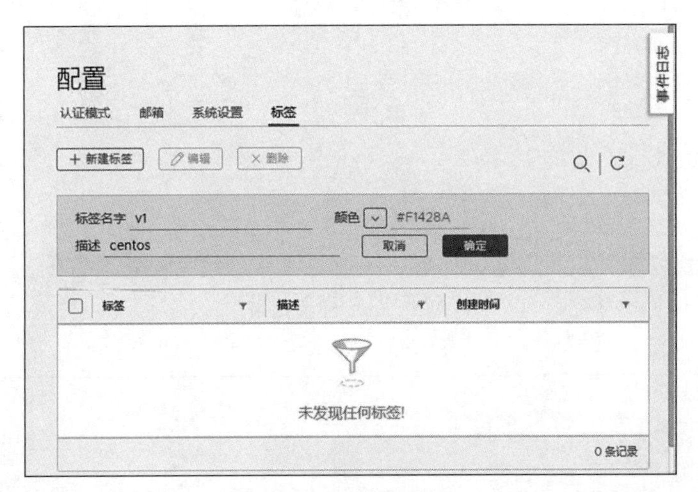

图 2.112 新建标签

图 2.113 新建标签列表

(1) 日志管理。

在 Harbor 下,日志将按时间顺序记录用户的相关操作,如图 2.114 所示。

(2) 下载 Harbor 仓库镜像。

首先退出当前用户,然后使用 Harbor 中创建的账户 user01 下载仓库镜像文件。

① 用户登录,执行命令如下。

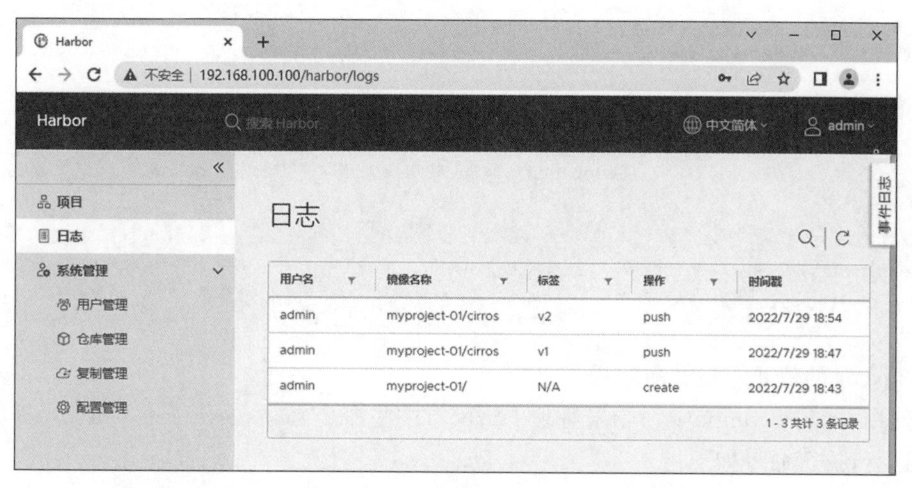

图 2.114 查看日志记录

```
[root@localhost harbor]# docker logout 192.168.100.100
```

命令执行结果如下。

```
Removing login credentials for 192.168.100.100
[root@localhost harbor]# docker login 192.168.100.100
```

命令执行结果如下。

```
Username: user01
Password:
WARNING! Your password will be stored unencrypted in /root/.docker/config.json.
Configure a credential helper to remove this warning. See
https://docs.docker.com/engine/reference/commandline/login/#credentials-store
Login Succeeded
[root@localhost harbor]#
```

② 下载 Harbor 服务器 192.168.100.100/myproject-01/cirros 中标签为 v1 的镜像,执行命令如下。

```
[root@localhost harbor]# docker pull 192.168.100.100/myproject-01/cirros:v1
```

命令执行结果如下。

```
v1: Pulling from myproject-01/cirros
Digest: sha256:483f15ac97d03dc3d4dcf79cf71ded2e099cf76c340f3fdd0b3670a40a198a22
Status: Downloaded newer image for 192.168.100.100/myproject-01/cirros:v1
192.168.100.100/myproject-01/cirros:v1
[root@localhost harbor]#
```

③ 查看下载的镜像文件所在位置,执行命令如下。

```
[root@localhost harbor]# find / -name cirros
```

命令执行结果如下。

```
/var/lib/docker/overlay2/6e21b8e9cb40e278f410e6821be7bd372f80c6280cce3c014ae497952d39264e/diff/
etc/cirros
……//省略部分内容
/data/registry/docker/registry/v2/repositories/myproject-01/cirros
[root@localhost harbor]#
```

(3) Harbor 的停止/启动/重启操作。

可以使用 docker-compose 命令来管理 Harbor,这些命令必须在 docker-compose.yml 文件所在目录中运行,执行命令如下。

```
[root@localhost harbor]# pwd
```

命令执行结果如下。

```
/root/harbor
[root@localhost harbor]# docker-compose stop | start | restart
```

修改 harbor.cfg 的配置文件时,应先停止当前的 Harbor 实例并更新 harbor.cfg,然后运行 prepare 脚本来修改配置,最后重新创建并启动 Harbor 实例。

(4) 移除 Harbor 服务容器。

如果需要移除 Harbor 服务容器,同时保留镜像数据/数据库,执行命令如下。

```
[root@localhost harbor]# docker-compose down -v
```

如果需要重新部署,则需要移除 Harbor 服务容器的全部数据,其中,持久数据(如镜像、数据库等)在宿主机的/data 目录下,日志数据在宿主机的/var/log/Harbor 目录下,执行命令如下。

```
[root@localhost harbor]# rm -r /data/database
[root@localhost harbor]# rm -r /data/registry
```

课后习题

1. 选择题

(1) 容器化开发流程中,项目开始时分发给所有开发人员的是(　　)。

A. 源代码　　B. Docker 镜像　　C. Dockerfile　　D. 基础镜像

(2)【多选】Docker 的优势是(　　)。

A. 更快的交付和部署　　B. 高效的资源利用和隔离

C. 高可移植性与扩展性　　D. 更简单的维护和更新管理

(3)【多选】Docker 的核心概念是(　　)。

A. 镜像　　B. 容器　　C. 数据卷　　D. 仓库

(4)【多选】Docker 的功能是(　　)。

A. 快速部署　　B. 隔离应用　　C. 提高开发效率　　D. 代码管道化管理

(5)【多选】Docker 应用在(　　)方面。

A. 云迁移　　B. 大数据　　C. 边缘计算　　D. 微服务

(6) 查看 Docker 镜像的历史记录使用的命令是(　　)。

A. docker save　　B. docker tag　　C. docker history　　D. docker prune

(7) 查看 Docker 镜像列表使用的命令是(　　)。

A. docker load　　B. docker inspect　　C. docker pull　　D. docker images

(8) 拉取 Docker 镜像使用的命令是(　　)。

A. docker pull　　B. docker push　　C. docker tag　　D. docker import

(9) 删除 Docker 镜像使用的命令是(　　)。

A. docker inspect　　B. docker rm　　C. docker save　　D. docker push

(10) 下列(　　)不属于 Dockerfile 的指令。

A. MV　　B. FROM　　C. ADD　　D. COPY

(11) 以下 docker commit 的常用选项中表示指定提交的镜像作者信息的是(　　)。

A. -m　　B. -c　　C. -a　　D. -p

(12)【多选】Docker 私有仓库具有的特点是(　　)。

A. 访问速度快　　B. 自主控制、方便存储和可维护性高

C. 安全性和私密性高　　D. 提供公共外网资源服务

(13)【多选】下列关于 Dockerfile 的说法正确的是(　　)。

A. Dockerfile 指令跟 Linux 命令通用,可以在 Linux 下执行

B. Dockerfile 是一种被 Docker 程序解释的脚本

C. Dockerfile 由多条指令组成,有自己的书写格式

D. 当有额外的定制需求时,修改 Dockerfile 文件,即可重新生成镜像

(14) 查看 Docker 容器列表的命令是(　　)。

A. docker attach　　B. docker ps　　C. docker create　　D. docker diff

(15) 从当前容器创建新的镜像使用的命令是(　　)。

A. docker commit　　B. docker inspect　　C. docker export　　D. docker attach

(16) 显示一个或多个容器的详细信息使用的命令是(　　)。

A. docker load　　B. docker create　　C. docker pause　　D. docker inspect

(17) 启动一个或多个已停止的容器使用的命令是(　　)。

A. docker stats　　B. docker load　　C. docker start　　D. docker top

(18) 显示容器正在运行的进程使用的命令是(　　)。

A. docker stats　　B. docker load　　C. docker start　　D. docker top

(19) 恢复一个或多个容器内被暂停的所有进程使用的命令是(　　)。

A. docker unpause　　B. docker stop　　C. docker pause　　D. docker port

(20) 重启一个或多个容器使用的命令是(　　)。

A. docker rename　B. docker restart　C. docker pause　D. docker stop

(21) 对容器重命名使用的命令是(　　)。

A. docker rename　B. docker restart　C. docker pause　D. docker stop

(22) 更新一个或多个容器的配置使用的命令是(　　)。

A. docker load　B. docker pause　C. docker update　D. docker top

(23) 显示容器资源使用统计信息的实时流使用的命令是(　　)。

A. docker start　B. docker stop　C. docker update　D. docker stats

(24) 使用 docker run 命令时,以下参数中(　　)指定容器后台运行。

A. -d　B. -i　C. -t　D. -h

(25) 使用 docker run 命令时,以下参数中(　　)可以支持终端登录。

A. -d　B. -i　C. -t　D. -h

(26) 使用 docker run 命令时,以下参数中(　　)用于控制台交互。

A. -d　B. -i　C. -t　D. -h

(27)【多选】Docker 容器具有的特点为(　　)。

A. 标准　B. 安全　C. 轻量级　D. 独立性

(28)【多选】进入容器可使用的命令是(　　)。

A. docker attach　B. docker load　C. docker exec　D. docker top

(29)【多选】Docker 对容器内文件的操作包括(　　)。

A. 添加文件　B. 读取文件　C. 修改文件　D. 删除文件

(30) (　　)命令用于列出所有运行的容器。

A. docker-compose ps　B. docker-compose build

C. docker-compose up　D. docker-compose start

(31) (　　)命令仅用于重新启动之前已经创建但已停止的容器。

A. docker-compose stop　B. docker-compose start

C. docker-compose rm　D. docker-compose exec

(32) (　　)命令用于指定服务启动容器的个数。

A. docker-compose exec　B. docker-compose down

C. docker-compose up　D. docker-compose scale

(33) 使用 docker-compose up 命令创建和启动容器,使其在后台运行的参数选项是(　　)。

A. -n　B. -f　C. -d　D. -a

(34)【多选】Docker Compose 的特点为(　　)。

A. 为不同环境定制编排　B. 在单主机上建立多个隔离环境

C. 仅重建已更改的容器　D. 创建容器时保留卷数据

(35) ui_url_protocol 是用于访问 UI 和令牌/通知服务的协议。如果公证处于启用状态,则此参数必须为(　　)。

A. HTTP　B. HTTPS　C. TCP　D. UDP

(36) 有关 Harbor 的描述错误的是(　　)。

A. Harbor 提供了 RESTful API,可用于大多数管理操作,易于与外部系统集成

B. Harbor 的目标就是帮助用户迅速搭建一个企业级的 Registry 服务

C. 用户和仓库都是基于项目进行组织的，而用户在项目中可以拥有不同的权限
D. Database 为 Core Services 提供了数据库服务，属于 Harbor 的核心功能

(37)【多选】Harbor 的优势是（　　）。
A. 支持审计功能　　B. 支持 UI 设计
C. 支持 LDAP/AD　　D. 支持 RESTful API 架构

(38)【多选】Harbor 在架构上主要由以下（　　）模块所组成。
A. Proxy　　B. Registry　　C. Core Services　　D. Database

(39)【多选】自动化构建的优点是（　　）。
A. 需要 Docker Hub 授权用户使用 GitHub 或 Bibucket 托管的源代码来自动创建镜像
B. 构建的镜像完全符合期望
C. 可以访问代码仓库的任何人都可以使用 Dockerfile
D. 代码修改之后镜像仓库会自动更新

(40)【多选】Harbor 的核心功能是（　　）。
A. UI　　B. Token　　C. Webhook　　D. Job Services

(41) Job Services 的主要作用是（　　）。
A. 用于存放工程元数据、用户数据、角色数据、同步策略及镜像元数据
B. 主要用于镜像复制，本地镜像可以被同步到远程 Harbor 实例上
C. 监控 Harbor 运行，负责收集其他组件的日志，供日后分析使用
D. 负责根据用户权限给每个 Docker 推送/拉取请求分配对应的令牌

2. 简答题

(1) 简述 Docker 的定义。
(2) 简述 Docker 的优势。
(3) 简述容器与虚拟机的特性。
(4) 简述 Docker 的三大核心概念。
(5) 简述 Docker 引擎。
(6) 简述 Docker 的架构。
(7) 简述 Docker 底层技术。
(8) 简述 Docker 的功能。
(9) 简述 Docker 的应用。
(10) 什么是 Docker 镜像？
(11) 简述 Docker 公共仓库与私有仓库。
(12) 简述基于联合文件系统的镜像分层。
(13) 简述镜像、容器和仓库的关系。
(14) 简述 Dockerfile 构建的基本语法。
(15) 简述创建镜像的方法有哪些。
(16) 简述什么是容器。

项目3

Kubernetes集群配置与管理

学习目标

- 理解容器编排基本知识、Kubernetes 概述、Kubernetes 的设计理念、Kubernetes 体系结构、Kubernetes 核心概念、Kubernetes 集群部署方式、Kubernetes 集群管理策略以及 Kubectl 工具基本使用等相关理论知识。
- 掌握 Kubernetes 集群安装与部署、Kubectl 基本命令配置管理、Pod 的创建与管理、Deployment 控制器配置与管理、Server 的创建与管理以及 Kubernetes 容器管理等相关知识与技能。

3.1 项目概述

Docker 本身非常适合用于管理单个容器，但真正的生产环境还会涉及多个容器的封装和服务之间的协同处理。这些容器必须跨多个服务器主机进行部署与连接，单一的管理方式满足不了业务需求。Kubernetes 是一个可以实现跨主机管理容器化应用程序的系统，是容器化应用程序和服务生命周期管理平台，它的出现不仅解决了多容器之间数据传输与沟通的瓶颈，而且还促进了容器技术的发展。本章讲解容器编排基本知识、Kubernetes 概述、Kubernetes 的设计理念、Kubernetes 体系结构、Kubernetes 核心概念、Kubernetes 集群部署方式、Kubernetes 集群管理策略以及 Kubectl 工具基本使用等相关理论知识，项目实践部分讲解 Kubernetes 集群安装与部署、Kubectl 命令配置管理、Pod 的创建与管理、Deployment 控制器配置与管理、Server 的创建与管理以及 Kubernetes 容器管理等相关知识与技能。

3.2 必备知识

3.2.1 容器编排基础知识

企业中的系统架构是实现系统正常运行和服务高可用、高并发的基础。随着时代与科技的发展，系统架构经过了三个阶段的演变，实现了从早期单一服务器部署到现在的容器部署方式的改变。

1. 企业架构的演变

企业架构经历了传统时代、虚拟化时代与容器化时代的演变过程。

(1) 传统时代。

早期企业在物理服务器上运行应用程序，无法为服务器中的应用程序定义资源边界，导致系统资源分配不均匀。例如，一台物理服务器上运行着多个应用程序，可能存在一个应用程序占用大部分资源的情况，其他应用程序的可用资源因此减少，造成程序运行表现不佳。当然也可以在多台物理服务器上运行不同的应用程序，但这样资源并未得到充分利用，也增加了企业维护物理服务器的成本。

(2) 虚拟化时代。

虚拟化技术可以在物理服务器上虚拟出硬件资源，以便在服务器的 CPU 上运行多个虚拟机(VM)，每个 VM 不仅可以在虚拟化硬件上运行包括操作系统在内的所有组件，而且相互之间可以保持系统和资源的隔离，从而在一定程度上提高了系统的安全性。虚拟化有利于更好地利用物理服务器中的资源，实现更好的可扩展性，从而降低硬件成本。

(3) 容器化时代。

容器化技术类似于虚拟化技术，不同的是容器化技术是操作系统级的虚拟化，而不是硬件级的虚拟化。每个容器都具有自己的文件系统、CPU、内存、进程空间等，并且它们使用的计算资源是可以被限制的。应用服务运行在容器中，各容器可以共享操作系统。因此，容器化技术具有轻质、宽松隔离的特点。因为容器与底层基础架构和主机文件系统隔离，所以跨云和操作系统的快速分发得以实现。

2. 常见的容器编排工具

容器的出现和普及为开发者提供了良好的平台和媒介，使开发和运维工作变得更加简单与高效。随着企业业务和需求的增长，在大规模使用容器技术后，如何对这些运行的容器进行管理成为首要问题。在这种情况下，容器编排工具应运而生，最具代表性的有以下三种。

(1) Apache 公司的 Mesos。

Mesos 是 Apache 公司旗下的开源分布式资源管理框架，由美国加州大学伯克利分校的 AMPLab(Algorithms Machine and People Lab，算法、计算机和人实验室)开发。Mesos 早期通过了万台节点验证，2014 年之后又被广泛使用在 eBay、Twitter 等大型互联网公司的生产环境中。

(2) Docker 公司的三剑客。

容器诞生后，Docker 公司就意识到单一容器体系的弊端，为了能够有效地解决用户的需求和集群中的瓶颈,Docker公司相继推出Machine、Compose、Swarm项目。

Machine项目用Go语言编写,可以实现Docker运行环境的安装与管理,还可以实现批量在指定节点或平台上安装并启动Docker服务。

Compose项目用Python语言编写,可以实现基于Docker容器多应用服务的快速编排,其前身是开源项目Fig。Compose项目使用户可以通过单独YAML文件批量创建自定义的容器,并通过应用程序接口(Application Programming Interface,API)对集群中的Docker服务进行管理。

Swarm项目基于Go语言编写,支持原生态的Docker API和Docker网络插件,很容易实现跨主机集群部署。

(3) Google公司的Kubernetes。

Kubernetes(来自希腊语,意为"舵手",因为K与s之间有8个字母,所以业内人士喜欢称其为K8s)基于Go语言开发,是Google公司发起并维护的开源容器集群管理系统,底层基于Docker、rkt等容器技术,其前身是Google公司开发的Borg系统。Borg系统在Google内部已经应用了多年,曾管理超过20亿个容器。经过多年的经验积累,Google公司将Borg系统完善后贡献给了开源社区,并将其重新命名为Kubernetes。

3.2.2 Kubernetes概述

Kubernetes系统支持用户通过模板定义服务配置,用户提交配置信息后,系统会自动完成对应用容器的创建、部署、发布、伸缩、更新等操作。系统发布以来吸引了Red Hat、CentOS等知名互联网公司与容器爱好者的关注,是目前容器集群管理系统中优秀的开源项目之一。

1. Kubernetes简介

Kubernetes是开源的容器集群管理系统,可以实现容器集群的自动化部署、自动扩缩容、维护等功能。它既是一款容器编排工具,也是全新的基于容器技术的分布式架构领先方案。在Docker技术的基础上,Kubernetes为容器化的应用提供部署运行、资源调度、服务发现和动态伸缩等功能,提高了大规模容器集群管理的便捷性。

Kubernetes一个核心的特点就是能够自主地管理容器,来保证云平台中的容器按照用户的期望状态运行(如用户想让Apache一直运行,用户不需要关心怎么去做,Kubernetes会自动去监控,然后重启、新建。总之,让Apache一直提供服务),管理员可以加载一个微型服务,让规划器来找到合适的位置。同时,Kubernetes也提供系统提升工具以及人性化服务,让用户能够方便地部署自己的应用。

在Kubernetes中,基本调度单元称为Pod,通过该种抽象类别可以把更高级别的抽象内容增加到容器化组件,所有的容器均在Pod中运行,一个Pod可以承载一个或者多个相关的容器,同一个Pod中的容器会部署在同一个物理机器上并且能够共享资源。容器集为分组容器增加了一个抽象层,可帮助调用工作负载,并为这些容器提供所需的联网和存储等服务。

一个Pod也可以包含0个或者多个磁盘卷组(Volumes),这些卷组将会以目录的形式提供给一个容器,或者被所有Pod中的容器共享。对于用户创建的每个Pod,系统会自动选择那个健康并且有足够容量的机器,然后创建类似容器的容器。当容器创建失败时,容器会被Node Agent自动重启,这个Node Agent叫作Kubelet。但是,如果是Pod失败或者机器故障,它不会自动转移并且启动,除非用户定义了Replication Controller。

Kubernetes 的目标是让部署容器化的应用简单并且高效，它提供了应用部署、规划、更新、维护的一种机制。Kubernetes 是一种可自动实施 Linux 容器操作的开源平台。它可以帮助用户省去应用容器化过程的许多手动部署和扩展操作。也就是说，用户可以将运行 Linux 容器的多组主机聚集在一起，借助 Kubernetes 编排功能，用户可以构建跨多个容器的应用服务，跨集群调度、扩展这些容器，并长期持续管理这些容器的健康状况。

有了 Kubernetes 便可切实采取一些措施来提高 IT 安全性。而且，这些集群可跨公共云、私有云或混合云部署主机。因此，对于要求快速扩展的云原生应用而言，Kubernetes 是理想的托管平台。Kubernetes 于 2015 年发布，并迅速成为事实上的容器编排标准。Kubernetes 还需要与联网、存储、安全性、遥测和其他服务整合，以提供全面的容器基础架构。

2. Kubernetes 的优势

Kubernetes 系统不仅可以实现跨集群调度、水平扩展、监控、备份、灾难恢复，还可以解决大型互联网集群中多任务处理的瓶颈。Kubernetes 遵循微服务架构理论，将整个系统划分为多个功能各异的组件。各组件结构清晰、部署简单，可以非常方便地运行于系统环境之中。利用容器的扩容机制，系统将容器归类，形成“容器集”(Pod)，用于帮助用户调度工作负载(Work Load)，并为这些容器提供联网和存储服务。

2017 年 Google 公司的搜索热度报告中显示，Kubernetes 搜索热度已经超过了 Mesos 和 Docker Swarm，这也标志着 Kubernetes 在容器编排市场逐渐占有主导地位。

近几年容器技术得到广泛应用，使用 Kubernetes 系统管理容器的企业也在不断增加，Kubernetes 系统的主要功能如表 3.1 所示。

表 3.1　Kubernetes 系统的主要功能

主要功能	详　解
自我修复	在节点产生故障时，会保证预期的副本数量不会减少，会在产生故障的同时，停止健康检查失败的容器并部署新的容器，保证上线服务不会中断
存储部署	Kubernetes 挂载外部存储系统，将这些存储作为集群资源的一部分来使用，增加存储使用的灵活性
自动部署和回滚更新	Kubernetes 采用滚动更新策略更新应用，一次更新一个 Pod，当更新过程中出现问题时，Kubernetes 会进行回滚更新，保证升级业务不受影响
弹性伸缩	Kubernetes 可以使用命令或基于 CPU 使用情况，自动快速扩容和缩容应用程序，保证在高峰期的高可用性和业务低档期回收资源，减少运行成本
提供认证和授权	可以控制用户是否有权限使用 API 进行操作，精细化权限分配
资源监控	工作节点中集成 Advisor 资源收集工具，可以快速实现对集群资源监控
密匙和配置管理	Kubernetes 允许存储和管理敏感信息，如密码、OAuth 令牌和 SSH 密钥。用户可以部署和更新机密和应用程序配置，而无须重建容器映像，也不会在堆栈配置中暴露机密
服务发现和负载均衡	为多个容器提供统一的访问入口(内部 IP 和一个 DNS 名称)，并且将所有的容器进行负载均衡，集群内应用可以通过 DNS 名称完成相互之间的访问

Kubernetes 提供的这些功能去除了不必要的限制和规范，使应用程序开发者能够从繁杂的运维中解放出来，获得了更大的发挥空间。

3. 深入理解 Kubernetes

Kubernetes 在容器层面而非硬件层面运行，因此它不仅提供了 PaaS 产品的部署、扩展、负载平衡、日志记录和监控功能，还提供了构建开发人员平台的构建块，在重要的地方保留了用户选择灵活性。Kubernetes 的特征如下。

(1) Kubernetes 支持各种各样的工作负载，包括无状态、有状态和数据处理的工作负载。如果应用程序可以在容器中运行，那么它也可以在 Kubernetes 上运行。

(2) 不支持部署源代码和构建的应用程序，其持续集成、交付和部署工作流程由企业自行部署。

(3) Kubernetes 只是一个平台，它不提供应用程序级服务，包括中间件(如消息总线)、数据处理框架(如 Spark)、数据库(如 MySQL)、高速缓存、集群存储系统(如 Ceph)等。

(4) Kubernetes 不提供或授权配置语言(如 Jsonnet)，只提供了一个声明性的 API，用户可以通过任意形式的声明性规范来实现所需要的功能。

3.2.3 Kubernetes 的设计理念

大多数用户希望 Kubernetes 项目带来的体验是确定的：有应用的容器镜像，可在一个给定的集群上把这个应用运行起来。此外，用户还希望 Kubernetes 具有提供路由网关、水平扩展、监控、备份、灾难恢复等一系列运维的能力。这些其实就是经典 PaaS 项目的能力，用户使用 Docker 公司的 Compose+Swarm 项目，完全可以很方便地自己开发出这些功能。而如果 Kubernetes 项目只停留在拉取用户镜像、运行容器和提供常见的运维功能，就很难和"原生态"的 Docker Swarm 项目竞争，与经典的 PaaS 项目相比也难有优势可言。

1. Kubernetes 项目着重解决的问题

运行在大规模集群中的各种任务之间存在着千丝万缕的关系。如何处理这些关系，是作业编排和管理系统的难点。这种关系在各种技术场景中随处可见，比如，Web 应用与数据库之间的访问关系、负载均衡器和后端服务之间的代理关系、门户应用与授权组件之间的调用关系等。同属于一个服务单位的不同功能之间，也存在这样的关系，比如，Web 应用与日志搜集组件之间的文件交换关系。

在容器普及前，传统虚拟化环境对这种关系的处理方法都是"粗粒度"的。很多并不相关的应用被部署在同一台虚拟机中，也许是因为这些应用之间偶尔会互相发起几个 HTTP 请求。更常见的是，把应用部署在虚拟机里之后，还需要手动维护协作处理日志搜集、灾难恢复、数据备份等辅助工作的守护进程。

容器技术在功能单位的划分上有着独一无二的"细粒度"优势。使用容器技术可以将那些原先挤在同一个虚拟机里的应用、组件、守护进程分别做成镜像，然后运行在专属的容器中。进程互不干涉，各自拥有资源配额，可以被调度到整个集群里的任何一台机器上。这正是 PaaS 系统最理想的工作状态，也是所谓"微服务"思想得以落地的先决条件。为了解决容器间需要"紧密协作"的难题，Kubernetes 系统中使用了 Pod 这种抽象的概念来管理各种资源；当需要一次性启动多个应用实例时，可以通过系统中的多实例管理器 Deployment 实现；当需要通过一个固定的 IP 地址和端口以负载均衡的方式访问 Pod 时，可以通过 Service 实现。

2. Kubernetes 项目对容器间的访问进行了分类

在服务器上运行的应用服务频繁进行交互访问和信息交换。在常规环境下，这些应用往往会被直接部署在同一台机器上，通过本地主机(Local Host)通信并在本地磁盘目录中交换文件。在

Kubernetes 项目中，这些运行的容器被划分到同一个 Pod 内，并共享 Namespace(命名空间)和同一组数据卷，从而达到高效率交换信息的目的。

还有另外一些常见的需求，比如 Web 应用对数据库的访问。在生产环境中它们不会被部署在同一台机器上，这样即使 Web 应用所在的服务器宕机，数据库也不会受影响。容器的 IP 地址等信息不是固定的，为了使 Web 应用可以快速找到数据库容器的 Pod，Kubernetes 项目提供了一种名为 Service 的服务。Service 服务的主要作用是作为 Pod 的代理入口(Portal)，代替 Pod 对外暴露一个固定的网络地址。这样，运行 Web 应用的 Pod，就只需要关心数据库 Pod 提供的 Service 信息。

3.2.4 Kubernetes 体系结构

Kubernetes 对计算资源进行了更高层次的抽象，通过将容器进行细致的组合，将最终的应用服务交给用户。Kubernetes 在模型建立之初就考虑了容器跨机连接的要求，支持多种网络解决方案。同时在 Service 层构建集群范围的软件定义网络(Software Defined Network，SDN)，其目的是将服务发现和负载均衡放置到容器可达的范围。这种透明的方式便利了各个服务间的通信，并为微服务架构的实践提供了平台基础。而在 Pod 层次上，作为 Kubernetes 可操作的最小对象，其特征更是对微服务架构的原生支持。

1. 集群体系结构

Kubernetes 集群主要由控制节点 Master(部署高可用需要两个以上)和多个工作节点 Node 组成，两种节点上分别运行着不同的组件来维持集群高效稳定的运转，另外还需要集群状态存储系统(etcd)来提供数据存储服务，一切都基于分布式的存储系统。Kubernetes 集群中各节点和 Pod 的对应关系，如图 3.1 所示。

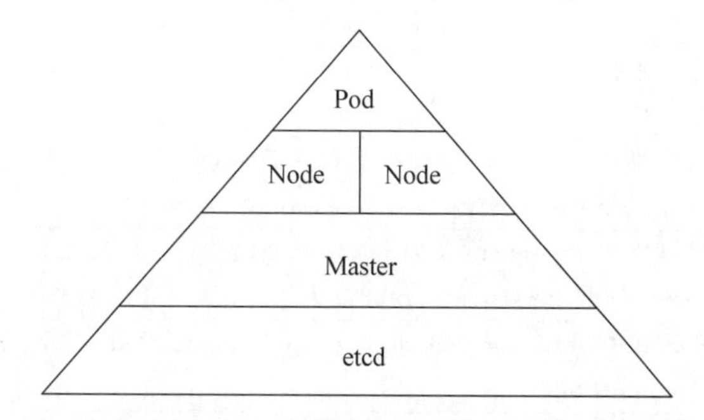

图 3.1 Kubernetes 集群中各节点和 Pod 的对应关系

在 Kubernetes 的系统架构中，Kubernetes 节点有运行应用容器必备的服务，而这些都是受 Master 控制的，Master 节点上主要运行着 API Server、Controller Manager 和 Scheduler 组件，而每个 Node 节点上主要运行着 Kubelet、Kubernetes Proxy 和容器引擎。除此之外，完整的集群服务还依赖一些附加的组件，如 kubeDNS、Heapster、Ingress Controller 等。

2. Master 节点与相关组件

控制节点 Master 是整个集群的网络中枢，主要负责组件或者服务进程的管理和控制，例如，追踪其他服务器健康状态、保持各组件之间的通信、为用户或者服务提供 API。

Master 中的组件可以在集群中的任何计算机上运行。但是，为简单起见，设置时通常会在一台计算机上部署和启动所有主组件,并且不在此计算机上运行用户容器。在控制节点 Master 中所部署的组件包括以下三种。

(1) API Server。

API Server 是整个集群的网关,作为 Kubernetes 系统的入口,其内部封装了核心对象的"增""删""改""查"操作,以 REST API 方式供外部客户和内部组件调用,就像是机场的"联络室"。

(2) Scheduler(调度器)。

该组件监视新创建且未分配工作节点的 Pod,并根据不同的需求将其分配到工作节点中,同时负责集群的资源调度、组件抽离。

(3) Controller Manager(控制器管理器)。

Controller Manager 是所有资源对象的自动化控制中心,大多数对集群的操作都是由几个被称为控制器的进程执行的,这些进程被集成于 kube-controller-manager 守护进程中。实现的主要功能如下。

① 生命周期功能:Namespace 的创建,Event、Pod、Node 和级联垃圾的回收。

② API 业务逻辑功能:ReplicaSet 执行的 Pod 扩展等。

Kubernetes 主要控制器功能如表 3.2 所示。

表 3.2 Kubernetes 主要控制器功能

控制器名称	功　　能
Deployment Controller	管理维护 Deployment,关联 Deployment 和 Replication Controller,保证运行指定数量的 Pod。当 Deployment 更新时,控制实现 Replication Controller 和 Pod 的更新
Node Controller	管理维护 Node,定期检查 Node 的健康状态,标识出(失效|未失效)的 Node
Namespace Controller	管理维护 Namespace,定期清理无效的 Namespace,包括 Namespace 下的 API 对象,比如 Pod、Service 等
Service Controller	管理维护 Service,提供负载以及服务代理
Endpoints Controller	管理维护 Endpoints,关联 Service 和 Pod,创建 Endpoints 为 Service 的后端,当 Pod 发生变化时,实时更新 Endpoints
Service Account Controller	管理维护 Service Account,为每个 Namespace 创建默认的 Service Account,同时为 Service Account 创建 Service Account Secret
Persistent Volume Controller	管理维护 Persistent Volume 和 Persistent Volume Claim,为新的 Persistent Volume Claim 分配 Persistent Volume 进行绑定,为释放的 Persistent Volume 执行清理回收
Daemon Set Controller	管理维护 Daemon Set,负责创建 Daemon Pod,保证指定的 Node 上正常地运行 Daemon Pod
Job Controller	管理维护 Job,为 Jod 创建一次性任务 Pod,保证完成 Job 指定完成的任务数目
Pod Autoscaler Controller	实现 Pod 的自动伸缩,定时获取监控数据,进行策略匹配,当满足条件时执行 Pod 的伸缩动作

另外 Kubernetes v1.16 以后的版本还加入了云控制器管理组件,用来与云提供商交互。

3. Node 节点与相关组件

Node 节点是集群中的工作节点(在早期的版本中也被称为 Minion),主要负责接收 Master 的工作指令并执行相应的任务。当某个 Node 节点宕机时,Master 节点会将负载切换到其他工作节点上,Node 节点与 Master 节点的关系如图 3.2 所示。

Node 节点上所部署的组件包括以下三种。

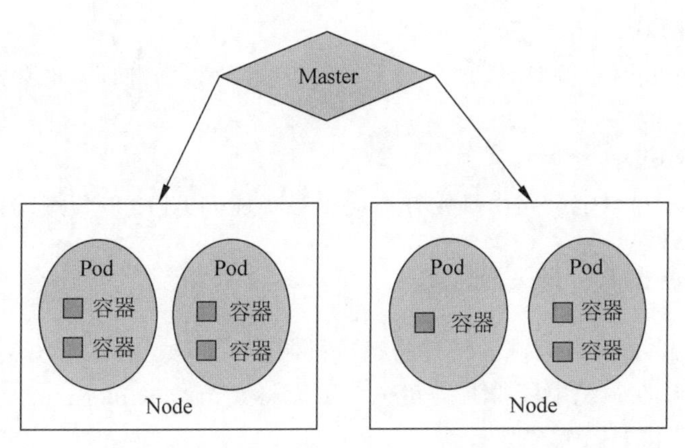

图 3.2 Node 节点与 Master 节点的关系

(1) Kubelet。

Kubelet 组件主要负责管控容器，它会从 API Server 接收 Pod 的创建请求，然后进行相关的启动和停止容器操作。同时，Kubelet 监控容器的运行状态并"汇报"给 API Server。

(2) Kubernetes Proxy。

Kubernetes Proxy 组件负责为 Pod 创建代理服务，从 API Server 获取所有的 Service 信息，并创建相关的代理服务，实现 Service 到 Pod 的请求路由和转发。Kubernetes Proxy 在 Kubernetes 层级的虚拟转发网络中扮演着重要的角色。

(3) Docker Engine。

Docker Engine 主要负责本机的容器创建和管理工作。

4. 集群状态存储组件

Kubernetes 集群中所有的状态信息都存储于 etcd 数据库中。etcd 以高度一致的分布式键值存储，在集群中是独立的服务组件，可以实现集群发现、共享配置以及一致性保障(如数据库主节点选择、分布式锁)等功能。在生产环境中，建议以集群的方式运行 etcd 并保证其可用性。

etcd 不仅可提供键值存储，还可以提供监听(Watch)机制。键值发生改变时 etcd 会通知 AIP Server，并由其通过 Watch API 向客户端输出。读者可以访问 Kubernetes 官方网站查看更多的 etcd 说明。

5. 其他组件

Kubernetes 集群还支持 DNS、Web UI 等插件，用于提供更完善的集群功能，这些插件的命名空间资源属于命名空间 kube-system，下面列出常用的插件及其主要功能。

(1) DNS。

DNS(Domain Name System，域名系统)插件用于集群中的主机名、IP 地址的解析。

(2) Web UI。

Web UI(用户界面)是提供可视界面的插件，允许用户通过界面来管理集群中运行的应用程序。

(3) Container Resource Monitoring。

Container Resource Monitoring(容器资源监视器)用于容器中的资源监视，并在数据库中记录这些资源分配。

(4) Cluster-level Logging。

Cluster-level Logging(集群级日志)是用于集群中日志记录的插件,负责保存容器日志与搜索存储的中央日志信息。

(5) Ingress Controller。

Ingress Controller 可以定义路由规则并在应用层实现 HTTP(S)负载均衡机制。

3.2.5 Kubernetes 核心概念

要想深入理解 Kubernetes 系统的特性与工作机制,不仅需要理解系统关键资源对象的概念,还要明确这些资源对象在系统中所扮演的角色。下面将介绍与 Kubernetes 集群相关的概念和术语,Kubernetes 集群架构如图 3.3 所示。

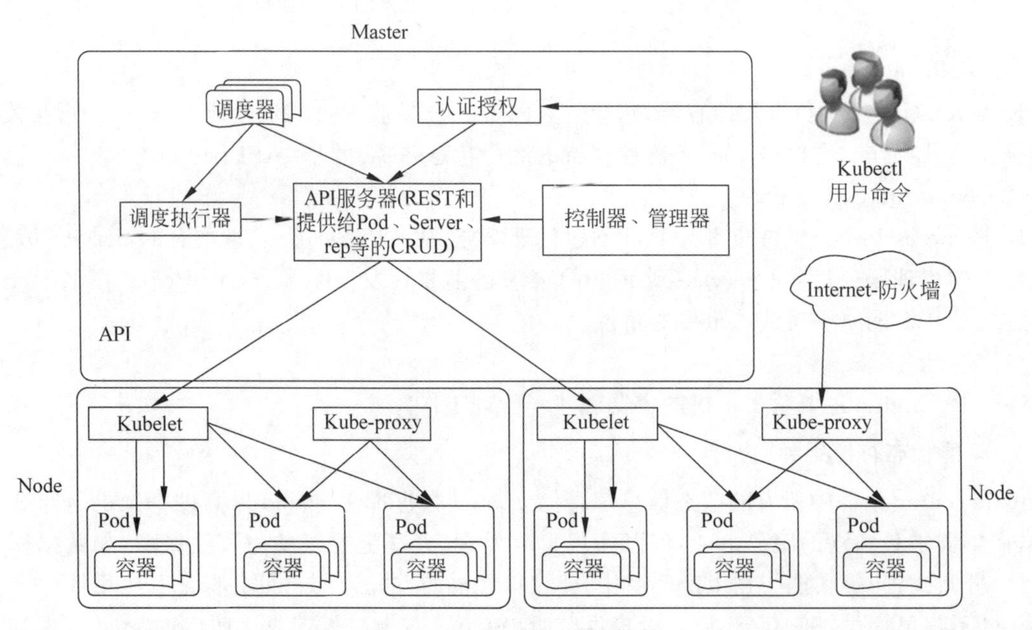

图 3.3 Kubernetes 集群架构

1. Pod

Pod(直译为豆荚)是 Kubernetes 中最小管理单位(容器运行在 Pod 中),一个 Pod 可以包含一个或多个相关容器。在同一个 Pod 内的容器可以共享网络名称空间和存储资源,也可以由本地的回环接口(lo)直接通信,但彼此又在 Mount、User 和 PID 等命名空间上保持隔离,Pod 抽象图如图 3.4 所示。

2. Label 和 Selector

Label(标签)是资源标识符,用来区分不同对象的属性。Label 本质上是一个键值对(key:value),可以在对象创建时或者创建后进行添加和修改。Label 可以附加到各种资源对象上,一个资源对象可以定义任意数量的 Label。用户可以通过给指定的资源对象捆绑一个或多个 Label 来实现多维度的资源分组管理功能,以便于灵活地进行资源分配、调度、配置、部署等管理工作。

Selector(选择器)是一个通过匹配 Label 来定义资源之间关系的表达式。给某个资源对象定义一个 Label，相当于给它打一个标签，随后可以通过 Label Selector（标签选择器）查询和筛选拥有某些 Label 的资源对象，Label 与 Pod 的关系如图 3.5 所示。

图 3.4　Pod 抽象图

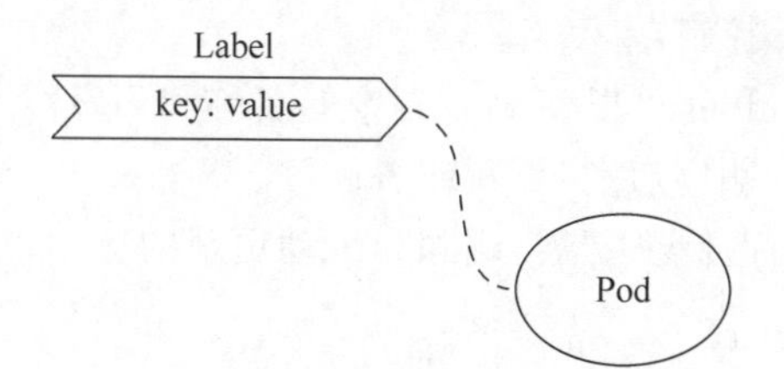

图 3.5　Label 与 Pod 的关系

3. Pause 容器

Pause 容器用于 Pod 内部容器之间的通信，是 Pod 中比较特殊的"根容器"。它打破了 Pod 中命名空间的限制，不仅是 Pod 的网络接入点，而且还在网络中扮演着"中间人"的角色。每个 Pod 中都存在一个 Pause 容器，其中运行着进程用来通信。Pause 容器与其他进程的关系如图 3.6 所示。

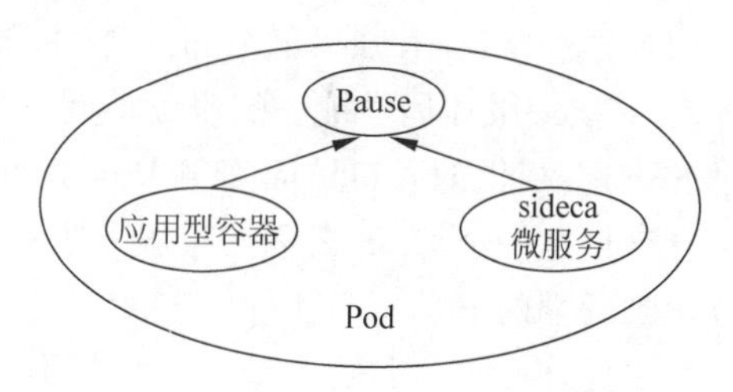

图 3.6　Pause 容器与其他进程的关系

4. Replication Controller

Replication Controller（RC，Pod 的副本控制器）在现在的版本中是一个总称。旧版本中使用 Replication Controller 来管理 Pod 副本（副本指一个 Pod 的多个实例），新版本增加了 ReplicaSet、Deployment 来管理 Pod 的副本，并将三者统称为 Replication Controller。

Replication Controller 保证了集群中存在指定数量的 Pod 副本。当集群中副本的数量大于指定数量，多余的 Pod 副本会停止；反之，欠缺的 Pod 副本则会启动，保证 Pod 副本数量不变。Replication Controller 是实现弹性伸缩、动态扩容和滚动升级的核心。

ReplicaSet（RS）是创建 Pod 副本的资源对象，并提供声明式更新等功能。

Deployment 是一个更高层次的 API 对象，用于管理 ReplicaSet 和 Pod，并提供声明式更新等功能，比旧版本的 Replication Controller 稳定性高。

官方建议使用 Deployment 管理 ReplicaSet，而不是直接使用 ReplicaSet，这就意味着可能永远不需要直接操作 ReplicaSet 对象，而 Deployment 将会是使用最频繁的资源对象。Deployment 与 ReplicaSet（RS）的关系如图 3.7 所示。

Deployment
RC/RS-1
RC/RS-2
Pod-1
Pod-2
Pod-3

图 3.7　Deployment 与 ReplicaSet（RS）的关系

5. StatefulSet

在 Kubernetes 系统集群中，Pod 的管理对象 StatefulSet 用于管理系统中有状态的集群，如 MySQL、MongoDB、ZooKeeper 集群等。这些集群中每个节点都有固定的 ID，集群中的成员通过 ID 相互通信，且集群规模是比较固定的。另外，为了能够在其他节点上恢复某个失败的节点，这种集群中的 Pod 需要挂载到共享存储的磁盘上。在删除或者重启 Pod 后，Pod 的名称和 IP 地址会发生改变，为了解决这个问题，Kubernetes v1.5 版本中加入了 StatefulSet 控制器。

StatefulSet 可以使 Pod 副本的名称和 IP 地址在整个生命周期中保持不变，从而使 Pod 副本按照固定的顺序启动、更新或者删除。StatefulSet 有唯一的网络标识符(IP 地址)，适用于需要持久存储、有序部署、扩展、删除和滚动更新的应用程序。

6. Service

Service 其实就是经常提起的微服务架构中的一个"微服务"。网站由多个具备不同业务能力而又彼此独立的微服务单元所组成，服务之间通过 TCP/UDP 进行通信，从而形成了强大而又灵活的弹性网络，拥有强大的分布式能力、弹性扩展能力、容错能力。

Service 服务提供统一的服务访问入口和服务代理与发现机制，前端的应用(Frontend Pod)通过 Service 提供的入口访问一组 Pod 集群。当 Kubernetes 集群中存在 DNS 附件时，Service 服务会自动创建一个 DNS 名称用于服务发现，将外部的流量引入集群内部，并将到达 Service 的请求分发到后端的 Pod 对象上。

因此，Service 本质上是一个四层代理服务。Pod、RC、Service、Label Selector 四者的关系如图 3.8 所示。

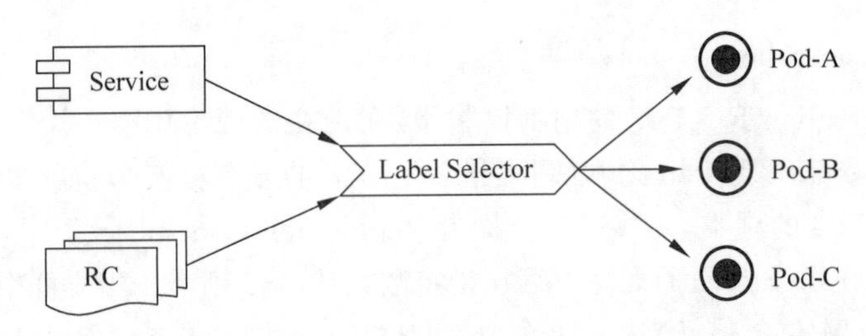

图 3.8 Pod、RC、Service、Label Selector 四者的关系

7. Namespace

集群中存在许多资源对象，这些资源对象可以是不同的项目、用户等。Namespace 将这些资源对象从逻辑上进行隔离并设定控制策略，以便不同分组在共享整个集群资源时还可以被分别管理。

8. Volume

Volume 是集群中的一种共享存储资源，为应用服务提供存储空间。Volume 可以被 Pod 中的多个容器使用和挂载，也可以使用于容器之间共享数据。

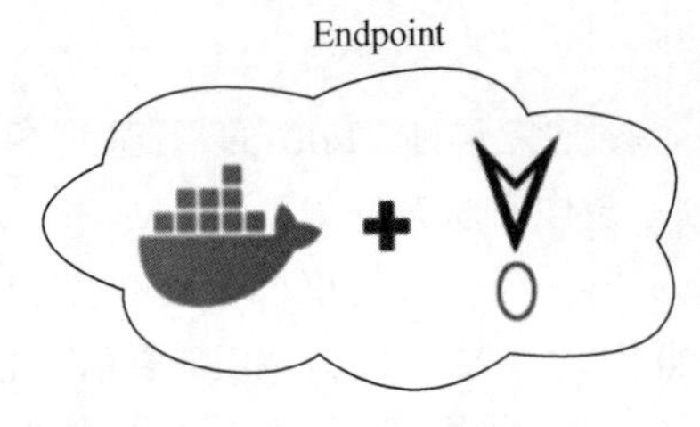

图 3.9 Endpoint 抽象图

9. Endpoint

Endpoint 是一个抽象的概念，主要用于标识服务进程的访问点。可以理解为"容器端口号＋Pod 的 IP 地址＝Endpoint"，Endpoint 抽象图如图 3.9 所示。

3.2.6 Kubernetes 集群部署方式

学习 Kubernetes 必须有环境的支撑，搭建出企业级应用环境是一名合格的运维人员必须掌握的技能。部署集群前首先需要明确各组件的安装架构，做好规划，防止在工作时出现服务错乱的情况。其次需要整合环境资源，减少不必要的资源浪费。

1. 官方提供的集群部署方式

Kubernetes 系统支持四种方式在本地服务器或者云端上部署集群，用户可以根据不同的需求灵活选择，下面介绍这些安装方式的特点。

(1) 使用 Minikube 工具安装。

Minikube 是一种能够在计算机或者虚拟机内轻松运行单节点 Kubernetes 集群的工具，可实现一键部署。这种方式安装的系统在企业中大多数被当作测试系统使用。

(2) 使用 yum 安装。

通过直接使用 epel-release yum 源来安装 Kubernetes 集群，这种安装方式的优点是速度快，但只能安装 Kubernetes v1.5 及以下的版本。

(3) 使用二进制编译安装。

使用二进制编译包部署集群，用户需要下载发行版的二进制包，手动部署每个组件，组成 Kubernetes 集群。这种部署方式比较灵活，用户可以根据自身需求自定义配置，而且性能比较稳定。虽然二进制方式可以提供稳定的集群状态，但是这种方式部署步骤非常烦琐，一些细小的错误就会导致系统运行失败。

(4) 使用 Kubeadm 工具安装。

Kubeadm 是一种支持多节点部署 Kubernetes 集群的工具，该方式提供 kubeadm init 和 kubeadm join 命令插件，使用户轻松地部署出企业级的高可用集群架构。在 Kubernetes v1.13 版本中，Kubeadm 工具已经进入了可正式发布(General Availability，GA)阶段。

2. Kubeadm 简介

Kubeadm 是芬兰高中生卢卡斯·科尔德斯特伦(Lucas Käldström)在 17 岁时用业余时间完成的一个社区项目。用户可以使用 Kubeadm 工具构建出一个最小化的 Kubernetes 可用集群，但其余的附件，如安装监控系统、日志系统、UI 界面等，需要管理员按需自行安装。

Kubeadm 主要集成了 kubeadm init 和 kube join 工具。其中，kubeadm init 工具负责部署 Master 节点上的各个组件并将其快速初始化，kubeadm join 工具负责将 Node 节点快速加入集群。Kubeadm 还支持令牌认证(Bootstrap Token)，因此逐渐成为企业中受青睐的部署方式。

3.2.7 Kubernetes 集群管理策略

Kubernetes 集群就像一个复杂的城市交通系统，里面运行着各种工作负载。对一名集群管理者来说，如何让系统有序且高效地运行是必须要面对的问题。现实生活中人们可以通过红绿灯进行交通的调度，在 Kubernetes 集群中则可以通过各种调度器来实现对工作负载的调度。

1. Pod 调度策略概述

Kubernetes 集群中运行着许多 Pod，使用单一的创建方式很难满足业务的需求。因此在实际生产环境中，用户可以通过 RC、Deployment、DaemonSet、Job、CronJob 等控制器完成对一组 Pod 副本的创建、调度和全生命周期的自动控制任务。下面对生产环境中遇到的一些情况和需求以及相应的解决方法进行说明。

(1) 需要将 Pod 的副本全部运行在指定的一个或者一些节点上。

在搭建 MySQL 数据库集群时,为了提高存储效率,需要将相应的 Pod 调度到具有 SSD 磁盘的目标节点上。为了实现上述需求,首先,需要给具有 SSD 磁盘的 Node 节点都打上自定义标签(如"disk=ssd");其次,需要在 Pod 定义文件中设定 NodeSelector 选项的值为“disk:ssd”。这样,Kubernetes 在调度 Pod 副本时,会先按照 Node 的标签过滤出合适的目标节点,然后选择一个最佳节点进行调度。如果需要选择多种目标节点(如 SSD 磁盘的节点或者超高速硬盘的节点),则可以通过 NodeAffinity(节点亲和性设置)来实现。

(2) 需要将指定的 Pod 运行在相同或者不同节点。

实际的生产环境中,需要将 MySQL 数据库与 Redis 中间件进行隔离,两者不能被调度到同一个目标节点上,此时可以使用 PodAffinity 调度策略。

2. 定向调度

NodeSelector 可以实现 Pod 的定向调度,它是节点约束最简单的形式。可以在 Pod 定义文件中的 pod.spec 定义项中加入该字段,并指定键值对的映射。为了使 Pod 可以在指定节点上运行,该节点必须要有与 Pod 标签属性相匹配的标签或键值对。

3. Node 亲和性调度

Affinity/Anti-affinity(亲和/反亲和)标签可以实现比 NodeSelector 更加灵活的调度选择,极大地扩展了约束的条件,其具有以下特点。

(1) 语言更具表现力。

(2) 指出的规则可以是软限制,而不是硬限制。因此,即使调度程序无法满足要求,Pod 仍可能被调度到节点上。

(3) 用户可以限制节点(或其他拓扑域)上运行的其他 Pod 上的标签,从而解决一些特殊 Pod 不能共存的问题。

NodeAffinity 是用于替换 NodeSelector 的全新调度策略,目前提供以下两种节点亲和性表达式。

① RequiredDuringSchedulingIgnoredDuringExecution。

必须满足指定的规则才可以将 Pod 调度到 Node 上(与 NodeSelector 类似,但语法不同),相当于硬限制。

② PreferredDuringSchedulingIgnoredDuringExecution。

优先调度满足指定规则的 Pod,但并不强制调度,相当于软限制。多个优先级还可以设置权重值来定义执行的先后顺序。

限制条件中 IgnoredDuringExecution 部分表示如果一个 Pod 所在的节点在 Pod 运行期间标签发生了变更,不再满足该 Pod 的节点上的相似性规则,则系统将忽略 Node 上标签的变化,该 Pod 仍然可以继续在该节点运行。

使用 NodeAffinity 规则时应该注意以下事项。

(1) 如果同时指定 NodeSelector 和 NodeAffinity,Node 节点只有同时满足这两个条件,才能将 Pod 调度到候选节点上。

(2) 如果在 MatchExpressions 中关联了多个 NodeSelectorTerms,则只有一个节点满足 MatchExpressions 所有条件的情况下,才能将 Pod 调度到该节点上。

(3) 如果删除或更改了 Node 节点的标签，则运行在该节点上的 Pod 不会被删除。

PreferredDuringSchedulingIgnoredDuringExecution 内 Weight(权重)值的范围是 1～100。对于满足所有调度要求(资源请求或 RequiredDuringScheduling 亲和性表达式)的每个节点，调度程序将通过遍历此字段的元素并在该节点的匹配项中添加权重来计算总和 MatchExpressions，然后将该分数与该节点的其他优先级函数的分数组合，优选总得分高的节点。

4. Pod 亲和与互斥调度

Pod 间的亲和与互斥功能让用户可以根据节点上正在运行的 Pod 的标签(而不是节点的标签)进行判断和调度，对节点和 Pod 两个条件进行匹配。这种规则可以描述为：如果在具有标签 X 的 Node 上运行了一个或者多个符合条件 Y 的 Pod，那么 Pod 可以(如果是互斥的情况，则为拒绝)运行在这个 Node 上。

需要注意的是，Pod 间的亲和力和反亲和力涉及大量数据的处理，这可能会大大减慢在大型集群中的调度，所以不建议在有数百个或更多节点的集群中使用。

Pod 亲和与互斥的条件设置和节点亲和相同，也有以下两种表达式。

① RequiredDuringSchedulingIgnoredDuringExecution。

② PreferredDuringSchedulingIgnoredDuringExecution。

Pod 的亲和性被定义在 Pod 内 Spec. affinity 下的 Affinity 子字段中，Pod 的互斥性则被定义在同一层级的 PodAntiAffinity 子字段中。

5. ConfigMap 基本概念

在生产环境中经常会遇到需要修改应用服务配置文件的情况，传统的修改方式不仅会影响服务的正常运行，操作步骤也很烦琐。为了解决这个问题，Kubernetes v1.2 版本开始引入了 ConfigMap 功能，用于将应用的配置信息与程序的配置信息分离。这种方式不仅可以实现应用程序的复用，还可以通过不同的配置实现更灵活的功能。在创建容器时，用户可以将应用程序打包为容器镜像，然后通过环境变量或者外接挂载文件进行配置注入。

ConfigMap 是以 key：value 的形式保存配置项，既可以用于表示一个变量的值(如 config=info)，也可以用于表示一个完整配置文件的内容。ConfigMap 在容器中的典型用法如下。

(1) 将配置项设置为容器内的环境变量。

(2) 将启动参数设置为环境变量。

(3) 以 Volume 的形式挂载到容器内部的文件或目录。

在 Kubernetes 中创建好 ConfigMap 后，容器可以通过以下两种方法使用 ConfigMap 中的内容。

(1) 通过环境变量获取 ConfigMap 中的内容。

(2) 通过 Volume 挂载的方式将 ConfigMap 中的内容挂载为容器内部的文件或目录。

Kubernetes 中使用 ConfigMap 的注意事项如下。

(1) ConfigMap 必须在 Pod 之前创建。

(2) ConfigMap 受到命名空间限制，只有处于相同命名空间中的 Pod 才可以引用。

(3) Kubelet 只支持可以被 API Server 管理的 Pod 使用 ConfigMap，静态 Pod 无法引用 ConfigMap。

(4) Pod 对 ConfigMap 进行挂载操作时，在容器内部只能挂载为目录，无法挂载为文件。

6. 资源限制与管理

在大多数情况下,定义 Pod 时并没有指定系统资源限制,此时,系统会默认该 Pod 使用的资源很少,并将其随机调度到任何可用的 Node 节点中。当节点中某个 Pod 的负载突然增大时,节点就会出现资源不足的情况,为了避免系统死机,该节点会随机清理一些 Pod 以释放资源。但节点中还有一些如数据库存储、界面登录等比较重要的 Pod 在提供服务,即使在资源不足的情况下也要保持这些 Pod 的正常运行。为了避免这些 Pod 被清理,需要在集群中设置资源限制,以保证核心服务可以正常运行。

Kubernetes 系统中核心服务的保障机制如下。

(1) 通过资源配额来指定 Pod 占用的资源。

(2) 允许集群中的资源被超额分配,以提高集群中资源的利用率。

(3) 为 Pod 划分等级,确保不同等级的 Pod 有不同的服务质量(Quality of Service,QoS),系统资源不足时,会优先清理低等级的 Pod,以确保高等级的 Pod 正常运行。

系统中主要的资源包括 CPU、图形处理器(Graphics Processing Unit,GPU)和 Memory,大多数情况下应用服务很少使用 GPU 资源。

3.2.8 Kubectl 工具基本使用

Kubectl 是一个用于操作 Kubernetes 集群的命令行接口,利用 Kubectl 工具可以在集群中实现各种功能。Kubectl 作为客户端工具,其功能和 Systemctl 工具很相似,用户可以通过指令实现对 Kubernetes 集群中资源对象的基础操作。

1. Kubectl 命令行工具

Kubectl 命令行工具主要有四部分参数,其基本语法格式如下。

```
kubectl   [command]   [type]  [name]  [flags]
```

语句中各部分参数的含义如下。

[command]:子命令,用于 Kubernetes 集群中的资源对象,如 create、delete、describe、get、apply 等。

[type]:资源对象类型,此参数区分大小写且能以单、复数的形式表示,如 pod、pods。以下三种是等价的。

```
kubectl get pod pod1
kubectl get pods pod1
kubectl get po pod1
```

[name]:资源对象的名称,此参数区分大小写。如果在命令中不指定该参数,系统将返回对象类型的全部 type 列表。如命令 kubectl get pods 和 kubectl get pod nginx-test1,前者将会显示所有的 Pod,后者只显示名字为 nginx-test1 的 Pod。

[flags]:Kubectl 子命令的可选参数,如-l 或者--labels 表示为 Pod 对象设定自定义的标签。

2. Kubectl 子命令及参数选项

Kubectl 子命令及参数选项如下。

(1) Kubectl 常用子命令。

Kubectl 常用子命令及功能说明如表 3.3 所示。

表 3.3　Kubectl 常用子命令及功能说明

子　命　令	功 能 说 明
kubectl annotate	更新资源的注解
kubectl api-versions	以"组/版本"的格式输出服务端支持的 API 版本
kubectl apply	通过文件名或控制台输入,对资源进行配置
kubectl attach	连接到一个正在运行的容器
kubectl autoscale	对 Replication Controller 进行自动伸缩
kubectl cluster-info	输出集群信息
kubectl config	修改 kubeconfig 配置文件
kubectl create	通过文件名或控制台输入,创建资源
kubectl delete	通过文件名、控制台输入、资源名或者 Label Selector 删除资源
kubectl describe	输出指定的一个或多个资源的详细信息
kubectl edit	编辑服务端的资源
kubectl exec	在容器内部执行命令
kubectl expose	输入 rc、svc 或 Pod,并将其暴露为新的 Kubernetes Service
kubectl get	输出一个或多个资源
kubectl label	更新资源的 Label
kubectl logs	输出 Pod 中一个容器的日志
kubectl namespace	(已停用)设置或查看当前使用的 Namespace
kubectl patch	通过控制台输入更新资源中的字段
kubectl port-forward	将本地端口转发到 Pod
kubectl proxy	为 Kubernetes API Server 启动代理服务器
kubectl replace	通过文件名或控制台输入替换资源
kubectl rolling-update	对指定的 Replication Controller 执行滚动升级
kubectl run	在集群中使用指定镜像启动容器
kubectl scale	为 Replication Controller 设置新的副本数
kubectl version	输出服务端和客户端的版本信息

(2) Kubectl 命令参数选项。

Kubectl 命令参数选项及功能说明如表 3.4 所示。

表 3.4　Kubectl 命令参数选项功能说明

参 数 选 项	功 能 说 明
--alsologtostderr[=false]	同时输出日志到标准错误控制台和文件
--api-version=""	和服务端交互使用的 API 版本
--certificate-authority=""	用以进行认证授权的.cert 文件路径
--client-certificate=""	TLS 使用的客户端证书路径
--client-key=""	TLS 使用的客户端密钥路径
--cluster=""	指定使用的 kubeconfig 配置文件中的集群名
--context=""	指定使用的 kubeconfig 配置文件中的环境名

续表

参数选项	功能说明
--insecure-skip-tls-verify [=false]	如果为 true,则将不会检查服务器凭证的有效性,这会导致 HTTPS 链接变得不安全
--kubeconfig=""	命令行请求使用的配置文件路径
--log-backtrace-at=0	当日志长度超过定义的行数时,忽略堆栈信息
--log-dir=""	如果不为空,则将日志文件写入此目录
--log-flush-frequency=5s	刷新日志的最大时间间隔
--logtostderr[=true]	输出日志到标准错误控制台,不输出到文件
--match-server-version[=false]	要求服务端和客户端版本匹配
--namespace=""	如果不为空,命令将使用此 Namespace
--password=""	API Server 进行简单认证使用的密码
-s,--server=""	Kubernetes API Server 的地址和端口号
--stderrthreshold=2	高于此级别的日志将被输出到错误控制台
--token=""	认证到 API Server 使用的令牌
--user=""	指定使用的 kubeconfig 配置文件中的用户名
--username=""	API Server 进行简单认证使用的用户名
--v=0	指定输出日志的级别
--vmodule=""	指定输出日志的模块

3.3 项目实施

3.3.1 Kubernetes 集群安装与部署

Kubernetes 系统由一组可执行程序组成,读者可以在 GitHub 开源代码库的 Kubernetes 项目页面内下载所需的二进制文件包或源代码包。

Kubernetes 支持的容器包括 Docker、Containerd、CRI-O 和 Frakti。本书中使用 Docker 作为容器运行环境。

1. 部署系统要求

部署 Kubernetes 集群使用的是三台 CentOS 系统的虚拟机,其中一台作为 Master 节点,另外两台作为 Node 节点,虚拟主机的系统配置信息如表 3.5 所示。

表 3.5 虚拟主机的系统配置信息

节点名称	节点 IP 地址	CPU 配置	内存配置
Master	192.168.100.100	4 核	8GB
Node01	192.168.100.101	4 核	8GB
Node02	192.168.100.102	4 核	8GB

在部署集群前需要修改各节点的主机名,配置节点间的主机名解析。注意,以下操作在所有

节点上都需要执行,这里只给出在 Master 节点上的操作步骤,执行命令如下。

```
[root@localhost ~]# echo Master >> /etc/hostname    //修改主机名,重启后生效
[root@localhost ~]# cat /etc/hostname
localhost.localdomain
Master
[root@localhost ~]#
[root@localhost ~]# echo "192.168.100.100 Master" >> /etc/hosts
[root@localhost ~]# echo "192.168.100.101 Node01" >> /etc/hosts
[root@localhost ~]# echo "192.168.100.102 Node02" >> /etc/hosts
[root@localhost ~]# cat /etc/hosts
127.0.0.1 localhost localhost.localdomain localhost4 localhost4.localdomain4
::1       localhost localhost.localdomain localhost6 localhost3.localdomain6
192.168.100.100 Master
192.168.100.101 Node01
192.168.100.102 Node02
[root@localhost ~]# reboot                          //重启启动
[root@Master ~]#
[root@Master ~]# cat /etc/sysconfig/network-scripts/ifcfg-ens33
TYPE=Ethernet
PROXY_METHOD=none
BROWSER_ONLY=no
BOOTPROTO=static
DEFROUTE=yes
IPV4_FAILURE_FATAL=no
IPV6INIT=yes
IPV6_AUTOCONF=yes
IPV6_DEFROUTE=yes
IPV6_FAILURE_FATAL=no
IPV6_ADDR_GEN_MODE=stable-privacy
NAME=ens33
UUID=6aeed638-c2cd-46e4-a246-0a0adc384819
DEVICE=ens33
ONBOOT=yes
IPADDR=192.168.100.100
PREFIX=24
GATEWAY=192.168.100.2
DNS1=114.114.114.114
[root@Master ~]#
```

2. 关闭防火墙与禁用 SELinux

Kubernetes 的 Master 节点与 Node 节点间会有大量的网络通信,为了避免安装过程中不必要的报错,需要将系统的防火墙关闭,同时在主机上禁用 SELinux,执行命令如下。

```
[root@Master ~]# iptables -F && iptables -X && iptables -Z      //清除所有防火墙规则
[root@Master ~]# iptables-save
[root@Master ~]# systemctl stop firewalld
[root@Master ~]# systemctl disable firewalld
```

SELinux有两种禁用方式，分别为临时禁用与永久性禁用。

临时禁用SELinux，执行命令如下。

```
[root@Master ~]# setenforce 0          //设置 SELinux 为 Permissive 模式
[root@Master ~]# getenforce            //查看 SELinux 模式
Permissive
[root@Master ~]#
```

永久禁用SELinux服务需要编辑文件/etc/selinux/config，将SELinux修改为disabled，执行命令如下。

```
[root@Master ~]# vim /etc/selinux/config
SELinux = disabled          //将 SELinux = enforcing 改为 SELinux = disabled
```

3. 关闭系统Swap

从Kubernetes v1.8版本开始，部署集群时需要关闭系统的Swap(交换分区)。如果不关闭Swap，则默认配置下的Kubelet将无法正常启动。用户可以通过两种方式关闭Swap。

(1) 通过修改Kubelet的启动参数-fail-swap-on=false更改这个限制。

(2) 使用swapoff -a参数来修改/etc/fstab文件，使用#将Swap自动挂载配置注释。

```
[root@Master ~]# swapoff - a
[root@Master ~]# sed - i "s/\/dev\/mapper\/centos - swap/\#\/dev\/mapper\/centos - swap/g" /etc/
fstab
[root@Master ~]# vim /etc/fstab
[root@Master ~]# cat /etc/fstab
……//省略部分内容
# /dev/mapper/centos - swap swap    swap    defaults    0 0
[root@Master ~]# reboot
[root@Master ~]# free - m
     total    used    free    shared    buff/cache    available
Mem: 7803     368     6993    14        441           7136
Swap: 0       0       0
[root@Master ~]#
```

通过free -m命令的执行结果可以看出，Swap关闭。再次提醒，以上操作需要在所有节点上执行。

4. 主机时间同步

如果各主机可以访问互联网，直接启动各主机上的chronyd服务即可；否则需要使用本地的时间服务器，确保各主机时间同步，启动chronyd服务，执行命令如下。

```
[root@Master ~]# systemctl start chronyd.service
[root@Master ~]# systemctl enable chronyd.service
[root@Master ~]# yum - y install ntpdate
[root@Master ~]# ntpdate ntp1.aliyun.com
30 Apr 21:46:44 ntpdate[20023]: adjust time server 120.25.115.20 offset - 0.021769 sec
[root@Master ~]#
```

以上操作完后，需要重新启动计算机，以便配置修改生效。

5. 安装 Docker 与镜像下载

Kubeadm 在构建集群过程中要访问 gcr.io（谷歌镜像仓库）并下载相关的 Docker 镜像，所以需要确保主机可以正常访问此站点。如果无法访问该站点，则用户可以访问国内的镜像仓库（如清华镜像站）下载相关镜像。镜像下载完成后，修改为指定的 Tag（标签）即可。

（1）Kubeadm 需要 Docker 环境，因此要在各节点上安装并启动 Docker，安装必需的软件包，其中 yum-utils 提供 yum-config-manager 工具，devicemapper 存储驱动程序需要安装 device-mapper-persistent-data 和 lvm2，执行命令如下。

```
[root@Master ~]# yum install -y yum-utils device-mapper-persistent-data lvm2
```

设置 Docker CE 稳定版的仓库地址，考虑到国内访问 Docker 官方镜像不方便，这里提供的是阿里云的镜像仓库源，执行命令如下。

```
[root@Master ~]# yum-config-manager --add-repo http://mirrors.aliyun.com/docker-ce/linux/
centos/docker-ce.repo
```

如果不使用阿里云的镜像仓库源，改用 Docker 官方的源，创建 docker-ce.repo 文件，执行命令如下。

```
[root@Master ~]# yum-config-manager --add-repo https://download.docker.com/linux/centos/
docker-ce.repo
```

（2）安装 Docker，安装最新版本的 Docker CE 和 containerd，执行命令如下。

```
[root@Master ~]# yum install -y docker-ce docker-ce-cli containerd.io
```

（3）启动 Docker，查看当前版本并进行测试，执行命令如下。

```
[root@Master ~]# systemctl start docker          //启动 Docker
[root@Master ~]# systemctl enable docker         //开机启动 Docker
```

（4）显示当前 Docker 版本，执行命令如下。

```
[root@Master ~]# docker version
Client: Docker Engine - Community
    Version:          20.10.14
    API version:      1.41
    Go version:       go1.13.15
    Git commit:       a224086
    Built:            Thu Mar 24 01:49:57 2022
    OS/Arch:          linux/amd64
    Context:          default
    Experimental:     true
Cannot connect to the Docker daemon at unix:///var/run/docker.sock. Is the docker daemon running?
[root@Master ~]#
```

6. 安装 Kubeadm 和 Kubelet

配置 Kubeadm 和 Kubelet 的 Repo 源,并在所有节点上安装 Kubeadm 和 Kubelet 工具,执行命令如下。

```
[root@Master ~]# vim /etc/yum.repos.d/kubernetes.repo
[root@Master ~]# cat /etc/yum.repos.d/kubernetes.repo
[kubernetes]
name = kubernetes
baseurl = https://mirrors.aliyun.com/kubernetes/yum/repos/kubernetes - el7 - x86_64
enabled = 1
gpgcheck = 0
repo_gpgcheck = 0
gpgkey = https://mirrors.aliyun.com/kubernetes/yum/doc/yum - key.gpg https://mirrors.aliyun.com/
[root@Master ~]#
```

配置完 Kubeadm 和 Kubelet 的 Repo 源后即可进行安装操作,执行命令如下。

```
[root@Master ~]# yum makecache fast          //下载安装信息并缓存到本地
已加载插件:fastestmirror, langpacks
Loading mirror speeds from cached hostfile
     * base: mirrors.neusoft.edu.cn
     * extras: mirrors.aliyun.com
     * updates: mirrors.aliyun.com
    base
| 3.6 kB 00:00:00
    docker - ce - stable
| 3.5 kB 00:00:00
    extras
| 2.9 kB 00:00:00
    kubernetes
| 1.4 kB 00:00:00
    updates
| 2.9 kB 00:00:00
    kubernetes/primary
| 108 kB 00:00:00
    kubernetes
794/794
    元数据缓存已建立
    [root@Master ~]# yum install - y kubelet kubeadm kubectl ipvsadm
    已加载插件:fastestmirror, langpacks
    Loading mirror speeds from cached hostfile
     * base: mirrors.neusoft.edu.cn
     * extras: mirrors.aliyun.com
     * updates: mirrors.aliyun.com
    正在解决依赖关系
    --> 正在检查事务
    ---> 软件包 ipvsadm.x86_64.0.1.27 - 8.el7 将被安装
    ---> 软件包 kubeadm.x86_64.0.1.23.6 - 0 将被安装
```

```
    --> 正在处理依赖关系 kubernetes-cni >= 0.8.6,它被软件包 kubeadm-1.23.6-0.x86_64 需要
    ……//省略部分安装内容
已安装:
    ipvsadm.x86_64 0:1.27-8.el7 kubeadm.x86_64 0:1.23.6-0 kubectl.x86_64 0:1.23.6-0 kubelet.x86_64 0:1.23.6-0
作为依赖被安装:
    conntrack-tools.x86_64 0:1.4.4-7.el7 cri-tools.x86_64 0:1.23.0-0 kubernetes-cni.x86_64 0:0.8.7-0
    libnetfilter_cthelper.x86_64 0:1.0.0-11.el7 libnetfilter_cttimeout.x86_64 0:1.0.0-7.el7 libnetfilter_queue.x86_64 0:1.0.2-2.el7_2
    socat.x86_64 0:1.7.3.2-2.el7
完毕!
[root@Master ~]# kubeadm version
kubeadm version: &version.Info{Major:"1", Minor:"23", GitVersion:"v1.23.6", GitCommit:"ad3338546da947756e8a88aa6822e9c11e7eac22", GitTreeState:"clean", BuildDate:"2022-04-14T08:48:05Z", GoVersion:"go1.17.9", Compiler:"gc", Platform:"linux/amd64"}
[root@Master ~]#
```

7. 将桥接的 IPv4 流量传递到 iptables

Kubelet 安装完成后,通过配置网络转发参数以确保集群能够正常通信,执行命令如下。

```
[root@Master ~]# cat > /etc/sysctl.d/k8s.conf << EOF
> net.ipv4.ip_forward = 1
> net.bridge.bridge-nf-call-ip6tables = 1
> net.bridge.bridge-nf-call-iptables = 1
> EOF
[root@Master ~]# cat /etc/sysctl.d/k8s.conf
net.ipv4.ip_forward = 1
net.bridge.bridge-nf-call-ip6tables = 1
net.bridge.bridge-nf-call-iptables = 1
[root@Master ~]# sysctl --system          //使配置生效
* Applying /usr/lib/sysctl.d/00-system.conf ...
* Applying /usr/lib/sysctl.d/10-default-yama-scope.conf ...
kernel.yama.ptrace_scope = 0
* Applying /usr/lib/sysctl.d/50-default.conf ...
kernel.sysrq = 16
kernel.core_uses_pid = 1
net.ipv4.conf.default.rp_filter = 1
net.ipv4.conf.all.rp_filter = 1
net.ipv4.conf.default.accept_source_route = 0
net.ipv4.conf.all.accept_source_route = 0
net.ipv4.conf.default.promote_secondaries = 1
net.ipv4.conf.all.promote_secondaries = 1
fs.protected_hardlinks = 1
fs.protected_symlinks = 1
* Applying /usr/lib/sysctl.d/60-libvirtd.conf ...
fs.aio-max-nr = 1048576
* Applying /etc/sysctl.d/99-sysctl.conf ...
* Applying /etc/sysctl.d/k8s.conf ...
* Applying /etc/sysctl.conf ...
[root@Master ~]#
```

如果在执行上述命令后出现 net. bridge. bridge-nf-call-iptables 相关信息的报错，则需要重新加载 br_netfilter 模块，执行命令如下。

```
[root@Master ~]# modprobe br_netfilter          //重新加载 br_netfilter 模块
[root@Master ~]# sysctl -p /etc/sysctl.d/k8s.conf
net.ipv4.ip_forward = 1
net.bridge.bridge-nf-call-ip6tables = 1
net.bridge.bridge-nf-call-iptables = 1
[root@Master ~]#
```

8. 加载 IPVS 相关内核模块

Kubernetes 运行中需要非永久性地加载相应的 IPVS 内核模块，可以将其添加在开机启动项中，执行命令如下。

```
[root@Master ~]# cat > /etc/sysconfig/modules/ipvs.modules << EOF
> #!/bin/bash
> modprobe -- ip_vs
> modprobe -- ip_vs_rr
> modprobe -- ip_vs_wrr
> modprobe -- ip_vs_sh
> modprobe -- nf_conntrack_ipv4
> EOF
[root@Master ~]# chmod 755 /etc/sysconfig/modules/ipvs.modules
[root@Master ~]# bash /etc/sysconfig/modules/ipvs.modules
[root@Master ~]# lsmod | grep -e ip_vs -e nf_conntrack_ipv4
ip_vs_sh            12688    0
ip_vs_wrr           12697    0
ip_vs_rr            12600    0
ip_vs               145497   6 ip_vs_rr,ip_vs_sh,ip_vs_wrr
nf_conntrack_ipv415053   3
nf_defrag_ipv4      12729    1 nf_conntrack_ipv4
nf_conntrack        133095   7 ip_vs,nf_nat,nf_nat_ipv4,xt_conntrack,nf_nat_masquerade_ipv4,nf_
conntrack_netlink,nf_conntrack_ipv4
libcrc32c           12644    4 xfs,ip_vs,nf_nat,nf_conntrack
[root@Master ~]#
```

上面脚本创建了/etc/sysconfig/modules/ipvs. modules 文件，保证在节点重启后能自动加载所需模块。使用 lsmod | grep -e ip_vs -e nf_conntrack_ipv4 命令查看是否已经正确加载所需的内核模块。

9. 更改 Docker cgroup 驱动

在/etc/docker/daemon. json 文件中，添加如下内容，执行命令如下。

```
[root@Master ~]# vim /etc/docker/daemon.json
[root@Master ~]# cat /etc/docker/daemon.json
{
"exec-opts": ["native.cgroupdriver=systemd"]
}
[root@Master ~]# systemctl restart docker          //重新启动
[root@Master ~]#
```

10. 初始化 Master 节点

在 Master 节点和各 Node 节点的 Docker 和 Kubelet 设置完成后，即可在 Master 节点上执行 kubeadm init 命令初始化集群。kubeadm init 命令支持两种初始化方式：一是通过命令选项传递参数来设定；二是使用 YAML 格式的专用配置文件设定更详细的配置参数。本实例将使用第一种较为简单的初始化方式。在 Master 节点执行 kubeadm init 命令即可实现对 Master 节点的初始化操作，执行命令如下。

```
[root@Master ~]# kubeadm init \
> --apiserver-advertise-address=192.168.100.100 \
> --image-repository registry.aliyuncs.com/google_containers \
> --kubernetes-version v1.23.6 \
> --service-cidr=10.93.0.0/12 \
> --pod-network-cidr=10.244.0.0/16
[init] Using Kubernetes version: v1.23.6
[preflight] Running pre-flight checks
[preflight] Pulling images required for setting up a Kubernetes cluster
[preflight] This might take a minute or two, depending on the speed of your internet connection
[preflight] You can also perform this action in beforehand using 'kubeadm config images pull'
[certs] Using certificateDir folder "/etc/kubernetes/pki"
[certs] Generating "ca" certificate and key
[certs] Generating "apiserver" certificate and key
[certs] apiserver serving cert is signed for DNS names [kubernetes kubernetes.default kubernetes.
default.svc kubernetes.default.svc.cluster.local master] and IPs [10.93.0.1 192.168.100.100]
[certs] Generating "apiserver-kubelet-client" certificate and key
[certs] Generating "front-proxy-ca" certificate and key
[certs] Generating "front-proxy-client" certificate and key
[certs] Generating "etcd/ca" certificate and key
[certs] Generating "etcd/server" certificate and key
[certs] etcd/server serving cert is signed for DNS names [localhost master] and IPs [192.168.100.100
127.0.0.1 ::1]
[certs] Generating "etcd/peer" certificate and key
[certs] etcd/peer serving cert is signed for DNS names [localhost master] and IPs [192.168.100.100
127.0.0.1 ::1]
[certs] Generating "etcd/healthcheck-client" certificate and key
[certs] Generating "apiserver-etcd-client" certificate and key
[certs] Generating "sa" key and public key
[kubeconfig] Using kubeconfig folder "/etc/kubernetes"
[kubeconfig] Writing "admin.conf" kubeconfig file
[kubeconfig] Writing "kubelet.conf" kubeconfig file
[kubeconfig] Writing "controller-manager.conf" kubeconfig file
[kubeconfig] Writing "scheduler.conf" kubeconfig file
[kubelet-start] Writing kubelet environment file with flags to file "/var/lib/kubelet/kubeadm-
flags.env"
[kubelet-start] Writing kubelet configuration to file "/var/lib/kubelet/config.yaml"
[kubelet-start] Starting the kubelet
[control-plane] Using manifest folder "/etc/kubernetes/manifests"
[control-plane] Creating static Pod manifest for "kube-apiserver"
```

```
[control-plane] Creating static Pod manifest for "kube-controller-manager"
[control-plane] Creating static Pod manifest for "kube-scheduler"
[etcd] Creating static Pod manifest for local etcd in "/etc/kubernetes/manifests"
[wait-control-plane] Waiting for the kubelet to boot up the control plane as static Pods from directory "/etc/kubernetes/manifests". This can take up to 4m0s
[apiclient] All control plane components are healthy after 3.004278 seconds
[upload-config] Storing the configuration used in ConfigMap "kubeadm-config" in the "kube-system" Namespace
[kubelet] Creating a ConfigMap "kubelet-config-1.23" in namespace kube-system with the configuration for the kubelets in the cluster
NOTE: The "kubelet-config-1.23" naming of the kubelet ConfigMap is deprecated. Once the UnversionedKubeletConfigMap feature gate graduates to Beta the default name will become just "kubelet-config". Kubeadm upgrade will handle this transition transparently.
[upload-certs] Skipping phase. Please see --upload-certs
[mark-control-plane] Marking the node master as control-plane by adding the labels: [node-role.kubernetes.io/master(deprecated) node-role.kubernetes.io/control-plane node.kubernetes.io/exclude-from-external-load-balancers]
[mark-control-plane] Marking the node master as control-plane by adding the taints [node-role.kubernetes.io/master:NoSchedule]
[bootstrap-token] Using token: rlsspf.rcq246qxatnmrels
[bootstrap-token] Configuring bootstrap tokens, cluster-info ConfigMap, RBAC Roles
[bootstrap-token] configured RBAC rules to allow Node Bootstrap tokens to get nodes
[bootstrap-token] configured RBAC rules to allow Node Bootstrap tokens to post CSRs in order for nodes to get long term certificate credentials
[bootstrap-token] configured RBAC rules to allow the csrapprover controller automatically approve CSRs from a Node Bootstrap Token
[bootstrap-token] configured RBAC rules to allow certificate rotation for all node client certificates in the cluster
[bootstrap-token] Creating the "cluster-info" ConfigMap in the "kube-public" namespace
[kubelet-finalize] Updating "/etc/kubernetes/kubelet.conf" to point to a rotatable kubelet client certificate and key
[addons] Applied essential addon: CoreDNS
[addons] Applied essential addon: kube-proxy
Your Kubernetes control-plane has initialized successfully!
To start using your cluster, you need to run the following as a regular user:
    mkdir -p $HOME/.kube
    sudo cp -i /etc/kubernetes/admin.conf $HOME/.kube/config
    sudo chown $(id -u):$(id -g) $HOME/.kube/config
Alternatively, if you are the root user, you can run:
    export KUBECONFIG=/etc/kubernetes/admin.conf
You should now deploy a pod network to the cluster.
Run "kubectl apply -f [podnetwork].yaml" with one of the options listed at:
    https://kubernetes.io/docs/concepts/cluster-administration/addons/
Then you can join any number of worker nodes by running the following on each as root:
kubeadm join 192.168.100.100:6443 --token 7dmwvb.eiyir06xdkygpz0i \
        --discovery-token-ca-cert-hash sha256:fc69907bb402380da40f3046c797b9e12c9f86dd8c44bffeac510d5b3113882b [root@Master ~]#
```

上面的内容记录了系统完成初始化的过程，从代码中可以看出 Kubernetes 集群初始化会进行如下相关操作过程。

(1)[init]：使用的版本。

(2)[certs]：生成相关的各种证书。

(3)[kubeconfig]：生成 kubeconfig 文件。

(4)[kubelet-start]：配置启动 Kubelet。

(5)[control-plane]：创建 Pod 控制平台。

(6)[upload-config]：升级配置文件。

(7)[kubelet]：创建 ConfigMap 配置文件。

(8)[bootstrap-token]：生成 Token。

另外，在加载结果的最后会出现配置 Node 节点加入集群的 Token 指令：

```
kubeadm join 192.168.100.100:6443 --token 7dmwvb.eiyir06xdkygpz0i \
            --discovery-token-ca-cert-hash sha256:fc69907bb402380da40f3046c797b9e12c9f86
dd8c44bffeac510d5b3113882b
```

注意，如果安装不成功，需要重新配置 kubeadm init，可以执行 kubeadm reset 命令来进行重新部署安装环境，然后再执行 kubeadm init 命令。

11. 将 Node 节点加入 Master 集群

将 Master 中生成的 Token 指令连接到 Node 节点，以节点 Node01 为例，执行命令如下。

```
[root@Node01 ~]# kubeadm join 192.168.100.100:6443 --token 7dmwvb.eiyir06xdkygpz0i \
> --discovery-token-ca-cert-hash sha256:fc69907bb402380da40f3046c797b9e12c9f86dd8
c44bffeac510d5b3113882b
[preflight] Running pre-flight checks
[preflight] Reading configuration from the cluster...
[preflight] FYI: You can look at this config file with 'kubectl -n kube-system get cm kubeadm-config
-o yaml'
[kubelet-start] Writing kubelet configuration to file "/var/lib/kubelet/config.yaml"
[kubelet-start] Writing kubelet environment file with flags to file "/var/lib/kubelet/kubeadm-
flags.env"
[kubelet-start] Starting the kubelet
[kubelet-start] Waiting for the kubelet to perform the TLS Bootstrap...
This node has joined the cluster:
* Certificate signing request was sent to apiserver and a response was received.
* The Kubelet was informed of the new secure connection details.
Run 'kubectl get nodes' on the control-plane to see this node join the cluster.
[root@Node01 ~]#
```

以同样的方式，将节点 Node02 也加入该集群，这里不再赘述。

12. 配置 Kubectl 工具环境

Kubectl 默认会在执行的用户 home 目录下面的.kube 目录下寻找 config 文件，配置 Kubectl 工具，执行命令如下。

```
[root@Master ~]# mkdir -p $HOME/.kube
[root@Master ~]# cp -i /etc/kubernetes/admin.conf $HOME/.kube/config
[root@Master ~]# chown $(id -u):$(id -g) $HOME/.kube/config
[root@Master ~]#
```

13. 启动 Kubelet 服务并查看状态

Kubelet 配置完成后，即可启动服务，执行命令如下。

```
[root@Master ~]# systemctl daemon-reload
[root@Master ~]# systemctl enable kubelet && systemctl restart kubelet
[root@Master ~]# systemctl status kubelet
kubelet.service - kubelet: The Kubernetes Node Agent
    Loaded: loaded (/usr/lib/systemd/system/kubelet.service; enabled; vendor preset: disabled)
    Drop-In: /usr/lib/systemd/system/kubelet.service.d
             └─10-kubeadm.conf
    Active: active (running) since 日 2022-05-01 23:04:59 CST; 6s ago
    Docs: https://kubernetes.io/docs/
    Main PID: 22839 (kubelet)
        Tasks: 15
    Memory: 40.2M
    CGroup: /system.slice/kubelet.service
              └─22839 /usr/bin/kubelet --bootstrap-kubeconfig=/etc/kubernetes/bootstrap
-kubelet.conf --kubeconfig=/etc/kubernetes/kubelet.conf --config=/var/lib/kubelet/config.
yaml --network-plug...
5月 01 23:05:01 Master kubelet[22839]: I0501 23:05:01.390654 22839 reconciler.go:157] "Reconciler:
start to sync state"
5月 01 23:05:01 Master kubelet[22839]: E0501 23:05:01.560371 22839 kubelet.go:1742] "Failed
creating a mirror pod for" err="pods \"kube-apiserver-master\" already exists" pod="...erver-
master"
5月 01 23:05:01 Master kubelet[22839]: E0501 23:05:01.759670 22839 kubelet.go:1742] "Failed
creating a mirror pod for" err="pods \"kube-scheduler-master\" already exists" pod="...duler-
master"
5月 01 23:05:01 Master kubelet[22839]: E0501 23:05:01.958882 22839 kubelet.go:1742] "Failed
creating a mirror pod for" err="pods \"etcd-master\" already exists" pod="kube-system/etcd-
master"
5月 01 23:05:02 Master kubelet[22839]: I0501 23:05:02.155191 22839 request.go:665] Waited for
1.087437972s due to client-side throttling, not priority and fairness, request: PO...e-system/pods
5月 01 23:05:02 Master kubelet[22839]: E0501 23:05:02.160378 22839 kubelet.go:1742] "Failed
creating a mirror pod for" err="pods \"kube-controller-manager-master\" already exis...nager-
master"
5月 01 23:05:02 Master kubelet[22839]: E0501 23:05:02.492214 22839 configmap.go:200] Couldn't get
configMap kube-system/kube-proxy: failed to sync configmap cache: timed out wa...the condition
5月 01 23:05:02 Master kubelet[22839]: E0501 23:05:02.492345 22839 nestedpendingoperations.go:335]
Operation for "{volumeName:kubernetes.io/configmap/9ae6773d-2edc-4a89-9581-d5...87 +0800 CST
5月 01 23:05:04 Master kubelet[22839]: I0501 23:05:04.899184 22839 cni.go:240] "Unable to update
cni config" err="no networks found in /etc/cni/net.d"
5月 01 23:05:05 Master kubelet[22839]: E0501 23:05:05.156489 22839 kubelet.go:2386] "Container
runtime network not ready" networkReady="NetworkReady=false reason:NetworkPluginN...ninitialized"
Hint: Some lines were ellipsized, use -l to show in full.
[root@Master ~]#
```

14. 查看集群状态

(1) 在集群 Master 控制节点平台上,检查集群状态,执行命令如下。

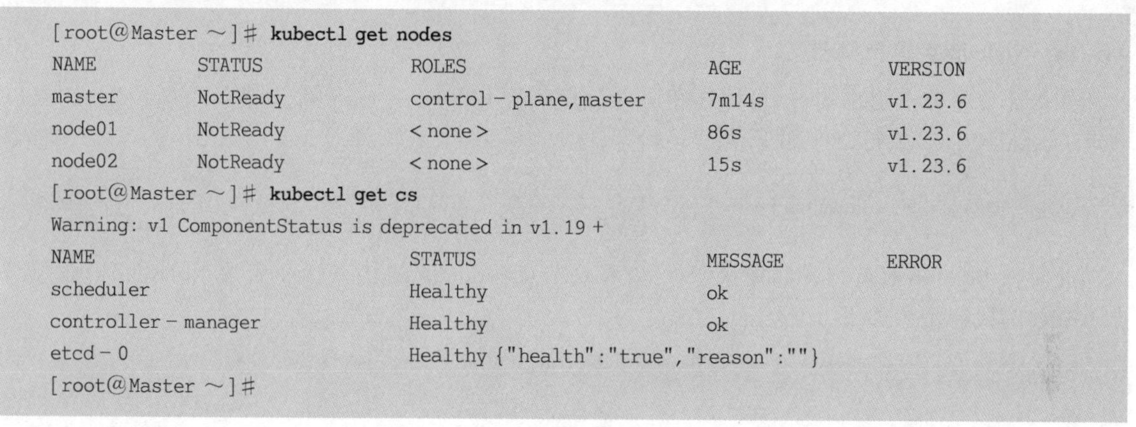

```
[root@Master ~]# kubectl get nodes
NAME        STATUS      ROLES                   AGE       VERSION
master      NotReady    control-plane,master    7m14s     v1.23.6
node01      NotReady    <none>                  86s       v1.23.6
node02      NotReady    <none>                  15s       v1.23.6
[root@Master ~]# kubectl get cs
Warning: v1 ComponentStatus is deprecated in v1.19+
NAME                    STATUS      MESSAGE     ERROR
scheduler               Healthy     ok
controller-manager      Healthy     ok
etcd-0                  Healthy {"health":"true","reason":""}
[root@Master ~]#
```

通过 kubectl get nodes 命令执行结果可以看出 Master 和 Node 节点为 NotReady 状态,这是因为还没有安装网络。

15. 配置安装网络插件

在 Master 节点安装网络插件,下载网络插件的相关配置文件,执行命令如下。

```
[root@Master ~]# cd ~ && mkdir -p flannel && cd flannel
[root@Master                    flannel]#           wget \
https://raw.githubusercontent.com/coreos/flannel/v0.14.0/Documentation/kube-flannel.yml
[root@Master flannel]# ll
总用量 8
-rw-r--r-- 1 root root 5034 5月 2 08:37 kube-flannel.yml
[root@Master flannel]# cat kube-flannel.yml | grep image
          image: quay.io/coreos/flannel:v0.14.0            //版本为 v0.14.0
          image: quay.io/coreos/flannel:v0.14.0
[root@Master flannel]# kubectl apply -f kube-flannel.yml    //应用网络插件配置
podsecuritypolicy.policy/psp.flannel.unprivileged created
clusterrole.rbac.authorization.k8s.io/flannel created
clusterrolebinding.rbac.authorization.k8s.io/flannel created
serviceaccount/flannel created
configmap/kube-flannel-cfg created
daemonset.apps/kube-flannel-ds created
[root@Master flannel]#
```

应用网络插件配置,大约 3 分钟系统将自动完成网络配置,重新将 Node 节点加入集群中,此时查看集群状态,可以看到 Master 和 Node 节点由 NotReady 变为 Ready 状态,执行命令如下。

```
[root@Master flannel]# kubectl get nodes
NAME        STATUS      ROLES                   AGE     VERSION
master      Ready       control-plane,master    82m     v1.23.6
node01      Ready       <none>                  67m     v1.23.6
node02      Ready       <none>                  54m     v1.23.6
[root@Master flannel]#
```

如果需要重新配置网络环境,则需要删除网络配置,执行命令如下。

```
[root@Master flannel]# kubectl delete -f kube-flannel.yml
```

16. Node 节点退出集群

如果需要将节点退出集群,可以在相应的节点执行 kubeadm reset 命令进行重新设置,这里以节点 Node02 为例,执行命令如下。

```
[root@Node02 ~]# kubeadm reset
```

此时在 Master 节点查看群集状态,可以看到节点 Node02 的状态已经变为 NotReady,删除节点 Node02,执行命令如下。

```
[root@Master flannel]# kubectl get nodes
NAME       STATUS     ROLES                  AGE     VERSION
master     Ready      control-plane,master   24m     v1.23.6
node01     Ready      <none>                 9m32s   v1.23.6
node02     NotReady   <none>                 4m23s   v1.23.6
[root@Master flannel]#
[root@Master flannel]# kubectl delete nodes node02
node "node02" deleted
[root@Master flannel]#
[root@Master flannel]# kubectl get nodes
NAME       STATUS     ROLES                  AGE     VERSION
master     Ready      control-plane,master   27m     v1.23.6
node01     Ready      <none>                 12m     v1.23.6
[root@Master flannel]#
```

3.3.2 Kubectl 基本命令配置管理

Kubectl 是一个用于操作 Kubernetes 集群的命令行接口,利用 Kubectl 工具可以在集群中实现各种功能,Kubectl 子命令参数较多,读者应该多加练习,掌握常用子命令的用法。

1. 获取帮助

在集群中可以使用 kubectl help 命令来获取相关帮助,执行命令如下。

```
[root@Master ~]# kubectl help
kubectl controls the Kubernetes cluster manager.
Find more information at: https://kubernetes.io/docs/reference/kubectl/overview/
Basic Commands (Beginner):                    //基本命令(入门)
    create          Create a resource from a file or from stdin
    expose          Take a replication controller, service, deployment or pod and expose it as a new
Kubernetes service
    run             在集群中运行一个指定的镜像
    set             为 objects 设置一个指定的特征
Basic Commands (Intermediate):                //基本命令(中级)
    explain         Get documentation for a resource
```

```
        get             显示一个或更多 resources
        edit            在服务器上编辑一个资源
        delete          Delete resources by file names, stdin, resources and names, or by resources and
label selector
Deploy Commands:                        //部署命令
        rollout         Manage the rollout of a resource
        scale           Set a new size for a deployment, replica set, or replication controller
        autoscale       Auto-scale a deployment, replica set, stateful set, or replication controller
Cluster Management Commands:            //集群命令
        certificate     修改 certificate 资源.
        cluster-info    Display cluster information
        top             Display resource (CPU/memory) usage
        cordon          标记 node 为 unschedulable
        uncordon        标记 node 为 schedulable
        drain           Drain node in preparation for maintenance
        taint           更新一个或者多个 node 上的 taints
Troubleshooting and Debugging Commands:  //故障排除和调试命令
        describe        显示一个指定 resource 或者 group 的 resources 详情
        logs            输出容器在 pod 中的日志
        attach          Attach 到一个运行中的 container
        exec            在一个 container 中执行一个命令
        port-forward Forward one or more local ports to a pod
        proxy           运行一个 proxy 到 Kubernetes API server
        cp              Copy files and directories to and from containers
        auth            Inspect authorization
        debug           Create debugging sessions for troubleshooting workloads and nodes
Advanced Commands:                      //高级命令
        diff            Diff the live version against a would-be applied version
        apply           Apply a configuration to a resource by file name or stdin
        patch           Update fields of a resource
        replace         Replace a resource by file name or stdin
        wait            Experimental: Wait for a specific condition on one or many resources
        kustomize       Build a kustomization target from a directory or URL.
Settings Commands:                      //设置命令
        label           更新在这个资源上的 labels
        annotate        更新一个资源的注解
        completion      Output shell completion code for the specified shell (bash, zsh or fish)
Other Commands:                         //其他命令
        alpha           Commands for features in alpha
        api-resources   Print the supported API resources on the server
        api-versions    Print the supported API versions on the server, in the form of "group/version"
        config          修改 kubeconfig 文件
        plugin          Provides utilities for interacting with plugins
        version         输出 client 和 server 的版本信息
Usage:                                  //格式用法
        kubectl [flags] [options]
Use "kubectl <command> --help" for more information about a given command.
Use "kubectl options" for a list of global command-line options (applies to all commands).
[root@Master ~]#
```

2. 查看类命令

Kubectl 查看类命令如下。

(1) 获取节点和服务版本信息。

```
#kubectl get nodes
```

(2) 获取节点和服务版本信息,并查看附加信息。

```
#kubectl get nodes -o wide
```

(3) 获取 Pod 信息,默认是 default 命名空间。

```
#kubectl get pod
```

(4) 获取 Pod 信息,默认是 default 命名空间,并查看附加信息,如,Pod 的 IP 及在哪个节点运行。

```
#kubectl get pod -o wide
```

(5) 获取指定命名空间的 Pod。

```
#kubectl get pod -n kube-system
```

(6) 获取指定命名空间中的指定 Pod。

```
#kubectl get pod -n kube-system podName
```

(7) 获取所有命名空间的 Pod。

```
#kubectl get pod -A
```

(8) 查看 Pod 的详细信息,以 YAML 格式或 JSON 格式显示。

```
#kubectl get pods -o yaml
#kubectl get pods -o json
```

(9) 查看 Pod 的标签信息。

```
#kubectl get pod -A --show-labels
```

(10) 根据 Selector(label query)来查询 pod。

```
#kubectl get pod -A --selector="k8s-app=kube-dns"
```

(11) 查看运行 Pod 的环境变量。

```
#kubectl exec podName env
```

（12）查看指定 Pod 的日志。

```
#kubectl logs -f --tail 500 -n kube-system kube-apiserver-k8s-master
```

（13）查看所有命名空间的 Service 信息。

```
#kubectl get svc -A
```

（14）查看指定命名空间的 Service 信息。

```
#kubectl get svc -n kube-system
```

（15）查看 Componentstatuses 信息。

```
#kubectl get cs
```

（16）查看所有 Configmaps 信息。

```
#kubectl get cm -A
```

（17）查看所有 Serviceaccounts 信息。

```
#kubectl get sa -A
```

（18）查看所有 Daemonsets 信息。

```
#kubectl get ds -A
```

（19）查看所有 Deployments 信息。

```
#kubectl get deploy -A
```

（20）查看所有 Replicasets 信息。

```
#kubectl get rs -A
```

（21）查看所有 Statefulsets 信息。

```
#kubectl get sts -A
```

（22）查看所有 Jobs 信息。

```
#kubectl get jobs -A
```

(23) 查看所有 Ingresses 信息。

```
#kubectl get ing -A
```

(24) 查看有哪些命名空间。

```
#kubectl get ns
```

(25) 查看 Pod 的描述信息。

```
#kubectl describe pod podName
#kubectl describe pod -n kube-system kube-apiserver-k8s-master
```

(26) 查看指定命名空间中指定 Deploy 的描述信息。

```
#kubectl describe deploy -n kube-system coredns
```

(27) 查看 Node 或 Pod 的资源使用情况。

```
#需要 heapster 或 metrics-server 支持
#kubectl top node
#kubectl top pod
```

(28) 查看集群信息。

```
#kubectl cluster-info
#kubectl cluster-info dump
```

(29) 查看各组件信息 192.168.100.100 为 Master 机器。

```
#kubectl -s https://192.168.100.100:6443 get componentstatuses
```

3. 操作类命令

Kubectl 操作类命令如下。

(1) 创建资源。

```
#kubectl create -f xxx.yaml
```

(2) 应用资源。

```
#kubectl apply -f xxx.yaml
```

(3) 应用资源,该目录下的所有 .yaml、.yml,或 .json 文件都会被使用。

```
#kubectl apply -f
```

（4）创建 test 命名空间。

```
#kubectl create namespace test
```

（5）删除资源。

```
#kubectl delete -f xxx.yaml
#kubectl delete -f
```

（6）删除指定的 Pod。

```
#kubectl delete pod podName
```

（7）删除指定命名空间的指定 Pod。

```
#kubectl delete pod -n test podName
```

（8）删除其他资源。

```
#kubectl delete svc svcName
#kubectl delete deploy deployName
#kubectl delete ns nsName
```

（9）强制删除。

```
#kubectl delete pod podName -n nsName --grace-period=0 --force
#kubectl delete pod podName -n nsName --grace-period=1
#kubectl delete pod podName -n nsName --now
```

（10）编辑资源。

```
#kubectl edit pod podName
```

4. 进阶操作类命令

Kubectl 进阶操作类命令如下。

（1）kubectl exec：进入 Pod 启动的容器。

```
#kubectl exec -it podName -n nsName /bin/sh
```

（2）kubectl label：添加 Label 值。

```
#kubectl label nodes k8s-node01 zone=north                        //为指定节点添加标签
#kubectl label nodes k8s-node01 zone-                             //为指定节点删除标签
#kubectl label pod podName -n nsName role-name=test               //为指定 Pod 添加标签
#kubectl label pod podName -n nsName role-name=dev --overwrite     //修改 Label 标签值
#kubectl label pod podName -n nsName role-name-                   //删除 Label 标签
```

(3) kubectl rollout：滚动升级。

```
#kubectl apply -f myapp-deployment-v2.yaml          //通过配置文件滚动升级
#kubectl set image deploy/myapp-deployment myapp="registry.cn-beijing.aliyuncs.com/google_
#registry/myapp:v3"
#kubectl rollout undo deploy/myapp-deployment        //通过命令滚动升级
```

或者

```
#kubectl rollout undo deploy myapp-deployment                        //Pod 回滚到前一个版本
#kubectl rollout undo deploy/myapp-deployment --to-revision=2        //回滚到指定历史版本
```

(4) kubectl scale：动态伸缩。

```
#kubectl scale deploy myapp-deployment --replicas=5          //动态伸缩
#kubectl scale --replicas=8 -f myapp-deployment-v2.yaml
//动态伸缩,根据资源类型和名称伸缩,其他配置
```

3.3.3 Pod 的创建与管理

在 Kubernetes 集群中可以通过两种方式创建 Pod,下面将详细介绍这两种方式。

1. 使用命令创建 Pod

视频讲解

(1) 为了方便实验,拉取镜像文件 nginx 与 centos,使用本地镜像创建一个名为 nginx-test01 且运行 Nginx 服务的 Pod,执行命令如下。

```
[root@Master ~]# docker pull nginx
[root@Master ~]# docker pull centos
[root@Master ~]# docker images
[root@Master ~]# kubectl run --image=nginx:latest nginx-test01
pod/nginx-test01 created
[root@Master ~]#
```

(2) 检查 Pod 是否创建成功,执行命令如下。

```
[root@Master ~]# kubectl get pods
NAME            READY     STATUS      RESTARTS      AGE
nginx-test01    1/1       Running     0             22s
[root@Master ~]#
```

(3) 查看 Pod 的描述信息,执行命令如下。

```
[root@Master ~]# kubectl describe pods nginx-test01
Name:                         nginx-test01
Namespace:                    default
Priority:                     0
Node:                         node01/192.168.100.101
```

```
Start Time:                  Mon, 02 May 2022 19:07:15 +0800
Labels:                      run=nginx-test01
Annotations:                 <none>
Status:                      Running
IP:                          10.244.1.11
IPs:
  IP:                        10.244.1.11
Containers:
  nginx-test01:
    Container ID:   docker://98c14f3adbcf135c17668120ae81a10756c3b2a71eb9a73703bcd76d2022fd39
    Image:          nginx:latest
    Image ID:       docker-pullable://nginx@sha256:859ab6768a6f26a79bc42b231664 111317d0
95a4f04e4b6fe79ce37b3d199097
    Port:           <none>
    Host Port:      <none>
    State:          Running
    Started:        Mon, 02 May 2022 19:07:20 +0800
    Ready:          True
    Restart Count:  0
    Environment:    <none>
    Mounts:
      /var/run/secrets/kubernetes.io/serviceaccount from kube-api-access-kfwz2 (ro)
Conditions:
  Type              Status
  Initialized       True
  Ready             True
  ContainersReady   True
  PodScheduled      True
Volumes:
  kube-api-access-kfwz2:
    Type:                    Projected (a volume that contains injected data from multiple
sources)
    TokenExpirationSeconds:  3607
    ConfigMapName:           kube-root-ca.crt
    ConfigMapOptional:       <nil>
    DownwardAPI:             true
QoS Class:                   BestEffort
Node-Selectors:              <none>
Tolerations:                 node.kubernetes.io/not-ready:NoExecute op=Exists for 300s
                             node.kubernetes.io/unreachable:NoExecute op=Exists for 300s
Events:
  Type    Reason     Age   From               Message
  ----    ------     ----  ----               --------
  Normal  Scheduled  47s   default-scheduler  Successfully assigned default/nginx-test01 to node01
  Normal  Pulling    47s   kubelet            Pulling image "nginx:latest"
  Normal  Pulled     43s   kubelet            Successfully pulled image "nginx:latest" in 4.574295015s
  Normal  Created    43s   kubelet            Created container nginx-test01
  Normal  Started    42s   kubelet            Started container nginx-test01
[root@Master ~]#
```

(4) Pod创建完成后，获取Nginx所在的Pod的内部IP地址，执行命令如下。

```
[root@Master ~]# kubectl get pod nginx-test01 -o wide
```

命令执行结果如图3.10所示。

```
[root@Master ~]# kubectl  get  pod  nginx-test01  -o  wide
NAME           READY   STATUS    RESTARTS   AGE   IP           NODE     NOMINATED NODE   READINESS GATES
nginx-test01   1/1     Running   0          23m   10.244.1.11  node01   <none>           <none>
[root@Master ~]#
```

图3.10　获取nginx-test01的信息

Pod信息中的字段含义如表3.6所示。

表3.6　Pod信息中的字段含义

Pod字段	含　义
NAME	Pod的名称
READY	Pod的准备状况，Pod包含的容器总数/准备就绪的容器数目
STATUS	Pod的状态
RESTARTS	Pod的重启次数
AGE	Pod的运行时间
IP	Pod的pod-network-cidr网络地址
NODE	Pod的运行节点
NOMAINTED NODE	Pod的没有目标位置节点
READINESS GATES	Pod就绪状态检查，判断Container、Pod、Endpoint的状态是否就绪

根据上述命令的执行结果可以看出，nginx-test01的IP地址为10.244.1.11。通过命令行工具curl测试在集群内任意节点是否都可以访问该Nginx服务，执行命令如下。

```
[root@Master ~]# curl 10.244.1.11
<!DOCTYPE html>
<html>
<head>
<title>Welcome to nginx!</title>
<style>
html { color-scheme: light dark; }
body { width: 35em; margin: 0 auto;
font-family: Tahoma, Verdana, Arial, sans-serif; }
</style>
</head>
<body>
<h1>Welcome to nginx!</h1>
<p>If you see this page, the nginx web server is successfully installed and
working. Further configuration is required.</p>
<p>For online documentation and support please refer to
<a href="http://nginx.org/">nginx.org</a>.<br/>
Commercial support is available at
<a href="http://nginx.com/">nginx.com</a>.</p>
<p><em>Thank you for using nginx.</em></p>
</body>
</html>
[root@Master ~]#
```

根据执行结果可以看出，使用 curl 工具成功连接到了 Pod 的 Nginx 服务。

(5) 强制删除多个 Pod，执行命令如下。

```
[root@Master ~]# kubectl delete pod ubuntu-test02 centos-test03 --force
warning: Immediate deletion does not wait for confirmation that the running resource has been
terminated. The resource may continue to run on the cluster indefinitely.
pod "ubuntu-test02" force deleted
pod "centos-test03" force deleted
[root@Master ~]#
```

2. 使用 YAML 创建 Pod

Kubernetes 除了某些强制性的命令(如 kubectl run/expose)会隐式创建 RC 或者 SVC 外，Kubernetes 还支持通过编写 YAML 格式的文件来创建这些操作对象。使用 YAML 方式不仅可以实现版本控制，还可以在线对文件中的内容进行编辑审核。当使用复杂的配置来提供一个稳健、可靠和易维护的系统时，这些优势就显得非常重要。YAML 本质上是一种用于定义配置文件的通用数据串行化语言格式，与 JSON 格式相比具有格式简洁、功能强大的特点。Kubernetes 中使用 YAML 格式定义配置文件的优点如下。

(1) 便捷性：命令行中不必添加大量的参数。

(2) 可维护性：YAML 文件可以通过源头控制、跟踪每次操作。

(3) 灵活性：YAML 文件可以创建比命令行更加复杂的结构。

YAML 语法规则较为复杂，读者在使用时应该多加注意，具体如下。

(1) 大小写敏感。

(2) 使用缩进表示层级关系。

(3) 缩进时不允许使用 Tab 键，只允许使用空格。

(4) 缩进的空格数不重要，相同层级的元素左侧对齐即可。

需要注意的是，一个 YAML 配置文件内可以同时定义多个资源。使用 YAML 创建 Pod 的完整文件内容与格式如下。

```
apiVersion: v1                  #必选项,版本号,如 v1
kind: Pod                       #必选项,Pod
metadata:                       #必选项,元数据
name: string                    #必选项,Pod 名称
namespace: string               #必选项,Pod 所属的命名空间,默认为"default"
labels:                         #自定义标签
- name: string                  #自定义标签名字
annotations:                    #自定义注释列表
- name: string
spec:                           #必选项,Pod 中容器的详细定义
containers:                     #必选项,Pod 中容器列表
- name: string                  #必选项,容器名称,需符合 RFC 1035 规范
image: string                   #必选项,容器的镜像名称
imagePullPolicy:Never           #获取镜像的策略
command: [string]               #容器的启动命令列表,如不指定,使用打包时使用的启动命令
args: [string]                  #容器的启动命令参数列表
```

```
workingDir: string                    #容器的工作目录
volumeMounts:                         #挂载到容器内部的存储卷配置
- name: string                        #引用Pod定义的共享存储卷的名称
mountPath: string                     #存储卷在容器内挂载的绝对路径,应少于512字符
readonly: Boolean                     #是否为只读模式
ports:                                #需要暴露的端口
- name: string                        #端口的名称
containerPort: int                    #容器需要监听的端口号
hostPort: int                         #容器所在主机需要监听的端口号,默认与Container相同
protocol: string                      #端口协议,支持TCP和UDP,默认为TCP
env:                                  #容器运行前需设置的环境变量列表
- name: string                        #环境变量名称
value: string                         #环境变量的值
resources:                            #资源限制和请求的设置
limits:                               #资源限制的设置
cpu: string                           #CPU的限制
memory: string                        #内存限制,单位可以为MB/GB
requests:                             #资源请求的设置
cpu: string                           #CPU请求,容器启动的初始可用数量
memory: string                        #内存请求,容器启动的初始可用数量
livenessProbe:                        #对Pod内各容器健康检查的设置
exec:                                 #将Pod容器内检查方式设置为exec方式
command: [string]                     #exec方式需要指定的命令或脚本
httpGet:                              #将Pod内各容器健康检查方法设置为HttpGet
path: string
port: number
host: string
scheme:string
httpHeaders:
- name:string
value: string
tcpSocket:                            #将Pod内各容器健康检查方式设置为TCPSocket方式
port: number
initialDelaySeconds :0                #容器启动完成后首次探测的时间,单位为秒
timeoutSeconds: 0                     #容器健康检查探测等待响应的超时时间,单位为秒,默认为1秒
periodSeconds: 0                      #容器定期健康检查的时间设置,单位为秒,默认为10秒一次
successThreshold :0
failureThreshold: 0
securityContext:                      #安全上下文
privileged: false
restartPolicy: [Always | Never | OnFailure]   #Pod的重启策略
nodeSelector:obeject                          #设置NodeSelector
imagePullSecrets:                             #拉取镜像时使用的secret名称
- name:string
hostNetwork: false                    #是否使用主机网络模式,默认为false
volumes:                              #在该Pod上定义共享存储卷列表
- name: string                        #共享存储卷名称(存储卷类型有很多种)
emptyDir:{}                           #类型为emptyDir的存储卷
hostPath: string                      #类型为hostPath的存储卷
path: string                          #hostPath类型存储卷的路径
```

```
secret:                  #类型为 secret 的存储卷,挂载集群与定义的 secret 对象到容器内部
scretname: string
items:
 - key: string
path: string
configMap:               #类型为 configMap 的存储卷
name: string
items:
 - key: string
path: string
```

以上 Pod 定义了文件涵盖 Pod 大部分属性的设置,其中各参数的取值包括 string、list、object。下面编写 Pod 的 YAML 文件,执行命令如下。

```
[root@Master ~]# vim pod-nginx.yaml
[root@Master ~]# cat pod-nginx.yaml
apiVersion: v1
kind: Pod
metadata:
    name: pod-nginx01
    namespace: default
    labels:
        app: app-nginx
spec:
    containers:
    - name: containers-name-nginx
        image: nginx:latest
        imagePullPolicy: IfNotPresent          //本地镜像不存在时,镜像拉取策略
[root@Master ~]#
```

使用 kubectl apply 命令应用 pod-nginx. yaml 文件,执行命令如下。

```
[root@Master ~]# kubectl apply -f pod-nginx.yaml
pod/pod-nginx01 created
[root@Master ~]#
```

从代码的执行结果可以看出,名为 pod-nginx01 的 Pod 创建成功。使用 kubectl get pods 命令查看创建的 Pod,执行命令如下。

```
[root@Master ~]# kubectl get pods
NAME           READY    STATUS     RESTARTS     AGE
nginx-test01   1/1      Running    0            131m
pod-nginx01    1/1      Running    0            13s
[root@Master ~]#
```

3. Pod 基本操作

Pod 是 Kubernetes 中最小的控制单位,下面介绍生产环境中关于 Pod 的常用命令。

(1) 查看 Pod 所在的运行节点以及 IP 地址，执行命令如下。

```
[root@Master ~]# kubectl get pod pod-nginx01 -o wide
```

命令执行结果如图 3.11 所示。

```
[root@Master ~]# kubectl  get  pod nginx-test01  -o  wide
NAME           READY   STATUS    RESTARTS   AGE    IP            NODE     NOMINATED NODE   READINESS GATES
nginx-test01   1/1     Running   0          158m   10.244.1.11   node01   <none>           <none>
[root@Master ~]# kubectl  get  pods
NAME           READY   STATUS    RESTARTS   AGE
nginx-test01   1/1     Running   0          160m
pod-nginx01    1/1     Running   0          29m
[root@Master ~]# kubectl  get  pod pod-nginx01  -o  wide
NAME          READY   STATUS    RESTARTS   AGE   IP            NODE     NOMINATED NODE   READINESS GATES
pod-nginx01   1/1     Running   0          30m   10.244.4.15   node02   <none>           <none>
[root@Master ~]#
```

图 3.11 获取 pod-nginx01 的信息

(2) 查看 Pod 定义的详细信息，可以使用-o yaml 参数将 Pod 的信息转换为 YAML 格式。该参数不仅显示 Pod 的详细信息，还显示 Pod 中容器的相关信息，执行命令如下。

```
[root@Master ~]# kubectl get pods pod-nginx01 -o yaml
apiVersion: v1
kind: Pod
metadata:
  annotations:
    kubectl.kubernetes.io/last-applied-configuration: | {"apiVersion":"v1","kind":"Pod",
"metadata":{"annotations":{},"labels":{"app":"app-nginx"},"name":"pod-nginx01","namespace":
"default"},"spec":{"containers":[{"image":"nginx:latest","imagePullPolicy":"IfNotPresent",
"name":"containers-name-nginx"}]}}
  creationTimestamp: "2022-05-02T13:18:14Z"
  labels:
    app: app-nginx
  name: pod-nginx01
  namespace: default
  ……//省略部分内容
  hostIP: 192.168.100.102
  phase: Running
  podIP: 10.244.4.15
  podIPs:
  - ip: 10.244.4.15
  qosClass: BestEffort
  startTime: "2022-05-02T13:18:14Z"
[root@Master ~]#
```

(3) kubectl describe 命令可查询 Pod 的状态和生命周期事件，执行命令如下。

```
[root@Master ~]# kubectl describe pod pod-nginx01
Name:          pod-nginx01
Namespace:     default
Priority:      0
Node:          node02/192.168.100.102
Start Time:    Mon, 02 May 2022 21:18:14 +0800
Labels:        app=app-nginx
```

```
Annotations:                <none>
Status:                     Running
IP:                         10.244.4.15
IPs:
  IP:                       10.244.4.15
Containers:
  containers-name-nginx:
……//省略部分内容
Events:
  Type    Reason     Age   From    Message
  ----    ------     ----  ----    -------
  Normal  Scheduled  41m   default-scheduler Successfully assigned default/pod-nginx01 to node02
  Normal  Pulled     41m   kubelet Container image "nginx:latest" already present on machine
  Normal  Created    41m   kubelet Created container containers-name-nginx
  Normal  Started    41m   kubelet Started container containers-name-nginx
[root@Master ~]#
```

(4) 进入 Pod 对应的容器内部,并使用/bin/bash 进行交互,执行命令如下。

```
[root@Master ~]# kubectl exec -it pod-nginx01 /bin/bash
kubectl exec [POD] [COMMAND] is DEPRECATED and will be removed in a future version. Use kubectl exec
[POD] -- [COMMAND] instead.
root@pod-nginx01:/# mkdir -p test01
root@pod-nginx01:/# cd test01/
root@pod-nginx01:/test01# touch fil0{1..9}.txt
root@pod-nginx01:/test01# ls -l
total 0
-rw-r--r-- 1 root root 0 May 2 14:06 fil01.txt
-rw-r--r-- 1 root root 0 May 2 14:06 fil02.txt
-rw-r--r-- 1 root root 0 May 2 14:06 fil03.txt
-rw-r--r-- 1 root root 0 May 2 14:06 fil04.txt
-rw-r--r-- 1 root root 0 May 2 14:06 fil05.txt
-rw-r--r-- 1 root root 0 May 2 14:06 fil03.txt
-rw-r--r-- 1 root root 0 May 2 14:06 fil07.txt
-rw-r--r-- 1 root root 0 May 2 14:06 fil08.txt
-rw-r--r-- 1 root root 0 May 2 14:06 fil09.txt
root@pod-nginx01:/test01# cd ~
root@pod-nginx01:~# pwd
/root
root@pod-nginx01:~# exit
exit
[root@Master ~]#
```

(5) 重新启动 Pod 以更新应用,执行命令如下。

```
[root@Master ~]# kubectl replace --force -f pod-nginx.yaml
pod "pod-nginx01" deleted
pod/pod-nginx01 replaced
```

```
[root@Master ~]#
[root@Master ~]# kubectl get pods
NAME           READY    STATUS     RESTARTS    AGE
nginx-test01   1/1      Running    0           3h5m
pod-nginx01    1/1      Running    0           64s
[root@Master ~]#
```

3.3.4 Deployment 控制器配置与管理

对于 Kubernetes 来说 Pod 是资源调度的最小单元，Kubernetes 主要的功能就是管理多个 Pod，Pod 中可以包含一个或多个容器，而 Kubernetes 是如可管理多个 Pod 的呢？它是通过控制器进行管理，如 Deployment 和 ReplicaSet(RS)。

1. ReplicaSet 控制器

ReplicaSet 是 Pod 控制器类型中的一种，主要用来确保受管控 Pod 对象的副本数量在任何时刻都满足期望值。当 Pod 的副本数量与期望值不吻合时，多则删除，少则通过 Pod 模板进行创建弥补。ReplicaSet 与 Replication Controller 功能基本一样。但是 ReplicaSet 可以在标签选择项中选择多个标签。支持基于等式的 Selector。Kubernetes 官方强烈建议避免直接使用 ReplicaSet，推荐通过 Deployment 来创建 ReplicaSet 和 Pod，与手动创建和管理 Pod 对象相比，ReplicaSet 可以实现以下功能。

(1) 可以确保 Pod 的副本数量精确吻合配置中定义的期望值。

(2) 当探测到 Pod 对象所在的 Node 节点不可用时，可以自动请求在其他 Node 节点上重新创建新的 Pod，以确保服务可以正常运行。

(3) 当业务规模出现波动时，可以实现 Pod 的弹性伸缩。

2. Deployment 控制器

Deployment 或者 Replication Controller 在集群中实现的主要功能就是创建应用容器的多份副本，并持续监控副本数量，使其维持在指定值。Deployment 提供了关于 Pod 和 ReplicaSet 的声明性更新，其主要使用场景如下。

(1) 通过创建 Deployment 来生成 ReplicaSet 并在后台完成 Pod 的创建。

(2) 通过更新 Deployment 来创建新的 Pod 镜像升级。

(3) 如果当前的服务状态不稳定，可以将 Deployment 回滚到先前的版本(版本回滚)。

(4) 通过编辑 Deployment 文件来控制副本数量(增加负载)。

(5) 在进行版本更新时，如果出现故障可以暂停 Deployment，等到故障修复后继续发布。

(6) 通过 Deployment 的状态来判断更新发布是否成功，清理不再需要的副本集。

Deployment 支持的主要功能如下。

(1) 动态水平的弹性伸缩。

容器与虚拟机相比最大的优势就在于容器可以灵活地弹性伸缩，而这一部分工作由 Kubernets 中的控制器进行调度。Deployment 的弹性伸缩本质是指 ReplicaSet 下 Pod 的数量增加或减少。在创建 Deployment 时会相应创建一个 ReplicaSet，通过 ReplicaSet 实现弹性伸缩的自动化部署，并在很短的时间内进行数量的变更。弹性伸缩通过修改 YAML 文件中的 replicas 参数实现修改

YAML 文件后，通过 apply 命令重新应用而实现扩容或缩容。

(2) 支持动态的回滚和滚动更新。

定义一个 Deployment 会创建一个新的 ReplicaSet，通过 ReplicaSet 创建 Pod，删除 Deployment 控制器，同时也会删除所对应的 ReplicaSet 及 ReplicaSet 下控制的 Pod 资源。可以说 Deployment 是建立在 ReplicaSet 之上的一种控制器，可以管理多个 ReplicaSet，当每次需要更新 Pod 时，就会自动生成一个新的 ReplicaSet，把旧的 ReplicaSet 替换掉，多个 ReplicaSet 可以同时存在，但只有一个 ReplicaSet 在运行，因为新 ReplicaSet 里生成的 Pod 会依次去替换旧 ReplicaSet 里面的 Pod，所以需要等待时间，大约十分钟。

Kubernetes 下有多个 Deployment，在 Deployment 下管理 ReplicaSet，通过 ReplicaSet 管理多个 Pod，通过 Pod 管理容器，它们之间的关系如图 3.12 所示。

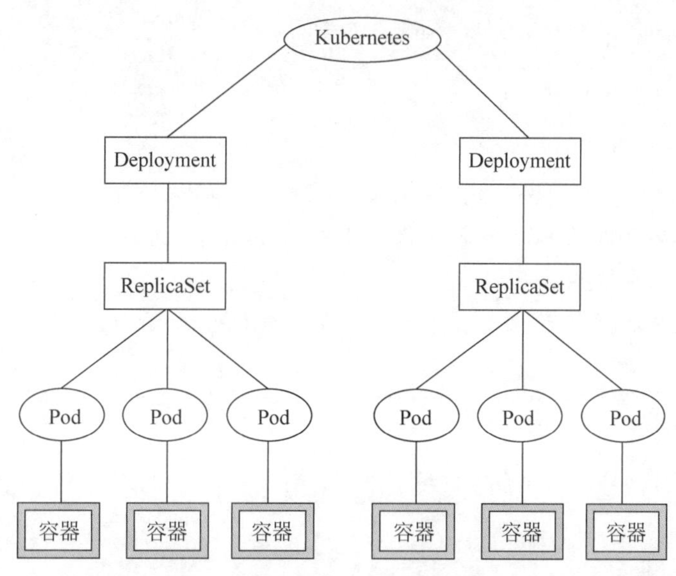

图 3.12 Kubernetes 管理架构

3. Deployment 命令配置

下面通过具体的部署示例，为读者展示 Deployment 的用法。

(1) 创建 Deployment 描述文件，执行命令如下。

```
[root@Master ~]# docker pull nginx:1.9.1
[root@Master ~]# docker images | grep TAG && docker images | grep nginx
REPOSITORY     TAG      IMAGE ID         CREATED       SIZE
nginx          1.9.1    94ec7e53edfc     6 years ago   133MB
[root@Master ~]#
[root@Master ~]# vim deployment-nginx.yaml
[root@Master ~]# cat deployment-nginx.yaml
apiVersion: apps/v1
kind: Deployment
metadata:
    name: deployment-nginx01
    namespace: default
    labels:
```

```
        app: nginx
spec:
    replicas: 3
    selector:
        matchLabels:
        app: nginx
    template:
        metadata:
        labels:
            app: nginx
        spec:
        containers:
        - name: nginx
            image: nginx:1.9.1
            imagePullPolicy: IfNotPresent
            ports:
            - containerPort: 80
[root@Master ~]#
```

示例中 metadata.name 字段表示此 Deployment 的名字为 deployment-nginx01。spec.replicas 字段表示将创建 3 个配置相同的 Pod,容器镜像的版本为 nginx:1.9.1。spec.selector 字段定义了通过 matchLabels 方式选择这些 Pod。

(2) 通过相关命令来应用、部署 Deployment,并查看 Deployment 状态,执行命令如下。

```
[root@Master ~]# kubectl apply -f deployment-nginx.yaml
deployment.apps/deployment-nginx01 created
[root@Master ~]#
[root@Master ~]# kubectl get deployment
NAME                READY   UP-TO-DATE   AVAILABLE   AGE
deployment-nginx01  3/3     3            3           3m23s
[root@Master ~]#
```

从以上代码中 READY 的值可以看出 Deployment 已经创建好了 3 个最新的副本。

(3) 通过执行 kubectl get rs 命令和 kubectl get pods 命令可以查看相关的 ReplicaSet 和 Pod 信息,执行命令如下。

```
[root@Master ~]# kubectl get rs
NAME                           DESIRED   CURRENT   READY   AGE
deployment-nginx01-5bfdf46dc6  3         3         3       2m21s
[root@Master ~]#
[root@Master ~]# kubectl get pods
NAME                                 READY   STATUS    RESTARTS         AGE
centos                               1/1     Running   13 (22s ago)     13h
deployment-nginx01-5bfdf46dc6-lrlzc  1/1     Running   0                14s
deployment-nginx01-5bfdf46dc6-mkvrv  1/1     Running   0                14s
deployment-nginx01-5bfdf46dc6-pfvln  1/1     Running   0                14s
nginx-test01                         1/1     Running   0                23h
pod-nginx01                          1/1     Running   0                22h
ubuntu                               1/1     Running   20 (6m36s ago)   20h
[root@Master ~]#
```

以上代码所创建的 Pod 由系统自动完成调度，它们各自最终运行在哪个节点上，完全由 Master 的 Scheduler 组件经过一系列算法计算得出，用户无法干预调度过程和结果。

4. Deployment 升级 Pod

当集群中的某个服务需要升级时，一般情况下需要先停止与此服务相关的 Pod，然后再下载新版的镜像和创建 Pod。这种先停止再升级的方式在大规模集群中会导致服务较长时间不可用，而 Kubernetes 提供的升级回滚功能可以很好地解决此类问题。

用户在运行修改 Deployment 的 Pod 定义（spec. template）或者镜像名称，并将其应用到 Deployment 上时，系统即可自动完成更新。如果在更新过程中出现了错误，还可以回滚到先前的 Pod 版本。需要注意，前提是 Pod 是通过 Deployment 创建的，且仅当 spec. template 更改部署的 Pod 模板时，如果模板的标签或容器镜像已更新，才会触发部署，其他更新，如扩展部署，不会触发部署。

（1）拉取相应的镜像版本，执行命令如下。

```
[root@Master ~]# docker pull nginx:latest
[root@Master ~]# docker images | grep TAG && docker images | grep nginx
REPOSITORY       TAG         IMAGE ID          CREATED          SIZE
nginx            latest      fa5269854a5e      13 days ago      142MB
nginx            1.9.1       94ec7e53edfc      6 years ago      133MB
[root@Master ~]#
```

（2）删除 deployment-nginx. yaml 文件创建的 Pod，查看 Pod 信息，执行命令如下。

```
[root@Master ~]# kubectl delete -f deployment-nginx.yaml
deployment.apps "deployment-nginx01" deleted
[root@Master ~]# kubectl get pods
NAME          READY     STATUS      RESTARTS         AGE
centos        1/1       Running     12 (48m ago)     12h
nginx-test01  1/1       Running     0                22h
pod-nginx01   1/1       Running     0                22h
ubuntu        1/1       Running     19 (54m ago)     19h
[root@Master ~]#
```

（3）应用 deployment-nginx. yaml 文件创建新的 Pod，查看当前容器的镜像版本信息，执行命令如下。

```
[root@Master ~]# kubectl apply -f deployment-nginx.yaml --record
Flag --record has been deprecated, --record will be removed in the future
deployment.apps/deployment-nginx01 configured
[root@Master ~]# kubectl get pods
NAME                                  READY   STATUS    RESTARTS       AGE
centos                                1/1     Running   13 (22m ago)   13h
deployment-nginx01-5bfdf46dc6-lrlzc   1/1     Running   0              22m
deployment-nginx01-5bfdf46dc6-mkvrv   1/1     Running   0              22m
deployment-nginx01-5bfdf46dc6-pfvln   1/1     Running   0              22m
nginx-test01                          1/1     Running   0              23h
pod-nginx01                           1/1     Running   0              23h
ubuntu                                1/1     Running   20 (28m ago)   20h
[root@Master ~]#
```

```
[root@Master ~]# kubectl describe deployment deployment-nginx01 | grep Image
        Image: nginx:1.9.1
[root@Master ~]#
```

(4) 将 Nginx Pod 的镜像从 nginx:1.9.1 更新为 nginx:latest 版本,并查看 Deployment 的详细信息,执行命令如下。

```
[root@Master ~]# kubectl set image deployment deployment-nginx01 nginx=nginx:latest --record
deployment.apps/deployment-nginx01 image updated
[root@Master ~]#
[root@Master ~]# kubectl get pods
NAME                               READY   STATUS    RESTARTS       AGE
centos                             1/1     Running   13 (31m ago)   13h
deployment-nginx01-67dffbbbb-f4nqt 1/1     Running   0              5m2s
deployment-nginx01-67dffbbbb-tjm8n 1/1     Running   0              5m
deployment-nginx01-67dffbbbb-tlh42 1/1     Running   0              4m59s
nginx-test01                       1/1     Running   0              23h
pod-nginx01                        1/1     Running   0              23h
ubuntu                             1/1     Running   20 (37m ago)   20h
[root@Master ~]#
[root@Master ~]# kubectl describe deployment deployment-nginx01
Name:                   deployment-nginx01
Namespace:              default
CreationTimestamp:      Wed, 04 May 2022 05:23:25 +0800
Labels:                 app=nginx
Annotations:            deployment.kubernetes.io/revision: 2
                        kubernetes.io/change-cause: kubectl apply --filename=deployment-
nginx.yaml --record=true
Selector:               app=nginx
Replicas:               3 desired | 3 updated | 3 total | 3 available | 0 unavailable
StrategyType:           RollingUpdate
MinReadySeconds:        0
RollingUpdateStrategy:  25% max unavailable, 25% max surge
Pod Template:
    Labels: app=nginx
    Containers:
    nginx:
        Image:          nginx:latest
        Port:           80/TCP
        Host Port:      0/TCP
        Environment:    <none>
        Mounts:         <none>
    Volumes:            <none>
Conditions:
    Type                Status   Reason
    ----                ------   ------
    Available           True     MinimumReplicasAvailable
    Progressing         True     NewReplicaSetAvailable
……//省略部分内容
[root@Master ~]#
```

(5) 查看 Deployment 和 Dod 的镜像版本，执行命令如下。

```
[root@Master ~]# kubectl describe deployment deployment-nginx01 | grep Image
        Image:          nginx:latest
[root@Master ~]#
[root@Master ~]# kubectl describe pod deployment-nginx01-67dffbbbb-f4nqt | grep Image
        Image:          nginx:latest
        Image ID: docker-pullable://nginx@sha256: 859ab6768a6f26a79bc42b231664111317d095a4f04e
4b6fe79ce37b3d199097
[root@Master ~]#
```

从执行结果可以看出，Pod 的镜像已经成功更新为 nginx：latest 版本。

5. Deployment 回滚 Pod

在进行升级操作时，新的 Deployment 不稳定，可能会导致系统死机，这时需要将 Deployment 回滚到以前旧的版本，下面演示 Deployment 回滚操作。

(1) 为了演示 Deployment 更新出错的场景，这里在更新 Deployment 时，误将 Nginx 镜像设置为 nginx:1.100.1(不是 nginx:latest，属于不存在的镜像)，并通过 rollout 命令进行升级操作，执行命令如下。

```
[root@Master ~]# kubectl set image deployment deployment-nginx01 nginx=nginx:1.100.1 --record
=true
Flag --record has been deprecated, --record will be removed in the future
deployment.apps/deployment-nginx01 image updated
[root@Master ~]#
[root@Master ~]# kubectl rollout status deployment deployment-nginx01
Waiting for deployment "deployment-nginx01" rollout to finish: 1 out of 3 new replicas have been
updated...
^C[root@Master ~]#
```

因为使用的是不存在的镜像，所以系统无法进行正确的镜像升级，会一直处于 Waiting 状态。此时，可以使用 Ctrl+C 组合键来终止操作。

(2) 查看系统是否创建了新的 ReplicaSet，执行命令如下。

```
[root@Master ~]# kubectl get rs
NAME                            DESIRED   CURRENT   READY   AGE
deployment-nginx01-5bfdf46dc6   0         0         0       102m
deployment-nginx01-5cf5c4f8fb   1         1         0       16s
deployment-nginx01-67dffbbbb    3         3         3       76m
```

从执行结果可以看出，系统新建了一个名为 deployment-nginx01-5cf5c4f8fb 的 ReplicaSet。

(3) 查看相关的 Pod 信息，执行命令如下。

```
[root@Master ~]# kubectl get pods
NAME                                  READY   STATUS             RESTARTS       AGE
centos                                1/1     Running            14 (42m ago)   14h
deployment-nginx01-5cf5c4f8fb-5jpw6   0/1     ImagePullBackOff   0              31s
```

```
deployment-nginx01-67dffbbbb-9pw79        1/1     Running     0                37m
deployment-nginx01-67dffbbbb-cnbtj        1/1     Running     0                37m
deployment-nginx01-67dffbbbb-nbgbs        1/1     Running     0                37m
nginx-test01                              1/1     Running     0                24h
pod-nginx01                               1/1     Running     0                24h
ubuntu                                    1/1     Running     21 (49m ago)     21h
[root@Master ~]#
```

从执行结果可以看出，因为更新的镜像不存在，所以新创建的 Pod 的状态为 ImagePullBackOff。

(4) 检查 Deployment 描述和 Deployment 更新历史记录，执行命令如下。

```
[root@Master ~]# kubectl describe deployment
Name:                    deployment-nginx01
Namespace:               default
CreationTimestamp:       Wed, 04 May 2022 05:23:25 +0800
Labels:                  app=nginx
Annotations:             deployment.kubernetes.io/revision: 5
                 kubernetes.io/change-cause: kubectl set image deployment deployment-nginx01
nginx=nginx:1.100.1 --record=true
Selector:                app=nginx
Replicas:                3 desired | 1 updated | 4 total | 3 available | 1 unavailable
StrategyType:            RollingUpdate
MinReadySeconds:         0
RollingUpdateStrategy:   25% max unavailable, 25% max surge
Pod Template:
    Labels:              app=nginx
    Containers:
    nginx:
        Image:           nginx:1.100.1
        Port:            80/TCP
        Host Port:       0/TCP
    ……//省略部分内容
[root@Master ~]#
[root@Master ~]# kubectl rollout history deployment deployment-nginx01
deployment.apps/deployment-nginx01
REVISION CHANGE-CAUSE
3       kubectl apply --filename=deployment-nginx.yaml --record=true
4       kubectl set image deployment deployment-nginx01 nginx=nginx:latest --record=true
5       kubectl set image deployment deployment-nginx01 nginx=nginx:1.100.1 --record=true
[root@Master ~]#
```

(5) 使用 rollout undo 命令撤销本次发布，并将 Deployment 回滚到上一个部署版本，执行命令如下。

```
[root@Master ~]# kubectl rollout undo deployment deployment-nginx01
deployment.apps/deployment-nginx01 rolled back
[root@Master ~]#
```

```
[root@Master ~]# kubectl describe deployment deployment-nginx01 | grep Image
        Image: nginx:latest
[root@Master ~]#
[root@Master ~]# kubectl get deploy
NAME                READY   UP-TO-DATE   AVAILABLE   AGE
deployment-nginx01  3/3     3            3           58m
[root@Master ~]#
```

6. Deployment 暂停与恢复 Pod

部署复杂的 Deployment 需要进行多次的配置文件修改，为了减少更新过程中的错误，Kubernetes 支持暂停 Deployment 更新操作，待配置一次性修改完成后再恢复更新。下面介绍 Deployment 暂停和恢复操作的相关操作流程。

(1) 使用 pause 选项实现 Deployment 暂停操作，执行命令如下。

```
[root@Master ~]# kubectl rollout pause deployment deployment-nginx01
deployment.apps/deployment-nginx01 paused
[root@Master ~]#
```

(2) 查看 Deployment 部署的历史记录，执行命令如下。

```
[root@Master ~]# kubectl rollout history deployment deployment-nginx01
deployment.apps/deployment-nginx01
REVISION CHANGE-CAUSE
3      kubectl apply --filename=deployment-nginx.yaml --record=true
5      kubectl set image deployment deployment-nginx01 nginx=nginx:1.100.1 --record=true
6      kubectl set image deployment deployment-nginx01 nginx=nginx:latest --record=true
[root@Master ~]#
```

(3) 使用 resume 选项来实现 Deployment 恢复操作，执行命令如下。

```
[root@Master ~]kubectl rollout resume deployment deployment-nginx01
deployment.apps/deployment-nginx01 resumed
[root@Master ~]#
```

(4) 修改完成后，查看新 ReplicaSet 情况，执行命令如下。

```
[root@Master ~]# kubectl get rs
NAME                           DESIRED   CURRENT   READY   AGE
deployment-nginx01-5bfdf46dc6  0         0         0       67m
deployment-nginx01-5cf5c4f8fb  0         0         0       33m
deployment-nginx01-67dffbbbb   3         3         3       41m
[root@Master ~]#
```

3.3.5 Server 的创建与管理

Server 服务创建完成后，只能在集群内部通过 Pod 的地址去访问。当 Pod 出现故障时，Pod

控制器会重新创建一个包括该服务的Pod,此时访问该服务需获取新Pod的地址,导致服务的可用性大大降低。另外,如果容器本身就采用分布式的部署方式,通过多个实例共同提供服务,则需要在这些实例的前端设置负载均衡分发。Kubemetes项目引入了Service组件,当新的Pod的创建完成后,Service会通过Label连接到该服务。

总的来说,Service可以实现为一组具有相同功能的应用服务,提供一个统一的入口地址,并将请求负载分发到后端的容器应用上。下面介绍Service的基本使用方法。

1. Service详解

YAML格式的Service定义文件的完整内容及各参数的含义如下。

```
apiVersion: v1                    #必选项,表示版本
kind: Service                     #必选项,表示定义资源的类型
matadata:                         #必选项,元数据
name: string                      #必选项,Service的名称
namespace: string                 #必选项,命名空间
labels:                           #自定义标签属性列表
 - name: string
annotations:                      #自定义注解属性列表
 - name: string
spec:                             #必选项,详细描述
selector: []                      #必选项,标签选择
type: string                      #必选项,Service的类型,指定Service的访问方式
clusterIP: string                 #虚拟服务地址
sessionAffinity: string           #是否支持Session
ports:                            #Service需要暴露的端口列表
 - name: string                   #端口名称
protocol: string                  #端口协议,支持TCP和UDP,默认为TCP
port: int                         #服务监听的端口号
targetPort: int                   #需要转发到后端Pod的端口号
nodePort: int                     #映射到物理机的端口号
status:                           #当spce.type=LoadBalancer时,设置外部负载均衡器的地址
loadBalancer:
ingress:
ip: string                        #外部负载均衡器的IP地址
hostname: string                  #外部负载均衡器的主机名
```

2. 环境配置

为了模拟Pod出现故障的场景,这里将删除当前的Pod。

(1) 查看当前Pod,执行命令如下。

```
[root@Master ~]# kubectl get pods
NAME                                   READY   STATUS    RESTARTS       AGE
centos                                 1/1     Running   3 (51m ago)    3h51m
deployment-nginx01-f79d7bf9-jxf4m      1/1     Running   0              12h
deployment-nginx01-f79d7bf9-kfptv      1/1     Running   0              12h
deployment-nginx01-f79d7bf9-mvj6g      1/1     Running   0              12h
nginx-test01                           1/1     Running   0              13h
pod-nginx01                            1/1     Running   0              13h
ubuntu                                 1/1     Running   10 (57m ago)   10h
[root@Master ~]#
```

(2) 删除当前的 Pod，执行命令如下。

```
[root@Master ~]# kubectl delete pod deployment-nginx01-f79d7bf9-mvj6g
pod "deployment-nginx01-f79d7bf9-mvj6g" deleted
[root@Master ~]#
```

删除 Pod 后，再查看 Pod 信息时，发现系统又自动创建了一个新的 Pod，执行命令如下。

```
[root@Master ~]# kubectl get pods
NAME                                READY   STATUS    RESTARTS       AGE
centos                              1/1     Running   4 (4m2s ago)   4h4m
deployment-nginx01-f79d7bf9-jxf4m   1/1     Running   0              13h
deployment-nginx01-f79d7bf9-kfptv   1/1     Running   0              13h
deployment-nginx01-f79d7bf9-stz7c   1/1     Running   0              11m
nginx-test01                        1/1     Running   0              14h
pod-nginx01                         1/1     Running   0              13h
ubuntu                              1/1     Running   11 (10m ago)   11h
[root@Master ~]#
```

3. 创建 Service

Service 既可以通过 kubectl expose 命令来创建，也可以通过 YAML 方式创建。用户可以通过 kubectl expose --help 命令查看其帮助信息。Service 创建完成后，Pod 中的服务依然只能通过集群内部的地址去访问，执行命令如下。

```
[root@Master ~]# kubectl expose deploy deployment-nginx01 --port=8000 --target-port=80
service/deployment-nginx01 exposed
[root@Master ~]#
```

示例中创建了一个 Service 服务，并将本地的 8000 端口绑定到了 Pod 的 80 端口上。

4. 查看创建的 Service

使用相关命令查看创建的 Service，执行命令如下。

```
[root@Master ~]# kubectl get svc
NAME                 TYPE        CLUSTER-IP      EXTERNAL-IP   PORT(S)    AGE
deployment-nginx01   ClusterIP   10.99.244.220   <none>        8000/TCP   91s
kubernetes           ClusterIP   10.93.0.1       <none>        443/TCP    33h
[root@Master ~]#
```

此时可以直接通过 Service 地址访问 Nginx 服务，通过 curl 命令进行验证，执行命令如下。

```
[root@Master ~]# curl 10.99.244.220:8000
<!DOCTYPE html>
<html>
<head>
<title>Welcome to nginx!</title>
```

```
<style>
html { color-scheme: light dark; }
……//省略部分内容
</body>
</html>
[root@Master ~]#
```

3.3.6 Kubernetes 容器管理

在 Kubernetes 集群中可以通过创建 Pod 管理容器,也可以通过 Docker 管理容器,下面将介绍这两种方式。

1. 通过创建 Pod 容器管理

通过创建 Pod 容器管理,其操作过程如下。

(1) 拉取 centos 镜像文件,使用 YAML 文件创建 Pod,执行命令如下。

```
[root@Master ~]# docker pull centos
[root@Master ~]# docker images | grep centos
centos              latest 5d0da3dc9764 7 months ago 231MB
[root@Master ~]#
[root@Master ~]# vim centos.yaml
[root@Master ~]# cat centos.yaml
apiVersion: v1
kind: Pod
metadata:
   name: centos
   namespace: default
   labels:
      app: centos
spec:
   containers:
   - name: centos01
      image: centos:latest
      imagePullPolicy: IfNotPresent
      command:
      - "/bin/sh"
      - "-c"
      - "sleep 3600"
[root@Master ~]#
```

(2) 应用 centos.yaml 文件,查看 Pod 信息,执行命令如下。

```
[root@Master ~]# kubectl apply -f centos.yaml
pod/centos created
[root@Master ~]# kubectl get pods
```

```
NAME                                     READY   STATUS    RESTARTS          AGE
centos                                   1/1     Running   0                 31s
deployment-nginx01-f79d7bf9-jxf4m        1/1     Running   0                 8h
deployment-nginx01-f79d7bf9-kfptv        1/1     Running   0                 8h
deployment-nginx01-f79d7bf9-mvj6g        1/1     Running   0                 8h
nginx-test01                             1/1     Running   0                 10h
pod-nginx01                              1/1     Running   0                 9h
ubuntu                                   1/1     Running   7 (6m44s ago)     7h6m
[root@Master ~]#
```

(3) 进入 Pod 对应的容器内部,并使用/bin/bash 进行交互操作,执行命令如下。

```
[root@Master ~]# kubectl exec -it centos /bin/bash
kubectl exec [POD] [COMMAND] is DEPRECATED and will be removed in a future version. Use kubectl exec
[POD] -- [COMMAND] instead.
[root@centos /]# ls
bin dev etc home lib lib64 lost+found media mnt opt proc root run sbin srv sys tmp usr var
[root@centos /]# echo "hello everyone, welcome to here!" > welcome.html
[root@centos /]# cat welcome.html
hello everyone, welcome to here!
[root@centos /]# ls
bin dev etc home lib lib64 lost+found media mnt opt proc root run sbin srv sys tmp usr var welcome.html
[root@centos /]# exit
exit
[root@Master ~]#
```

2. 通过 Docker 容器管理

通过 Docker 容器管理,其操作过程如下。

(1) 启动容器,创建容器的名称为 centos-test01,使用 CentOS 最新版本的镜像,执行命令如下。

```
[root@Master ~]# docker run -dit --name centos-test01 centos:latest /bin/bash
aceb8f8e7709d9caee4caf742e86c9df50b7f3db43ac650ece29715be9405a00
[root@Master ~]#
[root@Master ~]# docker ps -n 1
CONTAINER ID    IMAGE      COMMAND       CREATED       STATUS       PORTS      NAMES
aceb8f8e7709 centos:latest "/bin/bash"     2 minutes ago Up 2 minutes        centos-test01
[root@Master ~]#
```

(2) 进入 Docker 对应的容器内部,并使用/bin/bash 进行交互操作,执行命令如下。

```
[root@Master ~]# docker exec -it centos-test01 /bin/bash
[root@aceb8f8e7709 /]# ls
bin dev etc home lib lib64 lost+found media mnt opt proc root run sbin srv sys tmp usr var
[root@aceb8f8e7709 /]# echo "hello everyone, welcome to here!" > welcome.html
[root@aceb8f8e7709 /]# cat welcome.html
```

```
hello everyone, welcome to here!
[root@aceb8f8e7709 /]# ls
bin dev etc home lib lib64 lost+found media mnt opt proc root run sbin srv sys tmp usr var welcome.html
[root@aceb8f8e7709 /]# exit
exit
[root@Master ~]#
```

(3) 导出容器镜像,镜像名称为 centos-test01.tar,执行命令如下。

```
[root@Master ~]# docker export -o centos-test01.tar centos-test01
[root@Master ~]# ll | grep centos-test01.tar
-rw------- 1 root root 238573568 5月 3 17:05 centos-test01.tar
[root@Master ~]#
```

(4) 测试网络连通性,访问 Node01 节点,执行命令如下。

```
[root@Master ~]# ping 192.168.100.101
PING 192.168.100.101 (192.168.100.101) 56(84) bytes of data.
64 bytes from 192.168.100.101: icmp_seq=1 ttl=64 time=0.288 ms
64 bytes from 192.168.100.101: icmp_seq=2 ttl=64 time=0.304 ms
^C
--- 192.168.100.101 ping statistics ---
2 packets transmitted, 2 received, 0% packet loss, time 4001ms
rtt min/avg/max/mdev = 0.255/0.335/0.564/0.115 ms
[root@Master ~]#
```

(5) 将容器镜像文件 centos-test01.tar 复制到 Node01 节点,执行命令如下。

```
[root@Master ~]# scp centos-test01.tar root@192.168.100.101:/root/
root@192.168.100.101's password:          //输入 Node01 节点密码
centos-test01.tar                         100% 228MB 89.6MB/s 00:02
[root@Master ~]#
```

(6) 在 Node01 节点上,查看复制的容器镜像文件 centos-test01.tar,执行命令如下。

```
[root@Node01 ~]# ll | grep centos-test01.tar
-rw------- 1 root root 238573568 5月 3 17:07 centos-test01.tar
[root@Node01 ~]#
```

(7) 在 Node01 节点上,导入容器镜像 centos-test01.tar,创建镜像 centos-test01,版本为 v1.0,并查看当前镜像信息,执行命令如下。

```
[root@Node01 ~]# docker import centos-test01.tar centos-test01:v1.0
sha256:986ed7f7fd15be9fc0f57363880d4c214cea4b07a17b84f52c368c43162b01bb
[root@Node01 ~]#
[root@Node01 ~]# docker images | grep centos-test01
centos-test01 v1.0 986ed7f7fd15 29 seconds ago 231MB
[root@Node01 ~]#
```

（8）启动容器，创建容器的名称为 centos-test01，使用刚生成的 centos-test01：v1.0 镜像文件，执行命令如下。

```
[root@Node01 ~]# docker run -dit --name centos-test01 centos-test01:v1.0 /bin/bash
b232ebba05ba7a97100cf6511f9760cfb289cdf808fb7a15259ad30b80550744
[root@Node01 ~]#
```

（9）进入 Docker 对应的容器内部，并使用/bin/bash 进行交互操作，可以看到此时的运行环境与 Master 节点中的容器环境一样，执行命令如下。

```
[root@Node01 ~]# docker exec -it centos-test01 /bin/bash
[root@b232ebba05ba /]# ls
bin dev etc home lib lib64 lost+found media mnt opt proc root run sbin srv sys tmp usr var welcome.html
[root@b232ebba05ba /]# cat welcome.html
hello everyone, welcome to here!
[root@b232ebba05ba /]# exit
exit
[root@Node01 ~]#
```

课后习题

1. 选择题

（1）【多选】Kubernetes 的优势是（　　）。

A. 自动部署和回滚更新　　B. 弹性伸缩

C. 资源监控　　D. 服务发现和负载均衡

（2）下列选项中，不属于 Master 节点主要组件的是（　　）。

A. API Server　　B. Controller Manager

C. Docker Server　　D. Scheduler

（3）下列选项中，不属于 Node 节点主要组件的是（　　）。

A. Kubelet　　B. Kubernetes Proxy

C. Docker Engine　　D. Docker Image

（4）Pod 是 Kubernetes 中管理中的（　　）单位，一个 Pod 可以包含一个或多个相关容器。

A. 最小　　B. 最大　　C. 最稳定　　D. 最不稳定

（5）在 Kubernetes 中，etcd 用于存储系统的（　　）。

A. 核心组件　　B. 状态信息　　C. 日志　　D. 系统命令代码

（6）在 Kubernetes 中，每个 Pod 都存在一个（　　）容器，其中运行着进程用来通信。

A. pull　　B. push　　C. Pod　　D. pause

（7）在 Kubernetes 集群中，可以使用（　　）命令来获取相关帮助。

A. kubectl get　　B. kubectl help　　C. kubectl create　　D. kubectl-proxy

（8）在 Kubernetes 中，通过（　　）命令可看当前的 Pod 状态。

A. ls　　B. wget　　C. get　　D. ps

(9) 在 Kubernetes 中,Service 需要通过(　　)命令来创建。

A. kubectl expose　　B. kubectl help　　C. kubectl create　　D. kubectl get

(10)【多选】常见的容器编排工具为(　　)。

A. Mesos　　B. Kubernetes

C. Docker Compose　　D. Python

2. 简答题

(1) 简述企业架构的演变。

(2) 简述常见的容器编排工具。

(3) 简述 Kubernetes 及其优势。

(4) 简述 Kubernetes 的设计理念。

(5) 简述 Kubernetes 的体系结构。

(6) 简述 Kubernetes 的核心概念。

(7) 简述 Kubernetes 集群部署方式。

(8) 简述 Kubernetes 集群管理策略。

项目4

OpenStack云平台配置与管理

学习目标

- 理解 OpenStack 基础知识、OpenStack 认证服务、OpenStack 镜像服务、OpenStack 网络服务、OpenStack 计算服务和 OpenStack 存储服务等相关理论知识。
- 掌握 OpenStack 云平台的安装与部署、OpenStack 基本配置命令、云主机创建与管理以及云主机磁盘扩容管理等相关知识与技能。

4.1 项目概述

OpenStack 是一个旨在为公有云及私有云的建设与管理提供软件服务的开源项目。OpenStack 作为基础设施即服务资源的通用前端，其首要任务是简化云的部署过程并为其带来良好的可扩展性。OpenStack 为私有云和公有云提供可扩展的、弹性的云计算服务，项目目标是提供实施简单、丰富、标准统一、可大规模扩展的云计算管理平台。本章讲解 OpenStack 基础知识、OpenStack 认证服务、OpenStack 镜像服务、OpenStack 网络服务、OpenStack 计算服务和 OpenStack 存储服务等相关理论知识，项目实践部分讲解 OpenStack 云平台的安装与部署、OpenStack 基本配置命令、云主机创建与管理以及云主机磁盘扩容管理等相关知识与技能。

4.2 必备知识

4.2.1 OpenStack 基础知识

OpenStack 是一个开源的云计算管理平台项目，是一系列软件开源项目的组合，是美国国家航空航天局(National Aeronautics and Space Administration,NASA)和Rackspace(美国的一家云计算厂商)在2010年7月共同发起的一个项目,由Rackspace贡献存储源码(Swift),NASA贡献计算源码(Nova)。OpenStack是开源云计算管理平台的一面旗帜,已经成为开源云架构的事实标准。

1. OpenStack的起源

视频讲解

OpenStack现已成为一个广泛使用的业内领先的开源项目,提供部署私有云及公有云的操作平台和工具集,并且在许多大型企业支撑核心生产业务。

OpenStack示意图如图4.1所示。OpenStack项目旨在提供开源的云计算解决方案以简化云的部署过程,其实现类似于AWS EC2和S3的IaaS。其主要应用场合包括Web应用、大数据、电子商务、视频处理与内容分发、大吞吐量计算、容器优化、主机托管、公有云和数据库等。

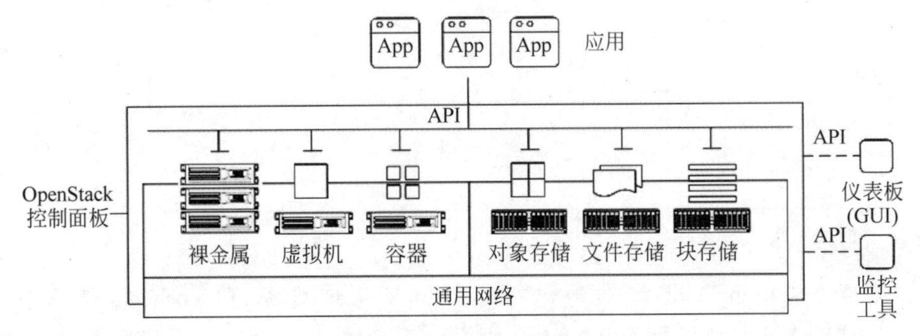

图4.1 OpenStack示意图

Open意为开放,Stack意为堆栈或堆叠,OpenStack是一系列软件开源项目的组合,包括若干项目,每个项目都有自己的代号(名称),包括不同的组件,每个组件又包括若干服务,一个服务意味着一个运行的进程。这些组件部署灵活,支持水平扩展,具有伸缩性,支持不同规模的云计算管理平台。

OpenStack最初仅包括Nova和Swift两个项目,现在已经有数十个项目。OpenStack的主要项目如表4.1所示。这些项目相互关联,协同管理各类计算、存储和网络资源,提供云计算服务。

表4.1 OpenStack的主要项目

项目名称	服　　务	功　　能
Horizon	仪表板(Dashboard)	提供一个与OpenStack服务交互的基于Web的自服务网站,让最终用户和运维人员都可以完成大多数的操作,例如启动虚拟机、分配IP地址、动态迁移等
Nova	计算(Compute)	部署与管理虚拟机并为用户提供虚拟机服务,管理OpenStack环境中计算实例的生命周期,按需响应,包括生成、调试、回收虚拟机等操作
Neutron	网络(Networking)	为OpenStack其他服务提供网络连接服务,为用户提供API定义网络和接入网络,允许用户创建自己的虚拟网络并连接各种网络设备接口。它提供基于插件的架构,支持众多的网络提供商和技术
Swift	对象存储(Object Storage)	一套用于在大规模可扩展系统中通过内置冗余及高容错机制实现对象存储的系统,允许进行存储或者检索文件。可为Glance提供镜像存储,为Cinder提供卷备份服务

续表

项目名称	服　务	功　能
Cinder	块存储 (Block Storage)	为运行实例提供稳定的数据块存储服务,它的插件驱动架构有利于块设备的创建和管理,如创建卷、删除卷,在实例上挂载和卸载卷等
Keystone	身份服务 (Identity Service)	为 OpenStack 其他服务提供身份验证、服务规则和服务令牌的功能,管理 Domains、Projects、Users、Groups、Roles
Glance	镜像服务 (Image Service)	一套虚拟机镜像查找及检索系统,支持多种虚拟机镜像格式(AKI、AMI、ARI、ISO、QCOW2、RAW、VDI、VHD、VMDK),有创建镜像、上传镜像、删除镜像、编辑镜像基本信息的功能
Ceilometer	测量(Metering)	像一个漏斗一样,能把 OpenStack 内部发生的几乎所有的事件都收集起来,并为计费和监控及其他服务提供数据支撑
Heat	部署编排 (Orchestration)	提供了一种通过模板定义的协同部署方式,实现云基础设施软件运行环境(计算、存储和网络资源)的自动化部署
Trove	数据库(Database)	为用户在 OpenStack 的环境中提供可扩展和可靠的关系及非关系数据库引擎服务
Sahara	数据处理 (Data Processing)	为用户提供简单部署 Hadoop 集群的能力,如通过简单配置迅速将 Hadoop 集群部署起来
Ironic	裸机服务(Ironic-API、Ironic-conductor)	OpenStack 用来提供裸机服务的项目,作为 OpenStack 中的一个独立模块,它可以与 Keystone、Nova、Neutron、Image 以及 Swift 进行交互

作为免费的开源软件项目,OpenStack 由一个名为 OpenStack Community 的社区开发和维护,来自世界各地的云计算开发人员和技术人员共同开发、维护 OpenStack 项目。与其他开源的云计算软件相比,OpenStack 在控制性、兼容性、灵活性方面具备优势,它有可能成为云计算领域的行业标准。

(1) 控制性。作为完全开源的平台,OpenStack 为模块化的设计提供相应的 API,方便与第三方技术集成,从而满足自身业务需求。

(2) 兼容性。OpenStack 兼容其他公有云,方便用户进行数据迁移。

(3) 可扩展性。OpenStack 采用模块化的设计,支持各主流发行版本的 Linux,可以通过横向扩展增加节点、添加资源。

(4) 灵活性。用户可以根据自己的需要建立基础设施,也可以轻松地为自己的群集扩大规模。OpenStack 项目采用 Apache2 许可,意味着第三方厂商可以重新发布源代码。

(5) 行业标准。众多 IT 领军企业都加入了 OpenStack 项目,意味着 OpenStack 在未来可能成为云计算行业标准。

2. OpenStack 版本演变

2010 年 10 月,OpenStack 第 1 个正式版本发布,其代号为 Austin。第 1 个正式版本仅有 Swift 和 Nova(对象存储和计算)两个项目。起初计划每隔几个月发布一个全新的版本,并且以 26 个英文字母为首字母,以 A～Z 的顺序命名后续版本。2011 年 9 月,其第 4 个版本 Diablo 发布时,定为约每半年发布一个版本,分别是当年的春秋两季,每个版本不断改进,吸收新技术,实现新概念。

2022 年 4 月 12 日,其发布了第 25 个版本,即 Yoga,如今该版本已经更加稳定、强健。2022 年 10 月,Zed 版本发布后,周而复始,未来 OpenStack 新版本的命名将回归到首字母 A,且每个版本的命名都将包含发行年份。近几年，Docker、Kubernetes、Serverless 等新技术兴起，而 OpenStack 的关注点不再是“谁是龙头”，而是“谁才是最受欢迎的技术”。

OpenStack 不受任何一家厂商的绑定，灵活自由。当前可以认为它是云解决方案的首选方案。当前多数私有云用户转向 OpenStack，是因为它使用户摆脱了对单个公有云的过多依赖。实际上，OpenStack 用户经常依赖于公有云，例如 Amazon Web Services(AWS)、Microsoft Azure 或 Google Compute Engine，多数用户基础架构是由 OpenStack 驱动的。

尽管 OpenStack 从诞生到现在已经日渐成熟，基本上能够满足云计算用户的大部分需求，但随着云计算技术的发展，OpenStack 必然需要不断地完善。OpenStack 已经逐渐成为市场上一个主流的云计算管理平台解决方案。

3. OpenStack 的架构

在学习 OpenStack 的部署和运维之前，应当熟悉其架构和运行机制。OpenStack 作为一个开源、可扩展、富有弹性的云操作系统，其架构设计主要参考了 AWS 云计算产品，通过模块的划分和模块的功能协作，基本的设计原则如下。

① 按照不同的功能和通用性划分不同的项目，拆分子系统。

② 按照逻辑计划、规范子系统之间的通信。

③ 通过分层设计整个系统架构。

④ 不同功能子系统间提供统一的 API。

(1) OpenStack 的逻辑架构。

OpenStack 的逻辑架构如图 4.2 所示。此图展示了 OpenStack 云计算管理平台各模块(仅给出主要服务)协同工作的机制和流程。

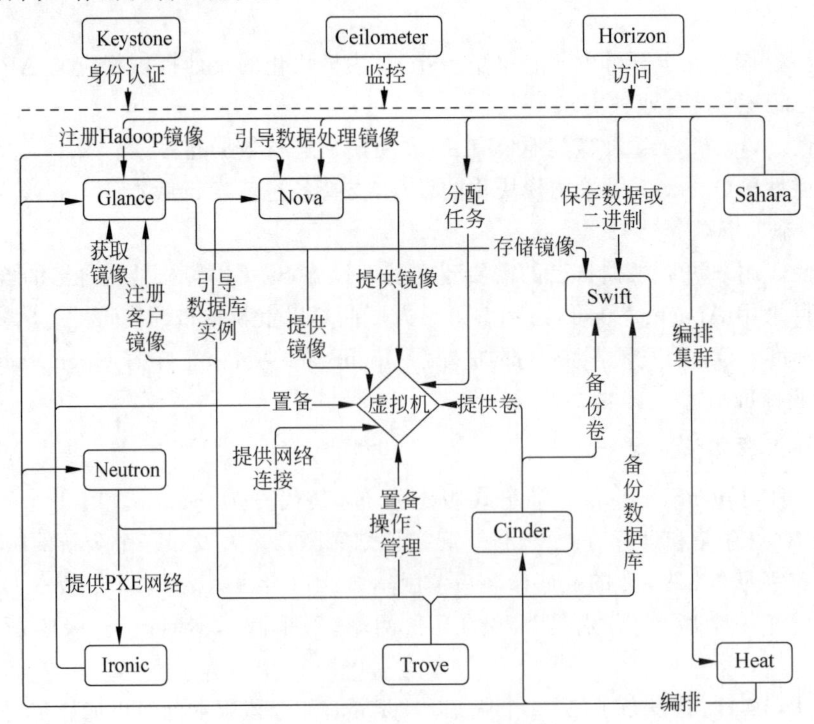

图 4.2　OpenStack 的逻辑架构

OpenStack通过一组相关的服务提供一个基础设施即服务的解决方案，这些服务以虚拟机为中心。虚拟机主要是由Nova、Glance、Cinder和Neutron这4个核心模块进行交互的结果。Nova为虚拟机提供计算资源，包括CPU、内存等；Glance为虚拟机提供镜像服务，安装操作系统的运行环境；Cinder提供存储资源，类似传统计算机的磁盘或卷；Neutron为虚拟机提供网络配置以及访问云计算管理平台的网络通道。

云计算管理平台用户在经过Keystone认证授权后，通过Horizon创建虚拟机服务。创建过程包括利用Nova服务创建虚拟机实例，虚拟机实例采用Glance提供的镜像服务，使用Neutron为新建的虚拟机分配IP地址，并将其纳入虚拟网络，之后通过Cinder创建的卷为虚拟机挂载存储块。整个过程都在Ceilometer的监控下，Cinder产生的卷和Glance提供的镜像可以通过Swift的对象存储机制进行保存。

Horizon、Ceilometer、Keystone分别提供访问、监控、身份认证（权限）等功能，Swift提供对象存储功能，Heat实现应用系统的自动化部署，Trove用于部署和管理各种数据库，Sahara提供大数据处理框架，而Ironic提供裸金属云服务。

云计算管理平台用户通过nova-api等来与其他OpenStack服务交互，而这些OpenStack服务守护进程通过消息总线（动作）和数据库（信息）来执行API请求。

消息队列为所有守护进程提供一个中心的消息机制，消息的发送者和接收者相互交换任务或数据进行通信，协同完成各种云计算管理平台功能。消息队列对各个服务进程解耦，所有进程可以任意地进行分布式部署，协同工作。

（2）OpenStack的物理架构。

OpenStack是分布式系统，必须从逻辑架构映射到具体的物理架构，将各个项目和组件以一定的方式安装到实际服务器节点上，部署到实际的存储设备上，并通过网络将它们连接起来。这就形成了OpenStack的物理架构。

OpenStack的部署分为单节点部署和多节点部署两种类型。单节点部署就是将所有的服务和组件都部署在一个物理节点上，通常用于学习、验证、测试或者开发；多节点部署就是将服务和组件分别部署在不同的物理节点上。OpenStack的多节点部署如图4.3所示，常见的节点类型有控制节点（Control Node）、网络节点（Network Node）、计算节点（Compute Node）和存储节点（Storage Node）。

① 控制节点。控制节点又称管理节点，可安装并运行各种OpenStack控制服务，负责管理、节制其余节点，执行虚拟机建立、迁移、网络分配、存储分配等任务。OpenStack的大部分服务运行在控制节点上。

- 支持服务。数据库服务，如MySQL数据库；消息队列服务，如RabbitMQ。
- 基础服务。运行Keystone认证服务、Glance镜像服务、Nova计算服务的管理组件，以及Neutron网络服务的管理组件和Horizon仪表板。
- 扩展服务。运行Cinder块存储服务、Swift对象存储服务、Trove数据库服务、Heat编排服务和Ceilometer计量服务的部分组件，这对于控制节点来说是可选的。

控制节点一般只需要一个网络接口，用于通信和管理各个节点。

② 网络节点。网络节点可实现网关和路由的功能，它主要负责外部网络与内部网络之间的通信，并将虚拟机连接到外部网络。网络节点仅包含Neutron基础服务，Neutron负责管理私有网段与公有网段的通信、虚拟机网络之间的通信拓扑，以及虚拟机上的防火墙等。

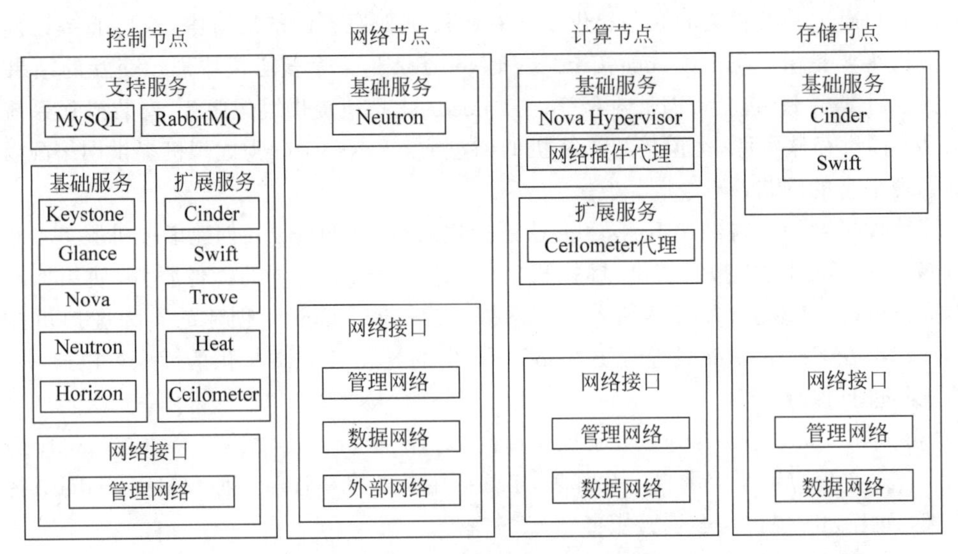

图 4.3　OpenStack 的多节点部署

网络节点通常需要 3 个网络接口，分别用来与控制节点进行通信、与除控制节点外的计算节点和存储节点进行通信、与外部的虚拟机和相应网络进行通信。

③ 计算节点。计算节点是实际运行虚拟机的节点，主要负责虚拟机的运行，为用户创建并运行虚拟机，为虚拟机分配网络。计算节点通常包括以下服务。

- 基础服务。Nova 计算服务的虚拟机管理器组件(Hypervisor)，提供虚拟机的创建、运行、迁移、快照等各种围绕虚拟机的服务，并提供 API 与控制节点的对接，由控制节点下发任务，默认计算服务使用的 Hypervisor 是 KVM；网络插件代理，用于将虚拟机实例连接到虚拟网络，通过安全组件为虚拟机提供防火墙服务。
- 扩展服务。Ceilometer 计量服务代理，提供计算节点的监控代理，将虚拟机的情况反馈给控制点。

虚拟机可以部署多个计算节点，一个计算节点至少需要两个网络接口：一个与控制节点进行通信，受控制节点统一配置；另一个与网络节点及存储节点进行通信。

④ 存储节点。存储节点负责对虚拟机的外部存储进行管理等，即为计算节点的虚拟机提供持久化卷服务。这种节点存储需要的数据，包括磁盘镜像、虚拟机持久性卷。存储节点包含 Cinder 和 Swift 等基础服务，可根据需要安装共享文件服务。

块存储和对象存储可以部署在同一个存储节点上，也可以分别部署，无论采用哪种方式，都可以部署多个存储节点。

最简单的网络连接存储节点只需要一个网络接口，可直接使用管理网络在计算节点和存储节点之间进行通信。在生产环境中，存储节点最少需要两个网络接口：一个连接管理网络，与控制节点进行通信，接收控制节点下发的任务，受控制节点统一调配；另一个连接专门的存储网络(数据网络)，与计算节点和网络节点进行通信，完成控制节点下发的各类数据传输任务。

4.2.2　OpenStack 认证服务

在早期的 OpenStack 版本中，用户、消息、API 调用的身份认证都集成在 Nova 项目中，后来因为加入 OpenStack 的模块越来越多,安全认证所涉及的面越来越广,多种安全认证的处理变得越来越复杂,所以改用一个独立的项目来统一处理不同的认证需求,这个项目就是 Keystone。Keystone 是 OpenStack 身份服务(OpenStack Identity Service)的项目名称,相当于一个别名。Keystone 集成了身份认证、用户授权、用户管理和服务目录等功能,为其他的 Keystone 组件和服务提供了统一的身份服务。Keystone 作为 OpenStack 的一个核心项目,基本上与所有的 OpenStack 项目都相关,当一个 OpenStack 服务收到用户的请求时,首先提交给 Keystone,由它来检查用户是否具有足够的权限来实现其请求的任务。

Keystone 是 OpenStack 默认使用的身份认证管理系统,也是 OpenStack 中唯一可以提供身份认证的组件。在安装 OpenStack 身份服务之后,其他 OpenStack 服务必须在其中注册才能使用。Keystone 可以跟踪每一个 OpenStack 服务的安装,并在系统网络中定位该服务的位置,身份服务主要用于认证,因此它又称为认证服务。

1. Keystone 的基本概念

Keystone 为每一项 OpenStack 服务都提供了身份服务,而身份服务使用域、项目(租户)、用户和角色等的组合来实现。在讲解 Keystone 之前,有必要介绍以下几个相关的基本概念。

(1) 认证。

认证(Authentication)是指确认用户身份的过程,又称身份验证。Keystone 认证由用户提供的一组凭证来确认传入请求的有效性。最初,一些凭证是用户名和密码,或者是用户名和 API 密钥。当 Keystone 确认用户凭证有效后,就会发出一个认证令牌(Authentication Token),用户可以在随后的请求中使用这个认证令牌去访问资源中其他的应用。

(2) 凭证。

凭证(Credentials)又称证书,用于确认用户身份的数据,如用户名、密码和 API 密钥,或认证服务提供的认证令牌。

(3) 令牌。

令牌(Token)通常指的是一串比特或者字符串,用来作为访问资源的记号。令牌中含有可访问资源的范围和有效时间。一个令牌可以是一个任意大小的文本,用于与其他 OpenStack 服务共享信息。令牌的有效期是有限的,可以随时被撤回。目前,Keystone 支持基于令牌的认证。

(4) 项目。

项目(Project)在 OpenStack 的早期版本中被称为租户(Tenant),它是各个服务可以访问资源的集合,是分配和隔离资源或身份的一个容器,也是一种权限组织形式。一个项目可以映射到客户、账户、组织(机构)或租户。OpenStack 用户要访问资源,必须通过一个项目向 Keystone 发出请求,项目是 OpenStack 服务调度的基本单元,其中必须包括相关的用户和角色。

(5) 用户。

用户(User)是指使用 OpenStack 云服务的个人、系统或服务的账户名称。使用服务的用户可以是人、服务或系统,或使用 OpenStack 相关服务的一个组织。根据不同的安装方式,一个用户可以代表一个客户、账号、组织或项目。OpenStack 各个服务在身份管理体系中都被视为一种系统用户,Keystone 为用户提供认证令牌,使用户在调用 OpenStack 服务时拥有相应的资源使用权限。Keystone 会验证由那些有权限的用户所发出的请求的有效性,用户使用自己的令牌登录和访问资源,用户可以被分配给特定的项目,这样用户就好像包含在该项目中一样,拥有该项目的权限。需要特别指出的是，OpenStack 通过注册相关服务的用户来管理服务。例如，Nova 服务注册 Nova 用户来管理相应的服务，对于管理员来说，需要通过 Keystone 来注册管理用户。

(6) 角色。

角色(Role)是一个用于定义用户权利和权限的集合，例如 Nova 中的虚拟机、Glance 中的镜像。身份服务向包含一系列角色的用户提供一个令牌，当用户调用服务时，该服务解析用户角色的设置，决定每个角色被授权执行哪些操作或访问哪些资源，通常权限管理是由角色、项目和用户相互配合来实现的。一个项目中往往要包含用户和角色，用户必须依赖于某一项目，而且用户必须以一种角色的身份加入项目，项目正是通过这种方式来实现对项目用户权限规范的绑定的。

(7) 组。

组(Group)是域所拥有的用户的集合。授予域或项目的组角色可以应用于该组中的所有用户。向组中添加用户，会相应地授予该用户对关联的域或项目的角色和认证；从组中删除用户，也会相应地撤销该用户关联的域或项目的角色和认证。

(8) 域。

域(Domain)是项目和用户的集合。目的是为身份实体定义管理界限。域可以表示个人、公司或操作人员所拥有的空间，用户可以被授予某个域的管理员角色。域管理员能够在域中创建项目、用户和组，并将角色分配给域中的用户和组。

(9) 端点。

端点(Endpoint)就是 OpenStack 组件能够访问的网络地址，通常是一个统一资源定位器(Uniform Resource Locator，URL)。端点相当于 OpenStack 服务对外的网络地址列表，每个服务都必须通过端点来检索相应的服务地址。如果需要访问一个服务，则必须知道其端点。端点请求的每个 URL 都对应一个服务实例的访问地址，并且具有 public、private(internal)和 admin 这 3 种权限。public URL 可以被全局访问，private(internal) URL 只能被内部访问，而 admin URL 可以被从常规的访问中分离出来。

(10) 客户端。

客户端(Client)是一些 OpenStack 服务，包括应用程序接口的命令行接口。例如，用户可以使用 OpenStack service create 和 OpenStack endpoint create 命令，在 OpenStack 安装过程中注册服务。Keystone 的命令行工具可以完成诸如创建用户、角色、服务和端点等绝大多数的 Keystone 管理功能，是常用的命令行接口。

(11) 服务。

这里的服务(Service)是指计算(Nova)、对象存储(Swift)或镜像(Glance)这样的 OpenStack 服务，它们提供一个或多个端点，供用户访问资源和执行操作。

(12) 分区。

分区(Region)表示 OpenStack 部署的通用分区。可以为一个分区关联若干子分区，形成树状层次结构。尽管分区没有地理意义，但是部署时仍可以对分区使用地理名称。

2. Keystone 的主要功能

Keystone 的主要功能如下。

视频讲解

(1) 身份认证(Identity Authentication)。令牌的发放和检验。

(2) 身份授权(Identity Authorization)。授予用户在一个服务中所拥有的权限。

(3) 用户管理。管理用户账户。

(4) 服务目录(Service Catalog)。提供可用服务的 API 端点。

Keystone 在 OpenStack 项目中主要负责以下两方面的工作。

(1) 跟踪用户和监控用户权限。OpenStack 的每个用户和每项服务都必须在 Keystone 中注册,由 Keystone 保存其相关信息。需要身份管理的服务、系统用户都被视为 Keystone 的用户。

(2) 为每项 OpenStack 服务提供一个可用的服务目录和相应的 API 端点。OpenStack 身份服务启动之后,一方面,会将 OpenStack 中所有相关的服务置于一个服务列表中,以管理系统能够提供的服务的目录;另一方面,OpenStack 中每个用户会按照各个用户的通用唯一识别码(Universally Unique Identifier,UUID)产生一些 URL,Keystone 受委托管理这些 URL,为需要 API 端点的其他用户提供统一的服务 URL 和 API 调用地址。

3. Keystone 的管理层次结构

视频讲解

在 OpenStack Identity API v3 以前的版本中存在一些需要改进的地方。例如,用户的权限管理以一个用户为单位,需要对每一个用户进行角色分配,并且不存在一种对一组用户进行统一管理的方案,这给系统管理员带来了不便,增加了额外的工作量。又如,OpenStack 使用租户来表示一个资源或对象,租户可以包含多个用户,不同租户相互隔离,根据服务运行的需求,租户还可以映射为账户、组织、项目或服务。资源是以租户为单位分配的,不符合现实世界中的层级关系。用户访问一个系统资源时,必须通过一个租户向 Keystone 提出请求。作为 OpenStack 中服务调试的基本单元,租户必须包含相关的用户和角色等信息,并对这两个租户中的用户分别分配角色。OpenStack 租户没有更高层次的单位,无法对多个租户进行统一管理,这就给拥有多租户的企业用户带来了不便。

为了解决上述问题,OpenStack Identity API v3 引入了域和组两个概念,并将租户改称为项目,这样更符合现实世界和云服务的映射关系。

OpenStack Identity API v3 利用域实现了真正的多租户架构,域为项目的高层容器。云服务的客户是域的所有者,它们可以在自己的域中创建多个项目、用户、组和角色。通过引入域,云服务客户可以对其拥有的多个项目进行统一管理,而不必再像之前那样对每一个项目都进行单独管理。

组是一组用户的容器,可以向组中添加用户,并直接给组分配角色,这样在这个组中的所有用户就都拥有了该组拥有的角色权限。通过引入组的概念,实现了对用户组的管理,以及同时管理一组用户权限的目的,这与 OpenStack Identity API v2 中直接向用户/项目指定角色不同,它对云服务的管理更加便捷。

域、组、项目、用户和角色之间的关系,即 Keystone 的管理层次结构,如图 4.4 所示。一个域中通常包含 3 个项目,可以通过组 Group1 将角色 admin 直接分配给该域,这样组 Group1 中的所有用户将会对域中的所有项目都拥有管理员权限。也可以通过组 Group2 将角色 member 仅分配给项目 Project3,这样组 Group2 中的用户就只拥有对项目 Project3 的相应权限,而不影响其他项目的权限分配。

4. Keystone 的认证服务流程

视频讲解

用户请求云主机的流程涉及认证(Keystone)服务、计算(Nova)服务、镜像(Glance)服务,以及网络(Neutron)服务。在服务流程中,令牌作为流程凭证进行传递。Keystone 的认证服务流程如图 4.5 所示。

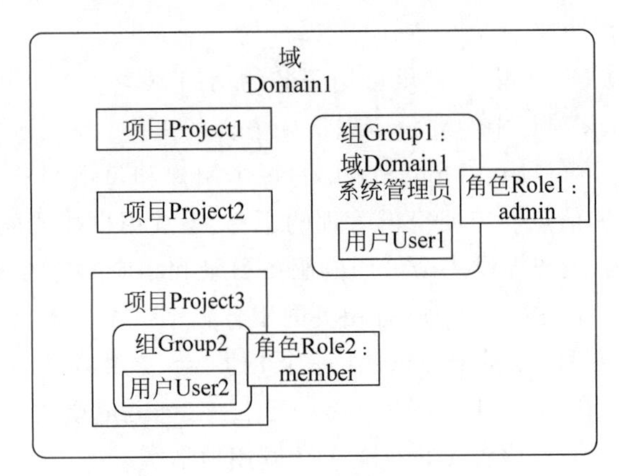

图 4.4　Keystone 的管理层次结构

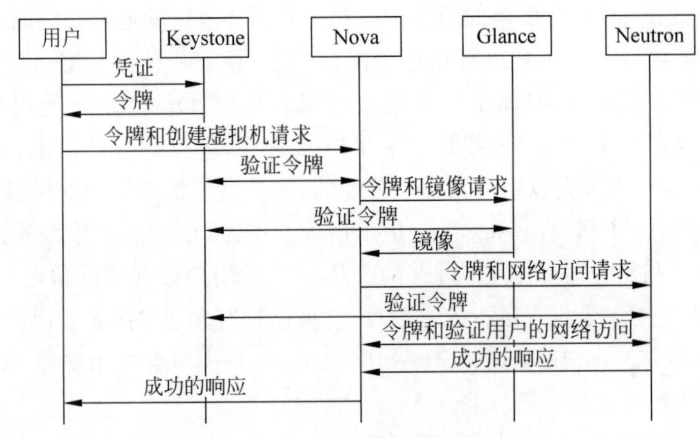

图 4.5　Keystone 的认证服务流程

下面以一个用户创建虚拟实例(Instance)的 Keystone 认证流程来说明 Keystone 的运行机制，此流程说明了 Keystone 与其他 OpenStack 服务是如何交互和协同工作的。

首先，用户向 Keystone 提供自己的身份凭证，如用户名和密码。Keystone 会从数据库中读取数据对其进行验证，若验证通过，则向用户返回一个临时的令牌。此后用户的所有请求都会通过该令牌进行身份验证。其次，用户向 Nova 申请创建虚拟机服务，Nova 会将用户提供的令牌发给 Keystone 进行验证，Keystone 会根据令牌判断用户是否拥有进行此项操作的权限，若验证通过，则 Nova 向其提供相应的服务。最后，其他组件和 Keystone 的交互也是如此，例如，Nova 需要向 Glance 提供令牌并请求镜像，Glance 将令牌发送给 Keystone 进行验证，若验证通过，则向 Nova 返回镜像。

值得一提的是，认证流程中还涉及服务目录和端点，具体说明如下。

(1) 用户向 Keystone 提供凭证，Keystone 验证通过后向用户返回令牌，同时会返回一个通用目录(Generic Catalog)。

(2) 用户使用令牌向该目录列表中的端点请求该用户对应的项目(租户)令牌，Keystone 验证通过后返回用户对应的项目(租户)列表。

(3) 用户从列表中选择要访问的项目(租户)，再次向 Keystone 发出请求，Keystone 验证通过后返回管理该项目(租户)的服务列表并允许访问该项目(租户)的令牌。

(4) 用户会通过这个服务和通用目录映射找到服务组件的端点,通过端点找到实际服务组件的位置。

(5) 用户凭借项目(租户)令牌和端点来访问实际的服务组件。

(6) 服务组件会向 Keystone 提供这个用户项目令牌进行验证,Keystone 验证通过后会返回一系列的确认令牌和附加信息给服务,并执行一系列操作。

4.2.3 OpenStack 镜像服务

基于 OpenStack 构建基本的 IaaS 平台,其主要目的就是对外提供虚拟机服务。Glance 是 OpenStack 的镜像服务,它提供虚拟镜像的查询、注册和传输等服务。值得注意的是,Glance 本身并不实现对镜像的存储功能。Glance 只是一个代理,它充当镜像存储服务与 OpenStack 的其他组件(特别是 Nova)之间的纽带。在早期的 OpenStack 版本中,Glance 只有管理镜像的功能,并不具备镜像存储功能,现在 Glance 已经发展成为具有镜像上传、检索、管理和存储等多种功能的 OpenStack 核心服务。

Glance 共支持两种镜像存储机制:简单文件系统机制和 Swift 服务存储镜像机制。

简单文件系统机制是指将镜像保存在 Glance 节点的文件系统中。这种机制相对比较简单,但是存在明显的不足。例如,由于没有备份机制,当文件系统损坏时,所有的镜像都会不可用。

Swift 服务存储镜像机制是指将镜像以对象的形式保存在 Swift 对象存储服务器中。它是 OpenStack 中用于管理对象存储的组件。Swift 具有非常可靠的备份还原机制,因此可以降低因文件系统损坏而造成的镜像不可用的风险。

镜像服务让用户能够上传和获取其他 OpenStack 服务需要使用的镜像和元数据定义等数据资产。镜像服务包括发现、注册和检索虚拟机镜像,提供了一个能够查询虚拟机镜像元数据和检索实际镜像的表述性状态传递应用程序接口(Representational State Transfer Application Programming Interface,RESTful,API)的软件架构风格。通过 Glance 虚拟机镜像可以存储到不同的位置,例如从简单的文件系统到 Swift 服务这样的对象存储镜像系统。

1. 镜像与镜像服务

(1) 镜像。

镜像的英文为 Image,又译为映像,指一系列文件或一个磁盘驱动器的精确副本。镜像文件其实和 ZIP 压缩包类似,它将特定的一系列文件按照一定的格式制作成单一的文件,以方便用户下载和使用,如测试版的操作系统、常用工具软件等。镜像文件不仅具有 ZIP 压缩包的合成功能,它最重要的特点是可以被特定的软件识别并可直接刻录到光盘中。其实,通常意义上的镜像文件可以再扩展一下,镜像文件中可以包含更多的信息,如系统文件、引导文件、分区表信息等,这样镜像文件就能包含一个分区甚至一块硬盘的所有信息。使用这类镜像文件的经典软件就是 Ghost,它同样具备刻录功能,不过它的刻录仅仅是将镜像文件本身保存在光盘中,而通常意义上的刻录软件可以直接将支持的镜像文件所包含的内容刻录到光盘中。Ghost 可以基于镜像文件快速安装操作系统和应用程序,还可以对操作系统进行备份,当系统遇到故障不能正常启动或运行时,可以快速恢复系统,使之正常工作。

视频讲解

用虚拟机管理程序可以模拟出一台完整的计算机，而计算机需要操作系统，此时可以将虚拟机镜像文件提供给虚拟机管理程序，让它为虚拟机安装操作系统。

虚拟磁盘为虚拟机提供了存储空间，在虚拟机中，虚拟磁盘相当于物理硬盘，即被虚拟机当作物理磁盘使用。虚拟机所使用的虚拟磁盘，实际上是一种特殊格式的镜像文件，虚拟磁盘文件用于捕获驻留在物理主机内存中的虚拟机的完整状态，并将信息以一个已明确的磁盘文件格式显示出来，每个虚拟机从其相应的虚拟磁盘文件启动，并加载到服务器内存中，随着虚拟机的运行，虚拟磁盘文件可通过更新来反映数据或状态的改变。

云环境下更加需要镜像这种高效的解决方案。镜像就是一个模板，类似 VMware 的虚拟机模板，它预先安装基本的操作系统和其他软件，例如，在 OpenStack 中创建虚拟机时，需要先准备一个镜像，再启动一个或多个该镜像实例。整个过程已实现自动化，速度极快。如果从镜像中启动虚拟机，那么该虚拟机被删除后，镜像依然存在，但是镜像不包括本次在该虚拟机实例上的变动信息，因为镜像只是虚拟机启动的基础模板。

(2) 镜像服务。

视频讲解

镜像服务就是管理镜像，使用户能够发现、注册、获取、保存虚拟机镜像和镜像元数据。镜像数据支持多种存储系统，可以是简单文件系统，也可以是对象存储系统。在 OpenStack 中提供镜像服务的是 Glance，其主要功能如下。

① 查询和获取镜像的元数据和镜像本身。

② 注册和上传虚拟机镜像，包括普通的创建、上传、下载和管理。

③ 维护镜像信息，包括元数据和镜像本身。

④ 支持通过多种方式存储镜像，包括普通的文件系统、Swift、Amazon S3 等。

⑤ 对虚拟机实例执行创建快照(Snapshot)命令来创建新的镜像，或者备份虚拟机的状态。

Glance 是关于镜像的中心，可以被终端用户或者 Nova 服务访问，接收磁盘或者镜像的 API 请求，定义镜像元数据的操作。

(3) Images API 的版本。

Glance 提供的 RESTful API 目前有两个版本：Images API v1 和 Images API v2。它们存在较大差别，具体如下。

① Images API v1 只提供基本的镜像和成员操作功能，包括镜像创建、删除、下载，镜像列表、详细信息查询和更新，以及镜像租户成员的创建、删除和列表。

② Images API v2 除了支持 Images API v1 的所有功能外，主要增加了镜像位置的添加、删除、修改，元数据和命名空间操作，以及镜像标记(Image Tag)操作。

这两个版本对镜像存储的支持相同，Images API v1 从 OpenStack 发行的 Newton 版本开始已经过时，迁移的路径使用 Images API v2 进行替代。按照 OpenStack 标准的弃用政策，Images API v1 最终会被废除。

(4) 虚拟机镜像的磁盘格式与容器格式。

在 OpenStack 中添加一个镜像到 Glance 中时，必须指定虚拟机镜像需要的磁盘格式和容器模式，虚拟设备供应商将不同的格式布局的信息保存在一个虚拟机磁盘镜像中。OpenStack 所支持的虚拟机镜像文件磁盘格式如表 4.2 所示。

表 4.2 OpenStack 所支持的虚拟机镜像文件磁盘格式

磁盘格式	说明
RAW	非结构化的磁盘镜像格式
QCOW2	QEMU 模拟器支持的可动态扩展、写时复制的磁盘格式，是 KVM 默认使用的磁盘文件格式
VHD	通用于 VMware、Xen、VirtualBox 以及其他虚拟机管理程序
VHDX	VHD 格式的增强版本，支持更大的磁盘容量
VMDK	一种比较通用的虚拟机磁盘格式
VDI	由 VirtualBox 虚拟机监控程序和 QEMU 仿真器支持的磁盘格式
ISO	用于光盘(如 CD-ROM)数据内容的档案格式
AKI	在 Glance 中存储的 Amazon 内核格式
ARI	在 Glance 中存储的 Amazon 虚拟内存盘格式
AMI	在 Glance 中存储的 Amazon 机器格式

Glance 对镜像文件进行管理时，往往将镜像元数据装载于一个容器中，Glance 的容器格式是指虚拟机镜像采用的文件格式，该文件格式也包含关于实际虚拟机的元数据。OpenStack 所支持的镜像文件容器格式如表 4.3 所示。

表 4.3 OpenStack 所支持的镜像文件容器格式

容器格式	说明
BARE	指定没有容器和元数据封装在镜像中。如果 Glance 和 OpenStack 的其他服务没有使用容器格式的字符串，那么为了安全，建议将其设置为 BARE
OVF	开放虚拟化格式(Open Virtualization Format)
OVA	在 Glance 中存储的开放虚拟化设备格式(Open Virtualization Appliance Format)
AKI	在 Glance 中存储的 Amazon 内核格式
ARI	在 Glance 中存储的 Amazon 虚拟内存盘格式
DOCKER	在 Glance 中存储的容器文件系统的 Docker 的 TAR 档案

容器格式可以理解成虚拟机镜像添加元数据后重新打包的格式。需要注意的是，容器格式字符串目前还不能被 Glance 或其他 OpenStack 组件使用，所以如果不能确定选择哪种容器格式，那么简单地将容器格式指定为 BARE 是安全的。

(5) 镜像状态。

镜像状态是 Glance 管理镜像的一个重要方面，由于镜像文件都比较大，镜像从创建到成功上传至 Glance 文件系统中的过程，是通过异步任务的方式一步步完成的。Glance 为整个 OpenStack 平台提供了镜像查询服务，可以通过虚拟机镜像的状态感知某一镜像的使用情况。OpenStack 镜像状态如表 4.4 所示。

表 4.4 OpenStack 镜像状态

镜像状态	说明
queued	表示镜像已经创建和注册，这是一种初始化状态。镜像文件刚被创建时，Glance 数据库中只有其元数据，镜像数据还没有上传到数据库中
saving	表示镜像数据在上传中，这是镜像的原始数据上传到数据库的一种过渡状态

续表

镜像状态	说明
uploading	表示进行导入数据提交调用。此状态下不允许调用 PUT/file(注意,对 queued 状态的镜像执行 PUT/file 调用会将镜像置于 saving 状态,处于 saving 状态的镜像不允许 PUT/stage 调用,因此不可能对同一镜像使用两种上传方法)
importing	表示已经完成导入调用,但是镜像还未准备好使用
active	表示已经完成导入调用,成为 Glance 中的可用镜像
deactivated	表示镜像成功创建。镜像对非管理员不可用,任何非管理员用户都无权访问镜像数据。禁止下载镜像,也禁止镜像导出和镜像克隆之类的操作
killed	表示上传镜像数据出错,上传过程中发生错误,目前不可读取
deleted	表示镜像不可用,镜像将在不久后被自动删除,但是目前 Glance 仍然保留该镜像的相关信息和原始数据
pending_delete	表示镜像不可用,镜像将被自动删除。与 deleted 相似,Glance 还没有清除镜像数据,但处于该状态的镜像不可恢复

Glance 负责管理镜像的生命周期,Glance 镜像的状态转换如图 4.6 所示。在 Glance 处理镜像过程中,当从一个状态转换到下一个状态时,通常一个镜像会经历 queued、saving、active 和 deleted 等几个状态,其他状态只有在特殊情况下才会出现。注意,Images API v1 和 Images API v2 两个版本上传失败的处理方法有所不同。

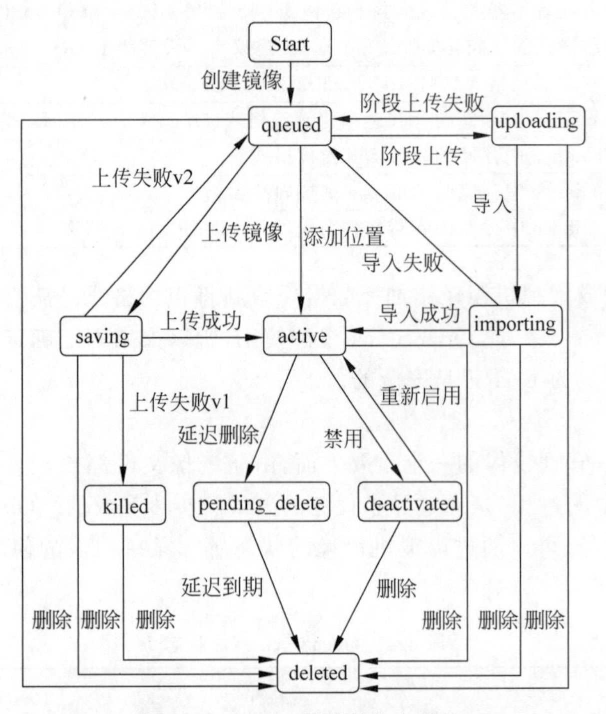

图 4.6　Glance 镜像的状态转换

(6) 镜像的访问权限。

① public(公有的):可以被所有项目(租户)使用。

② private(私有的):只能被镜像所有者所在的项目(租户)使用。

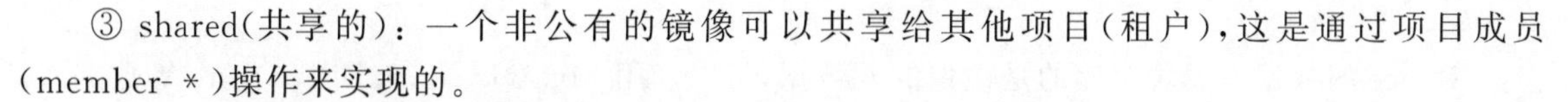

③ shared(共享的)：一个非公有的镜像可以共享给其他项目(租户)，这是通过项目成员(member-＊)操作来实现的。

④ protected(受保护的)：这种镜像不能被删除。

2. Glance 服务架构

Glance 镜像服务是典型的客户端/服务器(Client/Server，C/S)架构，Glance 并不负责实际的存储，只实现镜像管理功能。由于其功能比较单一，因此所包含的组件比较少，它主要包括 glance-api 和 glance-registry 两个子服务，如图 4.7 所示。Glance 服务器端提供一个 REST API，而使用者通过 REST API 来执行关于镜像的各种操作。

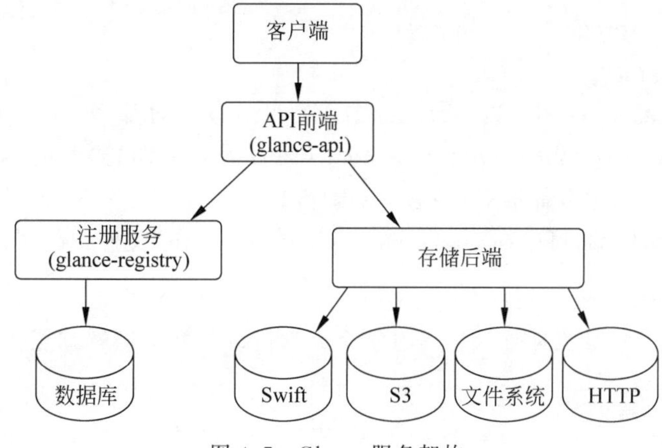

图 4.7　Glance 服务架构

(1) 客户端。

客户端是 Glance 服务应用程序的使用者，用于同 Glance 服务的交互和操作，可以是 OpenStack 命令行工具、Horizon 或 Nova 服务。

(2) Glance 服务进程接口(glance-api)。

glance-api 是系统后台运行的服务进程，是进入 Glance 的入口，它对外提供 REST API，负责接收用户的 REST API 请求，响应镜像查询、获取和存储的调用。如果是与镜像本身存取相关的操作，则 glance-api 会将请求转发给该镜像的存储后端，通过后端的存储系统提供相应的镜像操作。

(3) Glance 注册服务进程(glance-registry)。

glance-registry 是系统后台运行的 Glance 注册服务进程，负责处理与镜像元数据相关的 REST API 请求，元数据包括镜像大小、类型等信息。针对 glance-api 接收的请求，如果是与镜像的元数据相关的操作，则 glance-api 会把请求转发给 glance-registry。glance-registry 会解析请求内容，并与数据库交互，存储、处理、检索镜像的元数据。glance-api 对外提供 API，而 glance-registry 的 API 只能由 glance-api 使用。

现在的 Images API v2 已经将 glance-registry 服务集成到 glance-api 中，如果 glance-api 接收到与镜像元数据有关的请求，则会直接操作数据，无须再通过 glance-registry 服务，这样就可以减少一个中间环节。OpenStack 从 Queens 版本开始就已弃用 glance-registry 及其 API。

(4) 数据库。

Glance 的数据库模块存储的是镜像的元数据,可以选用 MySQL、MariaDB、SQLite 等数据库,镜像的元数据通过 glance-registry 存放在数据库中。

(5) 存储后端。

Glance 自身并不存储镜像,它将镜像存放在后端存储系统中,镜像本身的数据通过 glance_store(Glance 的 Store 模块,用于实现存储后端的框架)存放在各种后端中,并可从中获取。Glance 支持以下类型的存储后端。

① 本地文件存储(或者任何挂载到 glance-api 控制节点的文件系统),这是默认配置。

② 对象存储(Object Storage)——Swift。

③ 块存储(Block Storage)——Cinder。

④ VMware 数据存储。

⑤ 分布式存储系统(Sheepdog)。既能为 QEMU 提供块存储服务,又能为支持新的存储技术即互联网 SCSI(Internet Small Computer System Interface,ISCSI)协议的客户端提供存储服务,还能支持 REST API 的对象存储服务(兼容 Swift 和 S3)。

具体使用哪种存储后端,可以在/etc/glance/glance-api.conf 文件中配置。

3. Glance 工作流程

Glance 的工作流程如图 4.8 所示。学习这个流程可以更好地理解其工作机制。

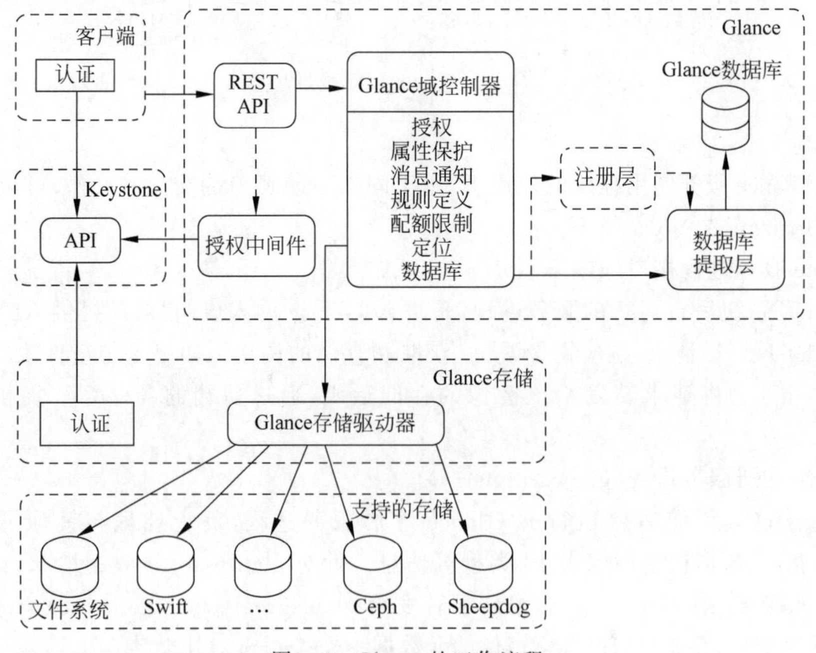

图 4.8 Glance 的工作流程

(1) 流程解析。

OpenStack 的操作都需要经过 Keystone 进行身份认证并授权,Glance 也不例外。Glance 是一个 C/S 架构,提供 REST API,用户通过 REST API 来执行镜像的各种操作。

Glance 域控制器是一个主要的中间件,相当于调试器,作用是将 Glance 内部服务的操作分发到以下各个功能层。

① 授权。其用来控制镜像的访问权限，决定镜像自己或者它的属性是否可以被修改，只有管理员和镜像的拥有者才可以执行修改操作。

② 属性保护（Property Protection）。这是一个可选层，只有在Glance的配置文件中设置时，Property Protection_file参数才会生效。它提供两种类型的镜像属性：一种是核心属性，在镜像参数中指定；另一种是元数据属性，可以被附加到一个镜像上的任意键值对中。该层通过调用Glance的public API管理对meta属性的访问，也可以在配置文件中限制该访问。

③ 消息通知（Notifier）。将镜像变化的消息和使用镜像时发生的错误及警告添加到消息队列中。

④ 规则定义（Policy）。定义镜像操作的访问规则，这些规则在/etc/policy.json文件中定义。

⑤ 配额限制（Quota）。如果管理员对某用户定义了镜像的上传上限，则该用户上传超过该限额的镜像时会上传失败。

⑥ 定位（Location）。通过glance_store与后台存储进行交互，例如，上传、下载镜像及管理镜像存储位置。该层能够在添加新位置时检查位置URL是否正确，在镜像位置改变时删除存储后端保存的镜像数据，防止镜像位置重复。

⑦ 数据库（DB）。实现与数据库进行交互的API。一方面，将镜像转换为相应的格式以存储在数据库中；另一方面，将从数据库读取的信息转换为可操作的镜像对象。

⑧ 注册层（Registry Layer）。这是一个可选层，通过使用单独的服务控制Glance Domain Controller与Glance DB之间安全交互。

⑨ Glance数据库（Glance DB）。这是Glance服务使用的核心库，该库对Glance内部所有依赖数据库的组件来说是共享的。

⑩ Glance存储（Glance Store）。其用来组织处理Glance和各种存储后端的交互，提供了一个统一的接口来访问后端的存储，所有的镜像文件操作都是通过调用Glance存储来执行的。它负责与外部存储端或本地文件存储系统的交互。

（2）上传镜像实例分析。

分析完上述工作流程后，这里以上传镜像为例说明Glance具体的工作流程。

① 用户执行上传镜像命令。glance-api服务收到请求，并通过它的中间件进行解析，获取版本号等信息。

② glance-registry服务的API获取一个registry client，调用registry client的add_image（添加镜像）函数，此时镜像的状态为queued，表示该镜像ID已经被保留，但是镜像还未上传。

③ glance-registry服务执行registry client的add_image函数，向Glance数据库中插入一条记录。

④ glance-api调用glance-registry的update_image_metadata函数，更新数据库中该镜像的状态为saving，表示镜像正在上传。

⑤ 使用glance-api端存储接口提供的add函数上传镜像文件。

⑥ glance-api调用glance-registry的update_image_metadata函数，更新数据库中该镜像的状态为active并发出通知，active表示镜像在Glance中完全可用。

4. 镜像与实例的关系

虚拟机镜像包括一个持有可启动操作系统的虚拟磁盘。磁盘镜像为虚拟机文件系统提供模板，镜像服务控制镜像存储和管理。

实例是在云中的物理计算机节点上运行的虚拟机个体，用户可以在同一镜像中创建任意数量的实例。每个创建的实例在基础镜像(Base Image)的副本上运行，对实例的任何改变都不会影响基础镜像。快照可以抓取正在运行实例的磁盘的状态。用户可以创建快照，可以基于这些快照建立新的镜像，包括计算服务控制实例、镜像和快照的存储及管理等。

创建一个实例时必须选择一个实例类型(Flavor，也可译为类型模板或实例规格)，它表示一组虚拟资源，用于定义 vCPU 的数量、可用的 RAM 和非持久化磁盘大小。用户必须从云上定义的一套可用的实例类型中进行选择。OpenStack 提供了多种预定义的实例类型，标准安装后会有 5 种默认的类型。管理员可以编辑已有的实例类型或添加新的实例类型。

可以为正在运行的实例添加或删除附加的资源，如持久性存储或公共 IP 地址。例如，OpenStack 云中一个典型的虚拟系统使用的是由 Cinder 卷服务提供的持久性存储，而不是由所选的实例类型提供的临时性存储。

未运行实例的基础镜像状态如图 4.9 所示。镜像存储拥有许多由镜像服务支持的预定义镜像，在云中，一个计算节点包括可用的 vCPU、内存和本地磁盘资源。此外，Cinder 卷服务用于存储预定义的卷。

(1) 创建实例。

要创建一个实例，需要选择一种镜像实例类型，以及其他可选属性。这里给出一个实例，如图 4.10 所示。所选的实例类型提供一个根卷(Root Volume，该实例中卷标为 vda)和附加的非持久性存储(该实例中卷标为 vdb)。其中，Cinder 卷服务存储映射到该实例的第 3 个虚拟磁盘(该实例中卷标为 vdc)上。

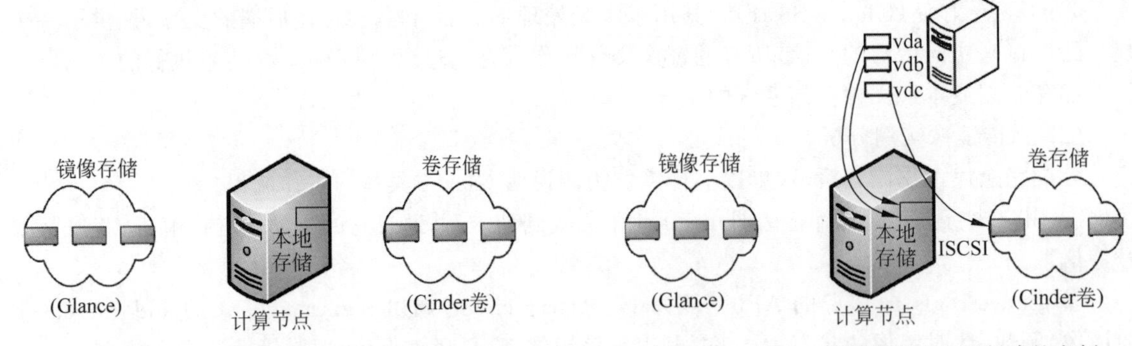

图 4.9 未运行实例的基础镜像状态　　图 4.10 基于一种镜像实例类型创建的实例

镜像服务将基础镜像从镜像存储复制到本地磁盘中。本地磁盘是实例访问的第 1 个磁盘，也就是标注为 vda 的根卷。越小的实例启动速度越快，因为只有很少的数据需要通过网络复制。

创建实例时会创建一个新的非持久性空磁盘，标注为 vdb，删除该实例时，该磁盘也会被删除。

计算节点使用 ISCSI 连接到附加的 Cinder 卷存储，卷存储被映射到第 3 个磁盘(该实例中卷标为 vdc)。在计算节点上置备 vCPU 和内存资源后，该实例从根卷 vda 启动，实例运行并改变该磁盘中的数据。如果卷存储位于独立的网络，那么在存储节点配置文件中所定义的 my_block_storage_ip 选项将镜像流量指向计算节点。

具体的部署可能使用不同的后端存储或者不同的网络协议，用于卷 vda 和 vdb 的非持久性存储可能由网络存储支持而不是由本地磁盘支持。

删除实例时，除了持久性卷之外，卷存储状态也还原了，无论非持久性存储是否加密过，其都将被删除，内存和 vCPU 也会被释放。在整个过程中，只有镜像本身维持不变。

(2) 镜像下载工作机制。

启动虚拟机之前，将虚拟机镜像服务传送到计算节点，也就是镜像下载。它的工作取决于计算节点和镜像服务的设置。

通常，计算服务会使用由调试器服务传递给它的镜像标识符(Image Identifier)，并通过 Image API 请求镜像。即使镜像未存储在 Glance 中，而在一个后端(可能是对象存储、文件系统或任何其他支持的存储方式)中，也会建立从计算节点到镜像服务的连接，镜像通过该连接传输。镜像服务将镜像从后端传输到计算节点。也有可能在独立的网络中部署对象存储节点，这仍然允许镜像流量在计算节点和对象存储节点之间传输。在存储节点配置文件中配置 my_block_storage_ip 选项，允许块存储流量到达计算节点。

某些后端支持更直接的方法。收到请求后，镜像服务会返回一个直接指向后端存储的 URL，可以使用这种方式下载镜像。目前，支持直接下载的存储是文件系统存储。在计算节点的 nova.conf 配置文件的 image_file_url 中使用 filesystems 选项配置访问途径。

计算节点也可以实现镜像缓存，这意味着以前使用过的镜像不必每次都要下载。

(3) 实例构建块。

在 OpenStack 中，基础操作系统通常从存储在 OpenStack 镜像服务的镜像中复制，这将导致一个已知的模块状态启动的非持久性实例在关机时丢失累积的全部变化状态。也可以将操作系统放置到计算系统或块存储中的持久性卷上，这将提供一个更传统的永久性系统，其累积改变的状态在重启时依然保留。要获取系统中可用的镜像，可执行以下命令。

```
openstack image list
```

5. 镜像元数据

从 OpenStack 的 Juno 发行版开始，元数据定义服务(Metadata Definition Service)就被加入 Glance。它为厂商、管理员、服务和用户提供了一个通用的 API 来自定义可用的键值对元数据，这些元数据可用于不同类型的资源，包括镜像、实例、卷、实例类型、主机聚合以及其他资源。一个元数据定义包括一个属性的键值对、描述信息、约束和要关联的资源类型。元数据定义目录并不存储特定实例属性的值。例如，一个 vCPU 拓扑属性对核心数量的定义包括要用的基础键(如 cpu_cores)、说明信息、值约束(如要求整数值)。这样用户可以通过 Horizon 搜索这个目录，并列出能够添加到一个实例类型或镜像中的可用属性，也能在列表中看到 vCPU 拓扑属性，并知道它必须为整数。

当用户添加属性时，它的键值对会在拥有那些资源的服务中，例如，Nova 服务保存实例类型的键值对，而 Glance 保存镜像的键值对。当属性应用到不同资源类型上时，目录包括所需的其他任何附加前缀，例如，hw_用于镜像，而 hw：用于实例类型，故在一个镜像上，用户会知道将属性设置为 hw_cpu_cores＝2。

(1) 元数据的定义。

元数据是描述其他数据的数据(Data about other Data)，或者说是用于提供某种资源的有关信息的结构数据(Structured Data)。元数据是描述信息资源或数据等对象的数据,其使用目的在于:识别资源,评价资源,追踪资源在使用过程中的变化,实现简单、高效地管理大量网络化数据,实现信息资源的有效发现、查找、一体化组织和对使用资源的有效管理。元数据的基本特点主要如下。

① 元数据一经建立,便可共享。元数据的结构和完整性依赖于信息资源的价值和使用环境,元数据的开发与利用环境往往是一个变化的分布式环境,任何一种格式都不可能完全满足不同团体的不同需要。

② 元数据是一种编码体系。元数据是用来描述数字化信息资源特别是网络信息资源的编码体系,这导致了元数据和传统数据编码体系的根本区别;元数据最为重要的特征和功能是为数字化信息资源建立了一种机器可理解框架。

元数据体系构建了电子政务的逻辑框架和基本模型,从而决定了电子政务的功能特征、运行模式和系统运行的总体性能,电子政务的运作都基于元数据来实现。其主要功能如下:描述、整合、控制和代理。

元数据也是数据,因此可以用类似数据的方法在数据库中进行存储和获取。如果提供数据元的组织同时提供描述数据元的元数据,则将会使数据元的使用变得准确而高效。用户在使用数据时可以先查看其元数据,以便获取自己所需的信息。

(2) 元数据定义目录的概念体系。

元数据这个术语的含义过多而且容易混淆。这里的目录是关于额外的元数据的,在多种软件和 OpenStack 服务之间以自定义键值对或标记的形式传递。目前,不同 OpenStack 服务的元数据相关术语如表 4.5 所示。

表 4.5　不同 OpenStack 服务的元数据相关术语

计算节点(Nova)	块存储(Cinder)	镜像服务(Glance)
服务器(Server) • 元数据(Metadata) • 调度建议(Scheduler_hints) • 标记(Tags) 主机聚合(Host Aggregate) • 元数据(Metadata) 实例类型(Flavor) • 附加规格(Extra Specs)	快照与卷(Snapshot & Volume) • 元数据(Metadata) • 镜像元数据(Image Metadata) 卷类型(Volume Type) • 附加规格(Extra Specs) • 服务质量规则(QoS Specs)	快照与镜像(Snapshot & Image) • 属性(Properties) • 标记(Tags) • 元数据(Metadata)

元数据定义目录的概念体系如图 4.11 所示。

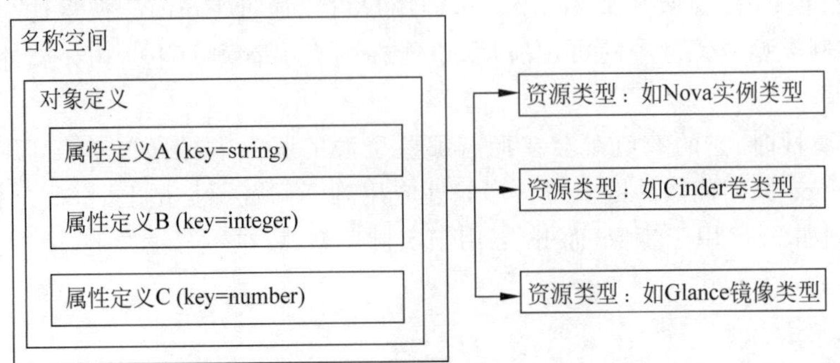

图 4.11　元数据定义目录的概念体系

一个命名空间可以关联若干种资源类型，也可以不关联任何资源类型，这对用于资源类型的API、用户界面(User Interface,UI)是可见的。基于角色的权限访问控制(Role-Based Access Control,RBAC)权限也在命名空间中进行管理。属性可以单独定义，也可以在一个对象的上下文中定义。

(3) 元数据定义目录的相关术语。

① 命名空间。元数据定义包括命名空间中定义的任何元素指定访问控制。只允许管理员在命名空间中定义不同项目或在使用整个云时定义，可将包含的定义关联到不同的资源类型。

② 对象(Objects)。对象用于表示一组属性，包括一个或多个属性及其基本约束。组中的每个属性只能是基本类型，每个基本类型使用简单的JSON进行定义，没有嵌套对象。对象可以定义所需要的属性，按照语义理解，一个使用该对象的用户应当提供所有需要的属性。

③ 属性(Properties)。一个属性描述了一个单一的属性及其基本约束。每个属性只能是一个基本类型，如字符串(string)、整数(integer)、数字(number)、布尔值(boolean)、数组(array)。

④ 资源类型关联(Resource Type Association)。资源类型关联定义了资源类型和适用于它们的命名空间之间的关系。这个定义可用于驱动用户界面和命令行界面(Command Line Interface,CLI)视图。例如，对象、属性和标记的同一命名空间可以用于镜像、快照、卷和实例类型，或者一个名称只能用于镜像。

值得注意的是，同一基本属性能够依据目标资源类型要求使用不同的前缀。API根据目标资源类型，可以提供一种正确检索属性类型的方法。

(4) 元数据定义示例。

vCPU拓扑可以通过元数据在镜像和实例类型上进行设置。镜像上的键与实例类型上的键有不同的前缀。实例类型上的键以hw:为前缀，而镜像上的键以hw_为前缀。

主机聚合即多台物理主机的集合，这个集合中的物理主机具有一个或多个硬件方面的优势，如大内存、固态磁盘等，专门用来部署数据库服务。可以制作一个镜像，在该镜像内定义好元数据，并绑定上述主机聚合。这样，凡是用到该镜像安装系统的虚拟机，都会被指定到该集合内，并从该集合中选出一台物理机来创建虚拟机。

4.2.4 OpenStack网络服务

Neutron是OpenStack最重要的网络服务资源之一，它为OpenStack管理所有的网络方面的虚拟网络基础架构和访问层面的物理网络基础架构。没有网络，OpenStack将无法正常工作。在OpenStack中，网络、计算和存储是其核心内容，也是核心组件，可通过具体的功能实现和服务访问，提供云计算环境的虚拟网络功能。OpenStack的网络服务最主要的功能就是为虚拟机实例提供网络连接，最初由Nova的一个单独模块nova-network实现。这种网络服务与计算服务的耦合方案并不符合OpenStack的特性，而且支持的网络服务有限，无法适应大规模、高密度和多项目的云计算，现在已经被专门的网络服务Neutron所取代。Neutron为整个OpenStack环境提供软件定义网络(Software Defined Network,SDN)支持，主要功能包括二层交换、三层路由、防火墙及负载均衡等。在OpenStack中，网络功能是最复杂的功能，很多计算和存储方面的问题都是和网络紧密相关的。

OpenStack网络服务提供了一个API让用户在云中建立和定义网络连接。该网络服务的项目名称是 Neutron。OpenStack 网络负责创建和管理虚拟网络基础架构，包括网络、交换机、路由器和子网等，它们可由 OpenStack 计算服务 Nova 管理。它还提供类似防火墙的高级服务。OpenStack 网络整体上是独立的，能够部署到专用主机上。如果部署中使用控制节点主机来运行集中式计算组件，则可以将网络服务部署到特定主机上。OpenStack 网络组件可与身份服务、计算服务、仪表板等多个 OpenStack 组件进行整合。

1. Neutron 网络结构

视频讲解

Neutron 网络的目的是灵活地划分物理网络。OpenStack 所在的整个物理网络都会由 Neutron"池化"为网络资源池，Neutron 对这些网络资源进行处理，为项目(租户)提供独立的虚拟网络环境。Neutron 创建各种资源对象并进行连接和资源整合，从而形成项目(租户)的私有网络。一个简化的 Neutron 网络架构如图 4.12 所示，其包括一个外部网络(External Network)、一个内部网络(Internal Network)和一个路由器(Router)。

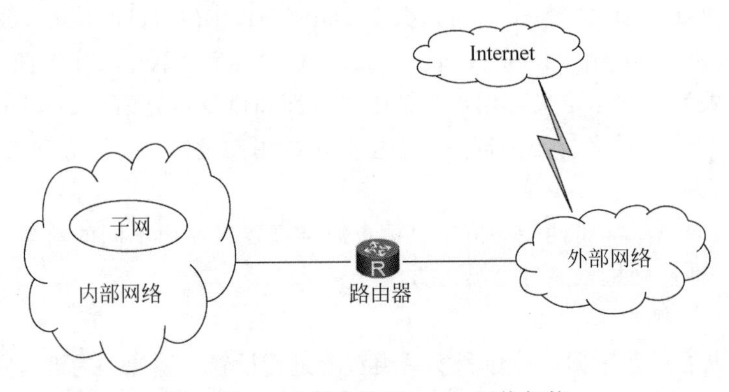

图 4.12　一个简化的 Neutron 网络架构

外部网络负责连接 OpenStack 项目之外的网络环境，如 Internet。与其他网络不同，外部网络不仅仅是一个虚拟网络，更重要的是，它表示 OpenStack 网络能被外部物理网络接入并访问。外部网络可能是企业的局域网，也可能是互联网，这类网络并不是由 Neutron 直接管理的。

内部网络完全由软件定义，又称私有网络(Private Network)。它是虚拟机实例所在的网络，能够直接连接到虚拟机。项目(租户)用户可以创建自己的内部网络。默认情况下，项目(租户)之间的内部网络是相互隔离的，不能共享。内部网络由 Neutron 直接配置和管理。

路由器用于将内部网络与外部网络连接起来，因此，要使虚拟机访问外部网络，必须创建一个路由器。

Neutron 需要实现的主要是内部网络和路由器。内部网络是对二层网络的抽象，模拟物理网络的二层局域网，对于项目来说，它是私有的。路由器则是对三层网络的抽象，模拟物理路由器，为用户提供路由、网络地址转换(Network Address Translation，NAT)等服务。

2. Neutron 管理的网络资源

视频讲解

Neutron 网络中的子网并非模拟物理网络的子网，而属于三层网络的组成部分，用于描述 IP 地址范围。Neutron 使用网络、子网和端口等术语来描述所管理的网络资源。

(1) 网络。网络指一个隔离的二层广播域，类似于交换机中的 VLAN。Neutron 支持多种类型的网络，如 Flat、VLAN、VXLAN 等。

(2) 子网。子网指一个 IPv4 或者 IPv6 的地址段及其相关配置状态。虚拟机实例的 IP 地址从子网中分配，每个子网需要定义 IP 地址的范围和掩码。

(3) 端口。端口指连接设备的连接点，类似于虚拟交换机上的一个网络端口。端口定义了 MAC 地址和 IP 地址，当虚拟机的虚拟网卡绑定到端口时，端口会将 MAC 地址和 IP 地址分配给该虚拟网卡。

通常可以创建和配置网络、子网和端口来为项目(租户)搭建虚拟网络。网络必须属于某个项目(租户)，一个项目中可以创建多个网络，但是不能重复。一个端口必须属于某个子网，一个子网可以有多个端口，一个端口可以连接一个虚拟机的虚拟网卡。不同项目的网络设置可以重复，可以使用同一类型或范围的 IP 地址。

3. Neutron 网络拓扑类型

用户可以在自己的项目内创建用于连接的项目网络。默认情况下，这些项目网络是彼此隔离的，不能在项目之间共享。OpenStack 网络服务 Neutron 支持以下类型的网络隔离和叠加(Overlay)技术，即网络拓扑类型。

视频讲解

(1) Local。Local 网络与其他网络和节点隔离。该网络中的虚拟机实例只能与位于同一节点上同一网络的虚拟机实例通信，实际意义不大，主要用于测试环境。位于同一 Local 网络的实例可以通信，位于不同 Local 网络的实例无法通信。一个 Local 网络只能位于一个物理节点，无法跨节点部署。

(2) Flat。Flat 是一种简单的扁平网络拓扑，所有虚拟机实例都连接在同一网络中，能与位于同一网络的实例进行通信，并且可以跨多个节点。这种网络不使用 VLAN，没有对数据报文"打上"VLAN 标签，无法进行网络隔离。Flat 是基于不使用 VLAN 的物理网络实现的虚拟网络，每个物理网络最多只能实现一个虚拟网络。

(3) VLAN。VLAN 是支持 802.1Q 协议的网络，使用 VLAN 标签标记数据报文，实现网络隔离。同一 VLAN 网络中的实例可以通信，不同 VLAN 网络中的实例只能通过路由器来通信。VLAN 网络可以跨节点，是应用最广泛的网络拓扑类型之一。

(4) VXLAN。VXLAN(Virtual Extensible LAN)可以看作 VLAN 的一种扩展，相比于 VLAN，它有更大的扩展性和灵活性，是目前支持大规模多项目网络环境的解决方案。由于 VLAN 的封包头部限制长度为 12 位，导致 VLAN 的数量限制是 4096(2^{12})个，无法满足网络空间日益增长的需求。目前，VXLAN 的封包头部有 24 位用作 VXLAN 标识符(VNID)来区分 VXLAN 网段，最多可以支持 16 777 216(2^{24})个网段。

VLAN 使用生成树协议(Spanning Tree Protocol，STP)防止环路，导致一半的网络路径被阻断。VXLAN 的数据报文是封装到 UDP 通过三层传输和转发的，可以完整地利用三层路由，能克服 VLAN 和物理网络基础设施的限制，更好地利用已有的网络资源。

(5) GRE。GRE(Generic Routing Encapsulation，通用路由封装)是用一种网络层协议去封装另一种网络层协议的隧道技术。GRE 的隧道由两端的源 IP 地址和目的 IP 地址定义，它允许用户使用 IP 封装 IP 等协议，并支持全部的路由协议。在 OpenStack 环境中使用 GRE 意味着 IP over IP，即对 IP 数据流使用 GRE 隧道技术，GRE 与 VXLAN 的主要区别在于，它是使用 IP 而非 UDP 进行封装的。

(6) GENEVE。GENEVE(Generic Network Virtualization Encapsulation，通用网络虚拟封装)的目标宣称是仅定义封装数据格式，尽可能实现数据格式的弹性和扩展性。GENEVE 封装的包通过标准的网络设备传送，即通过单播或多播寻址，包从一个隧道端点传送到另一个或多个隧道端点。GENEVE 帧格式由一个封装在 IPv4 或 IPv6 的 UDP 中的简化的隧道头部组成。GENEVE 的推出主要是为了解决封装时添加的元数据信息问题，以适应各种虚拟化场景。

随着云计算、物联网、大数据、人工智能等技术的普及，网络虚拟化技术的趋势为在传统单层网络基础上叠加一层逻辑网络。这将网络分成两个层次，传统单层网络称为承载网络(Underlay 网络)，叠加在其上的逻辑网络称为叠加网络或覆盖网络(Overlay 网络)。Overlay 网络的节点通过虚拟网络或逻辑网络的连接进行通信，每一个虚拟的或逻辑的连接对应于 Underlay 网络的一条路径(Path)，由多条前后衔接的路径组成。Overlay 网络无须对基础网络进行大规模修改，不用关心这些底层实现，是实现云网络整合的关键，VXLAN、GRE 和 GENEVE 都是基于隧道技术的 Overlay 网络。

4. Neutron 基本架构

与 OpenStack 的其他服务和组件的设计思想一样，Neutron 也采用分布式架构，由多个组件(子服务)共同对外提供网络服务。Neutron 基本架构如图 4.13 所示。

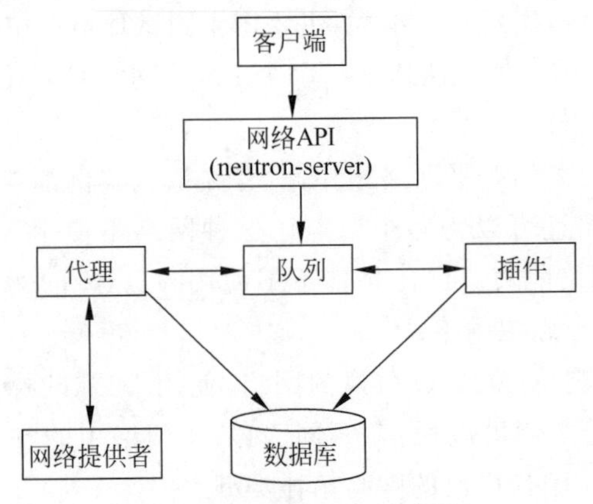

图 4.13　Neutron 基本架构

Neutron 基本架构非常灵活，层次较多，既支持各种现在或者将来会出现的先进网络技术，又支持分布式部署，以获得足够的扩展性。

Neutron 仅有一个主要服务进程，即 neutron-server。它运行于控制节点上，对外提供 OpenStack 网络 API 作为访问 Neutron 的入口，收到请求后调用插件进行处理，最终由计算节点和网络节点上的各种代理完成请求。

网络提供者是指提供 OpenStack 网络服务的虚拟或物理网络设备，如 Linux Bridge、Open vSwitch，或者其他支持 Neutron 的物理交换机。

与其他服务一样，Neutron 的各组件服务之间需要相互协调和通信，网络 API(neutron-server)、插件和代理之间通过消息队列进行通信(默认使用 RabbitMQ 实现)和相互调用。

数据库(默认使用 MariaDB)用于存放 OpenStack 的网络状态信息，包括网络、子网、端口和路由器等。

客户端是指使用 Neutron 服务的应用程序，可以是命令行工具(脚本)、Horizon(OpenStack 图形操作界面)和 Nova 计算服务等。

neutron-server 提供一组 API 来定义网络连接和 IP 地址，供 Nova 等客户端调用，它本身也是基于层次模型设计的。

Neutron 遵循 OpenStack 的设计原则，采用开放性架构，通过插件、代理与网络提供者的配合来实现各种网络功能。插件是 Neutron 的一种 API 的后端实现，目的是增强扩展性。插件按照功能可以分为 Core Plugin 和 Service Plugin 两种类型。Core Plugin 提供基础二层虚拟网络技术，实现网络、子网和端口等核心资源的抽象。Service Plugin 是指 Core Plugin 之外的其他插件，提供路由器、防火墙、安全组、负载均衡等服务。值得一提的是，直到 OpenStack 的 Havana 版本，Neutron 才开始提供一个名为 L3 Router Service Plugin 的插件支持路由器。

插件由 neutron-server 的 Core Plugin API 和 Extension Plugin API 调用，用于确定具体的网络功能，即要配置什么样的网络。插件处理 neutron-server 发送来的请求，主要职责是在数据库中维护 Neutron 网络的状态信息，通知相应的代理实现具体的网络功能。每一个插件支持一组 API 资源并完成特定的操作，这些操作最终由远程过程调用(Remote Procedure Call，RPC)插件调用相应的代理来完成。

代理处理插件转来的请求，负责在网络中实现各种网络功能。代理使用物理网络设备或虚拟化技术完成实际的操作任务，如用于路由器具体操作的 L3 Agent。

插件、代理与网络提供者配套使用，例如，网络提供者是 Linux Bridge，就需要使用 Linux Bridge 的插件和代理；如果换成 Open vSwitch，则需要改成相应的插件和代理。

5. Neutron 的物理部署

Neutron 与其他 OpenStack 服务组件协同工作，可以部署在多个物理主机节点上，主要涉及控制节点、网络节点和计算节点，每类节点可以部署多个。

(1) 控制节点和计算节点。

控制节点上可以部署 neutron-server(API)、Core Plugin 和 Service Plugin 代理。这些代理包括 neutron-plugin-agent、neutron-metadata、neutron-dhcp-agent、neutron-13-agent、neutron-lbaas-agent 等。Core Plugin 和 Service Plugin 已经集成到 neutron-server 中，不需要运行独立的 Plugin 服务。

控制节点和计算节点需要部署 Core Plugin 的代理，因为控制节点与计算节点只有通过该代理才能建立二层连接。

(2) 控制节点和网络节点。

可以通过增加网络节点承担更大的负载。该方案特别适用于规模较大的 OpenStack 环境。

控制节点部署 neutron-server 服务，只负责通过 neutron-server 响应 API 请求。

网络节点部署的服务包括 Core Plugin 的代理、Service Plugin 的代理。可将所有的代理主键从上述控制节点分离出来，部署到独立的网络节点上，由独立的网络节点实现数据的交换、路由以及负载均衡等高级网络服务。

4.2.5 OpenStack 计算服务

计算服务是 OpenStack 最核心的服务之一，负责维护和管理云环境的计算资源。计算服务是云计算的结构控制器，它是 IaaS 系统的主要部分，其主要模块由 Python 实现。计算服务在 OpenStack 中的项目代号为 Nova。Nova 可以说是 OpenStack 中最核心的组件，而 OpenStack 的其他组件归根结底都是为 Nova 组件服务的。Nova 组件如此重要，注定它是 OpenStack 中最为复杂的组件。Nova 服务由多个子服务构成，这些子服务通过远程过程调用(Remote Procedure Call，RPC)实现通信。OpenStack 作为 IaaS 的云操作系统，通过 Nova 实现虚拟机生命周期管理。OpenStack 计算服务需要与其他服务进行交互，如身份服务用于认证、镜像服务提供磁盘和服务器镜像、Dashboard 提供用户与管理员接口。使用 OpenStack 管理虚拟机的方法已经非常成熟，通过 Nova 可以快速自动化地创建虚拟机。

OpenStack 计算服务是 IaaS 系统的重要组成部分，OpenStack 的其他组件依托 Nova，与 Nova 协同工作，组成了整个 OpenStack 云计算管理平台。OpenStack 使用它来托管和管理云计算系统。

1. 什么是 Nova

视频讲解

Nova 是 OpenStack 中的计算服务项目，计算实例(虚拟服务器)生命周期的所有活动都由 Nova 管理。Nova 支持创建虚拟机和裸金属服务器，并且支持系统容器。作为一套在现有 Linux 服务器上运行的守护进程，Nova 提供计算服务，但它自身并没有提供任何虚拟化能力，而是使用不同的虚拟化驱动来与底层支持的虚拟机管理器进行交互。Nova 需要下列 OpenStack 其他服务的支持。

(1) Keystone：这项服务为所有的 OpenStack 服务提供身份管理和认证。

(2) Glance：这项服务提供计算用的镜像库，所有的计算实例都从 Glance 镜像启动。

(3) Neutron：这项服务负责配置管理计算实例启动时的虚拟或物理网络连接。

(4) Cinder 和 Swift：这两项服务分别为计算实例提供块存储和对象存储支持。

Nova 也能与其他服务集成，如加密磁盘和裸金属计算实例等。

2. Nova 的系统架构

视频讲解

Nova 由多个提供不同功能的独立组件构成，对外通过 REST API 通信，对内通过 RPC 通信，使用一个中心数据库存储数据。其中，每个组件都可以部署一个或多个来实现横向扩展。Nova 的系统架构如图 4.14 所示。

图 4.14　Nova 的系统架构

(1) API。

API 是整个 Nova 组件的入口，用于接收和处理客户端发送的 HTTP 请求或 HTTP 与其他组件通信的 Nova 组件的信息等。

（2）Conductor。

Conductor是OpenStack中的一个RPC服务，主要提供对数据库的查询和权限分配操作，处理需要协调的请求（构建虚拟机或调整虚拟机大小）或是处理对象转换。

（3）Scheduler。

Scheduler是用于决定哪台主机承载计算实例的Nova调度器，可完成Nova的核心调度，包括虚拟机硬件资源调度、节点调度等。同时，Nova的Scheduler决定了虚拟机创建的具体位置。

（4）Compute。

Compute是Nova的核心子组件，通过与Nova的Client进行交互，实现虚拟机的管理功能。它负责在计算节点上对虚拟机实例进行一系列操作，包括迁移、安全组策略和快照管理等。

（5）DB。

DB是用于数据存储的SQL数据库。

消息队列是Nova服务组件之间传递信息的中心枢纽，通常使用基于高级消息队列协议（Advanced Message Queuing Protocol，AMQP）的RabbitMQ消息队列来实现。为避免消息阻塞而造成长时间等待响应，Nova计算服务组件采用了异步调用的机制，当请求被接收后，响应即被触发，发送回执，而不关注该请求是否完成。Nova提供了虚拟网络，使实例之间能够彼此访问，可以访问公共网络。目前，Nova的网络模块nova-network已经过时，现在已经使用Neutron网络服务组件。

oslo. messaging是OpenStack Icehouse消息处理架构。在Icehouse中，RPC消息队列相关处理从openstack. common. rpc慢慢地转移到oslo. messaging上。这个架构更合理，代码结构清晰，且为弱耦合。

3. API组件

API是客户端访问Nova的HTTP接口，它由nova-api服务实现，nova-api服务接收和响应来自最终用户的计算API请求。作为OpenStack对外服务的最主要的接口，nova-api提供了一个集中的可以查询所有API的端点。它是整个Nova组件的“门户”，所有对Nova的请求都首先由nova-api处理，API提供REST标准调用服务，便于与第三方系统集成。可以通过运行多个API服务实例轻松实现API的高可用性。例如，运行多个nova-api进程，除了提供OpenStack自己的API外，nova-api服务还支持Amazon EC2 API。

最终用户不会直接发送RESTful API请求，而是通过OpenStack命令行、Dashboard和其他需要与Nova交换的组件来使用这些API。只要是与虚拟机生命周期相关的操作，nova-api都可以响应。nova-api对接收到的HTTP API请求会做出以下处理。

（1）检查客户端传入的参数是否合法有效。

（2）调用Nova其他服务处理客户端HTTP请求。

（3）格式化Nova其他子服务返回的结果并返回给客户端。

nova-api是外部访问并使用Nova提供的各种服务的唯一途径，也是客户端和Nova之间的中间层。它将客户端的请求传送给Nova，待Nova处理请求之后再将处理结果返回给客户端。由于这种特殊地位，nova-api被要求保持调度稳定，目前已经比较成熟和完备。

4. Conductor组件

Conductor组件由nova-conductor模块实现，旨在为数据库的访问提供一层安全保障。nova-conductor 是 OpenStack 中的一个 RPC 服务,主要提供数据库查询功能,Scheduler 组件只能读取数据库的内容,API 通过策略限制数据库的访问,两者都可以直接访问数据库,更加规范的方法是通过 Conductor 组件来对数据库进行操作。nova-conductor 作为 nova-compute 服务与数据库之间交互的中介,避免了直接访问由 nova-compute 服务创建的云数据库。nova-conductor 可以水平扩展,但是不要将它部署在运行 nova-compute 服务的节点上。

nova-compute 需要获取和更新数据库中虚拟机实例的信息。早期版本的 nova-compute 是直接访问数据库的,这可能带来安全和性能问题。从安全方面来说,如果一个计算节点被攻陷,数据库就会直接暴露出来;从性能方面来说,nova-compute 对数据库的访问是单线程、阻塞式的,而数据库处理是串行的而不是并行的,这就会造成一个瓶颈问题。

使用 nova-conductor 可以解决这些问题。将 nova-compute 访问数据库的全部操作都放到 nova-conductor 中,nova-conductor 作为对此数据库操作的一个代理,而且 nova-conductor 是部署在控制节点上的。这样避免了 nova-compute 直接访问数据库,增加了系统的安全性。

使用 nova-conductor 也有助于提高数据库的访问性能。nova-compute 可以创建多个线程并使用 RPC 访问 nova-conductor。不过,通过 RPC 访问 nova-conductor 会受网络延迟的影响,且使用 nova-conductor 访问数据库是阻塞式的。

nova-conductor 将 nova-compute 与数据库分离之后提高了 Nova 的伸缩性。nova-compute 与 nova-conductor 是通过消息间接交互的。这种松散的架构允许配置多个 nova-conductor 实例。在一个大的 OpenStack 部署环境中,管理员可以通过增加 nova-conductor 的数量来应对日益增长的计算节点对数据库的访问。另外,nova-conductor 升级方便,在保持 Conductor API 兼容的前提下,数据库模式无须升级 nova-compute。

5. Scheduler 组件

Scheduler 可译为调度器,由 nova-scheduler 服务实现,旨在解决"如何选择在某个计算节点上启动实例"的问题。它应用多种规则,考虑内存使用率、CPU 负载率、CPU 构架等多种因素,根据一定的算法,确定虚拟机实例能够运行在哪一台计算服务器上。nova-scheduler 服务会从队列中接收一个虚拟机实例的请求,通过读取数据库的内容,从可用资源池中选择最合适的计算节点来创建新的虚拟机实例。

创建虚拟机实例时,用户会提出资源需求,如 CPU、内存、磁盘容量等。OpenStack 将这些需求定义在实例类型中,用户只需指定使用哪种实例类型就可以了。nova-scheduler 会按照实例类型选择合适的计算节点。

在/etc/nova/nova.conf 配置文件中,可通过 scheduler_driver、scheduler_default_filters 和 scheduler_available_filters 这 3 个参数来配置 nova-scheduler。这里主要介绍 Nova 的调度机制和实现方法。

(1) Nova 调度类型。

Nova 支持多种调度方式来选择运行虚拟机的主机节点,目前有以下 3 种调度器。

① 随机调度器:从所有 nova-compute 服务正常运行的节点中随机选择。

② 过滤调度器:根据指定的过滤条件以及权重选择最佳的计算节点。

③ 缓存调度器:可以看作随机调度器的一种特殊类型,在随机调度的基础上将主机资源信息缓存在本地内存中,然后通过后台的定时任务定时地从数据库中获取最新的主机资源信息。

调度器需要在/etc/nova/nova.conf 文件中通过 scheduler_driver 选项指定。为了便于扩展，Nova 将调度器必须要实现的一个接口提取出来，称为 nova.scheduler.driver.Scheduler，只要继承类 SchedulerDriver 并实现其中的接口，就可以实现自己的调度器。默认使用的是过滤调度器。

Nova 可使用第三方调度器，配置 scheduler_driver 即可。注意，不同的调度器不能共存。

(2) 过滤调度器调度过程。

过滤调度器的调度过程分为两个阶段。

① 通过指定的过滤器选择满足条件的计算节点(运行 nova-compute 的主机)，例如，内存使用率小于 50%，可以使用多个过滤器依次进行过滤。

② 对过滤之后的主机列表进行权重计算(Weighting)并排序，选择最优的(权重值最大)计算节点来创建虚拟机实例。

在一台高性能主机上创建一台功能简单的普通虚拟机的代价是较大的，OpenStack 对权限值的计算需要一个或多个(Weight 值，代价函数)的组合，然后对每一个经过过滤的主机调用代价函数进行计算，将得到的值与 Weight 值相乘，得到最终的权值。OpenStack 将在权值最大的主机上创建虚拟机实例。

过滤调度器调度过程如图 4.15 所示。刚开始有 6 台可用的计算节点主机，通过多个过滤器层层过滤，将主机 2、主机 3 和主机 5 排除。剩下的 3 台主机再通过计算权重与排序，按优先级从高到低依次为主机 4、主机 1 和主机 6。主机 4 权重值最高，最终入选。

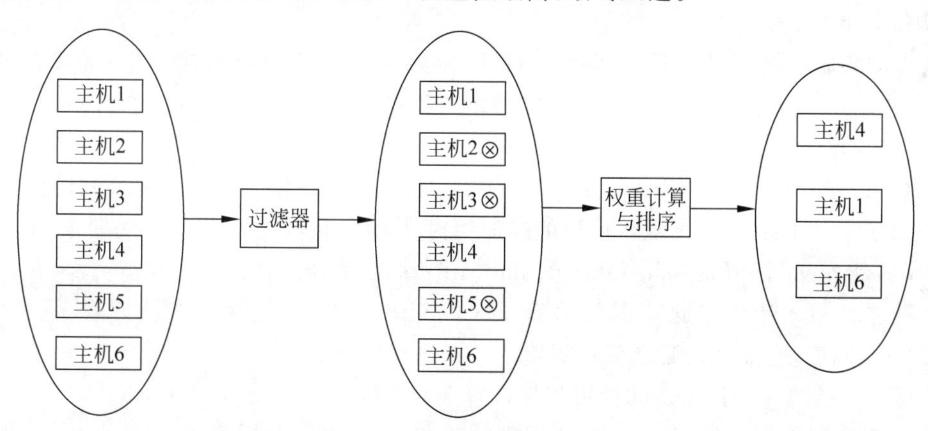

图 4.15 过滤调度器调度过程

(3) 过滤器。

当过滤调度器需要执行调度操作时，会让过滤器对计算节点进行判断，返回 True 或 False。/etc/nova/nova.conf 配置文件中的 scheduler_available_filters 选项用于配置可用的过滤器，默认所有 Nova 自带的过滤器都可以用于过滤操作。

另外，还有一个选项 scheduler_default_filters，用于指定 nova-scheduler 服务真正使用的过滤器，过滤调度器将按照列表中的顺序依次过滤，默认顺序为再审过滤器(RetryFilter)、可用区域过滤器(AvailabilityZoneFilter)、内存过滤器(RamFilter)、磁盘过滤器(DiskFilter)、核心过滤器(CoreFilter)、计算过滤器(ComputeFilter)、计算能力过滤器(ComputeAbilityFilter)、镜像属性过滤器(ImagePropertiesFilter)、服务器组反亲和性过滤器(ServerGroupAntiAffinityFilter)和服务器组亲和性过滤器(ServerGroupAffinityFilter)。

① 再审过滤器。再审过滤器的作用是过滤之前已经调度过的节点,例如,主机 1、主机 2 和主机 3 都通过了过滤,最终主机 1 因为权重值最大被选中执行操作,但由于某种原因,操作在主机 1 上执行失败了。默认情况下,nova-scheduler 会重新执行过滤操作(重复次数由 scheduler_max_attempts 选项指定,默认值是 3)。此时,RetryFilter 就会将主机 1 直接排除,避免操作再次失败。RetryFilter 通常作为第一个过滤器使用。

② 可用区域过滤器。可用区域过滤器为提高容灾性并提供隔离服务,可以将计算节点划分到不同的可用区域中。OpenStack 默认有一个命令为 Nova 的可用区域,所有的计算节点初始都是放在 Nova 中的。用户可以根据需要创建自己的可用区域。创建实例时,需要指定将实例部署在哪个可用区域中。nova-scheduler 执行过滤操作时,会使用可用区域过滤器将不属于指定可用区域的计算节点过滤掉。

③ 内存过滤器。内存过滤器根据可用内存来调度虚拟机创建,将不能满足实例类型内存需求的计算节点过滤掉。值得注意的是,为提高系统的资源使用率,OpenStack 在计算节点的可用内存时允许超过实际内存大小,超过的内存程序是通过 nova. conf 配置文件中的 ram_allocation_ratio 参数来控制的,默认值为 1.5。按照这个比例,假如计算节点的内存为 16GB,OpenStack 则会认为它有 24GB(16GB×1.5)的内存。

④ 磁盘过滤器。磁盘过滤器根据可用磁盘空间来调度虚拟机创建,将不能满足实例类型磁盘需求的计算节点过滤掉。对磁盘同样允许超量,可通过 nova. conf 中的 disk_allocation_ratio 参数控制,默认值为 1.0。

⑤ 核心过滤器。核心过滤器根据可用 CPU 核心来调度虚拟机创建,将不能满足实例类型 vCPU 需求的计算节点过滤掉。对 vCPU 同样允许超量,可通过 nova. conf 中的 cpu_allocation_ratio 参数控制,默认值为 16.0。

按照这个超量比例,nova-scheduler 在调度时会认为一个拥有 10 个 vCPU 的计算节点有 160 个 vCPU。不过 nova-scheduler 默认使用的过滤器并不包含核心过滤器。如果要使用,可以将核心过滤器添加到 nova. conf 的 scheduler_default_filters 配置选项中。

⑥ 计算过滤器。计算过滤器保证只有 nova-compute 服务正常工作的计算节点才能够被 nova-scheduler 调度,它显然是必选的过滤器。

⑦ 计算能力过滤器。这个过滤器可根据计算节点的特性来过滤。例如,x86_64 和 ARM 架构的不同节点,要将实例指定到部署 x86_64 架构的节点上,就可以利用该过滤器。

⑧ 镜像属性过滤器。镜像属性过滤器根据所选镜像的属性来筛选匹配的计算节点。与实例类似,镜像也有元数据,用于指定其属性。例如,希望某个镜像只能运行在 KVM 的 Hypervisor 上,可以通过 Hypervisor Type 属性来指定。如果没有设置镜像元数据,则镜像属性过滤器不会起作用,所有节点都会通过筛选。

⑨ 服务器组反亲和性过滤器。这个过滤器要求尽量将实例分散部署到不同的节点上。例如,有 4 个实例 s1、s2、s3 和 s4,4 个计算节点 A、B、C 和 D,为保证分散部署,会将 4 个实例 s1、s2、s3 和 s4 分别部署到不同计算节点 A、B、C 和 D 上。

⑩ 服务器组亲和性过滤器。与服务器组反亲和性过滤器的作用相反,此过滤器尽量将实例部署到同一个计算节点上。

6. Compute 组件

调度服务只负责分配任务,真正执行任务的是工作服务 Worker。在 Nova 中,这个 Worker 就是Compute组件，由nova-compute服务实现。这种职能划分使得OpenStack非常容易扩展。一方面，当计算资源不够，无法创建实例时，可以增加计算节点；另一方面，当客户的请求量太大，调度不过来时，可以增加调度器部署。

nova-compute在计算节点上运行，负责管理节点上的实例，通常一台主机运行一个nova-compute服务，一个实例部署在哪台可用的主机上取决于调度算法。OpenStack对实例的操作，最后都是交给nova-compute来完成的。nova-compute的功能可以分为两类：一类是定时向OpenStack报告计算节点的状态；另一类是实现实例生命周期的管理。

(1) 通过驱动架构支持多种Hypervisor。

创建虚拟机实例最终需要与Hypervisor打交道。Hypervisor是计算节点上运行的虚拟化管理程序，也是虚拟机管理最底层的程序。不同虚拟化技术提供不同的Hypervisor，常用的Hypervisor有KVM、Xen、VMware等。nova-compute与Hypervisor一起实现OpenStack对实例生命周期的管理。它通过Hypervisor的API(虚拟化层API)来实现创建和销毁虚拟机实例的Worker守护进程，例如，XenServer/XCP的Xen API、KVM或QEMU的Libvirt和VMware的VMware API。这个处理过程相当复杂。基本上，该守护进程接收来自队列的动作请求，并执行一系列系统命令，如启动一个KVM实例并在数据库中更新它的状态。

面对多种Hypervisor，nova-compute为这些Hypervisor定义统一的接口，Hypervisor只需要实现这些接口，就可以以Driver的形式即插即用到OpenStack系统中。nova-compute的驱动架构如图4.16所示。

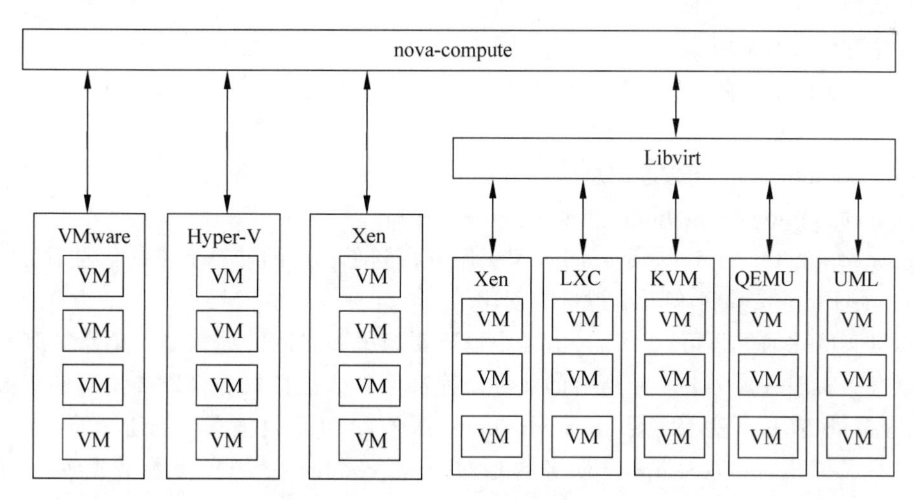

图4.16　nova-compute的驱动架构

一个计算节点上只能运行一种Hypervisor，在该节点nova-compute的配置文件/etc/nova/nova.conf中配置对应的compute_driver参数即可。例如，通常使用KVM，配置Libvirt的驱动即可。

(2) 定期向OpenStack报告计算节点的状态。

OpenStack通过nova-compute的定期报告获知每个计算节点的信息。每隔一段时间，nova-compute就会报告当前计算节点的资源使用情况和nova-compute的服务状态。nova-compute是通过Hypervisor的驱动获取这些信息的。例如，如果使用Hypervisor的是KVM，则会使用Libvirt驱动，由Libvirt驱动调用相关的API获得资源信息。

(3) 实现虚拟机实例生命周期的管理。

OpenStack 对虚拟机实例最主要的操作都是通过 nova-compute 实现的,包括实例的创建、关闭、重启、挂起、恢复、中止、调整大小、迁移、快照等。

这里以实例创建为例来说明 nova-compute 的实现过程。当 nova-scheduler 选定部署实例的计算节点后,会通过消息中间件 RabbitMQ 向所选的计算节点发出创建实例的命令。计算节点上运行的 nova-compute 收到消息后会执行实例创建操作,创建过程可以分为以下几个阶段。

① 为实例准备资源。nova-compute 会根据指定的实例类型依次为要创建的实例分配 vCPU、内存和磁盘空间。

② 创建实例的镜像文件。OpenStack 创建一个实例时会选择一个镜像,这个镜像由 Glance 管理。nova-compute 首先用 Glance 将指定的镜像下载到计算节点,然后以其作为支持文件创建实例的镜像文件。

③ 创建实例的可扩展标记语言(eXtensible Markup Language,XML)定义文件。

④ 创建虚拟网络并启动虚拟机。

7. 虚拟机实例化流程

下面以创建虚拟机为例说明虚拟机实例化流程。

(1) 用户执行 Nova Client 提供的用于创建虚拟机的命令。

(2) nova-api 服务监听来自 Nova Client 的 HTTP 请求,并将这些请求转换为 AMQP 消息之后加入消息队列。

(3) 通过消息队列调用 nova-conductor 服务。

(4) nova-conductor 服务从消息队列中接收虚拟机实例化请求消息后,进行一些准备工作,例如,汇总 HTTP 请求中所需要实例化的虚拟机参数。

(5) nova-conductor 服务通过消息队列告诉 nova-scheduler 服务去选择一个合适的计算节点来创建虚拟机,此时 nova-scheduler 会读取数据库的内容。

(6) nova-conductor 服务从 nova-scheduler 服务得到了合适的计算节点的信息后,通过消息队列来通知 nova-compute 服务实现虚拟机的创建。

从虚拟机实例化的过程可以看出,Nova 中最重要的服务之间的通信是由消息队列来实现的,这符合松耦合的实现方式。并不是所有的业务流程都像创建虚拟机那样需要所有的服务来配合,例如,删除虚拟机实例时,就不需要 nova-conductor 服务,API 通过消息队列通知 nova-compute 服务删除指定的虚拟机,nova-compute 服务再通过 nova-conductor 服务更新数据库,至此完成该流程。

8. Nova 物理部署

OpenStack 是一个无中心结构的分布式系统,其物理部署非常灵活,可以部署到多个节点上,以获得更好的性能和高可用性。当然,也可以将所有的服务都安装在一台物理机上作为一个 All-in-One 测试环境。Nova 只是 OpenStack 的一个子系统,由多个组件和服务组成,可将它们部署在计算节点和控制节点这两类节点上。在计算节点上安装 Hypervisor 以运行虚拟机,只安装 nova-compute 即可。其他 Nova 组件和服务等则一起部署在控制节点上,如 nova-api、nova-scheduler、nova-conductor 等,以及 RabbitMQ 和 SQL 数据库。

客户端使用计算实例并不是直接访问计算节点的,而是通过控制节点提供的 API 来访问的。

如果一个控制节点同时作为一个计算节点，则需要在上面运行 nova-compute。

通过增加控制节点和计算节点可实现简单方便的系统扩容。Nova 是可以水平扩展的，可以将多个 nova-api、nova-conductor 部署在不同节点上以提高服务能力，也可以运行多个 nova-scheduler 来提高可靠性。

Nova 经典部署模式是一个控制节点对应多个计算节点，如图 4.17 所示。

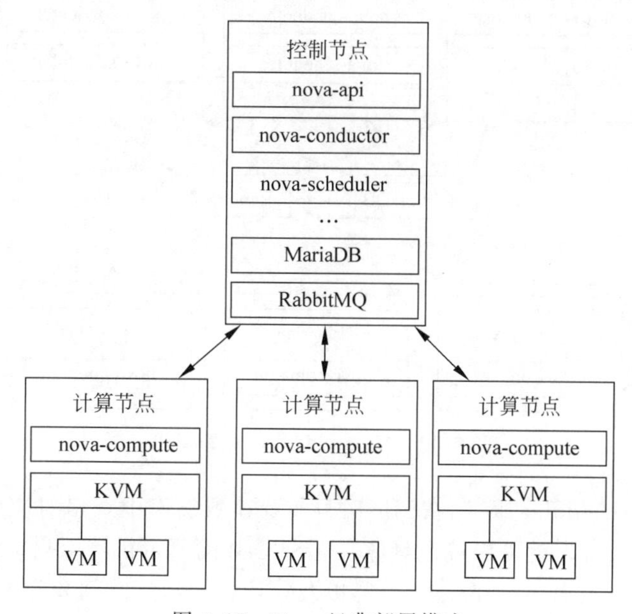

图 4.17　Nova 经典部署模式

Nova 负载均衡部署模式则通过部署多个控制节点实现，如图 4.18 所示。当多个节点运行 nova-api 时，要在前端做负载均衡。

当多个节点运行 nova-scheduler 或 nova-conductor 时，可由消息队列服务实现负载均衡。

9. Nova 的 Cell 架构

当 OpenStack 的 Nova 集群规模变大时，数据库和消息队列服务就会出现性能瓶颈问题。为提高水平扩展以及分布式、大规模部署能力，同时不增加数据库和消息中间件的复杂度，Nova 从 OpenStack 的 Grzzly 版本开始引入 Cell 的概念。

Cell 可译为单元。为支持更大规模的部署，OpenStack 将大的 Nova 集群分成小的单元，每个单元都有自己的消息队列和数据库，可以解决规模增加时引起的性能问题。Cell 不会像 Region 那样将各个集群独立运行。在 Cell 中，Keystone、Neutron、Cinder、Glance 等资源是可共享的。

早期的 Cell v1 版本的设想很好，但是局限于早期的 Nova 架构，增加了一个 nova-cell 服务在各个单元之间传递消息，使架构更加复杂，没有被推广开来。OpenStack 从 Pike 版本开始弃用 Cell v1 版本。现在部署的都是 Cell v2 版本，它从 Newton 版本开始被引入，从 Ocata 版本开始变为必要组件，默认部署都会初始化一个单 Cell 的架构。

(1) Cell v2 的架构。

Cell v2 的架构如图 4.19 所示，所有的 Cell 形成一个扁平架构，API 与 Cell 节点之间存在边界。API 节点只需要数据库，不需要消息队列。nova-api 依赖 nova_api 和 nova_cell0 两个数据库。

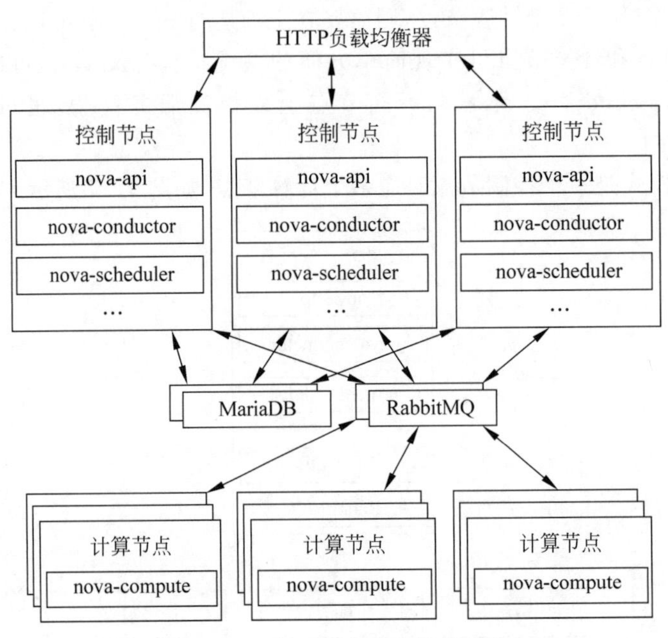

图 4.18 Nova 负载均衡部署模式

API 节点上部署 nova-scheduler 服务，在调度时只需要在数据库中查出对应的 Cell 信息就能直接连接过去，从而出现一次调度就可以确定具体在哪个 Cell 的哪台机器上启动。在 Cell 节点中只需要安装 nova-compute 和 nova-conductor 服务，以及它依赖的消息队列和数据库。API 上的服务会直接连接 Cell 的消息队列和数据库，不需要像 nova-cell 这样的额外服务。Cell 下的计算节点只需要注册到所在的 Cell 节点下就可以了。

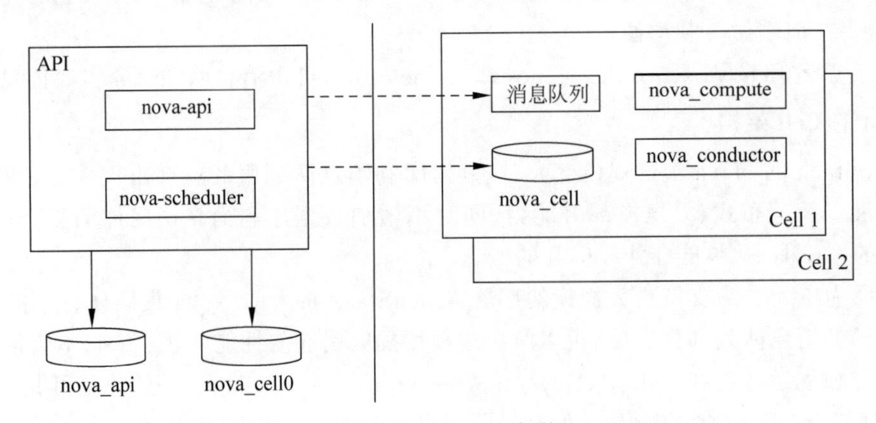

图 4.19 Cell v2 的架构

(2) API 节点上的数据库。

根据 Cell v2 的设计，API 节点只使用两个数据库实例，即 nova_api 和 nova_cell0。nova_api 数据库中存放全局信息，这些全局信息是从 nova 库迁过来的，如实例模型(flavor)、实例组(instance groups)、配额(quota)等。

其中，Cell 的信息存放在 cell_mappings 表(存放 Cell 的数据库和消息的连接)中，用于与子 Cell 通信。主机的信息存放在 host_mappings 表中，用于 nova-scheduler 的调度，确认分配到的节点。实例的信息存放在 instance_mappings 表中，用于查询实例所在的 Cell，并连接 Cell 获取该实例的具体信息。

nova_cell0 数据库的模式与 Nova 的一样，当实例调度失败时，实例的信息不属于任何一个 Cell，因而存放在 nova_cell0 数据库中。

(3) Cell 的部署。

基本的 Nova 系统包括以下组件。

① nova-api 服务：对外提供 REST API。

② nova-scheduler 服务：服务跟踪资源，决定实例放在哪个计算节点上。

③ API 数据库：主要用 nova-api 和 nova-scheduler(以下称为 API 层服务)跟踪实例的位置信息，以及正在构建但还未完成调度的实例的临时性位置。

④ nova-conductor 服务：卸载 API 层服务长期运行的任务，避免计算节点直接访问数据。

⑤ nova-compute 服务：管理虚拟机驱动和 Hypervisor 主机。

⑥ Cell 数据库：由 API、nova-conductor 和 nova-compute 服务使用，存放实例主要信息。

⑦ Cell0 数据库：与 Cell 数据库非常类似，但是仅存放那些调度失败的实例信息。

⑧ 消息队列：让服务之间通过 RPC 进行相互通信。

所有的部署都必须包括上述组件，小规模部署可能会使单一消息队列被各服务共享，单一数据库服务器承载 API 数据库、单个 Cell 数据库和必需的 Cell0 数据库，这通常被称为单 Cell 的部署，因为只有一个实际的 Cell，如图 4.20 所示。Cell0 数据库模拟一个正常的 Cell，但是没有计算节点，仅用于存储部署到实际计算节点失败的实例。所有服务配置通过同一消息总线进行相互通信，只有一个 Cell 数据库用于存储实例信息。

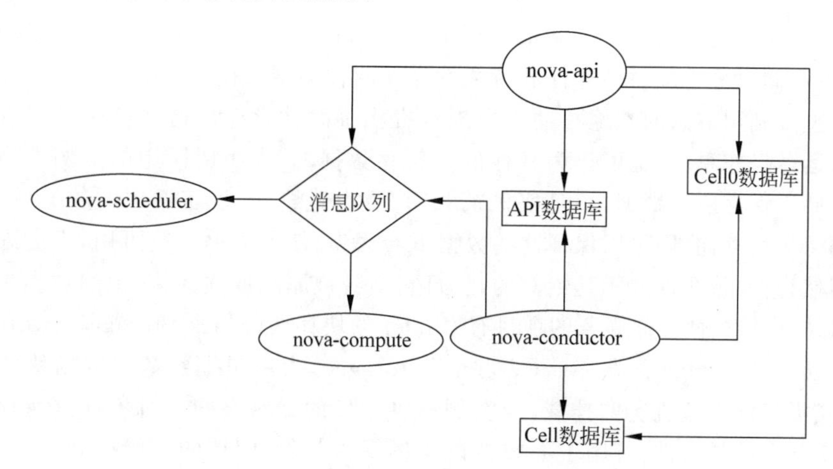

图 4.20 单 Cell 的部署

Nova 中的 Cell 架构的目的就是支持大规模部署，将许多计算节点划分到若干 Cell 中，每个 Cell 都有自己的数据库和消息队列。API 数据库只能是全局性的，有许多 Cell 数据库用于大量实例信息，每个 Cell 数据库承担整体部署中的实例的一部分。多 Cell 的部署如图 4.21 所示。首先，消息总线必须分割，Cell 数据库拥有同一总线。其次，必须为 API 层服务运行专用的 Conductor 服务，让它访问 API 数据库和专用的消息队列。我们将它称为超级引导器(Super Conductor)，以便同每个 Cell 引导器节点明确区分。

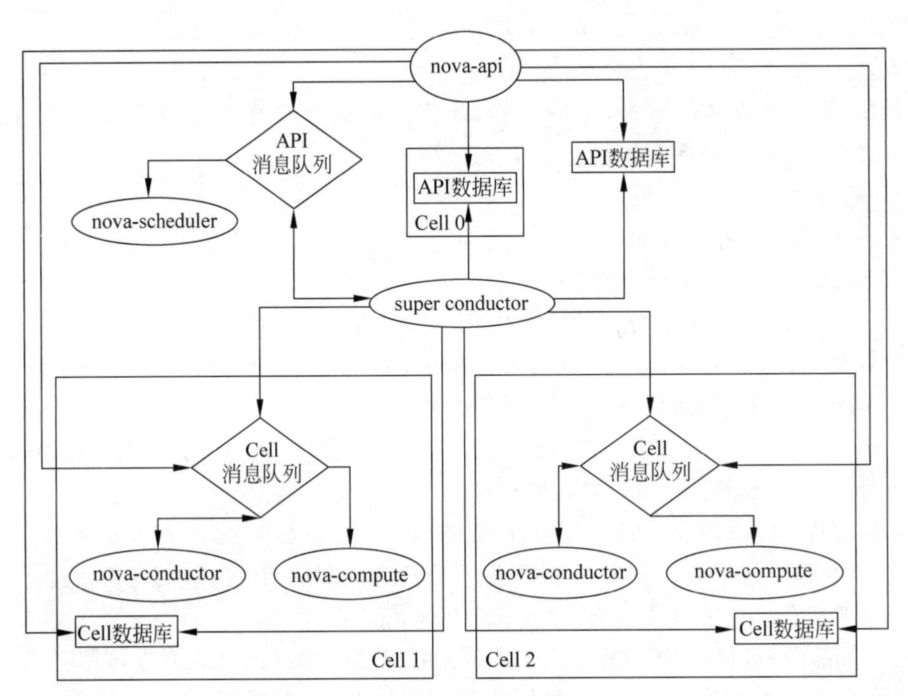

图 4.21　多 Cell 的部署

4.2.6　OpenStack 存储服务

与网络一样,存储也是 OpenStack 最重要的基础组件之一。Nova 实现的虚拟机实例需要存储的支持,这些存储可分为临时性存储和持久性存储两种类型。在 OpenStack 项目中,通过 Nova 创建实例时可直接利用节点的本地存储为虚拟机提供临时性存储。这种存储空间主要作为虚拟机的根磁盘来运行操作系统,也可作为其他磁盘暂存数据,其大小由所用的实例类型决定。实例使用临时性存储来保存所有数据,一旦实例被关闭、重启或删除,该实例中的数据就会全部丢失。如果指定使用持久性存储,则可以保证这些数据不会丢失,使得数据持续可用,不受虚拟机实例终止的影响。当然,这种持久性并不是绝对的,一旦它本身被删除或损坏,其中的数据也会丢失。目前,OpenStack 提供持久性存储服务的项目有 Cinder 的块存储(Block Storage)、Swift 的对象存储(Object Storage)。块存储又称卷存储(Volume Storage),为用户提供基于数据块的存储设备访问,以卷的形式提供给虚拟机实例挂载,为实例提供额外的磁盘空间。对象存储所存放的数据通常称为对象,实际上就是文件,可用于为虚拟机实例提供备份、归档的存储空间,包括虚拟机镜像的保存。

OpenStack 从 Folsom 版本开始将 Nova 中的持久性块存储功能组件 Nova-Volume 剥离出来,独立为 OpenStack 块存储服务,并将其命名为 Cinder。与 Nova 利用主机本地存储为虚拟机提供的临时存储不同,Cinder 为虚拟机提供持久性的存储,并实现虚拟机存储卷的生命周期管理,因此又称卷存储服务。

Cinder 是块存储,可以把 Cinder 当作优秀管理程序来理解。Cinder 块存储具有安全可靠、高并发、大吞吐量、低时延、规格丰富、简单易用的特点,适用于文件系统、数据库或者其他需要原始块设备的系统软件或应用。

可以用 Cinder 创建卷，并将它连接到虚拟机上，这个卷就像虚拟机的一个存储分区一样工作。如果结束虚拟机的运行，则卷和其中的数据依然存在，可以把它连接到其他虚拟机上继续使用其中的数据。Cinder 创建的卷必须被连接到虚拟机上才能工作，可以把 Cinder 理解成一块可移动硬盘。

1. Cinder 的主要功能

视频讲解

Cinder 的核心功能是对卷的管理，允许对卷、卷的类型、卷的快照进行处理。它并没有实现对块设备的管理和实际服务，而是通过后端的统一存储接口支持不同块设备厂商的块存储服务，实现其驱动，支持与 OpenStack 进行整合。Cinder 提供的是一种存储基础设施服务，为用户提供基于数据块的存储设备访问，其具体功能如下。

(1) 为管理块存储提供一套方法，对卷实现从创建到删除的整个生命周期管理。

(2) 提供持久性块存储资源，供 Nova 计算服务的虚拟机实例使用。从实例的角度看，挂载的每个卷都是一块磁盘。使用 Cinder 可以将一个存储设备连接到一个实例。另外，可以将镜像写到块存储设备中，让 Nova 计算服务用作可启动的持久性实例。

(3) 对不同的后端存储进行封装，对外提供统一的 API。

2. Cinder 的系统架构

视频讲解

Cinder 延续了 Nova 以及其他 OpenStack 组件的设计思想，其系统架构如图 4.22 所示，主要包括 cinder-api、cinder-scheduler、cinder-volume 和 cinder-backup 服务，这些服务之间通过消息队列协议进行通信。

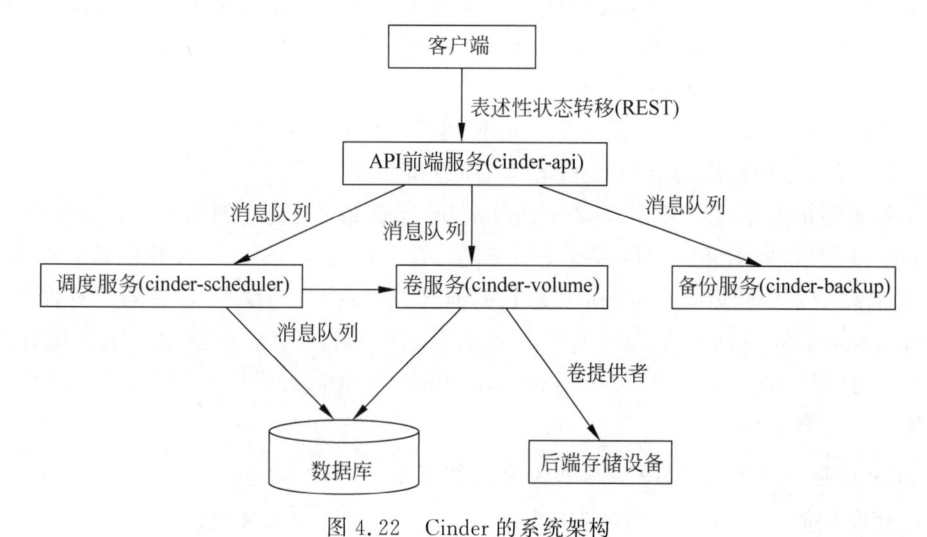

图 4.22　Cinder 的系统架构

(1) 客户端。

客户端可以是 OpenStack 的最终用户，也可以是其他程序，包括终端用户、命令行和 OpenStack 的其他组件。凡是 Cinder 服务提出请求的都是 Cinder 客户端。

(2) API 前端服务(cinder-api)。

cinder-api 作为 Cinder 对外服务的 HTTP 接口，向客户端呈现 Cinder 能够提供的功能，负责接收和处理 REST 请求并将请求发送给消息队列(MQ 队列)。当客户需要执行卷的相关操作时，能且只能向 cinder-api 发送 REST 请求。

(3) 调度服务(cinder-scheduler)。

cinder-scheduler 对请求进行调度,将请求转发到合适的卷服务,即处理任务队列的任务,通过调度算法选择最合适的存储节点以创建卷。

(4) 卷服务(cinder-volume)。

调度服务只分配任务,真正执行任务的是卷服务。cinder-volume 管理块存储设备,定义后端设备。运行 cinder-volume 服务的节点被称为存储节点。

(5) 备份服务(cinder-backup)。

备份服务用于提供卷的备份功能,支持将块存储卷备份到 OpenStack 对象存储 Swift 中。

(6) 数据库。

Cinder 有一些数据需要存放到数据库中,一般使用 MySQL 数据库。数据库是安装在控制节点上的。

(7) 卷提供者。

块存储服务需要后端存储设备来创建卷,如外部的磁盘阵列以及其他存储设施等。卷提供者定义了存储设备,为卷提供物理存储空间。cinder-volume 支持多种卷提供者,每种卷提供者都能通过自己的驱动与 cinder-volume 协调工作。

(8) 消息队列。

Cinder 得到请求后会自动访问块存储服务,它有两个显著的特点:第一,用户必须提出请求,服务才会进行响应;第二,用户可以使用自定义的方式实现半自动化服务。简而言之,Cinder 虚拟化块存储设备提供给用户自助服务的 API 用以请求和使用存储池中的资源,而 Cinder 本身并不能获取具体的存储形式和物理设备信息。

Cinder 的各个子服务通过消息队列实现进程间的通信和相互协作。有了消息队列,子服务之间实现了相互交流,这种松散的结构也是分布式系统的重要特征。

Cinder 创建卷的基本流程是客户端向 cinder-api 发送请求,要求创建一个卷;cinder-api 对请求做一些必要处理后,向 RabbitMQ 发送一条消息,让 cinder-scheduler 服务创建一个卷;cinder-scheduler 从消息队列中获取 cinder-api 发给它的消息,然后执行调度算法,从若干存储节点中选出某节点;cinder-scheduler 向消息队列发送一条消息,让该存储节点创建这个卷;该存储节点的 cinder-volume 服务从消息队列中获取 cinder-scheduler 发给它的消息,然后通过驱动在卷提供者定义的后端存储设备上创建卷。

3. Cinder 块存储服务与 Nova 计算服务之间的交互

Cinder 块存储服务与 Nova 计算服务进行交互,为虚拟机实例提供卷。Cinder 负责卷的全生命周期管理。Nova 的虚拟机实例通过连接 Cinder 的卷将该卷作为其存储设备,用户可以对其进行读写、格式化等操作。分离卷将使虚拟机不再使用它,但是该卷上的数据不受影响,数据依然保持完整,还可以连接到该虚拟机上或其他虚拟机上,如图 4.23 所示。

通过 Cinder 可以方便地管理虚拟机的存储,虚拟机的整个生命周期中对应的卷操作如图 4.24 所示。

视频讲解

4. Swift 对象存储

Swift 对象存储是一个系统,可以上传和下载文件,一般存储的是不经常修改的内容,例如,存

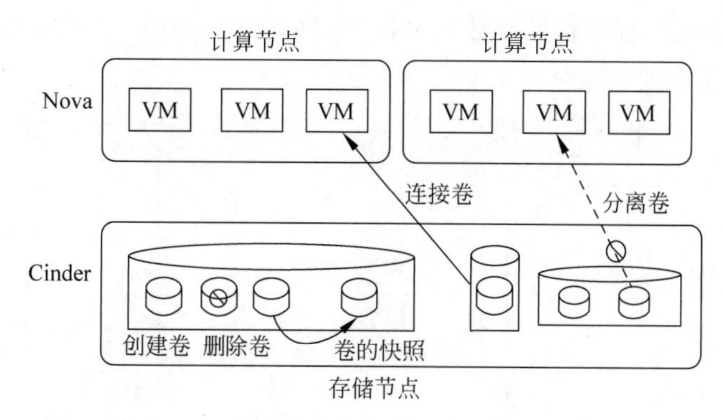

图 4.23 Cinder 块存储服务与 Nova 计算服务之间的交互

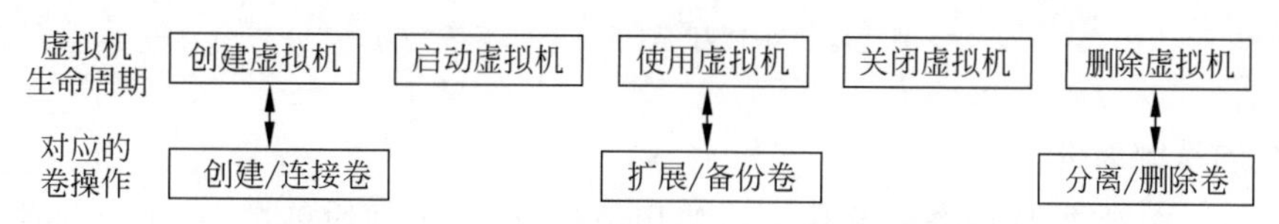

图 4.24 虚拟机的整个生命周期中对应的卷操作

储虚拟机镜像、备份和归档,以及其他文件(如照片和电子邮件消息),它更倾向于系统的管理。Swift 可以将对象(可以理解为文件)存储到命名空间 Bucket(可以理解为文件夹)中,用 Swift 创建容器 Container,然后上传文件,如视频、照片等,这些文件会被复制到不同的服务器中,以保证其可靠性,Swift 可以不依靠虚拟机工作。所谓云存储,在 OpenStack 中就是通过 Swift 来实现的,可以把它理解成一个文件系统。Swift 作为一个文件系统,意味着可以为 Glance 提供存储服务,同时可以为个人的网盘应用提供存储支持,这个优势是 Cinder 和 Glance 无法实现的。

Swift 对象存储提供高可用性、分布式、最终一致性的对象存储,可高效、安全和廉价地存储大量数据。Swift 对象存储适合存储静态数据。所谓静态数据,是指长期不会发生变化更新,或者在一定时间内更新频率较低的数据,在云中主要有虚拟机镜像、多媒体数据,以及数据的备份。对于需要实时更新的数据,Cinder 块存储是更好的选择。Swift 通过使用标准化的服务器集群来存储 PB 数量级的数据,它是海量静态数据的长期存储系统,可以检索和更新这些数据。

Swift 对象存储使用了分布式架构,没有中央控制节点,可提供更高的可扩展性、冗余性等性能。对象写入多个硬件设备,OpenStack 负责保证集群中的数据复制和完整性。可通过添加新节点来扩展存储集群。当节点失效时,OpenStack 将从其他正常运行的节点复制内容。因为 OpenStack 使用软件逻辑来确保它在不同的设备之间的数据复制和分布,所以可以用廉价的硬盘和服务器来代替昂贵的存储设备。

Swift 对象存储是高性价比、可扩展存储的理想解决方案,提供一个完全分布式、API 可访问的平台,可以直接与应用集成,或者用于备份、存档和数据保存。Swift 适用于许多应用场景,最典型的应用是作为网盘类产品的存储引擎。在 OpenStack 中,其还可以与镜像服务 Glance 结合存储镜像文件。另外,由于 Swift 具有无限扩展能力,它也非常适合存储日志文件和数据备份仓库。

与文件系统不同,对象存储系统所存储的逻辑单元是对象,而不是传统的文件。对象包括了内容和元数据两个部分。与其他 OpenStack 项目一样,Swift 提供了 REST API 作为公共访问的入口,每个对象都是一个 RESTful 资源,拥有唯一的 URL,可以通过它请求对象,可以直接通过

Swift API,或者使用主流编程语言的函数库来操作对象存储,如图 4.25 所示,但对象最终会以二进制文件的形式保存在物理存储节点上。

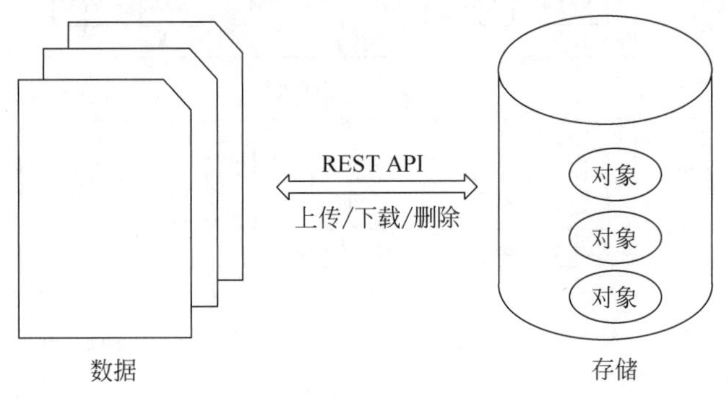

图 4.25　REST API 与存储系统交互

5. Swift 的系统架构

视频讲解

Swift 采用完全对称、面向资源的分布式架构设计,所有组件均可扩展,避免因单点故障扩散而影响整个系统的运行。完全对称意味着 Swift 中各节点可以完全对等,能极大地降低系统维护成本。它的扩展性包括两方面:一方面是数据存储容量无限可扩展;另一方面是 Swift 性能可线性提升,如吞吐量等。因为 Swift 是完全对称的架构,扩容只需简单地新增机器,所以系统会自动完成数据迁移等工作,使各存储节点重新达到平衡状态。Swift 的系统架构如图 4.26 所示。

代理服务器为 Swift 其他组件提供统一的接口,它接收创建窗口、上传对象或者修改元数据的请求,还可以提供容器或者展示存储的文件。当收到请求时,代理服务器会确定账户、容器或者对象在容器环中的位置,并将请求转发到相关的服务器。

对象服务器上传、修改或检索存储在它所管理的设备上的对象(通常为文件)。容器服务器会处理特定容器的对象分配,并根据请求提供容器列表,还可以跨集群复制该列表。账户服务器通过使用对象存储服务来管理账户,其操作类似容器服务器的操作。

更新、复制和审计内部管理流程用于管理数据存储,其中复制服务最为关键,用于确保整个集群的一致性和可用性。

6. Swift 的应用

(1) 网盘。

Swift 的对称分布架构和多 Proxy 多节点的设计使它适用于多用户并发的应用模式,最典型的莫过于网盘的应用。

Swift 的对称架构使数据节点从逻辑上看处于同一级别,每个节点上同时具有数据和相关的元数据,并且元数据的核心数据结构使用的是哈希环,对于节点的增减一致性哈希算法只需要重定位环空间中的一小部分数据,具有较好的容错性和可扩展性。另外,数据是无状态的,每个数据在磁盘上都是完整的,这些特点保证了存储本身的良好的扩展性。在与应用的结合上,Swift 是遵循 HTTP 的,这使应用和存储的交互变得简单,不需要考虑底层基础构架的细节,应用软件不需要进行任何修改就可以让系统整体扩展到非常大的程度。

(2) 备份文档。

Rackspace 是全球三大云计算中心之一,是一家成立于 1998 年的全球领先的托管服务器及云

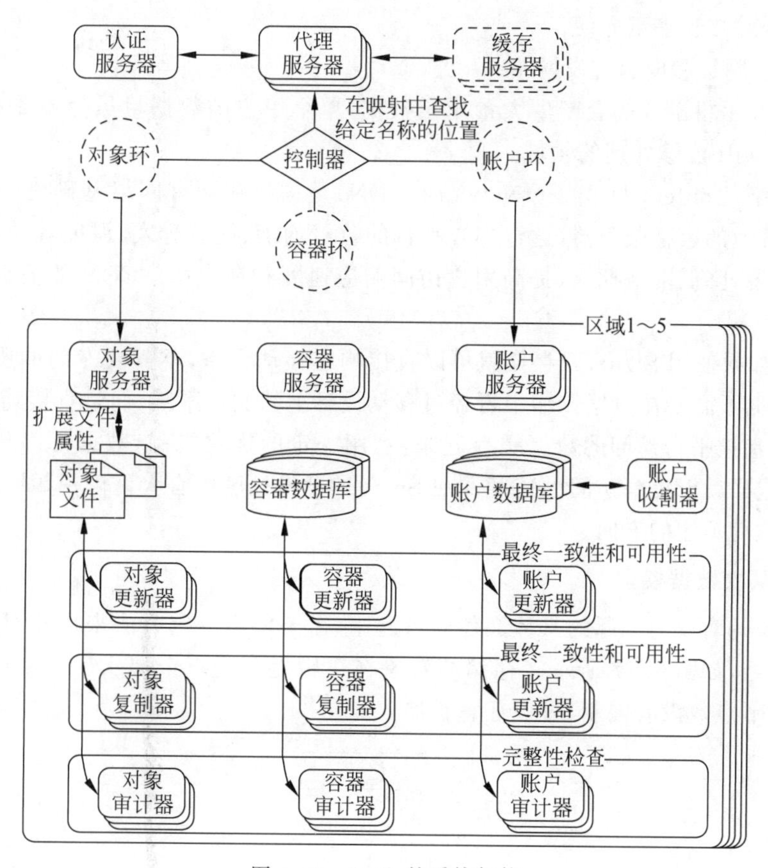

图 4.26　Swift 的系统架构

计算提供商,公司总部位于美国,它在英国、澳大利亚、瑞士、荷兰等地设有分部,在全球拥有 10 个以上的数据中心,管理超过 10 万台服务器,为全球 150 多个国家的客户服务。Rackspace 的托管服务产品包括专用服务器、云服务器、电子邮件、SharePoint、云存储、云网站等。Rackspace 的主营业务就是数据的备份归档,同时,其延展出一种新业务,如"热归档"。由于长尾效应,数据可能被调用的时间越来越长,"热归档"能够保证应用归档数据在分钟级别重新获取,和传统磁带机归档方案中的数小时相比是一个很大的进步。长尾效应中的"头"(Head)和"尾"(Tail)是两个统计学名词,正态曲线中间的突起部分称为"头",两边相对平缓的部分称为"尾"。从人们需求的角度来看,大多数的需求会集中在头部,而这部分可以被称为"流行",分布在尾部的需求是个性化的、零散的、小量的需求。这部分差异化的、少量的需求会在需求曲线上面形成一条长长的"尾巴",而所谓长尾效应就在于它的数量,将所有非流行的市场累加起来就会形成一个比流行市场还大的市场。

(3) IaaS 公有云。

Swift 在设计中的线性扩展、高并发和多项目支持等特性,使它非常适合作为 IaaS。公有云规模较大,更多时候会遇到大量虚拟机并发启动的情况,所以对于虚拟机镜像的后台存储来说,实际上的挑战在于大数据的并发读性能。Swift 在 OpenStack 中一开始就是作为镜像库的后台存储,经过 Rackspace 上千台机器的部署规模下的数年实践,Swift 已经被证明是一个成熟的选择方案。另外,基于 IaaS 要提供上层的 SaaS,多项目是一个不可避免的问题,Swift 的架构设计本身就是支持多项目的,这样对接起来更方便。

(4) 移动互联网络和内容分发网络。

移动互联网和手机游戏等会产生大量用户数据,单个用户的数据量虽然不是很大,但是用户数很多,这也是 Swift 能够处理的领域。

内容分发网络(Content Delivery Network,CDN)是构建在现有网络基础之上的智能虚拟网络,依靠部署在各地的边缘服务器,通过中心平台的负载均衡、内容分发、调度等功能模块,使用户就近获取所需内容,降低网络拥塞,提高用户访问响应速度和命中率。CDN 的关键技术是内容存储和分发。

至于 CDN,如果使用 Swift,云存储就可以直接响应移动设备,不需要专门的服务器去响应这个 HTTP 请求,也不需要在数据传输中再经过移动设备上的文件系统,而是直接通过 HTTP 上传云端。如果把经常被平台访问的数据缓存起来,利用一定的优化机制,数据可以从不同的地点分发到用户那里,这样就能提高访问的速度。在 Swift 的开发社区中有人讨论视频网站应用和 Swift 的结合,这也是值得关注的方向。

7. Swift 的层次数据模型

Swift 将抽象的对象与实际的具体文件联系起来,需要使用一定方法来描述对象。Swift 采用的是层次数据模型,如图 4.27 所示。存储的对象在逻辑上分为三个层次——账户、容器和对象,每一层所包含的节点数没有限制,可以任意扩展。

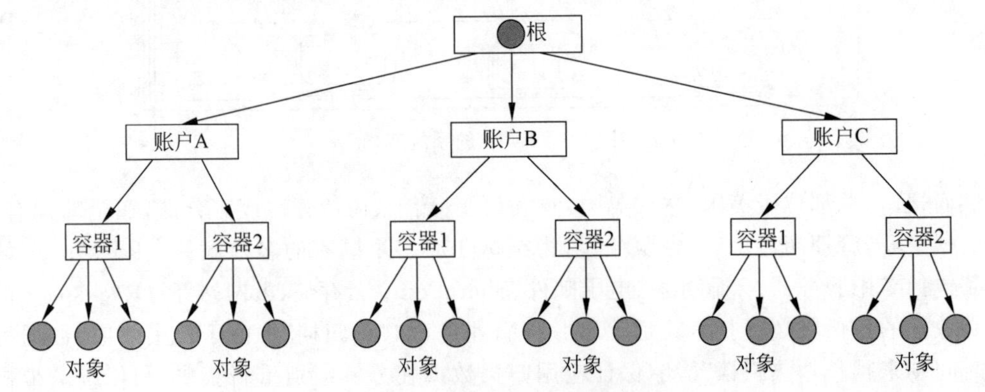

图 4.27 Swift 的层次数据模型

(1) 账户。

账户在对象存储过程中用于实现顶层的隔离。它并非个人账户,而指项目(或租户),可以被多个用户账户共同使用。账户由服务提供者创建,用户在账户中拥有全部资源,账户为容器定义了一个命名空间。Swift 要求对象必须位于容器中,因此一个账户应当至少拥有一个容器来存储对象。

(2) 容器。

容器表示封装的一组对象,与文件夹或目录类似,不过容器不能嵌套,不能再包含下一级容器。容器为对象定义了命名空间,两个不同的容器中同一名称的对象代表两个不同的对象。除了包含对象外,也可以通过访问控制列表使用容器来控制对象的访问。在容器层级还可以配置和控制许多其他特性,如对象版本。

(3) 对象。

对象位于最底层,是叶子节点,具体的对象由元数据和内容两部分组成。对象存储诸如文档、

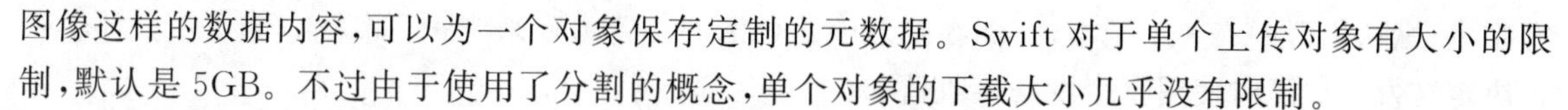

图像这样的数据内容，可以为一个对象保存定制的元数据。Swift 对于单个上传对象有大小的限制，默认是 5GB。不过由于使用了分割的概念，单个对象的下载大小几乎没有限制。

(4) 对象层级结构与对象存储 API 的交互。

账户、容器和对象层级结构影响与对象存储 API 交互的方式，尤其是资源路径的层次结构。资源路径具有以下格式。

```
/v1/{account}/{container}/{object}
```

例如，对于账户 user01 的容器 images 中的对象 photo/flower.jpg，资源路径如下。

```
/v1/user01/images/photo/flower.jpg
```

对象名包含字符“/”，该字符并不表示对象存储有一个子级结构，因为容器不存储在实际子文件夹的对象中，但是在对象名中包括类似的字符可以创建一个伪层级的文件夹和目录。例如，如果对象存储为 object.mycloud.com，则返回的 URL 是 https://object.mycloud.com/v1/user01。

要访问容器，应将容器名添加到资源路径中；要访问对象，应将容器名和对象名添加到资源路径中。如果有大量的容器或对象，则可以使用查询参数对容器或对象的列表进行分页。使用 maker、limit 和 end_marker 查询参数来控制要返回的条目数以及列表起始处。

```
/v1/{account}/{container}/?marker = a&end_marker = d
```

如果需要逆序，则可使用查询参数 reverse。注意，marker 和 end_marker 应当交换位置，以返回一个逆序列表。

```
/v1/{account}/{container}/?marker = d&end_marker = a&reverse = on
```

8. Swift 的组件

Swift 使用代理服务器(Proxy Server)、环(Ring)、区域(Zone)、账户(Account)、容器(Container)和分区(Partition)等组件来实现高可用性、高持久性和高并发性。Swift 的部分组件如图 4.28 所示。

(1) 代理服务器。

代理服务器是对象存储的公共接口，用于处理所有传入的请求。一旦代理服务器收到一个请求，它就会根据对象 URL 决定存储节点。代理服务器也负责协调响应、处理故障和标记时间戳(Timestamp)。

代理服务器使用无共享架构，能够根据预期的负载按需扩展。在一个单独管理的负载平衡集群中应最少部署两台代理服务器，如果其中一台出现故障，则由其他代理服务接管。

(2) 环。

环表示集群中保存的实体名称与磁盘上物理位置之间的映射，将数据的逻辑名称映射到特定磁盘的具体位置。账户、容器和对象都有各自的环。当系统组件需要对象、容器或账户执行任何操作时，都需要与相应的环进行交互，以确定其在集群中的合适位置。

环使用区域、设备(Device)、分区和副本(Replicate)来维护这种映射信息。每个分区在环中都有副本，默认集群中有3个副本，存储在映射中的分区的位置由环来维护，如图4.29所示。环也负责决定在发生故障时使用哪个设备接收请求。

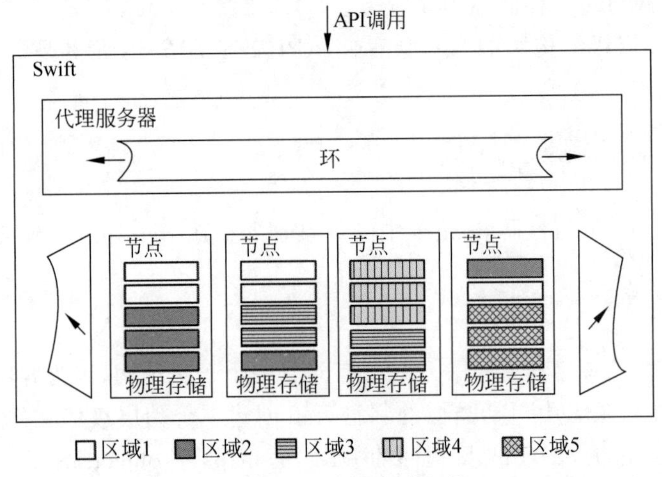

图4.28 Swift的部分组件

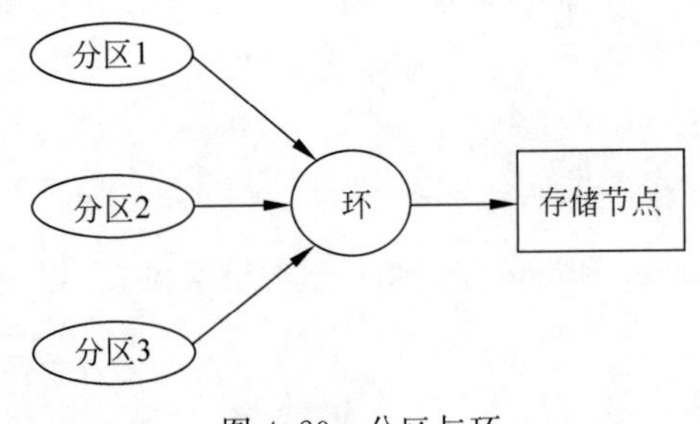

图4.29 分区与环

环中的数据被隔离到区域中。每个分区的副本设备都存储在不同的区域中，区域可以是一个驱动器、一台服务器、一个机柜、一台交换机，甚至是一个数据中心。在对象存储安装过程中，环的分区会均衡地分配到所有的设备中。当分区需要移动时，如新设备被加入集群，环会确保一次移动最少数量的分区数，并且一次只移动一个分区的一个副本。

权重可以用来平衡集群中驱动器的分布。例如，当不同大小的驱动器被用于集群时就显得非常必要。环由代理服务器和一些后台使用，如复制进程等。

(3) 区域。

为隔离故障边界，对象存储允许配置区域。如果可能，每个数据副本位于一个独立的区域。最小级别的区域可以是一个驱动器或一组驱动器。如果有5个对象存储服务器，则每个服务器将代表自己的区域。可以大规模部署一个机架或多个机架的对象服务器，每个对象服务器代表一个区域。因为数据跨区复制，所以一个区域的故障不影响集群中的其余区域，如图4.30所示。

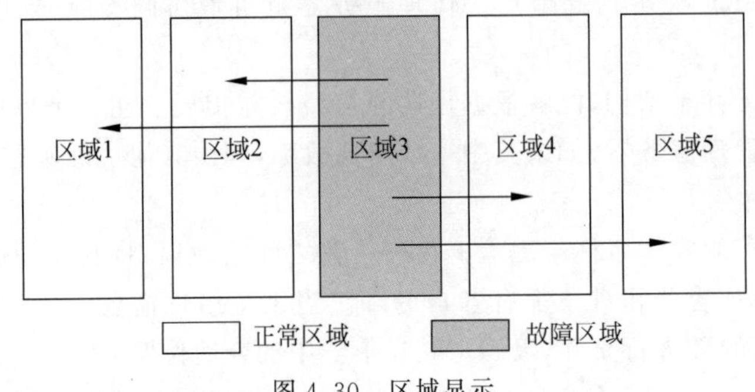

图4.30 区域显示

(4) 账户和容器。

每个账户和容器都是独立的 SQLite 数据库,这些数据库在集群中采用分布式部署。账户数据库包括该账户中的容器列表,容器数据库包含该容器中的对象列表。账户和容器的关系如图 4.31 所示。为跟踪对象数据位置,系统中的每个账户都有一个数据库,它引用其全部容器,每个容器数据库可以引用多个对象。

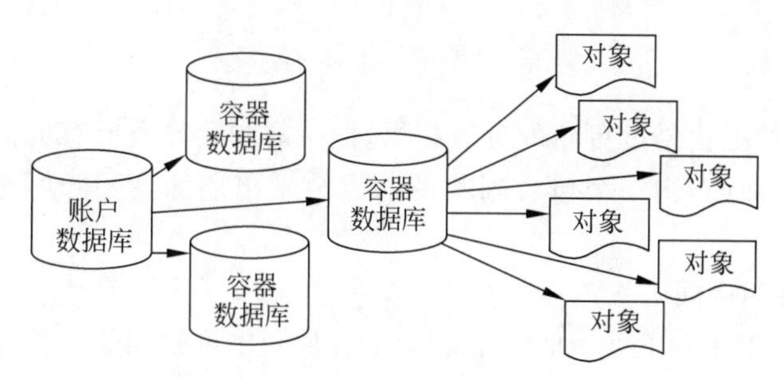

图 4.31　账户和容器的关系

(5) 分区。

分区是存储的数据的一个集合,包括账户数据库、容器数据库和对象,有助于管理数据在集群中的位置,如图 4.32 所示。对于复制系统来说,分区是核心。

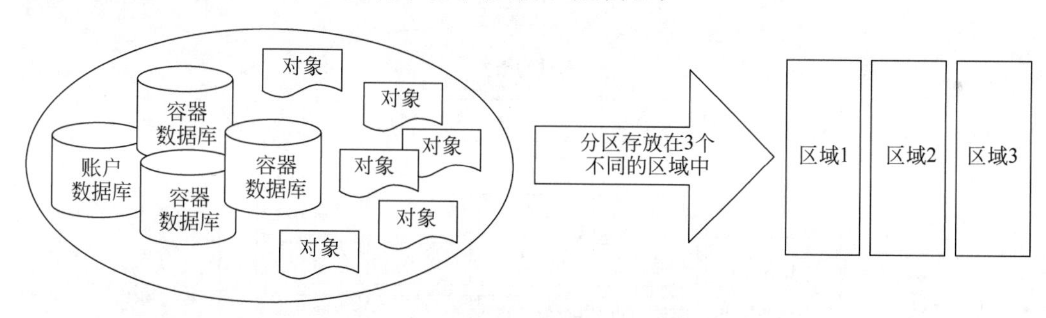

图 4.32　分区

可以将分区看作在整个中心仓库中移动的箱子。个别的"订单"投进箱子,系统将该箱子作为一个紧密结合的整体在系统中移动。这个箱子比许多小物件更容易处理,有利于在整个系统中较少地移动。

系统复制和对象下载都是在分区上操作的,当系统扩展时,其行为是可以预测的,因为分区数量是固定的。分区的实现概念很简单,一个分区就是位于磁盘上的一个目录,拥有它所包含内容的相应哈希表。

(6) 复制器。

为确保始终存在 3 个数据副本,复制器(Replicators)会持续检查每个分区。对于每个本地分区,复制器将它与其他区域中的副本进行比较,确认是否发生变化,如图 4.33 所示。

复制器通过检查哈希表来确认是否需要进行复制。每个分区都会产生一个哈希文件,该文件包含该分区中每个目录的哈希值。对于一个给定的分区,它的每个副本的哈希文件都会进行比较。哈希值不同,则需要复制,而需要复制的文件的目录也要进行复制。

这就是分区的用处,在系统中通过较少的工作传输更多的数据块,一致性比较强。集群具有

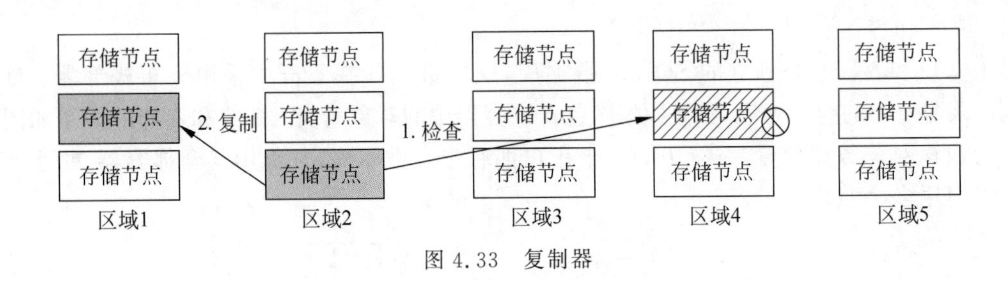

图 4.33　复制器

最终一致性行为，旧的数据由错过更新的分区提供，但是复制会导致所有的分区向最新数据聚集。

如果一个分区出现故障，则一个包含副本的节点会发出通知，并主动将数据复制到接管的节点上。

(7) 对象存储组件的协同工作。

对象存储中的对象上传和下载，如图 4.34 所示。从图中可知相关组件是如何协同工作的。

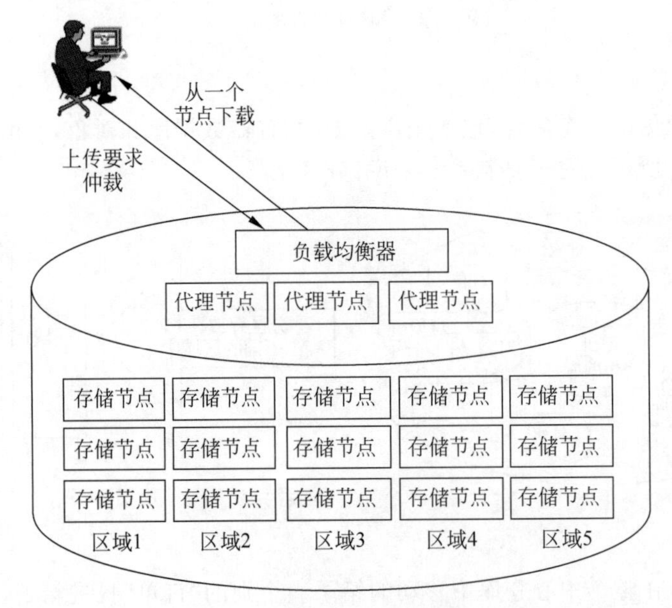

图 4.34　对象存储中的对象上传和下载

① 对象上传。

首先，客户使用 REST API 构造一个 HTTP 请求，将一个对象上传到一个已有的容器中，集群收到请求，系统必须解决将该对象存放到哪里的问题，通过负载平衡器的各代理节点进行计算。为此，账户名称、容器名称和对象名称都用来决定该对象的存放位置。

其次，通过环中的查询明确使用哪个存储节点来容纳该分区。

最后，数据被发送到要存放该分区的每个存储节点上。在客户收到上传成功通知之前，必须至少有 2/3 的写入是成功的。接下来容器数据库异步更新，反映已加入的新对象的情况。

② 对象下载。

收到一个对账户、容器或对象的请求时，使用同样的一致性哈希算法来决定分区的索引。环中的查询获知哪个存储节点包含在该分区中。此后，将请求提交给其中一个存储节点来获取该对象，如果失败，则请求转发给其他节点。

9. 对象存储集群的层次架构

Swift 对象存储集群的层次架构可以大致分为两个——访问层和存储节点，如图 4.35 所示。

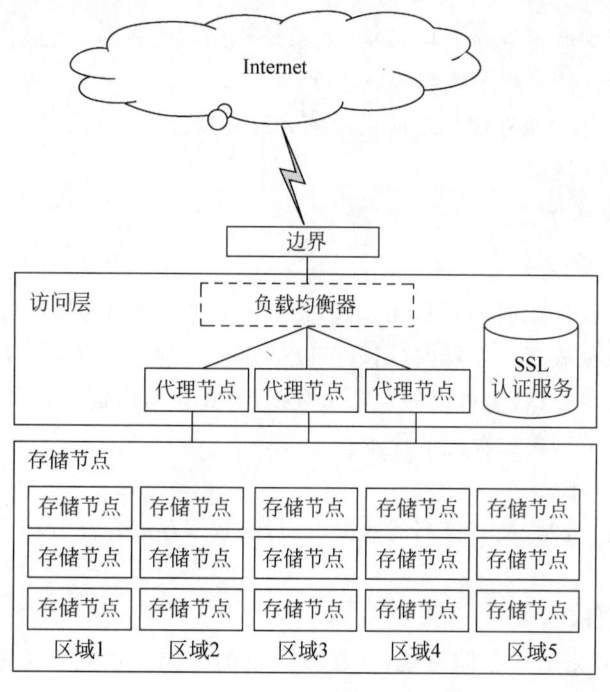

图 4.35 对象存储集群的层次架构

(1) 访问层。

大规模部署需要划分出一个访问层，将其作为对象存储系统的中央控制器。访问层接收客户传入的 API 请求，管理系统中数据的进出。该层包括前端负载均衡器、安全套接层（Secure Sockets Layer，SSL）终结前端和认证服务。它运行存储系统的中枢，即代理服务器进程。

由于访问服务器集群在自己所在的层，因此可以扩展读写访问，而与存储容量无关。例如，如果一个集群位于 Internet，要求 SSL 终结前端，而且对数据访问要求高，那么可以置备许多访问服务器。如果集群位于内部网络且主要用于存档，则只需要置备少量访问服务器。

既然这是一个 HTTP 可访问的存储服务，便可以将负载均衡器并入访问层。典型的访问层包括服务器的集合。这些服务器使用适量的内存，网络 I/O 能力很强。系统接收每个传入的 API 请求，应当配置两个高带宽的接口，一个用于接入的前端请求，另一个用于对象存储节点的后端访问以及提交或获取数据。

对于大多数面向公共的部署和大的企业网络的私有部署来说，必须使用 SSL 来加密客户端的流量。通过 SSL 建立客户之间的会话会大大增加处理负载。这就是不得不在访问层置备更多服务器的原因，在可信网络中没有必要部署 SSL。

(2) 存储节点。

在多数配置中，5 个区域中的每个区域都应当有相同的存储容量，存储节点使用合适的内存和 CPU，需要方便地获取元数据以快速返回对象。对象存储运行服务，不仅接收来自访问层的传入请求，还运行复制器、审计器和收割器。置备存储节点可以使用单个 1GB/s 或 10GB/s 的网络接口,这取决于预期的负载和性能。

目前,一块3TB或5TB的SATA硬盘具有很高的性价比。如果数据中心有远程操作,则可以使用桌面级驱动器,否则使用企业级驱动器。

应当考虑单线程请求所希望的I/O性能,此系统不用磁盘阵列,所以使用单块硬盘处理一个对象的每个请求。硬盘性能影响单线程响应速度。

要显著获得较大流量,对象存储系统应设计能处理并发的上传和下载,网络I/O能力(10Gb/s)应当满足读写所需的并发流量。

10. Swift服务的优势

视频讲解

(1) 数据访问灵活性。

Swift通过REST API来访问数据,可以通过API实现文件的存储和管理,使资源管理实现自动化。同时,Swift将数据放置于容器内,用户可以创建公有的容器和私有的容器。自由的访问控制权限既允许用户间共享数据,也可以保存隐私数据。Swift对所需要的硬件没有刻意的要求,可以充分利用商用的硬件节约单位存储的成本。

(2) 数据的持久可靠性。

Swift提供多重备份机制,拥有极高的数据可靠性,数据存放在高分布式的Swift中,几乎不会丢失。

(3) 极高的可拓展性。

Swift通过独立节点来形成存储系统,它在数据量的存储上做到了无限拓展。另外,Swift的性能也可以通过增加Swift集群来实现线性提升,所以Swift很难达到性能瓶颈。

(4) 无单点故障。

由于Swift的节点具有独立的特点,因此在实际工作时不会发生传统存储系统的单点故障。传统存储系统即使通过高可用性(High Availability,HA)来实现热备,在主节点出现问题时,还是会影响整个存储系统的性能。而在Swift中,数据的元数据是通过环算法随机均匀分布的,且元数据也会保存多份,对于整个Swift集群而言,没有单点的角色存在。

4.3 项目实施

4.3.1 OpenStack云平台的安装与部署

本案例采用在VMware Workstation软件中安装OpenStack云平台,本次部署采用双节点安装,即controller node(控制节点)和compute node(计算节点),使用chinaskills_cloud_iaas.iso镜像。chinaskills_cloud_iaas.iso镜像包含OpenStack Q版本私有云平台搭建的各项软件包、依赖包、安装脚本等,同时还提供了CentOS 7.2、CentOS 7.5等云主机qcow2镜像,可满足私有云平台的搭建、云平台的使用、各组件的运维操作等。chinaskills_cloud_iaas.iso包含的具体内容如表4.6所示。

表 4.6 chinaskills_cloud_iaas.iso 包含的具体内容

软件包	详细信息
iaas-repo	提供安装脚本，可用安装脚本快捷部署 OpenStack 私有云平台
	根据 iaas-repo 镜像源目录，可用于安装 KeyStone 服务，以及对 KeysTone 认证服务进行创建用户、租户、管理权限等操作
	根据 iaas-repo 镜像源目录，可用于安装 Glance 服务，以及对 Glance 服务进行上传镜像、删除镜像、创建快照等操作
	根据 iaas-repo 镜像源目录，可用于安装 Nova 服务，以及对 Nova 服务进行启动云主机、创建云主机类型、删除云主机等操作
	根据 iaas-repo 镜像源目录，可用于安装 Neutron 服务，以及对 Neutron 服务进行创建网络、删除网络、编辑网络等操作
	根据 iaas-repo 镜像源目录，可用于安装 Horzion 服务，可以通过 Horzion Dashboard 界面对 OpenStack 平台进行管理
	根据 iaas-repo 镜像源目录，可用于安装 Cinder 服务，以及对 Cinder 服务进行创建块设备、管理块设备连接、删除块设备等操作
	根据 iaas-repo 镜像源目录，可用于安装 Swift 服务，以及对 Swift 服务进行创建容器、上传对象、删除对象等操作
	根据 iaas-repo 镜像源目录，可用于安装 Heat 服务，可通过编辑模板文件，实现 Heat 编排操作
	根据 iaas-repo 镜像源目录，可用于安装 Ceilometer 和 Aodh 监控服务，可通过这两个服务对私有云平台进行监控与告警
	根据 iaas-repo 镜像源目录，可用于安装 Zun 服务，Zun 服务可在 OpenStack 私有云平台中提供容器服务
images	提供 CentOS 7_1804.tar(容器镜像)，可用于 Zun 服务启动容器镜像
	提供 CentOS_7.5_x86_64_XD.qcow2 镜像，该镜像为 CentOS 7.5 版本的虚拟机镜像，可基于该镜像启动 CentOS 7.5 的云主机，用于各项操作与服务搭建
	提供 CentOS_7.2_x86_64_XD.qcow2 镜像，该镜像为 CentOS 7.2 版本的虚拟机镜像，可基于该镜像启动 CentOS 7.2 的云主机，用于各项操作与服务搭建
	提供 CentOS_6.5_x86_64_XD.qcow2 镜像，该镜像为 CentOS 6.5 版本的虚拟机镜像，可基于该镜像启动 CentOS 6.5 的云主机，用于各项操作与服务搭建

1. 基本环境配置

在控制节点和计算节点中(注：涉及的密码均为 000000)。ens33 为内部管理网络，ens34 为外部网络。存储节点安装操作系统时划分两个空白分区以 sda、sdb 为例。作为 Cinder 和 Swift 存储磁盘，搭建 FTP 服务器作为搭建云平台的 YUM 源。云平台以及 IP 地址规划拓扑图如图 4.36 所示。

(1) 修改控制节点与计算节点主机名。

修改控制节点主机名，执行命令如下。

```
[root@localhost ~]# hostnamectl set-hostname controller
[root@localhost ~]# bash
[root@controller ~]# hostname
controller
[root@controller ~]# vi /etc/hosts
192.168.100.10 controller
192.168.100.20 compute
[root@controller ~]#ping compute
```

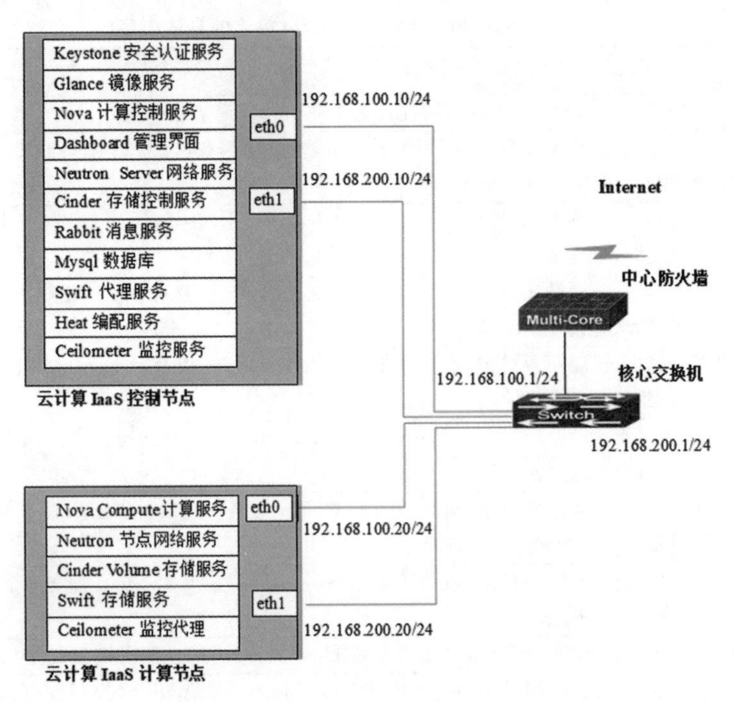

图 4.36　云平台以及 IP 地址规划拓扑图

同样方法,修改计算节点主机名。

(2) 配置网络 IP 地址。

配置控制节点,配置 ens33 的 IP 地址信息,执行命令如下。

```
[root@controller ~]# vi /etc/sysconfig/network-scripts/ifcfg-ens33
TYPE=Ethernet
PROXY_METHOD=none
BROWSER_ONLY=no
BOOTPROTO=static
DEFROUTE=yes
IPV4_FAILURE_FATAL=no
IPV6INIT=yes
IPV6_AUTOCONF=yes
IPV6_DEFROUTE=yes
IPV6_FAILURE_FATAL=no
IPV6_ADDR_GEN_MODE=stable-privacy
NAME=ens33
UUID=d2a95552-ad22-4e5b-b343-c96760834db8
DEVICE=ens33
ONBOOT=yes
IPADDR=192.168.100.10
NETMASK=255.255.255.0
GATEWAY=192.168.100.1
[root@controller ~]# systemctl restart network
```

配置控制节点,配置 ens34 网卡地址信息,执行命令如下。

```
[root@controller ~]# vi /etc/sysconfig/network-scripts/ifcfg-ens34
TYPE=Ethernet
PROXY_METHOD=none
BROWSER_ONLY=no
BOOTPROTO=static
DEFROUTE=yes
IPV4_FAILURE_FATAL=no
IPV6INIT=yes
IPV6_AUTOCONF=yes
IPV6_DEFROUTE=yes
IPV6_FAILURE_FATAL=no
IPV6_ADDR_GEN_MODE=stable-privacy
NAME=ens34
UUID=ad0715a2-506a-4edd-b4eb-888f378ba530
DEVICE=ens34
ONBOOT=yes
IPADDR=192.168.200.10
NETMASK=255.255.255.0
GATEWAY=192.168.200.1
[root@controller ~]# systemctl restart network
```

同样方法,修改计算节点网络配置,ens33的IP地址为192.168.100.20/24,网关为192.168.100.1;ens34的IP地址为192.168.200.20/24,网关为192.168.200.1。

(3) 在控制节点和计算节点添加新磁盘,以控制节点为例。

① 在控制节点中添加一块20GB的磁盘,如图4.37所示。使用命令fdisk -l和lsblk命令查看新添加磁盘信息,执行命令如下。

```
[root@controller ~]# fdisk -l
[root@controller ~]# lsblk
```

命令执行结果如图4.38所示。

② 使用fdisk命令对磁盘进行分区,执行命令如下。

```
[root@controller ~]# fdisk /dev/sdb
```

将整块磁盘分为一个分区,输入m可以进行帮助查询,输入n进行创建分区,输入w进行保存,命令执行结果如图4.39所示。

③ 使用mkfs命令对磁盘进行格式化,执行命令如下。

```
[root@controller ~]# lsblk
[root@controller ~]# mkfs -t ext4 /dev/sdb1
[root@controller ~]# mkfs -t ext4 /dev/sdb2
```

命令执行结果如图4.40所示。

图 4.37　添加新磁盘

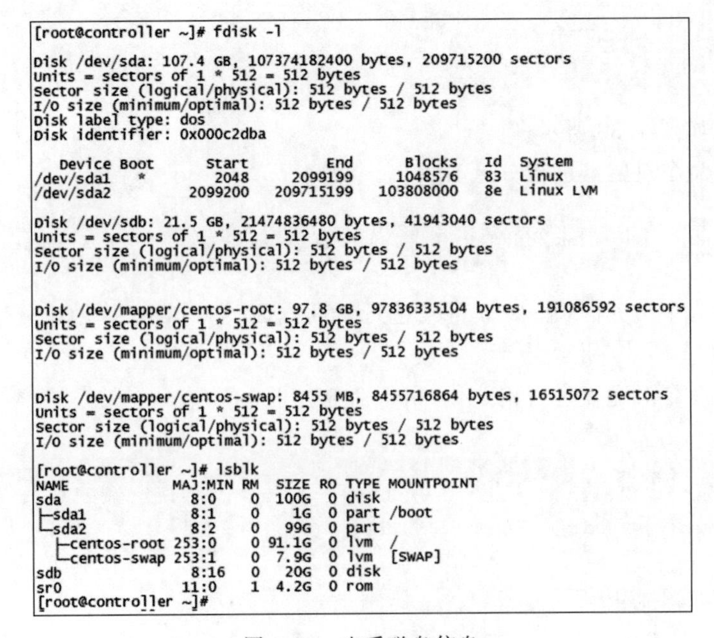

```
[root@controller ~]# fdisk -l

Disk /dev/sda: 107.4 GB, 107374182400 bytes, 209715200 sectors
Units = sectors of 1 * 512 = 512 bytes
Sector size (logical/physical): 512 bytes / 512 bytes
I/O size (minimum/optimal): 512 bytes / 512 bytes
Disk label type: dos
Disk identifier: 0x000c2dba

   Device Boot      Start         End      Blocks   Id  System
/dev/sda1   *        2048     2099199     1048576   83  Linux
/dev/sda2         2099200   209715199   103808000   8e  Linux LVM

Disk /dev/sdb: 21.5 GB, 21474836480 bytes, 41943040 sectors
Units = sectors of 1 * 512 = 512 bytes
Sector size (logical/physical): 512 bytes / 512 bytes
I/O size (minimum/optimal): 512 bytes / 512 bytes


Disk /dev/mapper/centos-root: 97.8 GB, 97836335104 bytes, 191086592 sectors
Units = sectors of 1 * 512 = 512 bytes
Sector size (logical/physical): 512 bytes / 512 bytes
I/O size (minimum/optimal): 512 bytes / 512 bytes


Disk /dev/mapper/centos-swap: 8455 MB, 8455716864 bytes, 16515072 sectors
Units = sectors of 1 * 512 = 512 bytes
Sector size (logical/physical): 512 bytes / 512 bytes
I/O size (minimum/optimal): 512 bytes / 512 bytes

[root@controller ~]# lsblk
NAME            MAJ:MIN RM  SIZE RO TYPE MOUNTPOINT
sda               8:0    0  100G  0 disk
├─sda1            8:1    0    1G  0 part /boot
└─sda2            8:2    0   99G  0 part
  ├─centos-root 253:0    0 91.1G  0 lvm  /
  └─centos-swap 253:1    0  7.9G  0 lvm  [SWAP]
sdb               8:16   0   20G  0 disk
sr0              11:0    1  4.2G  0 rom
[root@controller ~]#
```

图 4.38　查看磁盘信息

```
[root@controller ~]# fdisk  /dev/sdb
Welcome to fdisk (util-linux 2.23.2).

Changes will remain in memory only, until you decide to write them.
Be careful before using the write command.

Command (m for help): m
Command action
   a   toggle a bootable flag
   b   edit bsd disklabel
   c   toggle the dos compatibility flag
   d   delete a partition
   g   create a new empty GPT partition table
   G   create an IRIX (SGI) partition table
   l   list known partition types
   m   print this menu
   n   add a new partition
   o   create a new empty DOS partition table
   p   print the partition table
   q   quit without saving changes
   s   create a new empty Sun disklabel
   t   change a partition's system id
   u   change display/entry units
   v   verify the partition table
   w   write table to disk and exit
   x   extra functionality (experts only)

Command (m for help): n
Partition type:
   p   primary (0 primary, 0 extended, 4 free)
   e   extended
Select (default p):
Using default response p
Partition number (1-4, default 1):
First sector (2048-41943039, default 2048):
Using default value 2048
Last sector, +sectors or +size{K,M,G} (2048-41943039, default 41943039): +10G
Partition 1 of type Linux and of size 10 GiB is set

Command (m for help): n
Partition type:
   p   primary (1 primary, 0 extended, 3 free)
   e   extended
Select (default p):
Using default response p
Partition number (2-4, default 2):
First sector (20973568-41943039, default 20973568):
Using default value 20973568
Last sector, +sectors or +size{K,M,G} (20973568-41943039, default 41943039):
Using default value 41943039
Partition 2 of type Linux and of size 10 GiB is set

Command (m for help): w
The partition table has been altered!

Calling ioctl() to re-read partition table.
Syncing disks.
[root@controller ~]#
```

图 4.39　磁盘进行分区

```
[root@controller ~]# lsblk
NAME            MAJ:MIN RM  SIZE RO TYPE MOUNTPOINT
sda               8:0    0  100G  0 disk
├─sda1            8:1    0    1G  0 part /boot
└─sda2            8:2    0   99G  0 part
  ├─centos-root 253:0    0 91.1G  0 lvm  /
  └─centos-swap 253:1    0  7.9G  0 lvm  [SWAP]
sdb               8:16   0   20G  0 disk
├─sdb1            8:17   0   10G  0 part
└─sdb2            8:18   0   10G  0 part
sr0              11:0    1  4.2G  0 rom
[root@controller ~]# mkfs  -t  ext4  /dev/sdb1
mke2fs 1.42.9 (28-Dec-2013)
Filesystem label=
OS type: Linux
Block size=4096 (log=2)
Fragment size=4096 (log=2)
Stride=0 blocks, Stripe width=0 blocks
655360 inodes, 2621440 blocks
131072 blocks (5.00%) reserved for the super user
First data block=0
Maximum filesystem blocks=2151677952
80 block groups
32768 blocks per group, 32768 fragments per group
8192 inodes per group
Superblock backups stored on blocks:
        32768, 98304, 163840, 229376, 294912, 819200, 884736, 1605632

Allocating group tables: done
Writing inode tables: done
Creating journal (32768 blocks): done
Writing superblocks and filesystem accounting information: done

[root@controller ~]# mkfs  -t  ext4  /dev/sdb2
mke2fs 1.42.9 (28-Dec-2013)
Filesystem label=
OS type: Linux
Block size=4096 (log=2)
Fragment size=4096 (log=2)
Stride=0 blocks, Stripe width=0 blocks
655360 inodes, 2621184 blocks
131059 blocks (5.00%) reserved for the super user
First data block=0
Maximum filesystem blocks=2151677952
80 block groups
32768 blocks per group, 32768 fragments per group
8192 inodes per group
Superblock backups stored on blocks:
        32768, 98304, 163840, 229376, 294912, 819200, 884736, 1605632

Allocating group tables: done
Writing inode tables: done
Creating journal (32768 blocks): done
Writing superblocks and filesystem accounting information: done

[root@controller ~]#
```

图 4.40　磁盘格式化

④ 对磁盘进行挂载,并查看磁盘挂载信息,执行命令如下。

```
[root@controller ~]# mkdir -p /mnt/data01
[root@controller ~]# mkdir -p /mnt/data02
[root@controller ~]# mount /dev/sdb1 /mnt/data01
[root@controller ~]# mount /dev/sdb2 /mnt/data02
[root@controller ~]# df -hT
```

命令执行结果如图 4.41 所示。

```
[root@controller ~]# mkdir  -p  /mnt/data01
[root@controller ~]# mkdir  -p  /mnt/data02
[root@controller ~]# mount  /dev/sdb1  /mnt/data01
[root@controller ~]# mount  /dev/sdb2  /mnt/data02
[root@controller ~]# df  -hT
Filesystem              Type      Size  Used Avail Use% Mounted on
/dev/mapper/centos-root xfs        92G   17G   75G  19% /
devtmpfs                devtmpfs  3.8G     0  3.8G   0% /dev
tmpfs                   tmpfs     3.9G     0  3.9G   0% /dev/shm
tmpfs                   tmpfs     3.9G   12M  3.8G   1% /run
tmpfs                   tmpfs     3.9G     0  3.9G   0% /sys/fs/cgroup
/dev/sda1               xfs      1014M  142M  873M  14% /boot
tmpfs                   tmpfs     781M     0  781M   0% /run/user/0
/dev/sdb1               ext4      9.8G   37M  9.2G   1% /mnt/data01
/dev/sdb2               ext4      9.8G   37M  9.2G   1% /mnt/data02
[root@controller ~]#
```

图 4.41　磁盘挂载

(4) 将 CentOS-7-x86_64-DVD-1804.iso 和 chinaskills_cloud_iaas.iso 镜像文件传到控制节点主机上。

使用 SecureFX 工具将镜像文件传输到控制节点主机上,查看传输结果,执行命令如下。

```
[root@controller ~]# pwd
/root
[root@controller ~]# ls -l
```

命令执行结果如图 4.42 所示。

```
[root@controller ~]# ls  -l
total 8075368
-rw-------. 1 root root       1617 May 11 07:18 anaconda-ks.cfg
-rw-r--r--. 1 root root 4470079488 Aug  7  2018 CentOS-7-x86_64-DVD-1804.iso
-rw-r--r--. 1 root root 3799093248 Oct 27  2020 chinaskills_cloud_iaas.iso
[root@controller ~]#
```

图 4.42　镜像上传

(5) 在控制节点上挂载安装包。

① 创建所需目录,执行命令如下。

```
[root@controller ~]# mkdir -p /opt/iaas
[root@controller ~]# mkdir -p /opt/centos
```

② 挂载虚拟光驱,将虚拟光驱内容复制到相应的目录中,执行命令如下。

```
[root@controller ~]# mount -o loop CentOS-7-x86_64-DVD-1804.iso /mnt
mount: /dev/loop0 is write-protected, mounting read-only
[root@controller ~]# cp -rvf /mnt/* /opt/centos
[root@controller ~]# umount /mnt
[root@controller ~]#
```

```
[root@controller ~]# mount -o loop chinaskills_cloud_iaas.iso /mnt
mount: /dev/loop0 is write-protected, mounting read-only
[root@controller ~]# cp -rvf /mnt/* /opt/iaas
[root@controller ~]# umount /mnt
[root@controller ~]# ls /opt/iaas/images
CentOS_6.5_x86_64_XD.qcow2 CentOS7_1804.tar CentOS_7.2_x86_64_XD.qcow2 CentOS_7.5_x86_64_XD.qcow2
[root@controller ~]#
```

(6) 在控制节点和计算节点上配置 YUM 源。

① 在控制节点和计算节点上备份 YUM 源,以计算节点为例。

```
[root@controller ~]# mkdir -p /opt/backup-repo
[root@controller ~]# mv /etc/yum.repos.d/* /opt/backup-repo
[root@controller ~]# ll /opt/backup-repo
total 32
-rw-r--r--. 1 root root 1664 Apr 28 2018 CentOS-Base.repo
-rw-r--r--. 1 root root 1309 Apr 28 2018 CentOS-CR.repo
-rw-r--r--. 1 root root 649 Apr 28 2018 CentOS-Debuginfo.repo
-rw-r--r--. 1 root root 314 Apr 28 2018 CentOS-fasttrack.repo
-rw-r--r--. 1 root root 630 Apr 28 2018 CentOS-Media.repo
-rw-r--r--. 1 root root 1331 Apr 28 2018 CentOS-Sources.repo
-rw-r--r--. 1 root root 4768 Apr 28 2018 CentOS-Vault.repo
[root@controller ~]#
```

② 在控制节点和计算节点上创建 repo 文件。

在控制节点/etc/yum.repos.d 目录下,创建 centos.repo 源文件,执行命令如下。

```
[root@controller ~]# vi /etc/yum.repos.d/centos.repo
[root@controller ~]# cat /etc/yum.repos.d/centos.repo
[vsftpd]
name=vsftpd
baseurl=file:///opt/centos
gpgcheck=0
enabled=1
[centos]
name=centos
baseurl=file:///opt/centos
gpgcheck=0
enabled=1
[iaas]
name=iaas
baseurl=file:///opt/iaas/iaas-repo
gpgcheck=0
enabled=1
[root@controller ~]# yum clean all          //清空缓存
[root@controller ~]# yum repolist           //查看列表
```

在计算节点/etc/yum.repos.d 目录下,创建 centos.repo 源文件,执行命令如下。

```
[root@compute ~]# vi /etc/yum.repos.d/centos.repo
[root@compute ~]# cat /etc/yum.repos.d/centos.repo
[centos]
name = centos
baseurl = ftp://192.168.100.10/centos
gpgcheck = 0
enabled = 1
[iaas]
name = iaas
baseurl = ftp://192.168.100.10/iaas/iaas - repo
gpgcheck = 0
enabled = 1
[root@compute ~]#
```

③ 在控制节点和计算节点上关闭防火墙,设置 SELinux,以控制节点为例。

执行命令如下。

```
[root@controller ~]# setenforce 0
[root@controller ~]# getenforce
Permissive
[root@controller ~]# iptables - F && iptables - X && iptables - Z
[root@controller ~]# iptables - L
[root@controller ~]# systemctl stop firewalld
[root@controller ~]# systemctl disable firewalld
[root@controller ~]# yum - y install iptables - services
[root@controller ~]# systemctl enable iptables
[root@controller ~]# systemctl restart iptables
[root@controller ~]# service iptables save
```

④ 在控制节点上安装配置 FTP 服务器。

安装 vsftpd 服务,执行命令如下。

```
[root@controller ~]# yum install - y vsftpd
```

编辑/etc/vsftpd/vsftpd.conf 文件,允许匿名访问,在文件第一行添加 anon_root=/opt 内容,执行命令如下。

```
[root@controller ~]# vi /etc/vsftpd/vsftpd.conf
[root@controller ~]# head - n1 /etc/vsftpd/vsftpd.conf
anon_root = /opt
[root@controller ~]# systemct l start vsftpd            // 启动 FTP 服务
[root@controller ~]# systemctl enable vsftpd            //设置开机启动
[root@controller ~]# systemctl status vsftpd
```

验证 FTP 服务器,在文件管理器地址栏中输入 ftp://192.168.100.10/,可查看到 FTP 服务器目录下的内容,如图 4.43 所示。

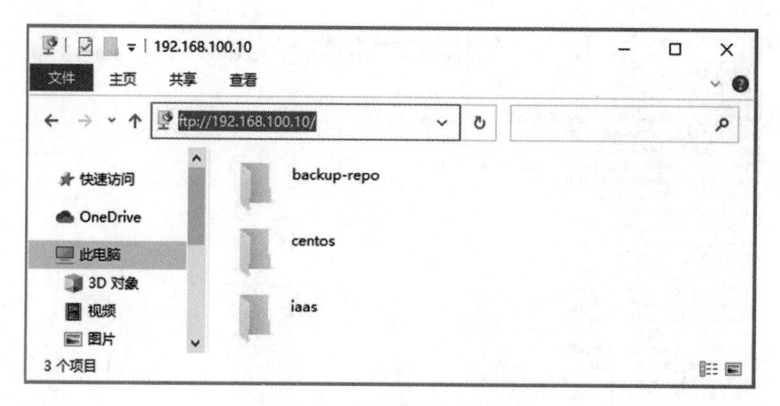

图 4.43　验证 FTP 服务器

2. 部署配置环境变量

(1) 在控制节点上安装 openstack 云平台 iaas,执行命令如下。

```
[root@controller ~]# yum install -y iaas-xiandian
```

清除文件中#号,以方便操作,执行命令如下。

```
[root@controller ~]# sed -i '/#/s/^#//' /etc/xiandian/openrc.sh          //只能执行一次
```

配置环境变量,如 HOST_IP=192.168.100.10,HOST_NAME=controller,HOST_NAME_NODE=compute,HOST_IP_NODE=192.168.100.20 等相应信息,显示最终配置结果,只显示配置内容,不显示注释内容,执行命令如下。

```
[root@controller ~]# cat /etc/xiandian/openrc.sh | grep -v ^$| grep -v ^#
```

命令执行结果如图 4.44 所示。

(2) 配置计算节点。

① 将控制节点的配置文件/etc/xiandian/openrc.sh 复制到计算节点对应位置,执行命令如下。

```
[root@controller ~]# scp /etc/xiandian/openrc.sh 192.168.100.20:/etc/xiandian/openrc.sh
root@192.168.100.20's password:
openrc.sh          100% 3873     2.7MB/s     00:00
[root@controller ~]#
```

② 在计算节点上,修改/etc/xiandian/openrc.sh 文件。

将接口地址 INTERFACE_IP=192.168.100.10 修改为 INTERFACE_IP=192.168.100.20,其他地方不进行修改,如图 4.45 所示。

3. 安装部署云平台组件

(1) OpenStack 云平台各组件安装目录在/usr/local/bin 下,查看 OpenStack 云平台各组件,执行命令如下。

```
[root@controller ~]# vi  /etc/xiandian/openrc.sh
[root@controller ~]# cat  /etc/xiandian/openrc.sh  |  grep -v ^$  |  grep -v ^#
HOST_IP=192.168.100.10
HOST_PASS=000000
HOST_NAME=controller
HOST_IP_NODE=192.168.100.20
HOST_PASS_NODE=000000
HOST_NAME_NODE=compute
network_segment_IP=192.168.100.0/24
RABBIT_USER=openstack
RABBIT_PASS=000000
DB_PASS=000000
DOMAIN_NAME=demo
ADMIN_PASS=000000
DEMO_PASS=000000
KEYSTONE_DBPASS=000000
GLANCE_DBPASS=000000
GLANCE_PASS=000000
NOVA_DBPASS=000000
NOVA_PASS=000000
NEUTRON_DBPASS=000000
NEUTRON_PASS=000000
METADATA_SECRET=000000
INTERFACE_IP=192.168.100.10
INTERFACE_NAME=ens34
Physical_NAME=provider
minvlan=1
maxvlan=1000
CINDER_DBPASS=000000
CINDER_PASS=000000
BLOCK_DISK=sdb1
SWIFT_PASS=000000
OBJECT_DISK=sdb2
STORAGE_LOCAL_NET_IP=192.168.100.20
HEAT_DBPASS=000000
HEAT_PASS=000000
ZUN_DBPASS=000000
ZUN_PASS=000000
KURYR_DBPASS=000000
KURYR_PASS=000000
CEILOMETER_DBPASS=000000
CEILOMETER_PASS=000000
AODH_DBPASS=000000
AODH_PASS=000000
BARBICAN_DBPASS=000000
BARBICAN_PASS=000000
[root@controller ~]#
```

图 4.44　显示控制节点 openrc. sh 配置内容

```
[root@compute ~]# vi  /etc/xiandian/openrc.sh
[root@compute ~]# cat  /etc/xiandian/openrc.sh  |  grep -v ^$  |  grep -v ^#
HOST_IP=192.168.100.10
HOST_PASS=000000
HOST_NAME=controller
HOST_IP_NODE=192.168.100.20
HOST_PASS_NODE=000000
HOST_NAME_NODE=compute
network_segment_IP=192.168.100.0/24
RABBIT_USER=openstack
RABBIT_PASS=000000
DB_PASS=000000
DOMAIN_NAME=demo
ADMIN_PASS=000000
DEMO_PASS=000000
KEYSTONE_DBPASS=000000
GLANCE_DBPASS=000000
GLANCE_PASS=000000
NOVA_DBPASS=000000
NOVA_PASS=000000
NEUTRON_DBPASS=000000
NEUTRON_PASS=000000
METADATA_SECRET=000000
INTERFACE_IP=192.168.100.20
INTERFACE_NAME=ens34
Physical_NAME=provider
minvlan=1
maxvlan=1000
CINDER_DBPASS=000000
CINDER_PASS=000000
BLOCK_DISK=sdb1
SWIFT_PASS=000000
OBJECT_DISK=sdb2
STORAGE_LOCAL_NET_IP=192.168.100.20
HEAT_DBPASS=000000
HEAT_PASS=000000
ZUN_DBPASS=000000
ZUN_PASS=000000
KURYR_DBPASS=000000
KURYR_PASS=000000
CEILOMETER_DBPASS=000000
CEILOMETER_PASS=000000
AODH_DBPASS=000000
AODH_PASS=000000
BARBICAN_DBPASS=000000
BARBICAN_PASS=000000
[root@compute ~]#
```

图 4.45　显示计算节点 openrc. sh 配置内容

```
[root@controller ~]# ls  /usr/local/bin
```

命令执行结果如图 4.46 所示。

```
[root@controller ~]# ls  /usr/local/bin
iaas-install-aodh.sh                     iaas-install-glance.sh                   iaas-install-nova-controller.sh
iaas-install-barbican.sh                 iaas-install-heat.sh                     iaas-install-swift-compute.sh
iaas-install-ceilometer-compute.sh       iaas-install-keystone.sh                 iaas-install-swift-controller.sh
iaas-install-ceilometer-controller.sh    iaas-install-mysql.sh                    iaas-install-zun-compute.sh
iaas-install-cinder-compute.sh           iaas-install-neutron-compute.sh          iaas-install-zun-controller.sh
iaas-install-cinder-controller.sh        iaas-install-neutron-controller.sh       iaas-pre-host.sh
iaas-install-dashboard.sh                iaas-install-nova-compute.sh             iaas-uninstall-all.sh
[root@controller ~]#
```

图 4.46　OpenStack 云平台各组件

（2）安装部署 OpenStack 云平台各组件，其组件的安装部署有一定的先后顺序。总体来说需要先安装部署控制节点，再安装部署计算节点。在控制节点和计算节点上各组件也有先后顺序，建议如下顺序进行安装部署。

在控制节点上，执行命令如下。

```
[root@controller ~]# cd  /usr/local/bin
[root@controller bin]# . iaas-pre-host.sh
[root@controller bin]# . iaas-install-mysql.sh
[root@controller bin]# . iaas-install-keystone.sh
[root@controller bin]# . iaas-install-glance.sh
[root@controller bin]# . iaas-install-nova-controller.sh
[root@controller bin]# . iaas-install-neutron-controller.sh
[root@compute bin]# . iaas-install-cinder-controller.sh
[root@controller bin]# . iaas-install-swift-controller.sh
[root@controller bin]# . iaas-install-ceilometer-controller.sh
[root@controller bin]# . iaas-install-aodh.sh
[root@controller bin]# . iaas-install-zun-controller.sh
[root@controller bin]# . iaas-install-dashboard.sh
```

将控制节点加入虚拟机管理器，即将控制节点也加入 Nova 计算节点，修改控制节点上的环境变量，执行命令如下。

```
[root@controller bin]# vi  /etc/xiandian/openrc.sh
HOST_IP_NODE=192.168.100.10
HOST_PASS_NODE=000000
HOST_NAME_NODE=controller
[root@controller bin]# . iaas-install-nova-compute.sh
```

在计算节点上，执行命令如下。

```
[root@controller ~]# yum install -y iaas-xiandian
[root@compute ~]# ls  /usr/local/bin
[root@compute ~]# cd  /usr/local/bin
[root@compute bin]# . iaas-pre-host.sh
```

```
[root@compute bin]# . iaas-install-nova-compute.sh
[root@controller bin]# . iaas-install-neutron-compute.sh
[root@compute bin]# . iaas-install-cinder-compute.sh
[root@compute bin]# . iaas-install-swift-compute.sh
[root@compute bin]# . iaas-install-ceilometer-compute.sh
```

4. OpenStack Dashboard 云平台管理

云平台管理可以通过命令行方式进行管理,也可以通过图形化页面方式进行管理。

(1) 通过图形化页面来访问管理云平台,需要加载环境变量。环境变量的位置在/etc/keystone/admin-openrc.sh,执行命令如下。

```
[root@controller ~]# cp  /etc/keystone/admin-openrc.sh .
[root@controller ~]# ls
admin-openrc.sh anaconda-ks.cfg CentOS-7-x86_64-DVD-1804.iso chinaskills_cloud_iaas.iso
[root@controller ~]# . admin-openrc.sh
[root@controller ~]# cat admin-openrc.sh
export OS_PROJECT_DOMAIN_NAME=demo
export OS_USER_DOMAIN_NAME=demo
export OS_PROJECT_NAME=admin
export OS_USERNAME=admin
export OS_PASSWORD=000000
export OS_AUTH_URL=http://controller:5000/v3
export OS_IDENTITY_API_VERSION=3
export OS_IMAGE_API_VERSION=2
[root@controller ~]#
```

从以上信息可以看出域名为 demo,用户名为 admin,密码为 000000 等相关信息。

(2) 在浏览器中输入网址 http://192.168.100.10/dashboard,可以访问 Dashboard 云平台管理登录界面,如图 4.47 所示。输入域名、用户名和密码,单击"连接"按钮,进入 Dashboard 云平台管理页面,如图 4.48 所示。

(3) 在 Dashboard 云平台管理页面,选择"管理员"→"虚拟机管理器"选项,可以看到所有虚拟机管理器和计算主机,即 controller 和 compute 节点,如图 4.49 所示。

4.3.2 OpenStack 基本配置命令

通常可使用命令行来管理 OpenStack 云计算管理平台。由于命令比较多,管理员可以使用 --help 命令来辅助,也可以使用管道查询命令| grep 来显示相关查询命令的使用方法。

1. 项目管理配置

一个项目可以包括若干用户和组,每个组可以包括若干用户,每个用户可以属于不同组,对每个用户可以分配不同角色。在计算服务中,项目拥有虚拟机;在对象存储中,项目拥有容器。用户可以被关联到多个项目,每个项目和用户配对,有一个与之关联的角色。

图 4.47　登录界面

图 4.48　云平台管理页面

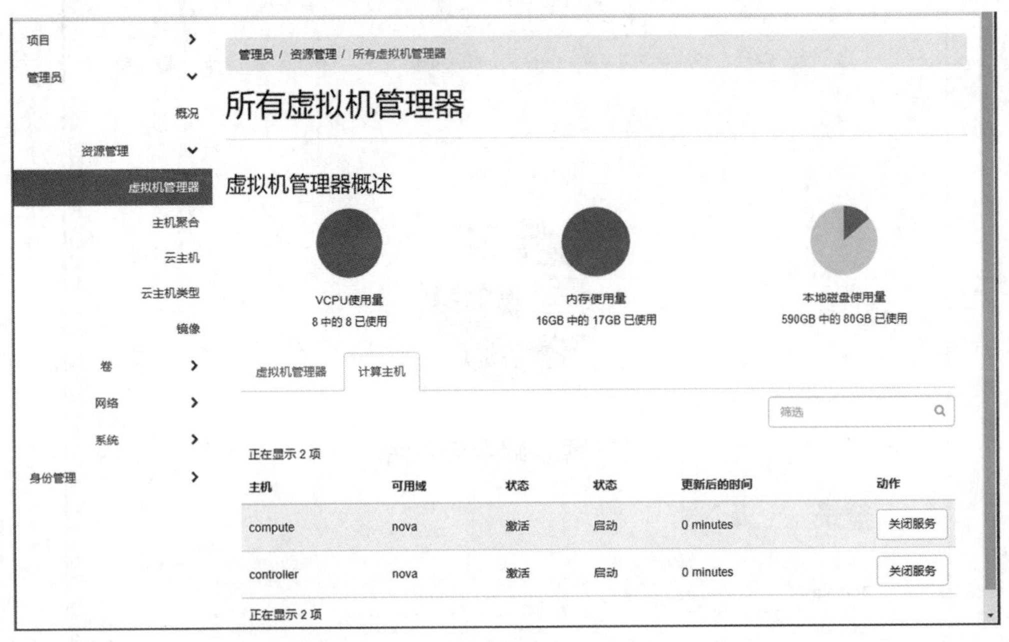

图 4.49 虚拟机管理器和计算主机

(1) 显示项目列表,执行命令如下。

```
[root@controller ~]# openstack project --help
Command "project" matches:
    project create
    project delete
    project list
    project purge
    project set
    project show
```

或者执行命令如下。

```
[root@controller ~]# openstack --help | grep project
```

执行以下命令,可显示所有项目的 ID 和名称,包括禁用的项目。

```
[root@controller ~]# openstack project list
```

(2) 创建一个名称为 project-01 的项目,域为 demo,并查看项目列表,执行命令如下。

```
[root@controller ~]# openstack project create --description 'this is project-01' project-01 --
domain demo
[root@controller ~]# openstack project list
```

命令执行结果如图 4.50 所示。

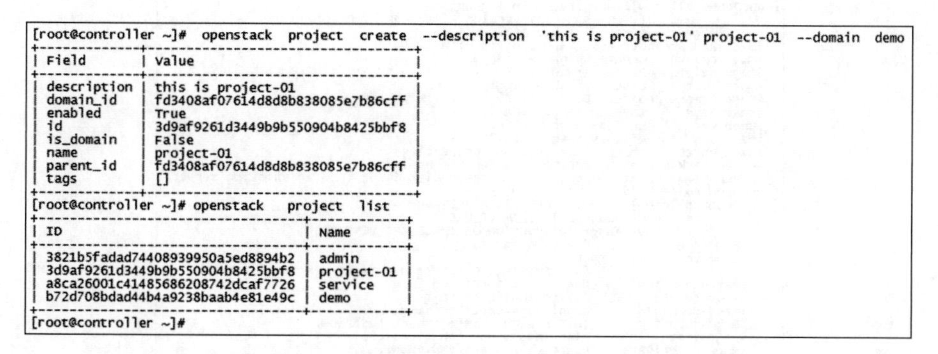

```
[root@controller ~]# openstack project create --description 'this is project-01' project-01 --domain demo
+-------------+----------------------------------+
| Field       | Value                            |
+-------------+----------------------------------+
| description | this is project-01               |
| domain_id   | fd3408af07614d8d8b838085e7b86cff |
| enabled     | True                             |
| id          | 3d9af9261d3449b9b550904b8425bbf8 |
| is_domain   | False                            |
| name        | project-01                       |
| parent_id   | fd3408af07614d8d8b838085e7b86cff |
| tags        | []                               |
+-------------+----------------------------------+
[root@controller ~]# openstack project list
+----------------------------------+------------+
| ID                               | Name       |
+----------------------------------+------------+
| 3821b5fadad74408939950a5ed8894b2 | admin      |
| 3d9af9261d3449b9b550904b8425bbf8 | project-01 |
| a8ca26001c41485686208742dcaf7726 | service    |
| b72d708bdad44b4a9238baab4e81e49c | demo       |
+----------------------------------+------------+
[root@controller ~]#
```

图 4.50　创建项目 project-01 并查看项目列表

(3) 删除项目并查看项目列表，执行命令如下。

```
[root@controller ~]# openstack project delete project-01
[root@controller ~]# openstack project list
```

命令执行结果如图 4.51 所示。

```
[root@controller ~]# openstack project delete project-01
[root@controller ~]# openstack project list
+----------------------------------+---------+
| ID                               | Name    |
+----------------------------------+---------+
| 3821b5fadad74408939950a5ed8894b2 | admin   |
| a8ca26001c41485686208742dcaf7726 | service |
| b72d708bdad44b4a9238baab4e81e49c | demo    |
+----------------------------------+---------+
[root@controller ~]#
```

图 4.51　删除项目 project-01 并查看项目列表

2. 镜像管理配置

Glance 镜像服务可发现、注册、获取虚拟机镜像和镜像元数据，镜像数据支持多种存储系统，可以是简单文件系统、对象存储系统等。对管理员来说，使用命令行界面管理镜像的效率更高，因为使用 Web 界面上传比较大的镜像时，会长时间停留在上传的 Web 界面，所以建议使用 OpenStack 命令替代传统的 Glance 命令。

(1) 管理镜像可以使用 openstack 或者 glance 命令进行操作，执行命令如下。

```
[root@controller ~]# openstack -h | grep image
```

或者

```
[root@controller ~]# glance help | grep image
```

使用 openstack 与 glance 命令管理镜像的格式有所不同，命令执行结果如图 4.52 所示。

可以看出使用 openstack 与 glance 命令管理镜像时，命令选项众多(可以对镜像进行创建、删除、修改、显示、上传、下载等相关操作)，并且每项操作的命令选项不容易记忆，如创建镜像。可以执行如下命令查询、解释相关命令选项。

```
root@controller ~]# openstack help image create
```

```
[root@controller ~]# openstack  -h | grep  image
                  [--os-image-api-version <image-api-version>]
  --os-image-api-version <image-api-version>
  image add project  Associate project with image
  image create   Create/upload an image
  image delete   Delete image(s)
  image list     List available images
  image remove project  Disassociate project with image
  image save     Save an image locally
  image set      Set image properties
  image show     Display image details
  image unset    Unset image tags and properties
  server backup create  Create a server backup image
  server image create  Create a new server disk image from an existing server
[root@controller ~]#
[root@controller ~]# glance  help | grep  image
                 [--os-image-url OS_IMAGE_URL]
                 [--os-image-api-version OS_IMAGE_API_VERSION]
    image-create          Create a new image.
    image-create-via-import
                          EXPERIMENTAL: Create a new image via image import.
    image-deactivate      Deactivate specified image.
    image-delete          Delete specified image.
    image-download        Download a specific image.
    image-import          Initiate the image import taskflow.
    image-list            List images you can access.
    image-reactivate      Reactivate specified image.
    image-show            Describe a specific image.
    image-stage           Upload data for a specific image to staging.
    image-tag-delete      Delete the tag associated with the given image.
    image-tag-update      Update an image with the given tag.
    image-update          Update an existing image.
    image-upload          Upload data for a specific image.
    location-add          Add a location (and related metadata) to an image.
    location-delete       Remove locations (and related metadata) from an image.
    location-update       Update metadata of an image's location.
    member-create         Create member for a given image.
    member-delete         Delete image member.
    member-list           Describe sharing permissions by image.
    member-update         Update the status of a member for a given image.
  --os-image-url OS_IMAGE_URL
                          Defaults to env[OS_IMAGE_URL]. If the provided image
                          url contains a version number and `--os-image-api-
                          picked as the image api version to use.
  --os-image-api-version OS_IMAGE_API_VERSION
Run `glance --os-image-api-version 1 help` for v1 help
[root@controller ~]#
```

图 4.52　使用 openstack 与 glance 命令管理镜像的格式

或者执行如下命令。

```
[root@controller ~]# glance help image-create
```

命令执行结果如图 4.53 和图 4.54 所示。

```
[root@controller ~]# openstack help image create
usage: openstack image create [-h]
                              [-f {html,json,json,shell,table,value,yaml,yaml}]
                              [-c COLUMN] [--max-width <integer>] [--noindent]
                              [--prefix PREFIX] [--id <id>]
                              [--container-format <container-format>]
                              [--disk-format <disk-format>]
                              [--min-disk <disk-gb>] [--min-ram <ram-mb>]
                              [--file <file>] [--volume <volume>] [--force]
                              [--protected | --unprotected]
                              [--public | --private] [--property <key=value>]
                              [--tag <tag>] [--project <project>]
                              [--project-domain <project-domain>]
                              <image-name>

Create/upload an image

positional arguments:
  <image-name>          New image name

optional arguments:
  -h, --help            show this help message and exit
  --id <id>             Image ID to reserve
  --container-format <container-format>
                        Image container format (default: bare)
  --disk-format <disk-format>
                        Image disk format (default: raw)
  --min-disk <disk-gb>  Minimum disk size needed to boot image, in gigabytes
  --min-ram <ram-mb>    Minimum RAM size needed to boot image, in megabytes
  --file <file>         Upload image from local file
  --volume <volume>     Create image from a volume
  --force               Force image creation if volume is in use (only
                        meaningful with --volume)
  --protected           Prevent image from being deleted
  --unprotected         Allow image to be deleted (default)
  --public              Image is accessible to the public
  --private             Image is inaccessible to the public (default)
  --property <key=value>
                        Set a property on this image (repeat option to set
                        multiple properties)
  --tag <tag>           Set a tag on this image (repeat option to set multiple
                        tags)
  --project <project>   Set an alternate project on this image (name or ID)
  --project-domain <project-domain>
                        Domain the project belongs to (name or ID). This can
                        be used in case collisions between project names
                        exist.

output formatters:
  output formatter options

  -f {html,json,json,shell,table,value,yaml,yaml}, --format {html,json,json,shell,table,value,yaml,yaml}
                        the output format, defaults to table
  -c COLUMN, --column COLUMN
                        specify the column(s) to include, can be repeated

table formatter:
  --max-width <integer>
                        Maximum display width, 0 to disable

json formatter:
  --noindent            whether to disable indenting the JSON

shell formatter:
  a format a UNIX shell can parse (variable="value")

  --prefix PREFIX       add a prefix to all variable names
[root@controller ~]#
```

图 4.53　openstack 创建镜像帮助命令的结果

```
[root@controller ~]# glance help image-create
usage: glance image-create [--architecture <ARCHITECTURE>]
                           [--protected [True|False]] [--name <NAME>]
                           [--instance-uuid <INSTANCE_UUID>]
                           [--min-disk <MIN_DISK>] [--visibility <VISIBILITY>]
                           [--kernel-id <KERNEL_ID>]
                           [--tags <TAGS> [<TAGS> ...]]
                           [--os-version <OS_VERSION>]
                           [--disk-format <DISK_FORMAT>]
                           [--os-distro <OS_DISTRO>] [--id <ID>]
                           [--owner <OWNER>] [--ramdisk-id <RAMDISK_ID>]
                           [--min-ram <MIN_RAM>]
                           [--container-format <CONTAINER_FORMAT>]
                           [--property <key=value>] [--file <FILE>]
                           [--progress]

Create a new image.

Optional arguments:
  --architecture <ARCHITECTURE>
                        Operating system architecture as specified in
                        http://docs.openstack.org/trunk/openstack-
                        compute/admin/content/adding-images.html
  --protected [True|False]
                        If true, image will not be deletable.
  --name <NAME>         Descriptive name for the image
  --instance-uuid <INSTANCE_UUID>
                        Metadata which can be used to record which instance
                        this image is associated with. (Informational only,
                        does not create an instance snapshot.)
  --min-disk <MIN_DISK>
                        Amount of disk space (in GB) required to boot image.
  --visibility <VISIBILITY>
                        Scope of image accessibility Valid values: public,
                        private
  --kernel-id <KERNEL_ID>
                        ID of image stored in Glance that should be used as
                        the kernel when booting an AMI-style image.
  --tags <TAGS> [<TAGS> ...]
                        List of strings related to the image
  --os-version <OS_VERSION>
                        Operating system version as specified by the
                        distributor
  --disk-format <DISK_FORMAT>
                        Format of the disk Valid values: ami, ari, aki, vhd,
                        vmdk, raw, qcow2, vdi, iso
  --os-distro <OS_DISTRO>
                        Common name of operating system distribution as
                        specified in http://docs.openstack.org/trunk
                        /openstack-compute/admin/content/adding-images.html
  --id <ID>             An identifier for the image
  --owner <OWNER>       Owner of the image
  --ramdisk-id <RAMDISK_ID>
                        ID of image stored in Glance that should be used as
                        the ramdisk when booting an AMI-style image.
  --min-ram <MIN_RAM>   Amount of ram (in MB) required to boot image.
  --container-format <CONTAINER_FORMAT>
                        Format of the container Valid values: ami, ari, aki,
                        bare, ovf, ova, docker
  --property <key=value>
                        Arbitrary property to associate with image. May be
                        used multiple times.
  --file <FILE>         Local file that contains disk image to be uploaded
                        during creation. Alternatively, the image data can be
                        passed to the client via stdin.
  --progress            Show upload progress bar.

Run `glance --os-image-api-version 1 help image-create` for v1 help
[root@controller ~]#
```

图 4.54 glance 创建镜像帮助命令的结果

openstack 命令提供了许多选项来控制镜像的创建，这里列出部分常用选项。

--container-format：镜像容器格式。默认格式为 BARE，可用的格式还有 AMI、ARI、AKI、docker、OVA、OVF。

--disk-format：镜像磁盘格式。默认格式为 RAW，可用格式还有 AMI、ARI、AKI、VHD、VMDK、QCOW2、VDI 和 ISO。

--min-disk：启动镜像所需的最小磁盘空间，单位是 GB。

--min-ram：启动镜像所需的最小内存容量，单位是 MB。

--file：指定上传的本地镜像文件及其路径。

--volume：指定创建镜像的卷。

--protected：表示镜像是受保护的，不能被删除。

--unprotected：表示镜像不受保护，可以被删除。

--public：表示镜像是公有的，可以被所有项目(租户)使用。

--private：表示镜像是私有的，只能被镜像所有者(项目或租户)使用。

--property：以键值对的形式设置属性(元数据定义)，可以设置多个键值对。

--tag：设置标记，也是元数据定义的一种形式，仅用 Images API v2，也可以设置多个标记。

--project：设置镜像所属的项目，即镜像的所有者。

--project-domain：设置镜像项目所属的域。

--progress：显示命令执行进度。

(2) 查看镜像列表。

执行如下命令查看已有的镜像列表。

```
[root@controller ~]# openstack image list
```

或者执行如下命令。

```
[root@controller ~]# glance image-list
```

命令执行结果如图 4.55 所示

```
[root@controller ~]# openstack  image  list
+--------------------------------------+-----------+--------+
| ID                                   | Name      | Status |
+--------------------------------------+-----------+--------+
| 52bd1957-64b5-43db-a788-e757d3fa82b1 | centos7.5 | active |
+--------------------------------------+-----------+--------+
[root@controller ~]# glance  image-list
+--------------------------------------+-----------+
| ID                                   | Name      |
+--------------------------------------+-----------+
| 52bd1957-64b5-43db-a788-e757d3fa82b1 | centos7.5 |
+--------------------------------------+-----------+
[root@controller ~]#
```

图 4.55　查看已有的镜像列表

(3) 创建镜像。

先使用 SecureFX 工具将已下载好的镜像文件 CentOS-7-x86_64-DVD-1810.iso 与 windowsserver-abc@123.qcow2 传输到云平台操作系统中的/opt/iaas/images 目录下，如图 4.56 所示，再使用 openstack 命令或 glance 命令创建镜像。

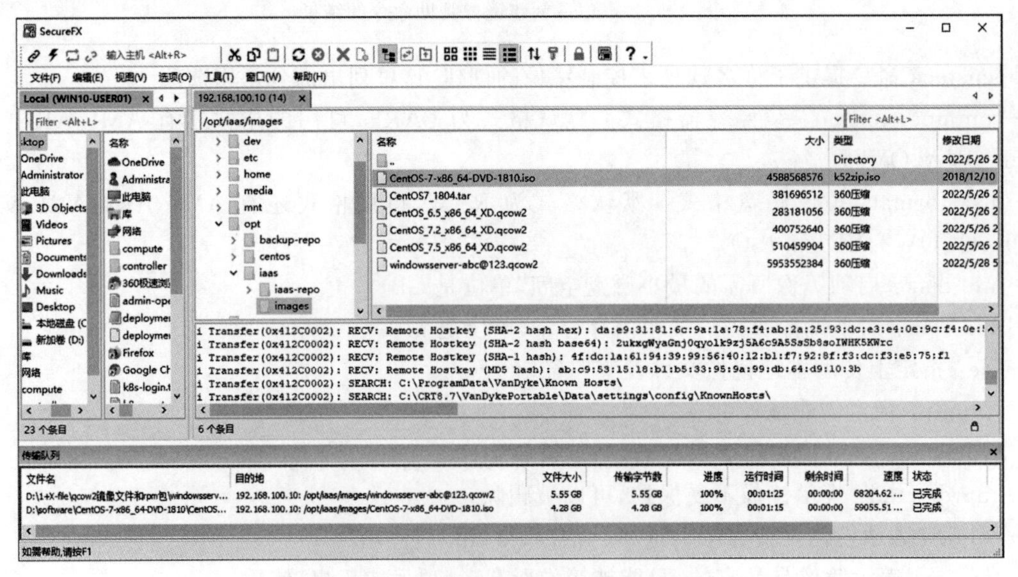

图 4.56　使用 SecureFX 工具传输镜像文件

查看镜像上传情况，执行命令如下。

```
[root@controller ~]# ls -l  /opt/iaas/images
total 11834192
-rw-r--r--. 1 root root 283181056 May 26 11:37 CentOS_6.5_x86_64_XD.qcow2
-rw-r--r--. 1 root root 381696512 May 26 11:37 CentOS7_1804.tar
-rw-r--r--. 1 root root 400752640 May 26 11:37 CentOS_7.2_x86_64_XD.qcow2
-rw-r--r--. 1 root root 510459904 May 26 11:37 CentOS_7.5_x86_64_XD.qcow2
-rw-r--r--. 1 root root 4588568576 Dec 9 2018 CentOS-7-x86_64-DVD-1810.iso
-rw-r--r--. 1 root root 5953552384 May 27 17:38 windowsserver-abc@123.qcow2
[root@controller ~]#
```

使用 openstack 命令上传一个 ISO 格式的 CentOS-7-x86_64-DVD-1810.iso 镜像，镜像的名称为 centos7.6，执行如下命令。

```
[root@controller ~]# openstack image create --file /opt/iaas/images/CentOS-7-x86_64-DVD-1810.iso --disk-format iso --container-format bare centos7.6
```

命令执行结果如图 4.57 所示。

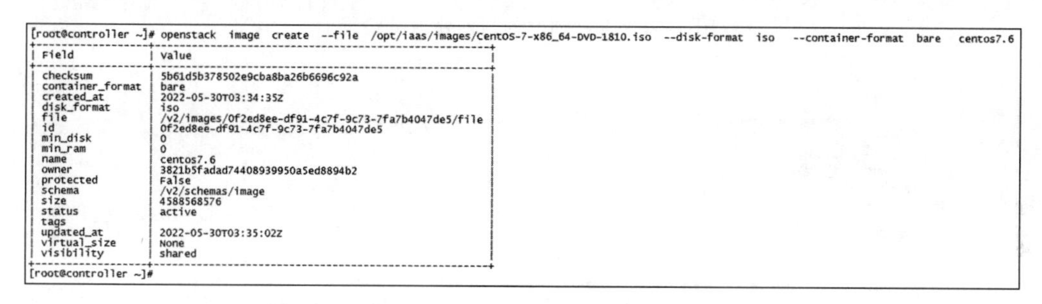

图 4.57　使用 openstack 命令创建 ISO 格式的镜像

使用 glance 命令上传一个 QCOW2 格式的 windowsserver-abc@123.qcow2 镜像，镜像的名称为 win-server2016，执行如下命令。

```
[root@controller ~]# glance image-create --name "win-server2016" --disk-format qcow2 --container-format bare --progress --file  /opt/iaas/images/windowsserver-abc@123.qcow2
```

或者执行如下命令。

```
[root@controller ~]# glance image-create --name "win-server2016" --disk-format qcow2 --container-format bare --progress <  /opt/iaas/images/windowsserver-abc@123.qcow2
```

“--file ”与“＜”命令是等价的，都用于指定所需的镜像文件所在的目录。

命令执行结果如图 4.58 所示。

查看使用命令行界面创建的当前镜像的情况，命令执行结果如图 4.59 所示。

在 OpenStack 平台上查看当前镜像创建情况，如图 4.60 所示。

4.3.3　云主机创建与管理

基于 OpenStack 部署 IaaS 平台管理，可以验证和操作计算服务。用户以云管理员身份登录

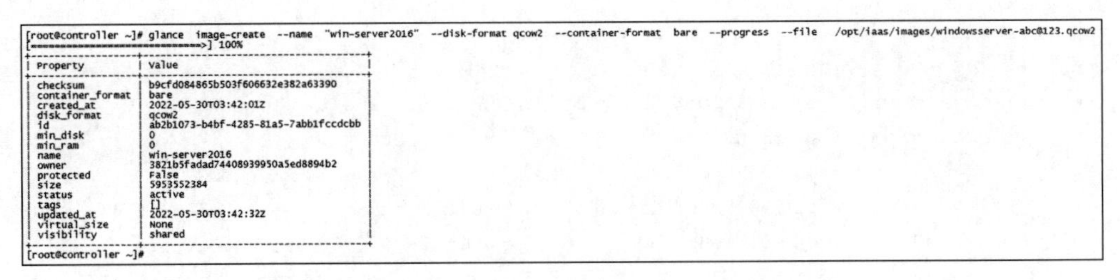

```
[root@controller ~]# glance  image-create  --name  "win-server2016"  --disk-format qcow2  --container-format  bare  --progress  --file   /opt/iaas/images/windowsserver-abc@123.qcow2
[=============================>] 100%
+------------------+--------------------------------------+
| Property         | Value                                |
+------------------+--------------------------------------+
| checksum         | b9cfd084865b503f606632e382a63390     |
| container_format | bare                                 |
| created_at       | 2022-05-30T03:42:01Z                 |
| disk_format      | qcow2                                |
| id               | ab2b1073-b4bf-4285-81a5-7abb1fccdcbb |
| min_disk         | 0                                    |
| min_ram          | 0                                    |
| name             | win-server2016                       |
| owner            | 3821b5fadad74408939950a5ed8894b2     |
| protected        | False                                |
| size             | 5953552384                           |
| status           | active                               |
| tags             | []                                   |
| updated_at       | 2022-05-30T03:42:32Z                 |
| virtual_size     | None                                 |
| visibility       | shared                               |
+------------------+--------------------------------------+
[root@controller ~]#
```

图 4.58　使用 glance 命令创建 QCOW2 格式的镜像

```
[root@controller ~]# openstack  image  list
+--------------------------------------+----------------+--------+
| ID                                   | Name           | Status |
+--------------------------------------+----------------+--------+
| 52bd1957-64b5-43db-a788-e757d3fa82b1 | centos7.5      | active |
| 0f2ed8ee-df91-4c7f-9c73-7fa7b4047de5 | centos7.6      | active |
| ab2b1073-b4bf-4285-81a5-7abb1fccdcbb | win-server2016 | active |
+--------------------------------------+----------------+--------+
[root@controller ~]#
[root@controller ~]# glance  image-list
+--------------------------------------+----------------+
| ID                                   | Name           |
+--------------------------------------+----------------+
| 52bd1957-64b5-43db-a788-e757d3fa82b1 | centos7.5      |
| 0f2ed8ee-df91-4c7f-9c73-7fa7b4047de5 | centos7.6      |
| ab2b1073-b4bf-4285-81a5-7abb1fccdcbb | win-server2016 |
+--------------------------------------+----------------+
[root@controller ~]#
```

图 4.59　查看创建的当前镜像的情况

项目　管理员　概况　资源管理　虚拟机管理器　主机聚合　云主机　云主机类型　镜像　网络　系统

管理员 / 资源管理 / 镜像

镜像

点击这里过滤　+ 创建镜像　删除镜像

正在显示 3 项

所有者	名称	类型	状态	可见性	受保护的	磁盘格式	大小	
admin	centos7.5	镜像	运行中	共享的	否	QCOW2	486.81 MB	启动
admin	centos7.6	镜像	运行中	共享的	否	ISO	4.27 GB	启动
admin	win-server2016	镜像	运行中	共享的	否	QCOW2	5.54 GB	启动

正在显示 3 项

图 4.60　在 OpenStack 平台上查看当前镜像创建情况

Dashboard 界面,可以执行计算服务管理操作。

1. 创建网络

(1) 创建内部网络。

在 Dashboard 界面中,选择"管理员"→"网络"选项,弹出网络列表界面,可以查看网络列表信息,如图 4.61 所示。

根据需要创建新网络,可以创建供应商规定的网络,可以为新的虚拟网络指定物理网络类型(如 Flat、VLAN、GRE 和 VXLAN)及其段 ID(segmentation_id),或者物理网络名称。此外,可以选中相应的复选框来创建外部网络或者共享网络。

在网络列表界面的右上方单击"+创建网络"按钮,弹出"创建网络"对话框的"网络"界面。输入创建网络的名称 in-net,选择项目为 admin、供应商网络类型为 VLAN、物理网络为 provider、段 ID 为 10,选中"启用管理员状态""创建子网"复选框,如图 4.62 所示。

在"创建网络"对话框的"网络"界面中,单击"下一步"按钮,弹出"创建"对话框的"子网"界面,

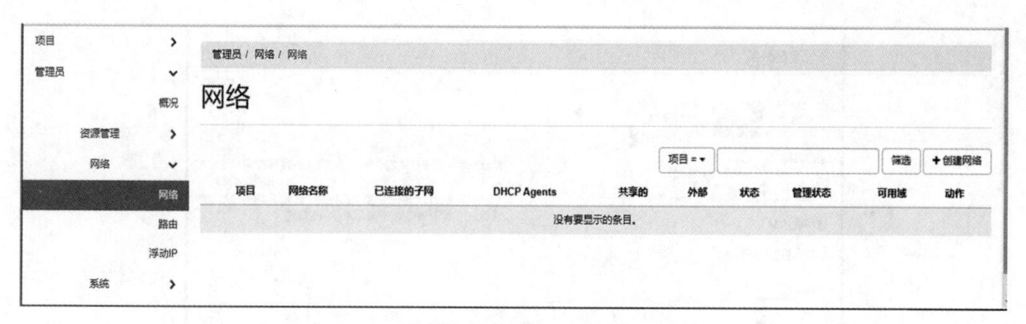

图 4.61 网络列表界面

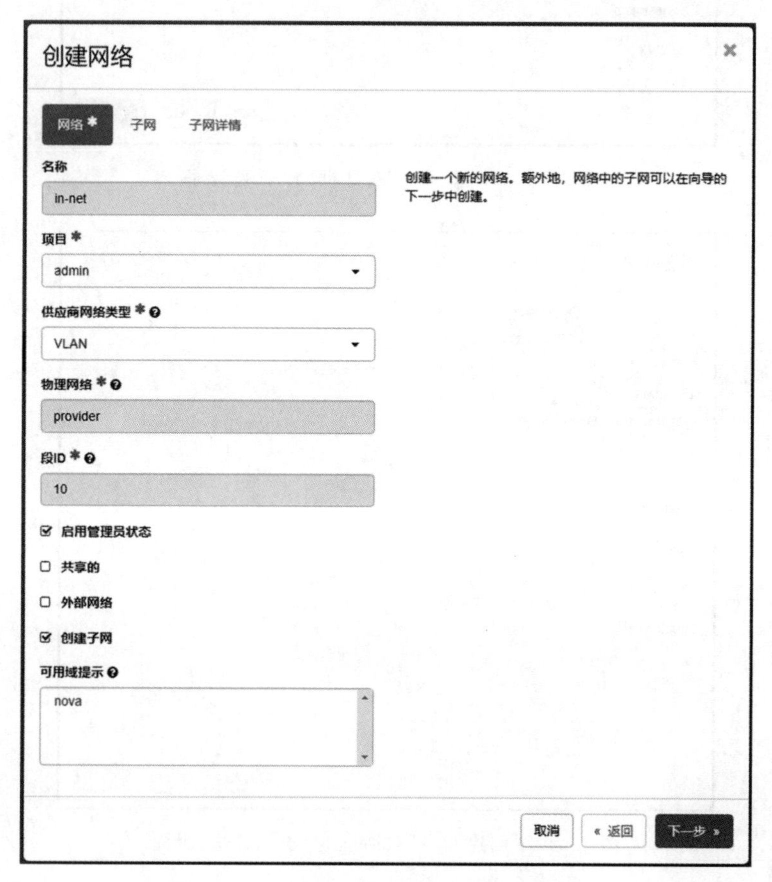

图 4.62 “创建网络”对话框的“网络”界面

输入子网名称 sub_in-net、网络地址 192.168.100.0/24，选择 IP 版本为 IPv4、网关 IP 为 192.168.100.2，如图 4.63 所示。

在“子网”界面中，单击“下一步”按钮，弹出“创建网络”对话框的“子网详情”界面，选中“激活 DHCP”复选框，分配地址池设为 192.168.100.100，192.168.100.200，如图 4.64 所示。

在“子网详情”界面中，单击“已创建”按钮，返回“网络”对话框的“网络”界面，可以查看刚创建的网络，如图 4.65 所示。

在网络列表界面中，选择 in-net 网络名称，弹出 in-net 界面，可以查看 in-net 子网列表详情，如图 4.66 所示。

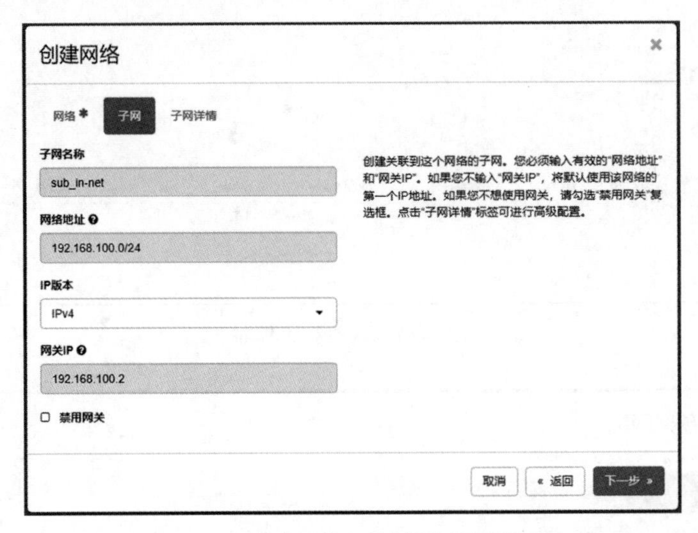

图 4.63 “创建网络”对话框的“子网”界面

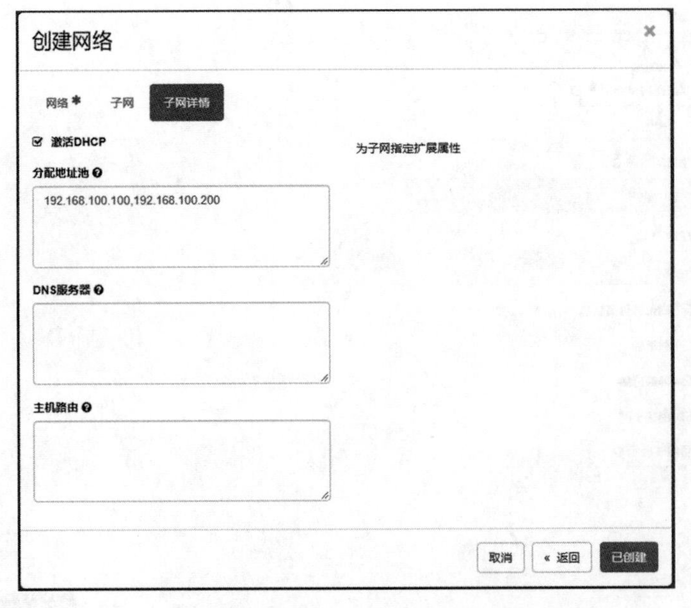

图 4.64 “创建网络”对话框的“子网详情”界面

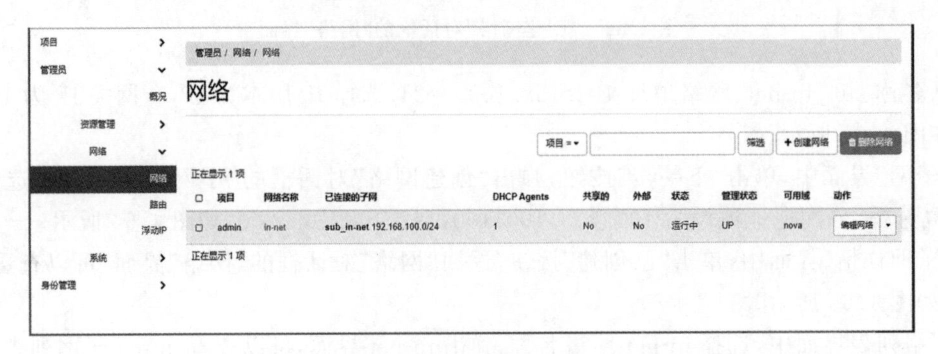

图 4.65 查看刚创建的网络

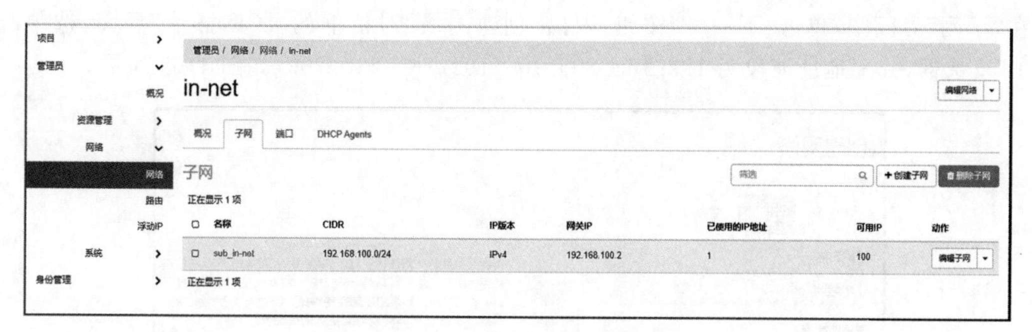

图 4.66 查看 in-net 子网列表详情

(2) 创建外部网络。

在网络列表界面的右上方单击"＋创建网络"按钮，弹出"创建网络"对话框的"网络"界面。输入网络的名称 out-net，选择项目为 admin、供应商网络类型为 VLAN、物理网络为 provider、段 ID 为 20，选中"启用管理员状态""外部网络""创建子网"复选框，如图 4.67 所示。

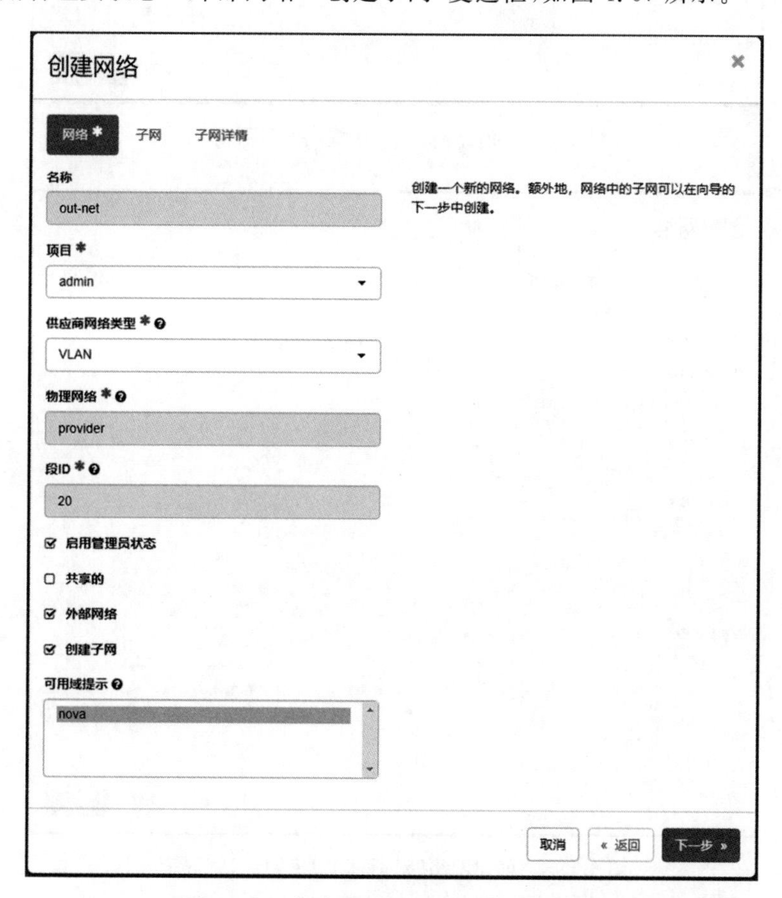

图 4.67 "创建网络"对话框的"网络"界面

在"创建网络"对话框的"网络"界面中，单击"下一步"按钮，弹出"创建网络"对话框的"子网"界面，输入子网名称 sub_out-net、网络地址 192.168.200.0/24，选择 IP 版本为 IPv4、网关 IP 为 192.168.200.2，如图 4.68 所示。

在“子网”界面中，单击“下一步”按钮，弹出“创建网络”对话框的“子网详情”界面，选中“激活DHCP”复选框，分配地址池设为192.168.200.100,192.168.200.200，如图4.69所示。

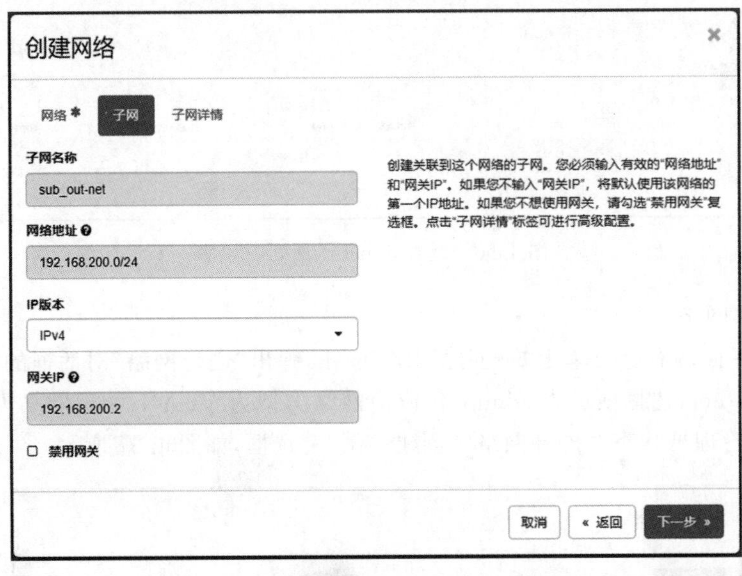

图4.68 “创建网络”对话框的“子网”界面

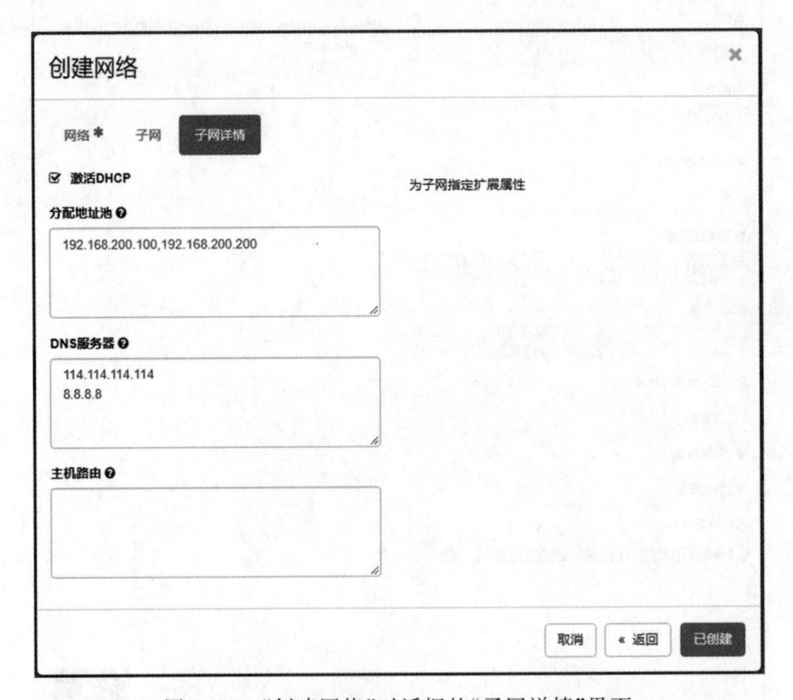

图4.69 “创建网络”对话框的“子网详情”界面

在“子网详情”界面中，单击“已创建”按钮，返回“网络”对话框，可以查看刚创建的网络，如图4.70所示。

在网络列表界面中，选择out-net网络名称，弹出out-net界面，可以查看out-net子网列表详情，如图4.71所示。

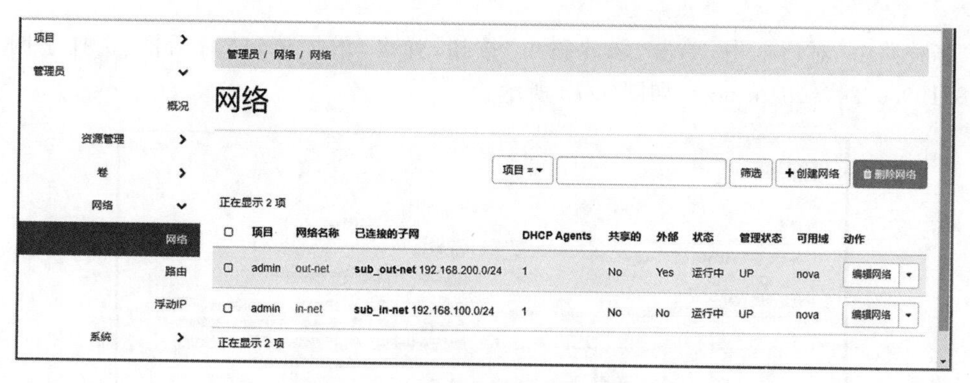

图 4.70 查看刚创建的网络列表

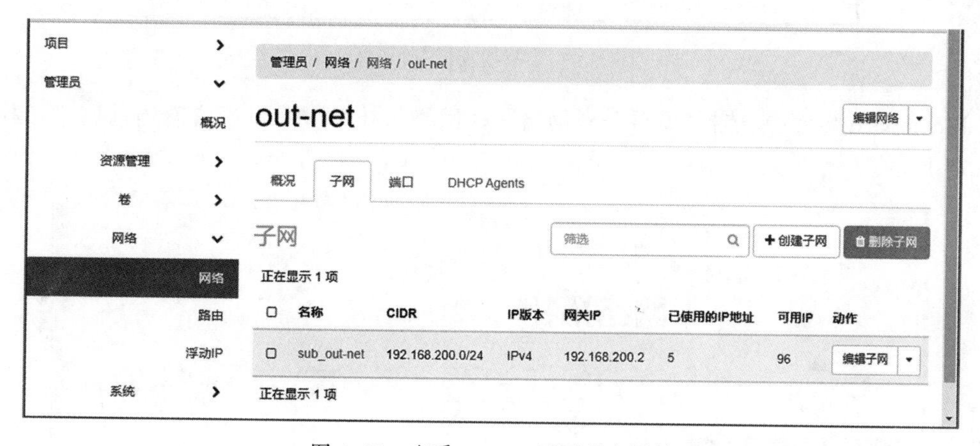

图 4.71 查看 out-net 子网列表详情

2. 添加路由

在 Dashboard 界面中，选择“项目”→“网络”→“路由”选项，弹出路由列表界面，可以查看当前路由列表情况，在路由列表界面右上方单击“＋新建路由”按钮，弹出“新建路由”对话框，输入路由名称 router-01，选择外部网络为 out-net，如图 4.72 所示。

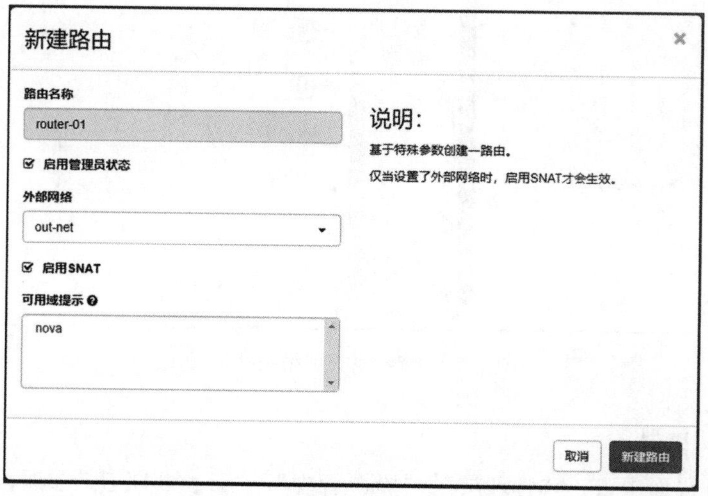

图 4.72 “新建路由”对话框

在“新建路由”对话框中，单击“新建路由”按钮，弹出“增加接口”对话框，选择子网 in-net：192.168.100.0/24(sub_in-net)，如图 4.73 所示。

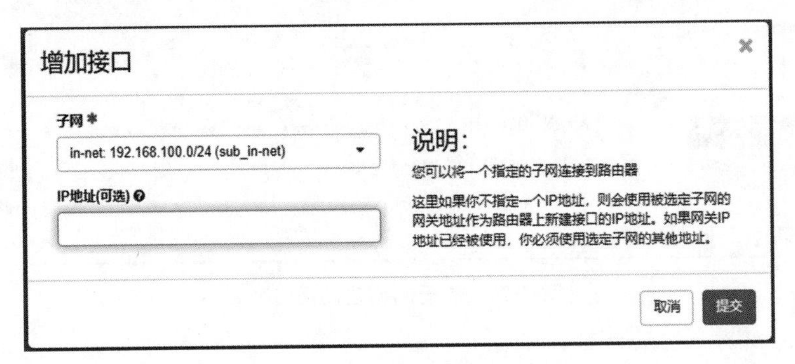

图 4.73 “增加接口”对话框

在 Dashboard 界面中，选择“项目”→“网络”→“网络拓扑”选项，可以查看当前网络拓扑情况，如图 4.74 所示。

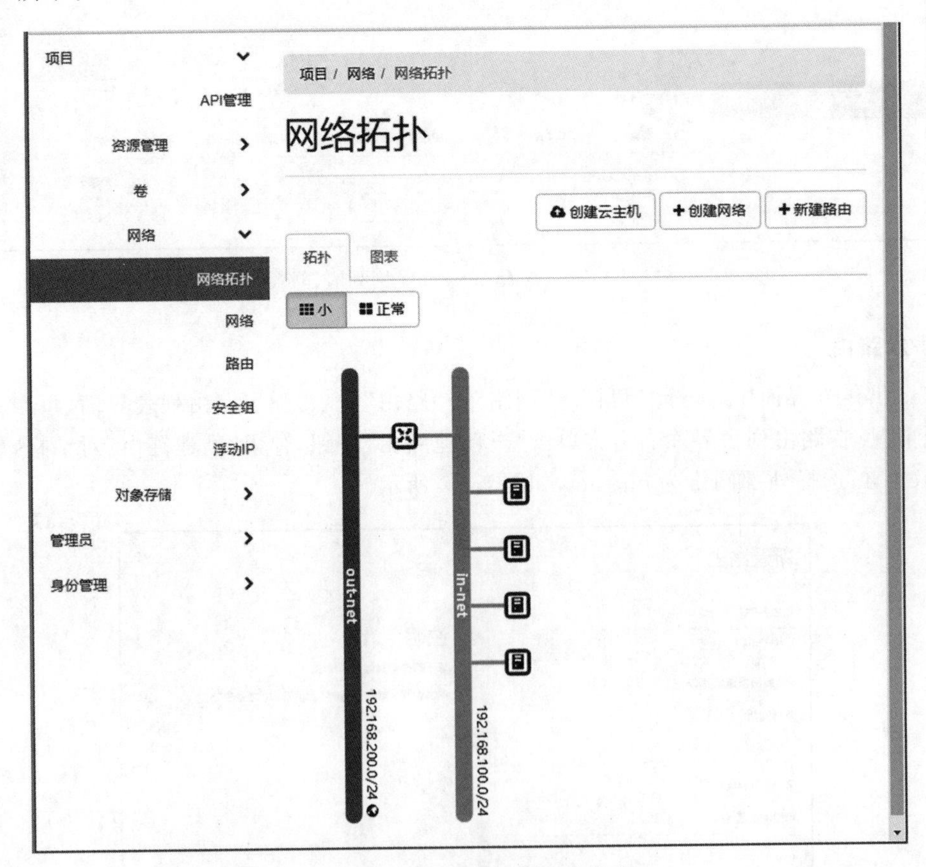

图 4.74 查看当前网络拓扑情况

3. 创建云主机类型

在 Dashboard 界面中，选择“管理员”→“资源管理”→“云主机类型”选项，可以查看当前云主机类型列表情况，如图 4.75 所示。

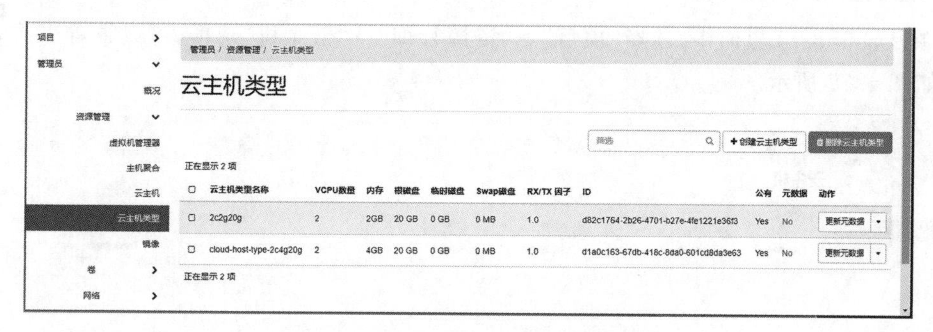

图 4.75　查看当前云主机类型列表情况

在云主机类型列表界面的右上方单击“＋创建云主机类型”按钮，弹出“创建云主机类型”对话框，如图 4.76 所示，设置云主机类型的相关信息，如云主机类型名称、ID、vCPU 数量、内存（单位为 MB）、根磁盘（单位为 GB）、临时磁盘（单位为 GB）、Swap 磁盘（单位为 MB）、RX/TX 因子等。其中，带“＊”的项为必填项，对于带“?”的项，将鼠标指针放到上面，可以显示相关提示信息。例如，将鼠标指针放到 ID 上，将显示相关提示信息。

图 4.76　“创建云主机类型”对话框

4. 创建云主机

(1) 在 Dashboard 界面中,选择“项目”→“资源管理”→“云主机”选项,可以查看当前云主机列表情况,如图 4.77 所示。

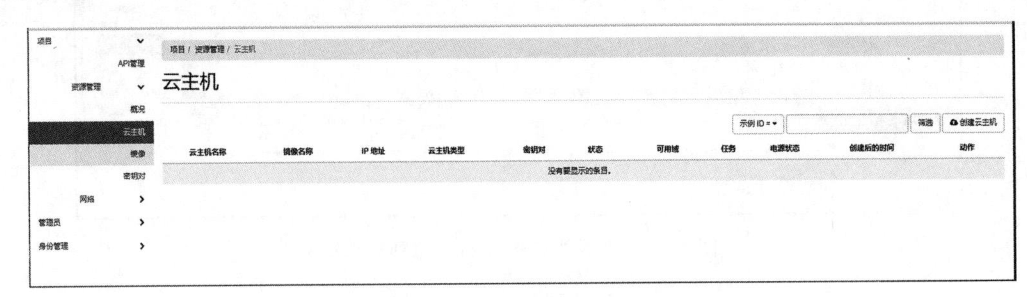

图 4.77 查看当前云主机列表情况

(2) 在云主机列表界面的右上方,单击“创建云主机”按钮,弹出“创建实例”对话框,在“详情”界面中可进行详细信息设置,如图 4.78 所示。在该界面中可以查看实例的主机名、欲部署的可用区域和数量。可以增大数量以创建多个同样配置的实例。

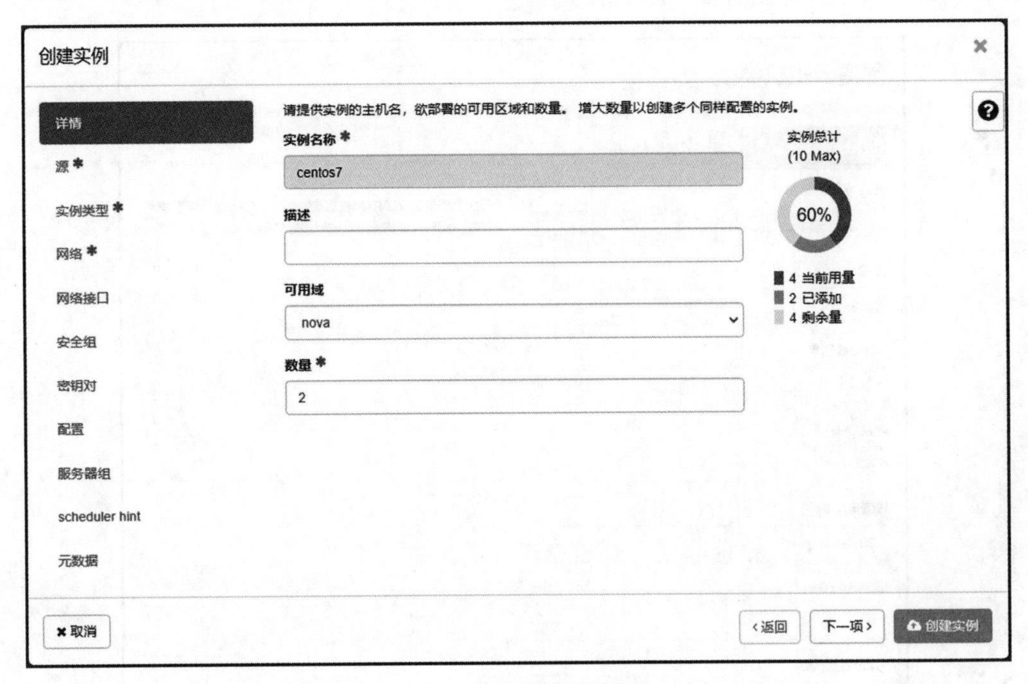

图 4.78 “详情”界面

(3) 在创建实例“详情”界面中,单击“下一项”按钮,弹出“源”界面,在“可用”区域选择相应的镜像(如 centos7.6),单击右侧向上的箭头,将镜像添加到已分配区域,如图 4.79 所示。

(4) 在创建实例“源”界面中,单击“下一项”按钮,弹出“实例类型”界面,在“可用”区域,选择相应的云主机类型(如 cloud-host-type-2c4g20g),单击右侧向上的箭头,将云主机类型添加到已分配区域,如图 4.80 所示。

(5) 在创建实例“实例类型”界面中,单击“下一项”按钮,弹出“网络”界面,在“可用”区域,选择

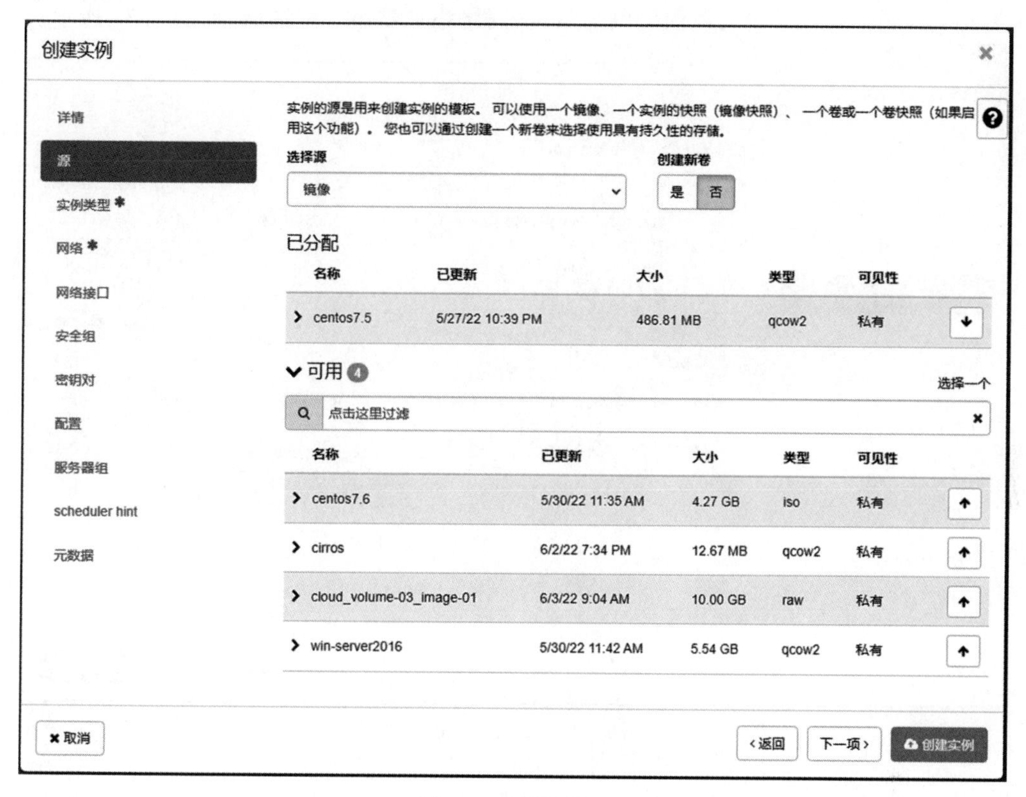

图 4.79　“源”界面

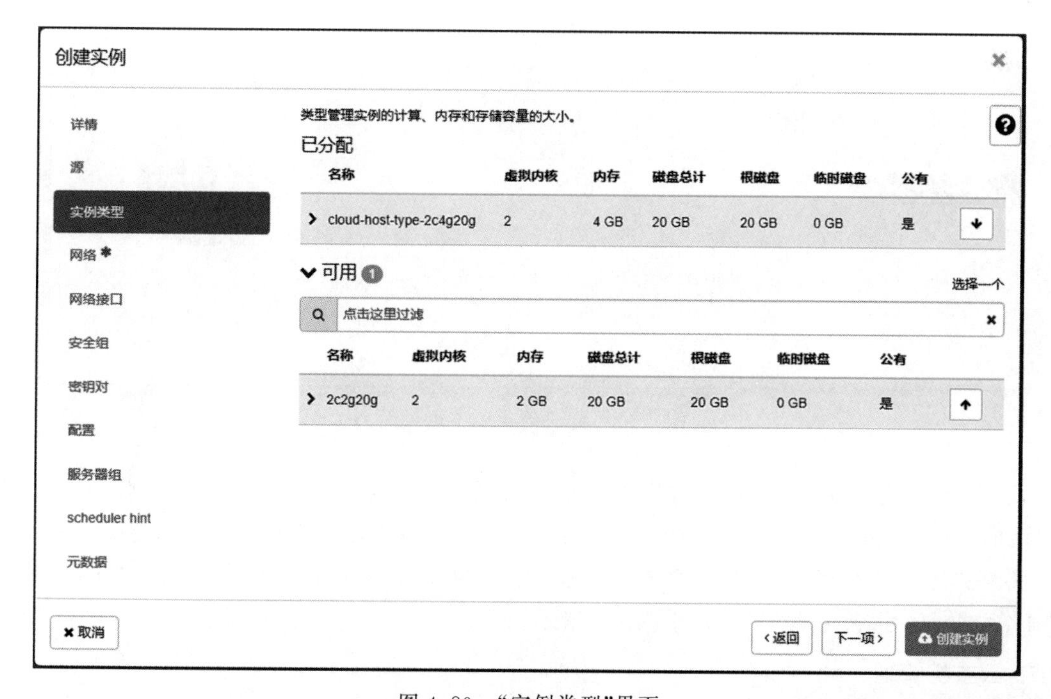

图 4.80　“实例类型”界面

相应的网络(如 out-net),单击右侧向上的箭头,将网络添加到已分配区域,如图 4.81 所示。

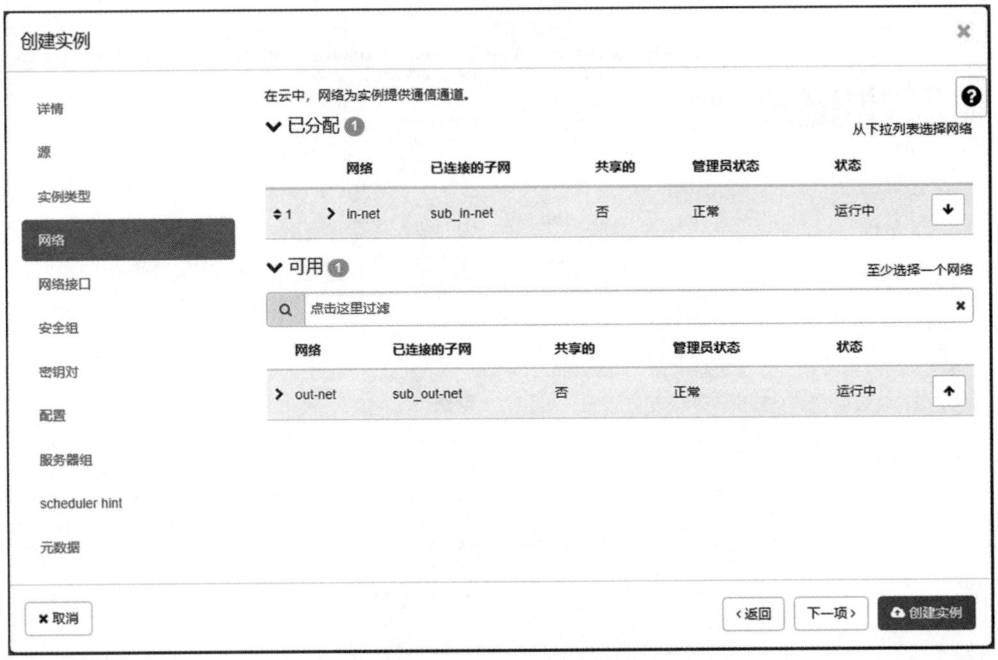

图 4.81 “网络”界面

(6) 在创建实例“网络”界面中,单击“创建实例”按钮,完成云主机创建,返回“云主机”界面,如图 4.82 所示。

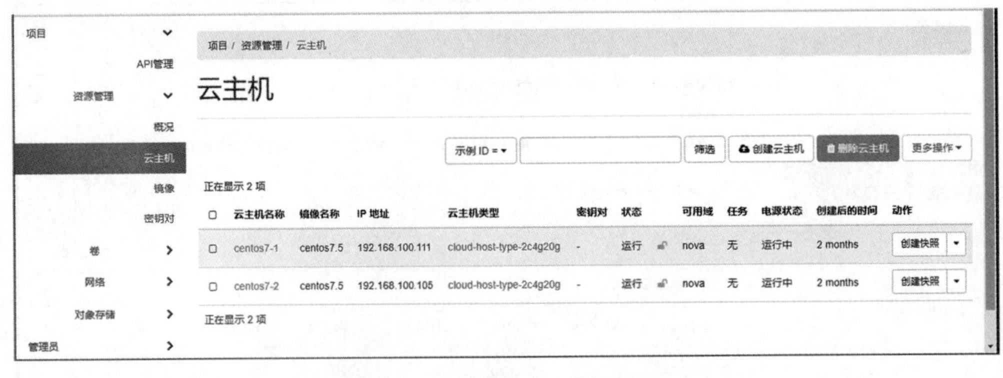

图 4.82 完成创建云主机界面

(7) 在“云主机”界面中,选择“动作”列下的“绑定浮动 IP”选项,如图 4.83 所示,弹出“分配浮动 IP”对话框,如图 4.84 所示。单击“分配 IP”按钮,弹出“管理浮动 IP 的关联”对话框,如图 4.85 所示。

(8) 在“管理浮动 IP 的关联”对话框中,选择相关的关联 IP 地址,单击“关联”按钮,完成绑定浮动 IP 关联,返回“云主机”界面,如图 4.86 所示。

5. 云主机管理

(1) 以 Web 浏览器方式访问云主机。

可以通过 Web 浏览器方式访问云主机,获得 Web 浏览器的 URL 信息。可通过帮助命令执行

项目 / 资源管理 / 云主机
云主机
绑定浮动IP
连接接口
分离接口
编辑云主机
连接卷
分离卷
更新元数据
编辑安全组
控制台
查看日志
暂停云主机
挂起云主机
废弃云主机
调整云主机大小
锁定云主机

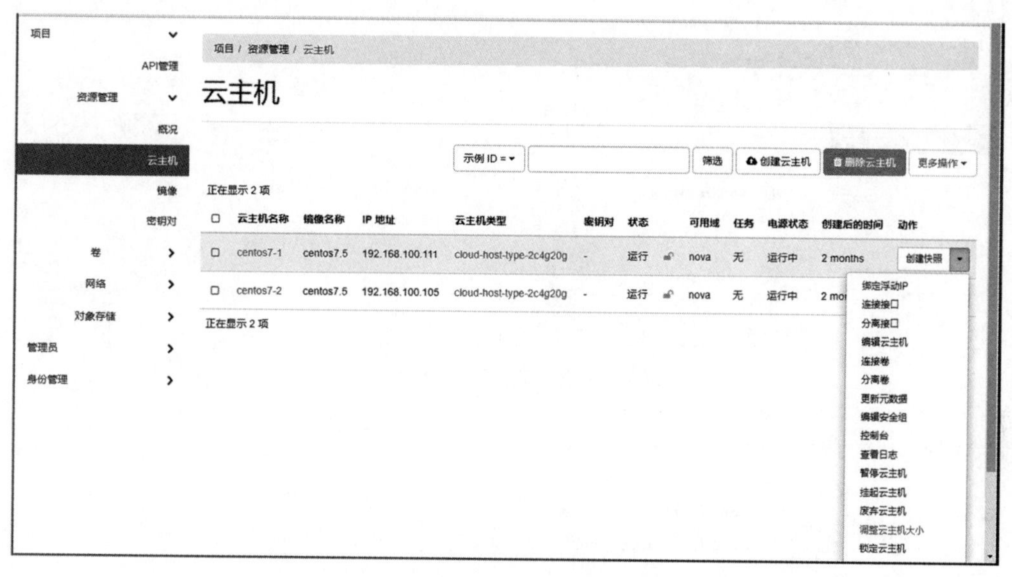

图 4.83　选择"绑定浮动 IP"选项

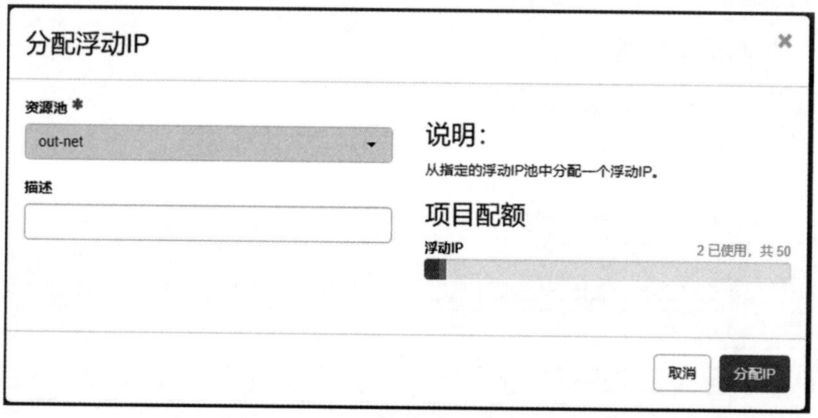

分配浮动IP
资源池 *
out-net
描述
说明：
从指定的浮动IP池中分配一个浮动IP。
项目配额
浮动IP
2 已使用，共 50
取消
分配IP

图 4.84　"分配浮动 IP"对话框

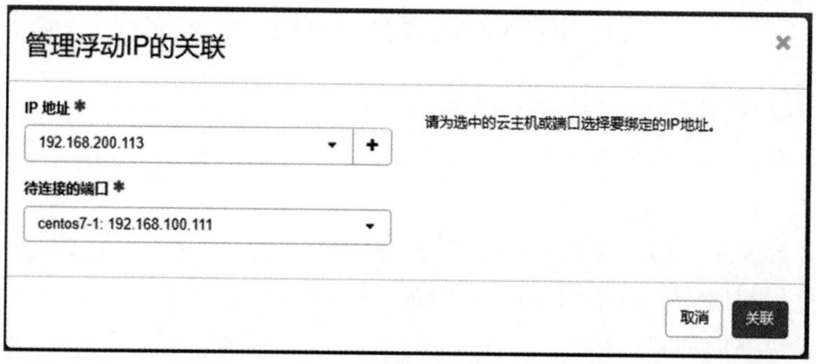

管理浮动IP的关联
IP 地址 *
192.168.200.113
待连接的端口 *
centos7-1: 192.168.100.111
请为选中的云主机或端口选择要绑定的IP地址。
取消
关联

图 4.85　"管理浮动 IP 的关联"对话框

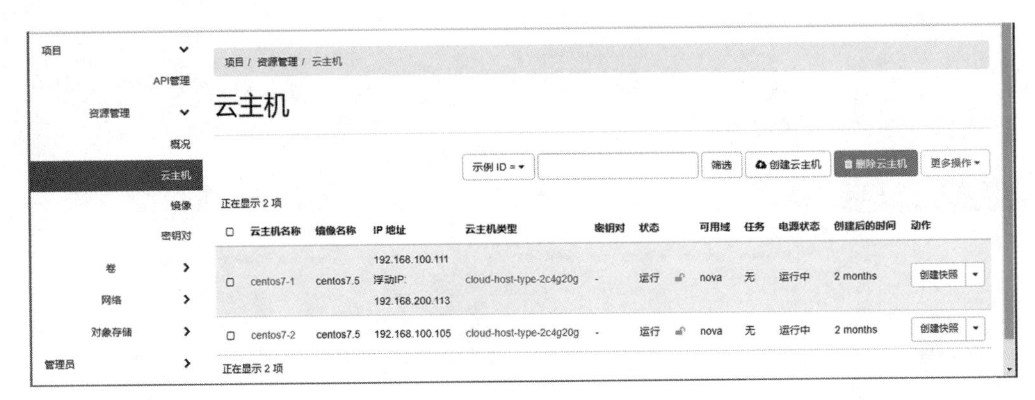

图 4.86　完成“绑定浮动 IP 关联”界面

相关命令参数，执行命令如下。

```
[root@controller ~]# nova help | grep vnc
[root@controller ~]# nova help get - vnc - console
[root@controller ~]# openstack server list
[root@controller ~]# nova list
[root@controller ~]# nova get - vnc - console centos7 - 1 novnc
```

命令执行结果如图 4.87 所示。

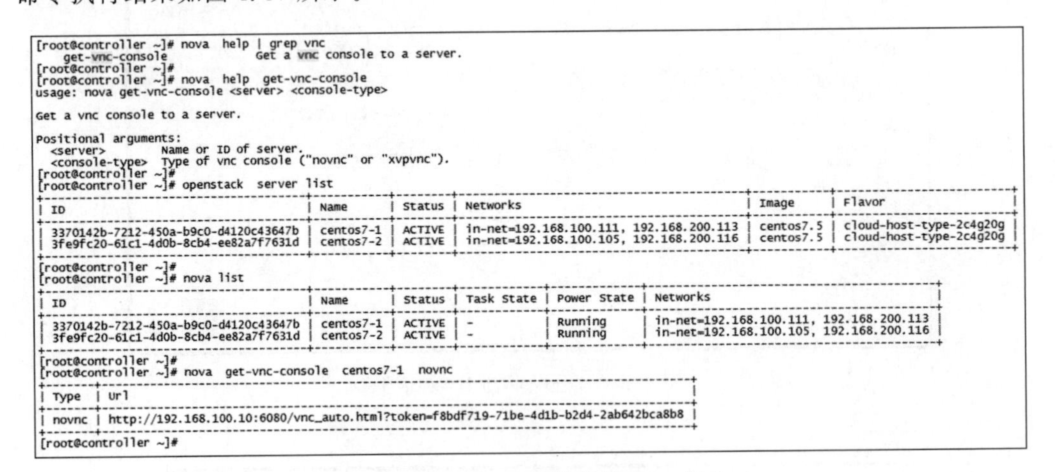

```
[root@controller ~]# nova  help | grep vnc
    get-vnc-console             Get a vnc console to a server.
[root@controller ~]#
[root@controller ~]# nova  help  get-vnc-console
usage: nova get-vnc-console <server> <console-type>

Get a vnc console to a server.

Positional arguments:
  <server>          Name or ID of server.
  <console-type>    Type of vnc console ("novnc" or "xvpvnc").
[root@controller ~]#
[root@controller ~]# openstack  server list
+--------------------------------------+-----------+--------+--------------------------------------------+------------+-------------------------+
| ID                                   | Name      | Status | Networks                                   | Image      | Flavor                  |
+--------------------------------------+-----------+--------+--------------------------------------------+------------+-------------------------+
| 3370142b-7212-450a-b9c0-d4120c43647b | centos7-1 | ACTIVE | in-net=192.168.100.111, 192.168.200.113 | centos7.5 | cloud-host-type-2c4g20g |
| 3fe9fc20-61c1-4d0b-8cb4-ee82a7f7631d | centos7-2 | ACTIVE | in-net=192.168.100.105, 192.168.200.116 | centos7.5 | cloud-host-type-2c4g20g |
+--------------------------------------+-----------+--------+--------------------------------------------+------------+-------------------------+
[root@controller ~]#
[root@controller ~]# nova list
+--------------------------------------+-----------+--------+------------+-------------+--------------------------------------------+
| ID                                   | Name      | Status | Task State | Power State | Networks                                   |
+--------------------------------------+-----------+--------+------------+-------------+--------------------------------------------+
| 3370142b-7212-450a-b9c0-d4120c43647b | centos7-1 | ACTIVE | -          | Running     | in-net=192.168.100.111, 192.168.200.113 |
| 3fe9fc20-61c1-4d0b-8cb4-ee82a7f7631d | centos7-2 | ACTIVE | -          | Running     | in-net=192.168.100.105, 192.168.200.116 |
+--------------------------------------+-----------+--------+------------+-------------+--------------------------------------------+
[root@controller ~]#
[root@controller ~]# nova  get-vnc-console  centos7-1  novnc
+-------+------------------------------------------------------------------------------------+
| Type  | Url                                                                                |
+-------+------------------------------------------------------------------------------------+
| novnc | http://192.168.100.10:6080/vnc_auto.html?token=f8bdf719-71be-4d1b-b2d4-2ab642bca8b8 |
+-------+------------------------------------------------------------------------------------+
[root@controller ~]#
```

图 4.87　获得 Web 浏览器的 URL 信息

在 Web 浏览器的地址栏中，输入获得的 URL 信息，可以访问云主机 centos7-1，查看云主机资源，如图 4.88 所示，输入用户名和密码进行登录(用户名为 root，密码为 000000)。

(2) 快照管理。

在 Dashboard 界面中，选择“项目”→“资源管理”→“云主机”选项，选择相应的云主机，在“动作”列下单击“创建快照”选项，弹出“创建快照”对话框，如图 4.89 所示。输入快照名称，单击“创建快照”按钮，完成快照的创建。

在 Dashboard 界面中，选择“项目”→“资源管理”→“镜像”选项，可以查看刚创建的快照，如图 4.90 所示。

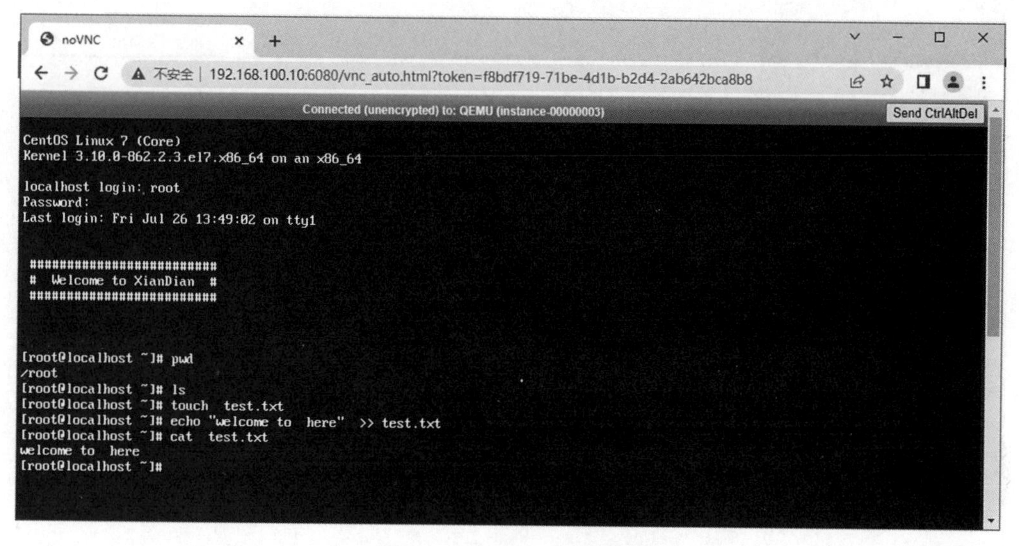

图 4.88　查看云主机资源

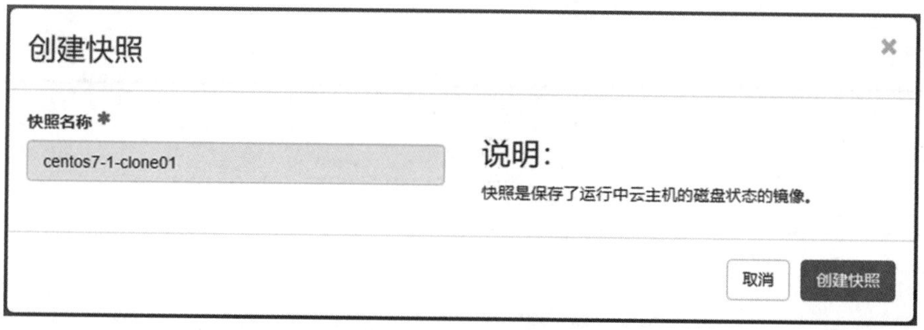

创建快照

快照名称 *

centos7-1-clone01

说明:

快照是保存了运行中云主机的磁盘状态的镜像。

取消　创建快照

图 4.89　"创建快照"对话框

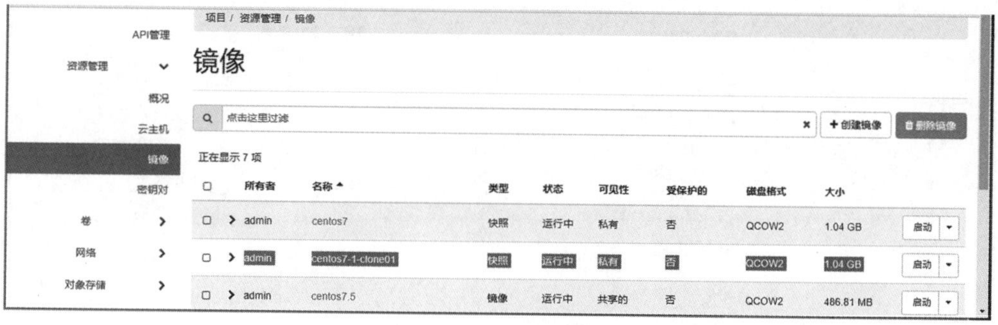

项目 / 资源管理 / 镜像

API管理　资源管理　概况　云主机　镜像　密钥对　卷　网络　对象存储

镜像

点击这里过滤　+ 创建镜像　删除镜像

正在显示 7 项

	所有者	名称	类型	状态	可见性	受保护的	磁盘格式	大小	
	admin	centos7	快照	运行中	私有	否	QCOW2	1.04 GB	启动
	admin	centos7-1-clone01	快照	运行中	私有	否	QCOW2	1.04 GB	启动
	admin	centos7.5	镜像	运行中	共享的	否	QCOW2	486.81 MB	启动

图 4.90　"镜像"界面

在"镜像"界面中，选择刚创建的快照镜像，单击右侧的"启动"选项，弹出创建实例"详情"界面，如图 4.91 所示。

在创建实例"详情"界面中，单击"下一项"按钮，弹出"源"界面，默认已经将镜像添加到已分配区域，如图 4.92 所示。单击"下一项"按钮，直到创建实例完成，返回云主机列表界面，如图 4.93 所示。

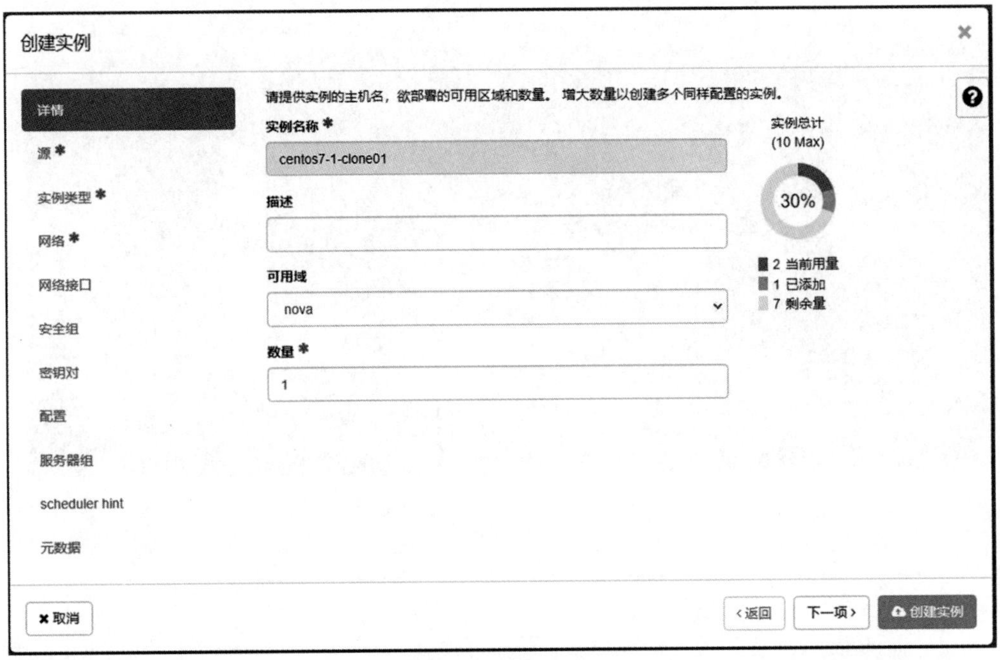

创建实例

×

详情

源 *

实例类型 *

网络 *

网络接口

安全组

密钥对

配置

服务器组

scheduler hint

元数据

请提供实例的主机名，欲部署的可用区域和数量。增大数量以创建多个同样配置的实例。

实例名称 *

centos7-1-clone01

描述

可用域

nova

数量 *

1

实例总计

(10 Max)

30%

2 当前用量

1 已添加

7 剩余量

✖ 取消

‹ 返回

下一项 ›

创建实例

图 4.91 “详情”界面

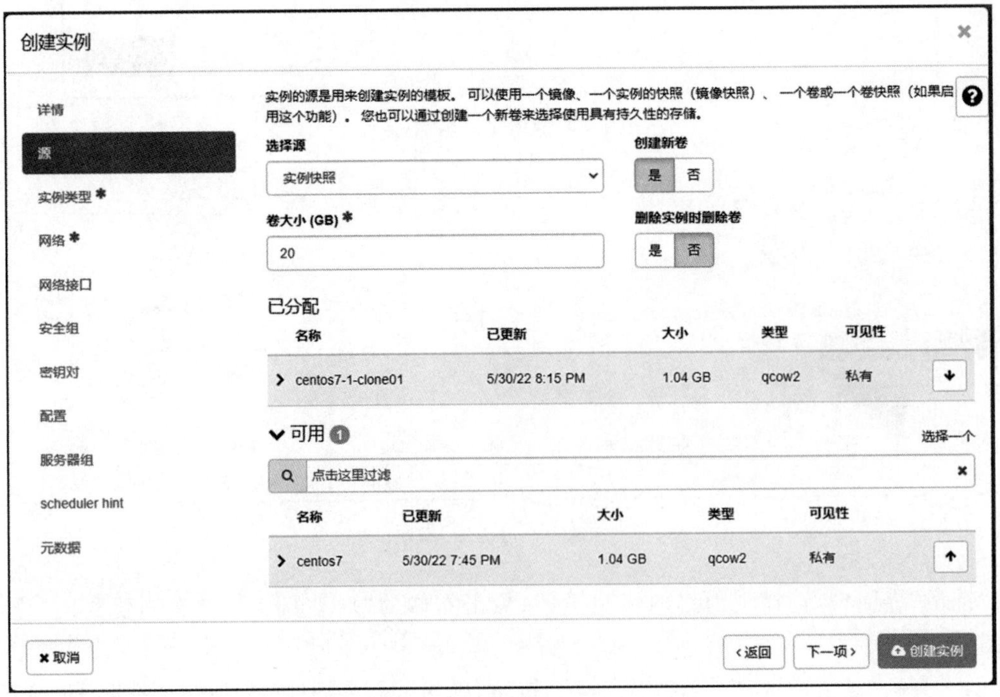

创建实例

×

详情

源

实例类型 *

网络 *

网络接口

安全组

密钥对

配置

服务器组

scheduler hint

元数据

实例的源是用来创建实例的模板。可以使用一个镜像、一个实例的快照（镜像快照）、一个卷或一个卷快照（如果启用这个功能）。您也可以通过创建一个新卷来选择使用具有持久性的存储。

选择源

实例快照

卷大小 (GB) *

20

创建新卷

是 否

删除实例时删除卷

是 否

已分配

名称	已更新	大小	类型	可见性
centos7-1-clone01	5/30/22 8:15 PM	1.04 GB	qcow2	私有

可用 1

选择一个

点击这里过滤

名称	已更新	大小	类型	可见性
centos7	5/30/22 7:45 PM	1.04 GB	qcow2	私有

✖ 取消

‹ 返回

下一项 ›

创建实例

图 4.92 “源”界面

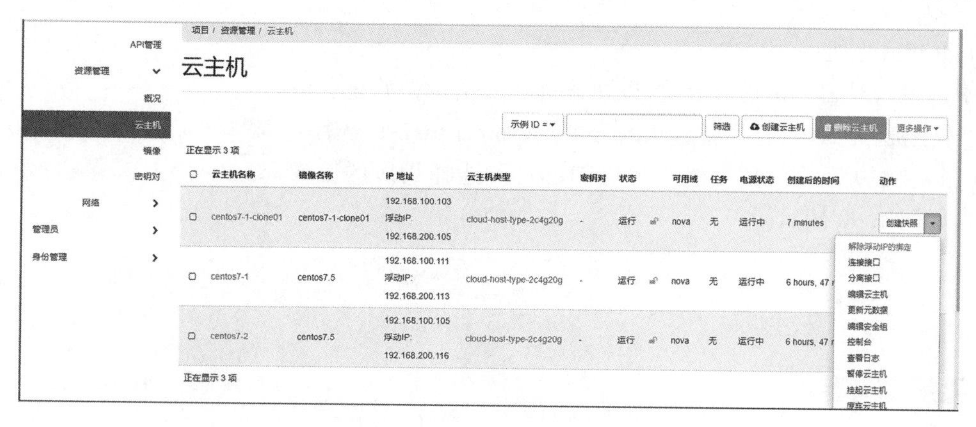

图 4.93　云主机列表界面

使用命令行方式，获得云主机 centos7-1-clone01 的 URL 访问地址信息，执行命令如下。

```
[root@controller ~]# nova list
[root@controller ~]# nova get-vnc-console centos7-1-clone01 novnc
```

命令执行结果如图 4.94 所示。

```
[root@controller ~]# nova list
+--------------------------------------+-------------------+--------+------------+-------------+------------------------------------------------+
| ID                                   | Name              | Status | Task State | Power State | Networks                                       |
+--------------------------------------+-------------------+--------+------------+-------------+------------------------------------------------+
| 3370142b-7212-450a-b9c0-d4120c43647b | centos7-1         | ACTIVE | -          | Running     | in-net=192.168.100.111, 192.168.200.113        |
| 14d76558-cdf3-440e-90f1-8d6e6cebb460 | centos7-1-clone01 | ACTIVE | -          | Running     | in-net=192.168.100.103, 192.168.200.105        |
| 3fe9fc20-61c1-4d0b-8cb4-ee82a7f7631d | centos7-2         | ACTIVE | -          | Running     | in-net=192.168.100.105, 192.168.200.116        |
+--------------------------------------+-------------------+--------+------------+-------------+------------------------------------------------+
[root@controller ~]# nova  get-vnc-console  centos7-1-clone01  novnc
+-------+-------------------------------------------------------------------------------------+
| Type  | Url                                                                                 |
+-------+-------------------------------------------------------------------------------------+
| novnc | http://192.168.100.10:6080/vnc_auto.html?token=a0f848e8-ce9d-4253-ac00-536d693ccc76 |
+-------+-------------------------------------------------------------------------------------+
[root@controller ~]#
```

图 4.94　云主机 centos7-1-clone01 的 URL 访问地址信息

在 Web 浏览器的地址栏中，输入获得的 URL 信息，可以访问云主机 centos7-1-clone01，如图 4.95 所示。输入用户名和密码进行登录(用户名为 root，密码为 000000)，可以查看云主机 centos7-1-clone01 中做快照时的相关配置。

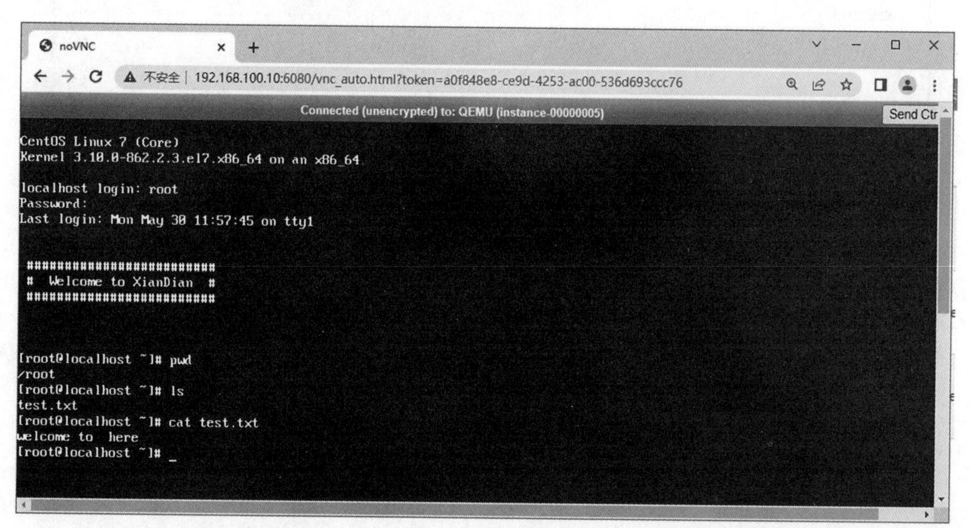

图 4.95　云主机 centos7-1-clone01 的快照配置

(3) 重建云主机。

云平台可以对云主机进行重建,以快速进行云主机初始化工作。

在"云主机"界面中,选择要重建的云主机,如 centos7-1,选择右侧"动作"列下的"重建云主机"选项,如图 4.96 所示,弹出"重建云主机"对话框,选择相应的镜像,如 centos7.5,单击"重建云主机"按钮,如图 4.97 所示。

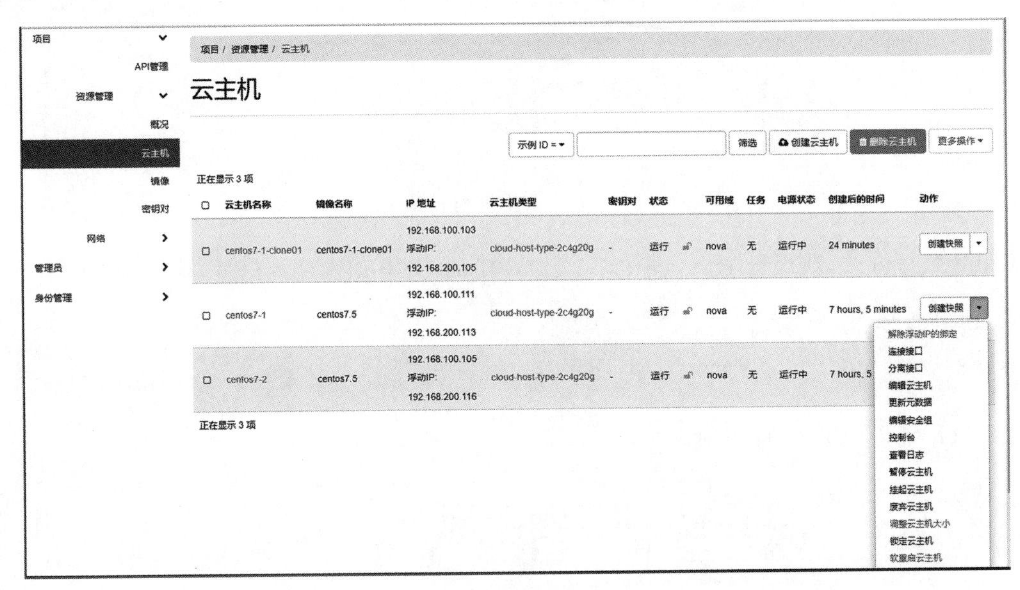

图 4.96　选择要重建的云主机

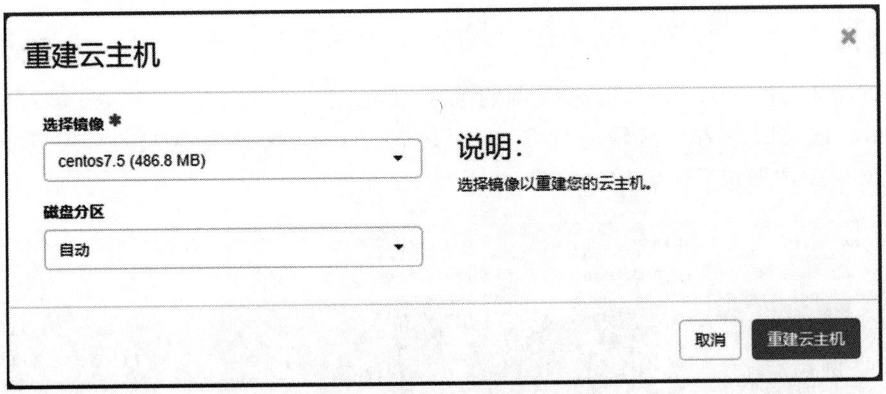

重建云主机

选择镜像 *

centos7.5 (486.8 MB)

磁盘分区

自动

说明:

选择镜像以重建您的云主机。

取消　重建云主机

图 4.97　"重建云主机"对话框

完成重建云主机工作,在"云主机"界面中,选择右侧"动作"列下的"控制台"选项,弹出"云主机控制台"界面,如图 4.98 所示。输入用户名和密码,可以看到云主机 centos7-1 已经完成重建工作。

4.3.4　云主机磁盘扩容管理

当云主机磁盘空间不足时,需要对云主机磁盘进行扩容,查看当前云主机磁盘使用情况,在 Dashboard 界面中,选择"管理员"→"资源管理"→"虚拟机管理器"选项,可以查看虚拟机资源相关

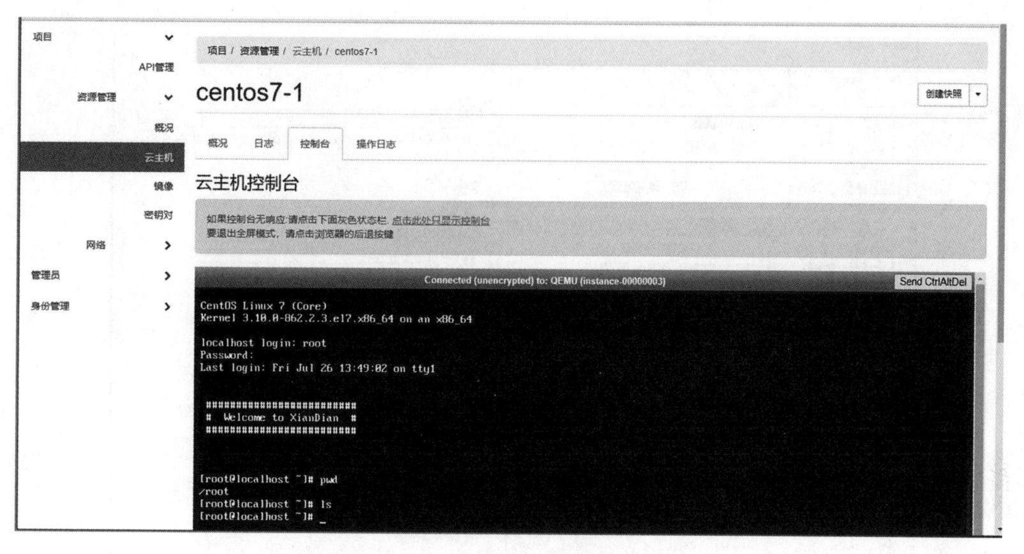

图 4.98　完成创建“重建云主机”

信息，如 controller 节点，本地存储(总计)为 91GB，如图 4.99 所示。

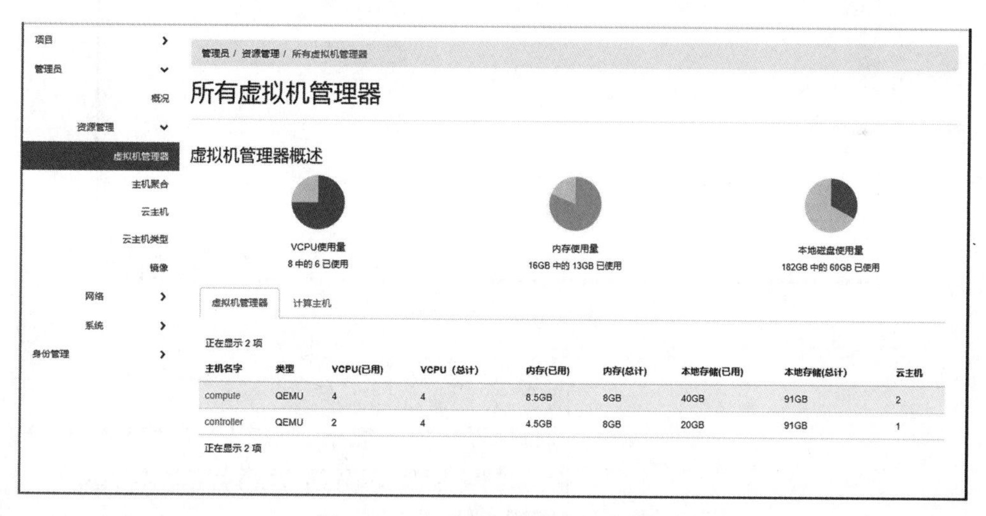

图 4.99　查看虚拟机资源相关信息

(1) 本案例在虚拟机中添加 500GB 的磁盘进行操作演示，如图 4.100 所示。

(2) 添加磁盘完成后，重启虚拟机，使用命令查看云主机磁盘情况，执行命令如下。

```
[root@controller ~]# lsblk
```

命令执行结果如图 4.101 所示。

(3) 使用命令对磁盘进行分区，执行命令如下。

```
[root@controller ~]# fdisk  /dev/sdb
```

命令执行结果如图 4.102 所示。

图 4.100　添加磁盘

```
[root@controller ~]# lsblk
NAME            MAJ:MIN RM   SIZE RO TYPE MOUNTPOINT
sda               8:0    0   100G  0 disk
├─sda1            8:1    0     1G  0 part /boot
└─sda2            8:2    0    99G  0 part
  ├─centos-root 253:0    0  91.1G  0 lvm  /
  └─centos-swap 253:1    0   7.9G  0 lvm  [SWAP]
sdb               8:16   0   500G  0 disk
sdc               8:32   0    20G  0 disk
├─sdc1            8:33   0    10G  0 part
└─sdc2            8:34   0    10G  0 part
sr0              11:0    1   4.2G  0 rom
[root@controller ~]#
```

图 4.101　云主机磁盘情况

```
[root@controller ~]# fdisk  /dev/sdb
Welcome to fdisk (util-linux 2.23.2).

Changes will remain in memory only, until you decide to write them.
Be careful before using the write command.

Device does not contain a recognized partition table
Building a new DOS disklabel with disk identifier 0xc107815f.

Command (m for help): n
Partition type:
   p   primary (0 primary, 0 extended, 4 free)
   e   extended
Select (default p):
Using default response p
Partition number (1-4, default 1):
First sector (2048-1048575999, default 2048):
Using default value 2048
Last sector, +sectors or +size{K,M,G} (2048-1048575999, default 1048575999):
Using default value 1048575999
Partition 1 of type Linux and of size 500 GiB is set

Command (m for help): w
The partition table has been altered!

Calling ioctl() to re-read partition table.
Syncing disks.
[root@controller ~]#
```

图 4.102　云主机磁盘分区

(4) 使用命令对磁盘进行格式化,执行命令如下。

```
[root@controller ~]# mkfs.xfs  /dev/sdb1
```

命令执行结果如图 4.103 所示。

```
[root@controller ~]# lsblk
NAME            MAJ:MIN RM  SIZE RO TYPE MOUNTPOINT
sda               8:0    0  100G  0 disk
├─sda1            8:1    0    1G  0 part /boot
└─sda2            8:2    0   99G  0 part
  ├─centos-root 253:0    0 91.1G  0 lvm  /
  └─centos-swap 253:1    0  7.9G  0 lvm  [SWAP]
sdb               8:16   0  500G  0 disk
└─sdb1            8:17   0  500G  0 part
sdc               8:32   0   20G  0 disk
├─sdc1            8:33   0   10G  0 part
└─sdc2            8:34   0   10G  0 part
sr0              11:0    1  4.2G  0 rom
[root@controller ~]#
[root@controller ~]# mkfs.xfs  /dev/sdb1
meta-data=/dev/sdb1              isize=512    agcount=4, agsize=32767936 blks
         =                       sectsz=512   attr=2, projid32bit=1
         =                       crc=1        finobt=0, sparse=0
data     =                       bsize=4096   blocks=131071744, imaxpct=25
         =                       sunit=0      swidth=0 blks
naming   =version 2              bsize=4096   ascii-ci=0 ftype=1
log      =internal log           bsize=4096   blocks=63999, version=2
         =                       sectsz=512   sunit=0 blks, lazy-count=1
realtime =none                   extsz=4096   blocks=0, rtextents=0
[root@controller ~]#
```

图 4.103　云主机磁盘格式化

(5) 添加新 LVM 到已有的 LVM 组中,实现扩容,加载生效,执行命令如下。

```
[root@controller ~]# pvcreate  /dev/sdb1
[root@controller ~]# vgextend centos  /dev/sdb1
[root@controller ~]# lvextend - L 500G  /dev/mapper/centos - root
[root@controller ~]# xfs_growfs  /dev/centos/root
[root@controller ~]# fsadm resize  /dev/mapper/centos - root
[root@controller ~]# df - hT
```

命令执行结果如图 4.104 所示。

```
[root@controller ~]# pvcreate  /dev/sdb1
WARNING: xfs signature detected on /dev/sdb1 at offset 0. Wipe it? [y/n]: y
  Wiping xfs signature on /dev/sdb1.
  Physical volume "/dev/sdb1" successfully created.
[root@controller ~]#
[root@controller ~]# vgextend  centos /dev/sdb1
  Volume group "centos" successfully extended
[root@controller ~]#
[root@controller ~]# lvextend  -L  500G   /dev/mapper/centos-root
  Size of logical volume centos/root changed from <91.12 GiB (23326 extents) to 500.00 GiB (128000 extents).
  Logical volume centos/root successfully resized.
[root@controller ~]#
[root@controller ~]# xfs_growfs  /dev/centos/root
meta-data=/dev/mapper/centos-root isize=512    agcount=4, agsize=5971456 blks
         =                       sectsz=512   attr=2, projid32bit=1
         =                       crc=1        finobt=0 spinodes=0
data     =                       bsize=4096   blocks=23885824, imaxpct=25
         =                       sunit=0      swidth=0 blks
naming   =version 2              bsize=4096   ascii-ci=0 ftype=1
log      =internal               bsize=4096   blocks=11663, version=2
         =                       sectsz=512   sunit=0 blks, lazy-count=1
realtime =none                   extsz=4096   blocks=0, rtextents=0
data blocks changed from 23885824 to 131072000
[root@controller ~]#
[root@controller ~]# fsadm  resize  /dev/mapper/centos-root
[root@controller ~]#
[root@controller ~]# lsblk
NAME            MAJ:MIN RM  SIZE RO TYPE MOUNTPOINT
sda               8:0    0  100G  0 disk
├─sda1            8:1    0    1G  0 part /boot
└─sda2            8:2    0   99G  0 part
  ├─centos-root 253:0    0  500G  0 lvm  /
  └─centos-swap 253:1    0  7.9G  0 lvm  [SWAP]
sdb               8:16   0  500G  0 disk
└─sdb1            8:17   0  500G  0 part
  └─centos-root 253:0    0  500G  0 lvm  /
sdc               8:32   0   20G  0 disk
├─sdc1            8:33   0   10G  0 part
└─sdc2            8:34   0   10G  0 part
sr0              11:0    1  4.2G  0 rom
[root@controller ~]#
[root@controller ~]# df -hT
Filesystem              Type      Size  Used Avail Use% Mounted on
/dev/mapper/centos-root xfs       500G   42G  459G   9% /
devtmpfs                devtmpfs  3.8G     0  3.8G   0% /dev
tmpfs                   tmpfs     3.9G     0  3.9G   0% /dev/shm
tmpfs                   tmpfs     3.9G   12M  3.8G   1% /run
tmpfs                   tmpfs     3.9G     0  3.9G   0% /sys/fs/cgroup
/dev/sda1               xfs      1014M  143M  872M  15% /boot
tmpfs                   tmpfs     781M     0  781M   0% /run/user/0
[root@controller ~]#
```

图 4.104　云主机磁盘扩容

(6) 查看云主机磁盘扩容情况。在 Dashboard 界面中,选择“管理员”→“资源管理”→“虚拟机管理器”选项,可以看到 controller 节点,本地存储(总计)已经变为 499GB,如图 4.105 所示。

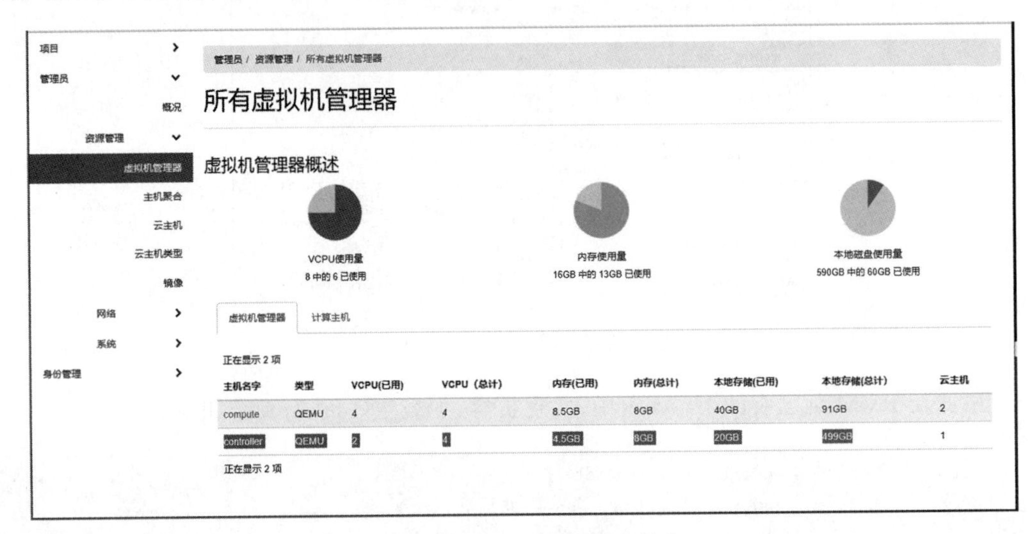

图 4.105　完成云主机磁盘扩容

课后习题

1. 选择题

(1) OpenStack 认证服务是通过(　　)组件来实现的。

A. Nova　　B. Keystone　　C. Cinder　　D. Neutron

(2) 创建磁盘镜像时,磁盘镜像的默认格式是(　　)。

A. ISO　　B. RAW　　C. QCOW2　　D. VDI

(3) 创建磁盘镜像时,镜像容器的默认格式是(　　)。

A. BARE　　B. AMI　　C. docker　　D. OVA

(4) 创建磁盘镜像时,(　　)表示镜像是公有的,可以被所有项目(租户)使用。

A. --public　　B. --private　　C. --protected　　D. --unprotected

(5) 创建磁盘镜像时,(　　)表示显示命令执行进度。

A. --tag　　B. --project　　C. --project-domain　　D. --progress

(6)【多选】OpenStack 网络服务 Neutron 支持的网络拓扑类型有(　　)。

A. Local　　B. Flat　　C. VLAN　　D. GRE

(7)【多选】一个简化的 Neutron 网络结构通常包括(　　)。

A. 一个外部网络(External Network)　　B. 一个内部网络(Internal Network)

C. 一个路由器(Router)　　D. 一个防火墙(Firewall)

(8) Nova 支持通过多种调度方式来选择运行虚拟机的主机节点,默认使用的调度器是(　　)。

A. 随机调度器　　B. 过滤器调度器

C. 缓存调度器　　D. 固定调度器

(9) 过滤调度器需要执行调度操作时,默认的第一个过滤器是(　　)。

A. 再审过滤器　　B. 可用区域过滤器

C. 内存过滤器　　D. 磁盘过滤器

(10) 根据可用磁盘空间来调度虚拟机创建时,通过 nova.conf 中的 disk_allocation_ratio 参数控制,其默认值为(　　)。

A. 0.5　　B. 1.0　　C. 1.5　　D. 2.0

(11) 根据可用 CPU 核心来调度虚拟机创建时,通过 nova.conf 中的 cpu_allocation_ratio 参数控制,其默认值为(　　)。

A. 10　　B. 15　　C. 16　　D. 20

(12) OpenStack 中负责计算的模块是(　　)。

A. Keystone　　B. Glance　　C. Nova　　D. Cinder

(13)【多选】目前 Cinder 支持多种后端存储设备,包括(　　)。

A. LVM　　B. NFS　　C. Ceph　　D. Sheepdog

(14) Cinder 系统架构中负责调度服务的是(　　)。

A. cinder-api　　B. cinder-scheduler

C. cinder-volume　　D. cinder-backup

(15)【多选】Swift 的应用包括(　　)。

A. 网盘　　B. 备份文档

C. IaaS 公有云　　D. 移动互联网络和内容分发网络

(16)【多选】Swift 采用的是层次数据模型,存储的对象在逻辑上分为(　　)。

A. 账户　　B. 容器　　C. 对象　　D. 服务器

2. 简答题

(1) 简述 Keystone 的主要功能、层次结构及认证服务流程。

(2) 简述 OpenStack 镜像服务的主要功能。

(3) 列举镜像文件的磁盘格式。

(4) 简述 Glance 镜像状态转换过程及工作流程。

(5) 简述镜像和实例的关系。

(6) 简述 Neutron 的网络结构、管理的网络资源及网络的拓扑类型。

(7) 简述 Nova 及 Nova 的系统架构。

(8) 简述过滤器调度器的调度过程。

(9) 简述 Cinder 的主要功能。

(10) 简述 Cinder 的系统架构。

(11) 简述 Cinder 的物理部署。

(12) 简述 Swift 的系统架构、应用及服务的优势。